普通高等学校"十四五"规划
药学类专业特色教材

供药学、药物制剂、临床药学、制药工程、中药学、医药营销及相关专业使用

物理化学

主　编　魏泽英　姚惠琴
副主编　侯巧芝　张光辉　李晓飞
编　者　（按姓氏笔画排序）

吕俊杰　山西医科大学
李晓飞　河南中医药大学
张　旭　辽宁中医药大学
张光辉　陕西中医药大学
武丽萍　陆军军医大学
侯巧芝　黄河科技学院
姚惠琴　宁夏医科大学
职国娟　长治医学院
谢小燕　云南中医药大学
魏泽英　云南中医药大学

U0278785

华中科技大学出版社
http://www.hustp.com
中国·武汉

内 容 简 介

本书为普通高等学校"十四五"规划药学类专业特色教材。本书除绪论外,共分为八章,涵盖了化学热力学、化学动力学、表面现象、相平衡、溶胶、大分子溶液、电化学基础等基本内容,系统阐述了相关的基本理论、基本知识、基本方法及有关应用。本书每章设有学习目标、本章小结、知识拓展、目标检测与习题等板块,相关的数字资源有课件、目标检测与习题答案等。为方便读者复习及检验学习效果,书后附有各参编院校提供的模拟试卷(附参考答案)。

本书可以作为普通高等学校药学类专业的物理化学课程教材,也可作为其他专业学生或教师的参考书。

图书在版编目(CIP)数据

物理化学/魏泽英,姚惠琴主编. —武汉:华中科技大学出版社,2021.1
ISBN 978-7-5680-2505-8

Ⅰ. ①物… Ⅱ. ①魏… ②姚… Ⅲ. ①物理化学-高等学校-教材 Ⅳ. ①O64

中国版本图书馆 CIP 数据核字(2021)第 016926 号

物理化学
Wuli Huaxue

魏泽英　姚惠琴　主编

策划编辑:余　雯
责任编辑:李　佩
封面设计:原色设计
责任校对:张会军
责任监印:周治超
出版发行:华中科技大学出版社(中国·武汉)　　电话:(027)81321913
　　　　　武汉市东湖新技术开发区华工科技园　　邮编:430223
录　　排:华中科技大学惠友文印中心
印　　刷:武汉市籍缘印刷厂
开　　本:889mm×1194mm　1/16
印　　张:20.5
字　　数:570千字
版　　次:2021年1月第1版第1次印刷
定　　价:59.80元

普通高等学校"十四五"规划药学类专业特色教材
编委会

丛书顾问　朱依谆 澳门科技大学　　李校堃 温州医科大学

委　员（按姓氏笔画排序）

网络增值服务使用说明

欢迎使用华中科技大学出版社医学资源网yixue.hustp.com

1.教师使用流程

（1）登录网址：http://yixue.hustp.com （注册时请选择教师用户）

（2）审核通过后，您可以在网站使用以下功能：

管理学生
建立课程　　　　　　　　　　布置作业
下载教学资源　　　教师　　　查询学生学习记录等

2.学员使用流程

建议学员在PC端完成注册、登录、完善个人信息的操作。

（1）PC端学员操作步骤

①登录网址：http://yixue.hustp.com （注册时请选择普通用户）

② 查看课程资源

如有学习码，请在个人中心-学习码验证中先验证，再进行操作。

首页课程 —选择课程→ 课程详情页 → 查看课程资源

（2）手机端扫码操作步骤

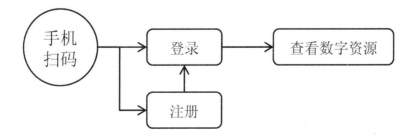

总序

Zongxu

教育部《关于加快建设高水平本科教育 全面提高人才培养能力的意见》（"新时代高教 40 条"）文件强调要深化教学改革，坚持以学生发展为中心，通过教学改革促进学习革命，构建线上线下相结合的教学模式，对我国高等药学教育和药学专门人才的培养提出了更高的目标和要求。我国高等药学类专业教育进入了一个新的时期，对教学、产业、技术的融合发展要求越来越高，强调进一步推动人才培养，实现面向世界、面向未来的创新型人才培养。

为了更好地适应新形势下人才培养的需求，按照《中国教育现代化 2035》《中医药发展战略规划纲要（2016－2030 年）》以及党的十九大报告等文件精神要求，进一步出版高质量教材，加强教材建设，充分发挥教材在提高人才培养质量中的基础性作用，培养合格的药学专门人才和具有可持续发展能力的高素质技能型复合人才。在充分调研和分析论证的基础上，我们组织了全国 70 余所高等医药院校的近 300 位老师编写了这套教材，并得到了参编院校的大力支持。

本套教材充分反映了各院校的教学改革成果和研究成果，教材编写体例和内容均有所创新，在编写过程中重点突出以下特点。

（1）服务教学，明确学习目标，标识内容重难点。进一步熟悉教材相关专业培养目标和人才规格，明晰课程教学目标及要求，规避教与学中无法抓住重要知识点的弊端。

（2）案例引导，强调理论与实际相结合，增强学生自主学习和深入思考的能力。进一步了解本课程学习领域的典型工作任务，科学设置章节，实现案例引导，增强自主学习和深入思考的能力。

（3）强调实用，适应就业、执业药师资格考试以及考研需求。进一步转变教育观念，在教学内容上追求与时俱进，理论和实践紧密结合。

（4）纸数融合，激发兴趣，提高学习效率。建立"互联网＋"思维的教材编写理念，构建信息量丰富、学习手段灵活、学习方式多元的立体化教材，通过纸数融合引导学生独立思考、自主学习，提高学习效率。

（5）定位准确，与时俱进。与国际接轨，紧跟药学类专业人才培养，体现当代教育。

（6）版式精美，品质优良。

本套教材得到了专家和领导的大力支持与高度关注，适应当下药学专业学生的文化基础和学习特点，具有趣味性、可读性和简约性。我们衷心希望这套教材能在相关课程的教学中发

挥积极作用，并得到读者的青睐；我们也相信这套教材在使用过程中，通过教学实践的检验和实际问题的解决，能不断得到改进、完善和提高。

普通高等学校"十四五"规划药学类专业特色教材
编写委员会

前言

Qianyan

物理化学是药学类专业的专业基础课,对学生后续课程的学习、将来从事药学类工作起重要作用。《物理化学》教材的编写,应满足药学类专业人才培养需要,体现物理化学作为一门专业基础课在药学中的地位和作用,遵循"科学、严谨、系统、适用"的原则,重视"三基"(基本概念、基本理论、基本计算),注重基础课与专业课的融合,适当补充可用于教材的科技新进展,增强教材的可读性、启发性。教学应结合专业课的学习,引导学生由低阶认知向高阶认知发展;培养物理化学思维,学以致用,学习用物理化学知识解决药学实践中的问题。

本教材除绪论外共分为八章,编者均为普通高等学校药学类专业物理化学课程教学一线教师,编写人员分工如下:绪论、附录,魏泽英;第一章,李晓飞;第二章,侯巧芝;第三章,吕俊杰;第四章,姚惠琴;第五章,张旭、谢小燕;第六章,张光辉;第七章,职国娟;第八章,武丽萍。为巩固所学知识,提高学生解决问题的能力,每一章编有"目标检测与习题"(附答案),并有配套课件;书后有参编院校提供的模拟试卷(附参考答案)。

本书在编写过程中得到了华中科技大学出版社和编者所在院校的大力支持和帮助,谨致以诚挚的感谢!

由于编者水平有限,本书中难免有错误之处,恳请读者批评指正。

编　者

目录

Mulu

▶▶ ▶ 绪论 /1

第一章 热力学第一定律与热化学 /5
第一节 热力学概论 /5
第二节 热力学基本概念 /6
第三节 热力学第一定律 /8
第四节 可逆过程 /10
第五节 焓 /14
第六节 热容 /15
第七节 热力学第一定律的应用 /17
第八节 热化学 /23
第九节 化学反应热效应的计算 /25
第十节 溶解热和稀释热 /28
第十一节 反应热与温度的关系——基尔霍夫定律 /29

第二章 热力学第二定律与化学平衡 /37
第一节 热力学第二定律 /37
第二节 熵的物理意义与热力学第三定律 /45
第三节 熵变的计算及熵判据的应用 /47
第四节 亥姆霍兹自由能和吉布斯自由能 /51
第五节 吉布斯自由能变的计算 /54
第六节 热力学状态函数之间的关系 /58
第七节 偏摩尔量与化学势 /60
第八节 化学平衡 /72

第三章 相平衡 /87
第一节 相律 /87
第二节 单组分系统 /90
第三节 二组分系统 /95
第四节 三组分系统 /111

第四章 电化学基础 /121
第一节 电解质溶液的导电性 /121
第二节 电解质溶液的电导 /126
第三节 电导测定及应用 /129

· 物理化学 ·

第四节　可逆电池热力学　　　　　　　　　　　/133
第五节　生物电化学　　　　　　　　　　　　　/140

第五章　化学动力学　　　　　　　　　　　　　/149
第一节　基本概念　　　　　　　　　　　　　　/150
第二节　简单级数反应　　　　　　　　　　　　/152
第三节　典型复杂反应　　　　　　　　　　　　/160
第四节　温度对反应速率的影响　　　　　　　　/163
第五节　反应速率理论简介　　　　　　　　　　/167
第六节　溶剂对反应速率的影响　　　　　　　　/172
第七节　催化作用　　　　　　　　　　　　　　/174
第八节　光化学反应　　　　　　　　　　　　　/181

第六章　表面现象　　　　　　　　　　　　　　/189
第一节　表面现象及其本质　　　　　　　　　　/189
第二节　铺展与润湿　　　　　　　　　　　　　/193
第三节　高分散度对物理性质的影响　　　　　　/196
第四节　溶液的表面吸附　　　　　　　　　　　/200
第五节　表面活性剂　　　　　　　　　　　　　/203
第六节　固体的表面吸附　　　　　　　　　　　/215

第七章　溶胶　　　　　　　　　　　　　　　　/227
第一节　分散系　　　　　　　　　　　　　　　/227
第二节　溶胶的制备与净化　　　　　　　　　　/229
第三节　溶胶的光学性质　　　　　　　　　　　/232
第四节　溶胶的动力学性质　　　　　　　　　　/235
第五节　溶胶的电学性质　　　　　　　　　　　/240
第六节　溶胶的稳定性与聚沉　　　　　　　　　/245

第八章　大分子溶液　　　　　　　　　　　　　/254
第一节　大分子化合物　　　　　　　　　　　　/254
第二节　大分子溶液　　　　　　　　　　　　　/257
第三节　大分子电解质溶液　　　　　　　　　　/264
第四节　凝胶　　　　　　　　　　　　　　　　/269
第五节　大分子化合物在药物制剂中的应用　　　/273

模拟试卷　　　　　　　　　　　　　　　　　　/278
物理化学模拟试卷一　　　　　　　　　　　　　/278
物理化学模拟试卷二　　　　　　　　　　　　　/282
物理化学模拟试卷三　　　　　　　　　　　　　/285
物理化学模拟试卷四　　　　　　　　　　　　　/288
物理化学模拟试卷五　　　　　　　　　　　　　/292
物理化学模拟试卷六　　　　　　　　　　　　　/295
物理化学模拟试卷七　　　　　　　　　　　　　/299
物理化学模拟试卷八　　　　　　　　　　　　　/302
物理化学模拟试卷九　　　　　　　　　　　　　/305

附录 /308

   附录 A   一些常用物质的等压摩尔热容与温度的关系   /308

   附录 B   一些常用单质和无机化合物的热力学数据   /309

   附录 C   一些常用有机化合物的热力学数据   /312

主要参考文献 /314

绪　论

一、物理化学发展简史与研究内容、研究方法

物理化学(physical chemistry)是化学学科的一个分支,从 1887 年《物理化学杂志》的创办标志着物理化学作为一门学科正式成立到今天不过一百多年,物理化学在科学研究中取得了丰硕成果,在生产、生活等方面起着巨大的指导作用。

18 世纪中叶,俄国科学家罗蒙诺索夫提出了"物理化学"一词。这之后的一个多世纪,科学研究在基础理论方面取得了巨大进步,为物理化学作为一门学科成立奠定了理论基础。特别是被称为"物理化学三剑客"的奥斯特瓦尔德、范特霍夫、阿伦尼乌斯的研究工作为物理化学初期发展做出了奠基性的贡献。

范特霍夫(van't Hoff)在化学动力学、化学平衡、稀溶液的依数性特别是渗透压等方面的研究成果斐然,因为在化学热力学和化学动力学等方面的开创性贡献获得了第一届诺贝尔化学奖。范特霍夫终身保持着对化学实验的浓厚兴趣,同时他重视科学方法对实验的指导作用,善于应用数学方法整理实验结果,应用逻辑推理方法推导出结论,这些方法是物理化学的重要研究方法,也是我们今天学习物理化学需要熟练应用的方法。

阿伦尼乌斯(Arrhenius)创立的电离学说是物理化学发展初期的重大发现,是物理化学学科建立的重要理论基础之一。阿伦尼乌斯对化学动力学的研究做出了突出贡献,我们现在熟知的活化分子、活化能等概念就是他提出来的。阿伦尼乌斯的研究领域广泛,对物理学研究也有重要贡献。1903 年,阿伦尼乌斯获得了诺贝尔化学奖。

奥斯特瓦尔德(Ostwald)在化学热力学、化学动力学、催化作用等领域做出了重要贡献。他从质量作用定律和电离理论出发推导出了奥斯特瓦尔德稀释定律,并通过大量实验数据验证了这一关系,为当时还是假说的质量作用定律和电离理论提供了支持。奥斯特瓦尔德首创了以铂作为催化剂、由氨制硝酸的方法。1909 年,奥斯特瓦尔德获得了诺贝尔化学奖。由于对物理化学学科的建立做出了巨大贡献,奥斯特瓦尔德被誉为物理化学之父。

此外,对热、功转换问题的深入研究,确立了热力学第一、第二定律,奠定了热力学理论基础;对热力学状态函数的研究,形成了一套完整的热力学处理方法,可以对热力学系统进行严密的数学处理;吉布斯(Gibbs)提出的用于多相平衡体系的相律,使得对相平衡的研究取得了突破,这些都是 19 世纪后期物理化学研究取得的成果。20 世纪初,能斯特(Nernst)等科学家的研究工作建立了热力学第三定律,电化学的研究也取得了很大进步,特别是量子化学的建立使物理化学的研究由宏观进入了微观领域。近一个世纪以来,物理化学的研究不断深入,成了一门研究化学变化基本规律的学科。

物理化学是从物理现象和化学现象的联系入手,应用物理学的原理和方法,探求化学变化基本规律的一门学科。化学变化与物理现象相互联系,化学变化伴随着物理现象。化学变化从微观上看是原子、分子之间的相互结合或分离,产生新的物质,宏观上则伴有热、光、声、电等物理现象发生,并引起系统温度、压力、体积等的改变。例如,我们常见的燃烧反应,伴随产生了大量的光和热;原电池可以把化学能转化为电能。另一方面,物理条件的改变也会影响化学反应的发生,例如,加热、光照、通电等都可能引发、加快或减慢化学反应的发生。大量研究表

明化学变化与物理现象有内在的紧密联系,研究化学变化基本规律就必须从物理现象和化学现象的联系入手,这是物理化学学科产生的必然。

物理化学主要研究下面三个方面的内容。

1. 化学热力学

化学热力学的学科基础是热力学第一定律和第二定律,热力学第一定律主要研究化学反应能量相互转化的问题,热力学第二定律在能量转化研究基础上研究反应的方向和限度(平衡)的问题。经典热力学即平衡态热力学的研究已经比较成熟,是很多科学技术的基础,也是本教材学习的内容。非平衡态热力学研究的是敞开系统,是当前非常活跃的研究领域。1977年,普里高津(Prigogine)由于在非平衡态热力学领域提出耗散结构理论的研究成果,获得了诺贝尔化学奖。

2. 化学动力学

化学动力学研究化学反应的机制、速率问题,以及不同条件对反应速率的影响。由于受实验条件、手段的限制,化学动力学的研究尚处于宏观动力学阶段,其理论也不够成熟。化学动力学仍是一个十分活跃的研究领域,近几十年的诺贝尔化学奖,多数是由化学动力学研究领域的科学家获得。

3. 结构化学

结构化学研究物质结构与性能的关系。从本质上看,物质的微观结构决定其性质,深入研究物质的内部结构,才能真正揭示化学反应的内在规律。本教材不包含此部分内容。

以上三个方面的研究内容,即研究一个化学反应能否发生,反应向哪个方向进行,反应限度如何,反应的机制、速率如何,反应为什么会发生,这些问题的研究即是探寻化学变化的基本规律,也就是研究一个化学变化的本源性问题,因而物理化学研究内容丰富,研究范围广泛,思想性、逻辑性、理论性较强,具有高度概括性。

物理化学属于自然科学,一般自然科学的研究方法也是物理化学的研究方法,遵循实践—理论—再实践的认识过程。就物理化学学科本身而言,有三种特有的研究方法:热力学研究方法、量子力学研究方法、统计力学研究方法,三种方法相互补充,相互促进。

热力学研究方法是一种宏观的研究方法,以大量质点的集合体作为研究对象,以热力学第一定律和第二定律为基础,通过严密的逻辑推理建立了一系列热力学函数,用以判断变化的方向和限度,并得出相平衡和化学平衡条件。热力学研究方法是本教材的主要学习方法。

量子力学研究方法是一种微观的研究方法,以微观质点为研究对象,研究微粒(分子、原子、电子等)的运动规律,以及结构和性能之间的关系。

统计力学研究方法是一种介于宏观和微观的研究方法,在宏观领域和微观领域之间架起一座桥梁,用统计学的原理和方法,从微观质点的运动规律推导出系统的宏观性质。

二、物理化学课程的主要任务及在医药学中的地位和作用

结合专业特点,物理化学课程选取以下几个部分作为教学内容。

化学热力学:应用热力学基本原理和方法,研究化学反应的能量转换,判断反应的方向和限度,解决化学反应可能性问题。

相平衡:应用热力学基本原理,通过相图研究多相系统的相变化、相平衡规律,指导生产实践。

电化学:研究电能和化学能的相互转化及规律。

化学动力学:研究化学反应的机制和速率,不同反应条件对反应速率的影响,解决化学反应现实性问题。

表面现象:应用热力学原理,研究表面(相界面)上发生的物理化学过程及规律。

胶体分散系：研究胶体分散系的性质及变化规律。

大分子溶液：研究大分子溶液的基本性质及变化规律。

随着学科间的相互渗透和相互联系越来越紧密，医药与物理化学的结合也越来越强。药学类专业的学生学习物理化学，可以为将来学习专业课如药剂学、药理学等打好基础，培养物理化学思维，学会应用物理化学知识指导解决药学实践中的相关问题。

在药物制剂方面，需要表面化学知识指导剂型的研发、改良，在选择不同剂型、研制新剂型时需要考虑表面性能对药物的吸收、药理作用等方面的影响。利用表面活性剂的增溶、乳化等作用，可以改良、制备新剂型，起到增强药效、提高生物利用度等作用。

在天然药物的研究中，提取、分离有效成分，常用到蒸馏、萃取、吸附等基本操作，这些操作依据的是相平衡、表面现象等方面的物理化学原理。

在制药工业中，选择工艺路线，以最佳反应条件进行反应，需要化学动力学、化学热力学等方面的知识。制药工业中常用的冷冻干燥、喷雾干燥等工艺，应用了相平衡、表面现象等方面的物理化学原理。

在药物合成研究中，设计合成路线时，可以应用化学热力学知识计算出反应是否发生、向哪个方向进行，避免了盲目性。确定合成条件时，可以应用化学动力学知识指导选择催化剂、选择合适的条件等。在药物结构改造、修饰中，更是多方面地应用了物理化学知识。

在药物稳定性研究中，明确温度、光照、酸碱性等因素对药物的影响，考察药物的半衰期、有效期等，需要应用化学动力学知识设计实验、计算结果。

物理药剂学是物理学、物理化学与药剂学结合产生的交叉学科，电化学与药物研究结合产生了生物医药电化学，高分子化学、胶体化学的发展为药物剂型选择提供了更多可能。物理化学正日益深入、广泛地渗透到医药领域，成为支撑医药学发展的重要基础。

三、物理化学的学习目的与学习方法

学以致用是药学类专业学生学习物理化学的主要目的。对药学类专业的学生来说，学习物理化学是为了解决药学问题，能应用物理化学理论、知识解决实际问题是设置这门课程的基本目的。同时，作为一门学科的学习，物理化学的学习会对我们的思维方式产生更深刻的影响。学习物理化学，可以拓宽知识面，打好专业基础，培养物理化学思维，应用物理化学基本理论、知识指导学好专业课，将来有更扎实的基础知识解决专业问题。物理化学理论性强、逻辑严谨，我们要学习前人思考问题、解决问题的方法，培养逻辑思维能力，从更高、更广的方面启发自己、提高自己。

如何学好物理化学，可谓见仁见智，适合自己的学习方法就是最好的学习方法。下面针对物理化学学科的特殊性提出一些学习建议，供参考。

物理化学是化学之理，是应用物理学的原理和方法研究化学变化基本规律的科学，它的研究语言不再是化学方程式，而是状态函数、热、功等物理量，其思维方式更多的是物理学和数学思维。学习中要重视基本概念、基本理论、基本计算的掌握，对于繁杂的数学推导可适当弱化，重在理解、应用。通过理解掌握基本理论、基本概念，有些同学学习的时候不求甚解，甚至死记硬背，这是不行的。理解后的记忆才牢固，理解后的知识才是自己的，才能用来解决实际问题。只要肯花时间，认真听讲，积极参与讨论，多看参考书，找到适合自己的学习方法，理解、学好并不难。

研究方法抽象化、理想化，将定性概念定量化，应用逻辑推理得出结论，这些都是物理化学的特点，学习中要重视这些特点，培养物理化学思维。要重视公式的物理意义、适用条件，重视习题。物理化学中公式较多，忽视公式的适用条件、盲目套用公式是初学者容易出现的问题，通过演算习题理解公式、学会应用公式是学习物理化学的有效途径，所以要舍得花时间、精力，

独立思考解答习题。实际上,物理化学中的基本公式并不多,很多公式都是通过基本公式推导出的在不同条件下的运用,学习中分清主次、明白公式的由来,往往可以事半功倍。

学会归纳、总结、提高,每学习新的内容,都要思考新内容与之前学习的知识有何联系、有何不同,期末更要把前后内容联系起来复习,融会贯通。比如,第一章、第二章化学热力学学完后,归纳、总结各状态函数的性质、相互联系,区分不同判据的适用条件等,理清脉络,这样才会条理清晰,避免相互混淆。物理化学前后概念联系紧密,这一点在热力学中尤其明显,学习中一定要一步一个脚印,扎实推进,避免由于前面没有学好导致后面没法学,丧失学习信心,甚至最终放弃。课前预习是事半功倍的好习惯,可以在每次课前用少量时间预习,便于把握听课节奏,理解授课内容。课后要及时复习、巩固。

重视实验,物理化学是理论与实验并重的学科,实验前要重视预习,理解实验与理论课程内容的联系,通过实验深化、升华理论知识的学习。

(云南中医药大学　魏泽英)

第一章 热力学第一定律与热化学

 学习目标

1. 记忆、理解:热力学基本概念;状态函数及其特性;热和功、热力学能的定义,热力学第一定律及数学表达式;可逆过程及其特点;热容、焓的定义及其相互关系;焦耳实验及其结论。

2. 计算、分析、应用:不同过程热和功、热力学能变、焓变的计算;会用理想气体绝热可逆过程方程式进行计算;会用赫斯定律、标准摩尔生成焓、标准摩尔燃烧焓计算反应热,会用基尔霍夫公式计算不同温度下的反应热。

本章PPT

热力学(thermodynamics)是一门古老而又充满生机的学科,属于物理学的一个分支。热力学的起源可以追溯到古希腊对热的本质的争论,其最初研究是为了提高早期蒸汽机的效率,后被扩展应用到化学反应的研究中。热力学已广泛应用于科学和工程领域的各学科,如物理化学、化学工程、制药工程等。本章学习经典热力学。

第一节 热力学概论

一、热力学的研究内容

热力学的形成和建立经历了一个漫长的历史时期,直到 19 世纪中叶,人们在归纳、总结大量实验、实践的基础上,才建立了热力学的理论。

热力学是研究宏观系统在能量相互转换过程中所遵循的普遍规律的科学。热力学研究系统宏观性质变化之间的关系;研究在各种变化过程中所发生的能量效应;研究一定条件下某种过程变化的方向和限度等问题。热力学的理论基础主要是热力学第一定律和热力学第二定律,这两个定律是热力学最基本的定律。

应用热力学的基本原理和方法来研究化学现象及与化学有关的物理现象,称为化学热力学(chemical thermodynamics)。化学热力学的主要研究内容可以概括为用热力学第一定律研究化学变化和相变化中的能量转化规律,用热力第二定律研究、解决化学和物理变化的方向和限度问题,以及化学平衡和相平衡的问题。

在药学领域,利用热力学数据可以预测药物合成反应的可行性、选择反应条件,可以利用相图指导剂型设计、指导生产过程等。在制药、药物稳定性研究以及中药有效成分的提取和分离等方面,化学热力学都有重要作用。近年来发展起来的微量量热技术,通过测量绘制出生物反应过程的热谱图,由热谱图可以得出动植物新陈代谢的一些重要信息,为药物筛选提供重要依据。

 NOTE

二、热力学的研究方法及其局限性

热力学采用严格的数理逻辑推理方法,研究大量微观粒子所组成的系统的宏观性质,所得结论只反映微观粒子的平均行为,具有统计意义。热力学不研究物质的微观性质即个别或少数微观粒子的行为,不研究物质的微观结构和反应机制,只需知道系统的始态和终态及过程进行的外界条件,就可以进行相应的计算和判断。由于热力学不研究变化的现实性问题,不涉及时间概念,不考虑反应进行的微观进程,因而无法预测变化的速率和机制。以上特点既是热力学方法的优点,也是其本身的局限性。

三、热力学的发展

经过一百多年的发展,平衡态热力学已经形成一套完整的理论和方法,可以说比较成熟了。如今,热力学已经从平衡态热力学发展到非平衡态热力学。非平衡态热力学是研究敞开系统中,处于不平衡状态下系统的变化问题,主要有两大理论,一是昂萨格(Onsager)提出的"倒易关系";二是普里高津(Prigogine)提出的"耗散结构理论",他们分别在 1968 年和 1977 年获得诺贝尔化学奖。

热力学与其他学科结合,产生了一些交叉学科,如把统计力学的方法应用到经典热力学中,不仅从系统的质点微观状态出发导出了宏观性质,而且还能预测一些物质的特性,从而发展成为统计热力学。

第二节　热力学基本概念

一、系统与环境

在热力学中,将一部分物质从其他部分中划分出来作为研究的对象,这一部分物质称为**系统**(system),而将与之密切相关的部分称为**环境**(surrounding)。根据系统与环境之间物质交换和能量传递的不同,将系统分为三种。

(1) 敞开系统(open system)　该类系统与环境之间既有物质的交换,又有能量的传递。

(2) 封闭系统(closed system)　该类系统与环境之间没有物质的交换,只有能量的传递。在本书中,除有特殊注明外,一般以封闭系统作为我们的研究对象。

(3) 孤立系统(isolated system)　该类系统与环境之间既无物质的交换,也无能量的传递。实际上自然界并不存在真正的孤立系统,但为了研究问题的方便,常常把系统和环境作为一个整体来看,则该整体可以视为一个孤立系统。

二、系统的性质

能描述系统状态的物理量,如温度、压力、体积、密度、表面张力等称为系统的性质,或称为热力学变量。系统的性质可分为以下两类。

(1) 广度性质(extensive properties)　其大小与系统物质的量成正比,如体积、质量、热容、热力学能和熵等。广度性质具有加和性,即整个系统的某个广度性质是系统中各部分该性质的加和。

(2) 强度性质(intensive properties)　其数值仅取决于系统的特性,与系统物质的量无关,如温度、压力、密度、黏度等。强度性质无加和性,即整个系统的强度性质的数值与各个部分的强度性质的数值相同,例如,两杯任意量的 298.15 K 的水混合后,水温仍为 298.15 K。

通常系统的广度性质与强度性质之间存在下列关系：

$$广度性质×强度性质＝广度性质$$

如：体积 V ×密度 ρ ＝质量 m。

三、热力学平衡态

如果把处于某状态下的系统与环境之间的一切联系隔绝，其状态仍能不随时间而变化，则该状态是系统的热力学平衡态。系统处于平衡态时，一般来说应满足以下四个条件。

(1) 热平衡(thermal equilibrium)　系统各部分温度相等。

(2) 力学平衡(mechanical equilibrium)　系统各部分之间没有不平衡的力存在，各部分压力相等。

(3) 相平衡(phase equilibrium)　系统中各相的数量和组成不随时间而变化。

(4) 化学平衡(chemical equilibrium)　系统中化学反应达到平衡后，系统的组成不随时间而改变。

若非特别说明，当系统处于某种状态，即是指系统处于这种热力学平衡态。

四、过程与途径

1. 过程

在一定条件下，系统由一个状态变化到另一个状态，称为系统进行了一个热力学过程，简称**过程**(process)。通常把热力学过程分为简单状态变化过程(单纯状态变化过程)、相变过程、化学过程等。简单状态变化过程是温度、压力、体积发生变化的过程，是无相变化和化学变化的过程。

热力学中常见的简单状态变化过程如下。

(1) 等温过程(isothermal process)　系统始、终态温度相同，且等于环境温度的过程，即 $T_1＝T_2＝T_环$。

(2) 等压过程(isobaric process)　系统始、终态压力相同，且等于环境压力的过程，即 $p_1＝p_2＝p_e$，p_e 表示环境压力(外压)。注意等压过程与等外压过程的区分。

(3) 等容过程(isochoric process)　系统变化过程中体积保持不变。在刚性容器中发生的变化一般看作等容过程。

(4) 绝热过程(adiabatic process)　系统变化过程中和环境之间的热交换为零。

(5) 循环过程(cyclic process)　系统从某一状态出发，又回到原来状态的变化过程。

2. 途径

完成某一过程的具体步骤称为**途径**(path)，从同一始态到同一终态可以有不同的途径。例如某一系统从始态(273.15 K，$1.0×10^5$ Pa)变化到终态(373.15 K，$2.0×10^5$ Pa)，可以有不同的途径。

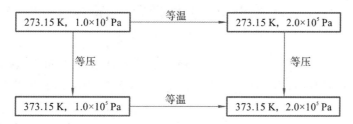

途径一：先经过等压变化，再经过等温变化。途径二：先经过等温变化，再经过等压变化。即同一变化过程，可以经过多种不同途径完成。

7

五、状态与状态函数

1. 状态

系统一切性质的综合表现,即为系统的**状态**(state)。当系统处于某一确定的状态时,系统的性质就具有确定的值;当系统的所有性质如组成、温度、压力、体积、密度、黏度等都确定时,系统就处于确定的状态。当系统的任一性质发生变化时,系统的状态必然发生改变,一般将系统变化前的状态称为始态,变化后的状态称为终态。

由于系统的许多性质之间有一定的联系,所以描述系统的状态并不需要罗列出它所有的性质,例如 $pV=nRT$ 就描述了理想气体的 p、V、T、n 四个变量之间的关系。热力学不能指出最少需要指定哪几个性质,系统才处于定态,但广泛的实验事实证明:对于没有化学变化,只含有一种物质的均相封闭系统,一般说来,只要指定两个强度性质,其他强度性质也就随之而定了,如果还知道系统的总量,则广度性质也就确定了。例如,某单组分气体系统,只需 T、p 两个强度性质即可确定其状态;从摩尔体积和系统的物质的量,就可算出该系统的总体积。

2. 状态函数

某些性质的改变量只取决于系统所处的始态和终态,而与变化所经历的具体途径无关,系统无论经历多复杂的变化,只要回到初始状态,则这些性质都能够复原,即这些性质由系统的状态确定,热力学中将这一类性质称为**状态函数**(state function)。如温度、压力、体积、密度等都是状态函数。

状态函数具有以下特性。

(1) 状态函数是系统状态的单值函数。系统的状态确定后,状态函数就具有唯一确定的值。

(2) 状态函数的变化量仅取决于系统的始态和终态,而与变化的途径无关。循环过程由于又回到了原来状态,则状态函数必定恢复原值,其改变量为零。即:殊途同归,值变相等;周而复始,值变为零。

(3) 状态函数在数学上具有全微分的性质。例如某系统物质的体积是温度和压力的函数,即 $V=f(T,p)$,则状态函数体积 V 的全微分可写成:

$$dV = \left(\frac{\partial V}{\partial T}\right)_p dT + \left(\frac{\partial V}{\partial p}\right)_T dp$$

由于

$$\oint dV = 0$$

状态函数的全微分的环路积分为零,即经历一个循环后,状态函数的改变值为零,其逆定理也成立。

(4) 不同状态函数构成的初等函数(和、差、积、商)也一定是状态函数。

第三节　热力学第一定律

自然界所有物质都具有能量,能量有多种形式。实践证明,能量可以从一种形式转化为另一种形式,但在转化过程中,能量既不能凭空创造,也不会凭空消失,总能量保持不变,此即能量守恒定律,也是热力学第一定律。热力学第一定律是人类经验的归纳、总结,根据热力学第一定律,要想制造一种机器,它不靠外界供给能量,本身也不消耗能量,却不断地对外工作,这是不可能的。人们把这种假想的机器称为第一类永动机,因此热力学第一定律也可以表述如下:第一类永动机是不可能造成的。

热力学第一定律描述了在热力学变化过程中,系统和环境之间在转换中总能量守恒,涉及的能量形式有两种。

一、热

热(heat)是系统与环境之间由于存在温度差而交换的能量,通常用符号 Q 表示,单位是 J。规定:系统从环境吸收热量,$Q>0$;系统向环境释放热量,$Q<0$。从微观上看,热与系统内大量粒子的无序热运动有关。因为热是在系统与环境间传递的能量,所以热是与具体途径相联系的量,不是系统的性质,不是状态函数。不能说系统含有多少热,只能说系统在某一变化过程中吸收或放出多少热。一般不同过程的热常用不同的名称,如反应热、溶解热、熔化热、等压热、等容热等;发生相变化时系统与环境之间交换的热称为相变潜热(如气化热、熔化热、升华热等)。

二、功

系统与环境之间除热以外交换的其他形式的能量都称为功(work),用符号 W 表示,单位是 J。规定:环境对系统做功(或称系统得功),$W>0$;系统对环境做功,$W<0$。从微观上看功与系统内大量粒子的有序运动有关。和热一样,功是与具体途径相联系的量,所以功也不是状态函数。物理化学中,把功分为体积功和非体积功两大类,由于系统体积变化而做的功称为体积功,其他形式的功称为非体积功。在化学热力学中,主要研究的是体积功。

热和功是能量传递和交换的两种形式,故其与系统发生变化的具体途径相联系,没有途径就没有热和功,因此热和功都不是系统固有的性质,它们的数值与变化时所采取的具体途径有关。热和功都不是状态函数,不具有全微分性质,为区别起见,它们的微小变化用 δQ 和 δW 来表示。

三、热力学能

热力学能又称为内能(internal energy),它是系统内所有粒子除整体势能及整体动能外,全部能量的总和,主要包括平动能、转动能、振动能、分子间势能、原子间键能、电子运动能、核内基本粒子间核能以及分子与分子间相互作用的位能等。人们对物质内部结构的认识在不断深入,更深层次的微观粒子不断被发现,人们难以知道物质内部所有运动形式的能量,也就是说难以确定一个系统热力学能的确切数值。

系统内每个粒子的能量是粒子的微观性质,热力学能是这种微观性质的总体表现,是系统的一种宏观性质,应为宏观状态的函数。显然,在确定的温度、压力下系统的热力学能应当是系统内各部分能量之和,或者说它具有加和性,所以热力学能是系统的广度性质。

热力学能和所有的状态函数一样,当系统处于确定的状态,热力学能就具有确定的值,它的改变值只取决于系统的始、终态,而与变化的途径无关。

热力学能是状态函数,其微小变化可以写为全微分。如果 $U=f(T,V)$,U 表示热力学能,其全微分为

$$dU = \left(\frac{\partial U}{\partial T}\right)_V dT + \left(\frac{\partial U}{\partial V}\right)_T dV$$

四、热力学第一定律的数学表达式

对于一个封闭系统,当系统的状态发生变化时,若系统从环境吸收的热量为 Q,并对环境做功 W,根据热力学第一定律,系统热力学能的变化为

$$\Delta U = Q + W \tag{1-1}$$

若系统发生微小变化,则

NOTE

$$dU = \delta Q + \delta W \tag{1-2}$$

式(1-1)和式(1-2)为封闭系统的热力学第一定律的数学表达式,它表明热力学变化过程中,系统和环境之间的热、功和系统的热力学能之间的守恒和相互转化的关系。若系统吸收的热大于它对环境所做的功,因为能量不能无故消失,则系统热力学能增加,$\Delta U > 0$;若系统吸收的热小于它对环境所做的功,因为能量不能凭空创造,则系统热力学能减少,$\Delta U < 0$。对于孤立系统,$Q = 0$,$W = 0$ 则 $\Delta U = 0$,即孤立系统的热力学能始终保持不变。

知识拓展

历史上的第一类永动机

历史上最著名的第一类永动机是法国人亨内考在 13 世纪提出的"魔轮"。轮子中央有个转动轴,轮子的边缘等距地安装着 12 根活动短杆,每根短杆的一端装有 1 个铁球。亨内考认为,魔轮通过安放在转轮上的一系列可动的悬臂实现永动,向下行方向的悬臂在重力作用下会向下落下,远离转轮中心,使得下行方向力矩加大;而上行方向的悬臂在重力作用下靠近转轮中心,力矩减小,力矩的不平衡驱动魔轮的转动。这个设计被不少人以不同的形式复制出来,但从未实现不停息的转动。

15 世纪,意大利著名的科学家、艺术家达·芬奇也曾经设计了一个相同原理的类似装置,但实验仍未获得成功。由此,达·芬奇敏锐地认识到永动机是不可能制成的,他劝告永动机的设计者们:"永恒运动的幻想家们!你们的探索是何等徒劳无功,还是去做淘金者吧。"

17 世纪,被关在英国伦敦塔下的犯人马尔基斯,也曾复制了一台类似的转轮永动机。转轮的直径约为 4.3 m,有 40 个质量均为 23 kg 的重球沿转轮辐条向外运动,轮流驱使转轮不断转动。据说他曾向英国国王查理一世表演过这一装置,国王见了十分高兴,就释放了他,其实这台机器由于有较大的自重,经推动后能依靠惯性维持一段时间的转动,但终究还是要停止的。

16 世纪 70 年代,意大利的一位机械师斯特尔又提出了一个流水落差永动机的设计方案。他在设计时认为,由上面水槽流出的水,冲击水轮转动,水轮在带动水磨转动的同时,通过一组齿轮带动螺旋汲水器,把蓄水池里的水重新提升到上面的水槽中。他想,整个装置可以这样不停地运转下去,并有效地对外做功。后来有人还设计了一台类似的永动机,但并没有成功。

基于理论和实践证明第一类永动机无法实现的事实,1775 年法兰西科学院通过决议,将拒绝审理"表现永恒运动的任何机器"。不可否认,在热力学第一定律建立以前,人类对第一类永动机的探索在一定程度上促进了科学的进步和机械制造的发展。

第四节 可逆过程

一、功与过程

1. 体积功的计算

体积功本质上是机械功,可用力和在力方向上的位移的乘积来计算。如图 1-1 所示,将一定量的气体置于横截面积为 A 的气缸中,并假定活塞的质量、活塞与气缸壁之间的摩擦力均可忽略不计。气缸内气体的压力为 p,外压为 p_e,若 $p > p_e$,气缸内气体膨胀,设活塞向上移动了 dl 的距离,则系统对环境所做的体积功可表示为

$$\delta W = -p_e A dl = -p_e dV \tag{1-3}$$

式中,$dV = A dl$,即系统的体积变化。

若体积从 V_1 变化到 V_2,则系统所做的总体积功为

$$W = -\int_{V_1}^{V_2} p_e dV \tag{1-4}$$

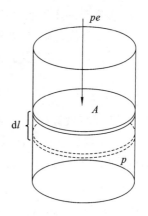

图 1-1　气体体积功的计算

式(1-4)为体积功的计算公式。当气体膨胀时 $dV > 0$,则 $W < 0$,即系统对环境做膨胀功;当气体受到压缩时 $dV < 0$,则 $W > 0$,即环境对系统做压缩功;若外压为零,这种过程称为自由膨胀过程,$p_e = 0$,$W = 0$,所以系统对外不做功。

2. 一次等外压膨胀过程的功

假设一气缸内有 n mol 的气体,活塞为理想活塞,与气缸壁没有摩擦力。气体从 $p_1 V_1$ 膨胀到 $p_2 V_2$,若经历的途径不同,则所做的功的大小也不相同,见图 1-2。

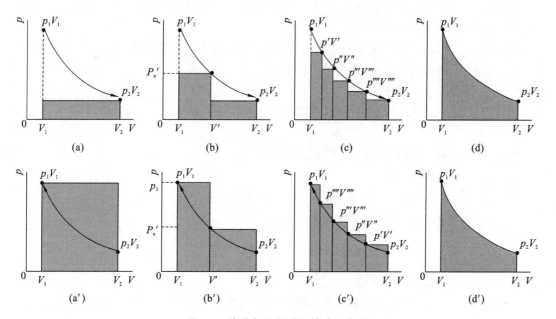

图 1-2　膨胀与压缩过程的功示意图

若外压 $p_e = p_2$,且保持不变,系统体积从 V_1 膨胀到 V_2,系统所做的功为

$$W_1 = -\int_{V_1}^{V_2} p_e dV = -p_e(V_2 - V_1) = -p_2(V_2 - V_1)$$

W_1 的绝对值相当于图 1-2(a)中阴影部分的面积。

3. 二次等外压膨胀过程的功

若系统先在等外压为 p_e' 时,体积从 V_1 膨胀到 V',体积变化为 $V' - V_1$;然后在外压恒定为 p_2 时,体积从 V' 膨胀到 V_2,体积变化为 $V_2 - V'$,则整个过程系统所做的功即为二次膨胀的体积功之和:

$$W_2 = -p_e'(V' - V_1) - p_2(V_2 - V')$$

W_2 的绝对值相当于图 1-2(b)中阴影部分的面积。

NOTE

11

4. 多次等外压膨胀过程的功

系统从始态 p_1V_1 在等外压作用下到达中间平衡态 $p'V'$，然后继续等外压膨胀到下一个中间态 $p''V''$，如此多次膨胀到终态 p_2V_2，做功为

$$W_3 = -p'(V'-V_1) - p''(V''-V') - \cdots$$

W_3 的绝对值相当于图 1-2(c) 中阴影部分的面积。

5. 无限多次等外压膨胀过程的功

在整个膨胀过程中，若始终保持外压 p_e 比气体的内压 p 小一个无限小量 $\mathrm{d}p$，即 $p_e = p - \mathrm{d}p$，则体积每次膨胀 $\mathrm{d}V$，无限缓慢地体积从 V_1 膨胀到 V_2，在这无限缓慢的膨胀过程中，系统所做的功为

$$W_4 = -\int_{V_1}^{V_2} p_e \mathrm{d}V = -\int_{V_1}^{V_2}(p-\mathrm{d}p)\mathrm{d}V = -\int_{V_1}^{V_2} p\mathrm{d}V$$

式中略去了二级无限小值 $\mathrm{d}p\mathrm{d}V$，即可用内压 p 近似代替外压 p_e。在上述这种无限缓慢的膨胀过程中，系统在任一瞬间的状态都极接近于平衡状态，整个过程可以看作由一系列极接近于平衡的状态所构成，这种过程称为**准静态过程**(quasistatic process)。W_4 的绝对值相当于图 1-2(d) 中阴影部分的面积。

显然 $$|W_4| > |W_3| > |W_2| > |W_1|$$

由此可见，始、终态相同，若途径不同，系统所做的功不同，即功和途径密切相关。显然，准静态膨胀过程中，系统对外做功最大。

再考虑压缩过程，采取与上述过程相反的途径，将气体从 p_2V_2 压缩到 p_1V_1。同理，压缩采取的途径不同，环境对系统所做的功也不相同。

6. 一次等外压压缩过程的功

若外压 $p_e = p_1$，且保持不变，系统体积从 V_2 压缩到 V_1，环境所消耗的功为

$$W_1' = -p_1(V_1 - V_2)$$

W_1' 的绝对值相当于图 1-2(a') 中阴影部分的面积。

7. 二次等外压压缩过程的功

若系统先在等外压为 p_e' 时，体积从 V_2 压缩到 V'；然后在外压为 p_1 时，体积从 V' 压缩到 V_1，则整个过程环境所付出的功即为二次压缩的体积功之和：

$$W_2' = -p_e'(V'-V_2) - p_1(V_1-V')$$

W_2' 的绝对值相当于图 1-2(b') 中阴影部分的面积。

8. 多次等外压压缩过程的功

系统从始态 p_2V_2 在等外压作用下压缩到达中间平衡态 $p'V'$，然后继续等外压压缩到下一个中间态 $p''V''$，如此多次压缩到终态 p_2V_2，环境所付出的功为

$$W_3' = -p'(V'-V_2) - p''(V''-V') - \cdots$$

W_3' 的绝对值相当于图 1-2(c') 中阴影部分的面积。

9. 准静态压缩过程的功

在整个压缩过程中，若始终保持外压 p_e 比气体的内压 p 大一个无限小量 $\mathrm{d}p$，即 $p_e = p + \mathrm{d}p$，则体积每次被压缩 $\mathrm{d}V$，无限缓慢地体积从 V_2 压缩到 V_1，在这无限缓慢的压缩过程中，环境所付出的功为

$$W_4' = -\int_{V_2}^{V_1} p_e \mathrm{d}V = -\int_{V_2}^{V_1}(p+\mathrm{d}p)\mathrm{d}V = -\int_{V_2}^{V_1} p\mathrm{d}V$$

W_4' 的绝对值相当于图 1-2(d') 中阴影部分的面积。

显然 $$|W_4'| < |W_3'| < |W_2'| < |W_1'|$$

由此可见，压缩时分步越多，环境付出的功越小。显然，准静态压缩过程中，环境对系统所

付出的功最小。

对比图 1-2 的膨胀和压缩过程可以看出,系统进行一次或者有限次等外压膨胀后,再进行等外压压缩回到始态,系统得功,环境有能量耗散。虽然系统复原,但环境无法复原。而在准静态膨胀和准静态压缩过程中,系统对环境做的最大功和环境对系统做的最小功,绝对值相等,符号相反,当系统准静态膨胀至终态后,再进行准静态压缩回到始态,系统和环境都没有能量耗散,均可以复原。

二、可逆过程

系统经过某一过程,由状态 1 变化到状态 2,如果沿原途径从状态 2 回到状态 1 后,系统和环境的物质、能量都没有变化,都能够完全复原,这样的过程称为**可逆过程**(reversible process)。反之,若过程发生后,从原途径返回始态后系统和环境不能复原,则称为不可逆过程(irreversible process)。

可逆过程具有如下特点。

(1)可逆过程是以无限小的变化、无限缓慢进行的过程,系统始终无限接近于平衡态,即可逆过程是由一系列无限接近平衡的状态所构成的。

(2)可逆过程发生后,若系统沿原途径逆向进行,系统和环境都可以完全复原。

(3)可逆膨胀过程系统对环境做最大功,可逆压缩过程环境对系统做最小功,即可逆过程的效率最高。

可逆过程是一个理想过程,是一种科学的抽象,客观世界中并不真正存在可逆过程,但有些过程无限趋近于可逆过程。例如,可逆相变过程、平衡条件下发生的化学反应、电流无限小的充电和放电过程等,都可以近似地看作可逆过程。

需要注意的是,不可逆过程不能理解为不能逆向进行。一个不可逆过程发生以后,也可以使系统复原,但当系统复原后,环境必定发生了变化。如水从高处向低处流,可以不需要施加外力自发进行;但如果将水从低处送到高处,则需要做功才能完成,这样环境消耗了能量,不能恢复原态。

三、理想气体等温可逆过程的功的计算

上述气体在可逆膨胀或者压缩过程中,如果气体为理想气体,且过程中温度不变,气体从 $p_1 V_1 T$ 变化到 $p_2 V_2 T$,则理想气体等温可逆过程的功为

$$W_R = -\int_{V_1}^{V_2} p\,dV = -\int_{V_1}^{V_2} \frac{nRT}{V}\,dV = -nRT\ln\frac{V_2}{V_1} = -nRT\ln\frac{p_1}{p_2} \tag{1-5}$$

例 1-1 在 298.15 K 时,1 mol N_2(视为理想气体)起始体积为 1.50×10^{-2} m³,经过下列过程膨胀到终态体积为 2.48×10^{-2} m³,试计算过程的功 W。

(1)自由膨胀;

(2)反抗等外压 100 kPa 膨胀;

(3)先反抗等外压 120 kPa 膨胀到某一中间态,再反抗等外压 100 kPa 膨胀到终态;

(4)可逆膨胀。

解:(1)自由膨胀时,$p_e = 0$,故 $W_{IR} = 0$。

(2)$W_{IR} = -p_e(V_2 - V_1) = -100\times10^3\times(2.48-1.50)\times10^{-2} = -980$(J)。

(3)二次等外压膨胀时,设第一次在等外压 120 kPa 下膨胀到某一中间态的压力和体积分别为 p'_e 和 V'。

$$V' = \frac{nRT}{p'_e} = \frac{1\times8.314\times298.15}{120\times10^3} = 2.06\times10^{-2}\,(\text{m}^3)$$

NOTE

$$W_{IR} = -p'_e(V'-V_1) - p_e(V_2-V')$$
$$= -120\times10^3\times(2.06-1.50)\times10^{-2} - 100\times10^3\times(2.48-2.06)\times10^{-2}$$
$$= -1.09\times10^3\,(J)$$

(4) $W_R = -nRT\ln\dfrac{V_2}{V_1} = -1\times8.314\times298.15\times\ln\dfrac{2.48\times10^{-2}}{1.50\times10^{-2}} = -1.25\times10^3\,(J)$

计算结果表明:二次膨胀做的功比一次膨胀做的功大;实际上,膨胀次数越多,做功越大,可逆过程系统做功最大。

例 1-2 1 mol H_2O 在其沸点蒸发为水蒸气,求此过程所做的功。

解:这是一个可逆相变过程,忽略液体体积,并把蒸气视为理想气体,则此蒸发过程所做的功为

$$W = -p_e(V_g - V_1) = -p_e V_g = -p V_g = -nRT$$
$$= -1\times8.314\times373.15 = -3.10\times10^3\,(J)$$

第五节 焓

热是过程量,不是状态函数,其大小取决于具体途径。但是在一定条件下,某些特定过程的热仅取决于始、终态而与途径无关。引进状态函数焓将会给特定条件下的热效应的计算带来极大方便。

一、等容热

对于一个封闭系统中的等容过程,$dV=0$,所以过程的体积功为零,如果过程中非体积功也为零,热力学第一定律可写为

$$\Delta U = Q_V$$

或
$$dU = \delta Q_V \tag{1-6}$$

式中,Q_V 为等容过程的热效应,由于热力学能是状态函数,其增量 ΔU 只取决于系统的始态和终态,所以等容热 Q_V 也必然只取决于系统的始态和终态,与过程的具体途径无关。式(1-6)表明:**封闭系统在非体积功为零的等容过程中,系统所吸收的热全部用于系统热力学能的增加。**因此,封闭系统在非体积功为零的等容过程中,可以用系统的 ΔU 值代替 Q_V。

二、等压热

对于只做体积功的封闭系统,在等压过程中 $p_1 = p_2 = p_e = $ 常数,系统从状态 1 变化到状态 2,热力学第一定律可写成

$$\Delta U = U_2 - U_1 = Q_p - p_e(V_2 - V_1)$$
$$U_2 - U_1 = Q_p - p_2 V_2 + p_1 V_1$$

或
$$Q_p = (U_2 + p_2 V_2) - (U_1 + p_1 V_1) \tag{1-7}$$

由于 U、p、V 均是系统的状态函数,因此 $(U+pV)$ 也必然是状态函数,它的改变量仅取决于系统的始、终态,在热力学上将这一新的状态函数 $(U+pV)$ 定义为焓(enthalpy),用 H 表示,即

$$H \equiv U + pV \tag{1-8}$$

因此,得

$$\Delta H = Q_p$$

或
$$dH = \delta Q_p \tag{1-9}$$

式(1-9)表明:**封闭系统在非体积功为零的等压过程中,系统吸收的热全部用于增加系统的焓。**因此,封闭系统在非体积功为零的等压过程中,可以用系统的 ΔH 值代替 Q_p。

对于焓的理解,应该注意以下几点。

(1) 焓是状态函数,是系统的广度性质,具有能量量纲;

(2) 因为尚无法确定热力学能的绝对值,所以焓的绝对值也无法准确得知;

(3) 封闭系统非体积功为零的等压过程的焓变等于等压热,而不是焓等于等压热。

由于大部分化学反应都是在等压条件下进行的,所以可以用 ΔH 直接计算反应热,因此焓具有重要的实用意义。

例 1-3 在 100 kPa、1173 K 下,1 mol $CaCO_3$(s) 分解为 CaO(s) 和 CO_2(g)(视为理想气体)时吸热 178 kJ。试计算此过程的 W、Q、ΔU 和 ΔH。

解:此过程为等温、等压下发生的化学反应,且过程中无非体积功

$$\Delta H = 178(kJ) \quad Q = 178(kJ)$$

$$W = -p_e(V_2 - V_1) = -p_e(V_{产物} - V_{反应物}) \approx -pV(CO_2) = -nRT$$

$$= -1 \times 8.314 \times 1173 = -9.75 \times 10^3(J) = -9.75 \text{ kJ}$$

$$\Delta U = Q + W = 178 - 9.75 = 168.25(kJ)$$

或

$$\Delta U = \Delta H - \Delta(pV) = 168.25(kJ)$$

例 1-4 1 mol Ar(视为理想气体)在 100 kPa 和 298.15 K 条件下,体积膨胀为原来的 2 倍。若该过程吸热 6193.9 J,试计算此过程的 W、ΔU 和 ΔH。

解:这是一个等压过程,$\Delta H = Q_p$,所以 $\Delta H = 6193.9(J)$

系统的始态体积

$$V_1 = \frac{nRT_1}{p_1} = \frac{1 \times 8.314 \times 298.15}{100 \times 10^3} = 2.48 \times 10^{-2}(m^3)$$

终态体积

$$V_2 = 2V_1$$

所以,

$$W = -p_e(V_2 - V_1) = -100 \times 10^3 \times 2.48 \times 10^{-2} = -2.48 \times 10^3(J)$$

$$\Delta U = Q + W = 6193.9 - 2480 = 3713.9(J)$$

第六节 热 容

摩尔热容是由实验测定的一种基础热数据,用来计算系统发生单纯状态变化时的等容热、等压热及这类变化中系统的 ΔU 和 ΔH。

一、热容的概念

在非体积功为零的条件下,一个不发生化学变化和相变化的均相封闭系统,若从环境吸收热量 Q,系统的温度从 T_1 升高到 T_2,则系统的平均热容定义为

$$\overline{C} = \frac{Q}{T_2 - T_1} = \frac{Q}{\Delta T} \tag{1-10}$$

式中,$\overline{C}$ 称为平均热容,即系统在 $T_1 \sim T_2$ 范围内,温度平均升高 1 K 时所需吸收的热量。已知热容随温度而变,若温度变化无限小,则可写作

$$C = \frac{\delta Q}{dT} \tag{1-11}$$

式中,C 为**热容**(heat capacity),单位是 $J \cdot K^{-1}$。由于热容与系统所含物质的量有关,因此常用的有比热容和摩尔热容。1 kg 物质的热容称为比热容或比热,单位是 $J \cdot K^{-1} \cdot kg^{-1}$;1 mol

NOTE

物质的热容称为摩尔热容,用 C_m 表示,单位是 $J \cdot K^{-1} \cdot mol^{-1}$。

由于 Q 不是状态函数,其值与过程有关,因而系统的热容也与过程有关。

二、等容热容

等容热容是封闭系统物质在等容过程中的热容,用 C_V 表示;1 mol 物质在等容过程中的热容是等容摩尔热容,用 $C_{V,m}$ 表示。实验对各种物质的 $C_{V,m}$ 测定结果表明,它不仅随物种及其聚集状态的不同而变化,还随温度而变化。C_V 定义的数学表达式为

$$C_V = \frac{\delta Q_V}{dT} = \left(\frac{\partial U}{\partial T}\right)_V \tag{1-12}$$

移项积分可得

$$\Delta U = \int_{T_1}^{T_2} C_V dT = n\int_{T_1}^{T_2} C_{V,m} dT \tag{1-13}$$

式(1-13)提供了计算非体积功为零、单纯状态变化(无化学变化和相变化)的封闭系统热力学过程的热力学能变的有效方法。如果在积分范围内 $C_{V,m}$ 为常数,则式(1-13)可以积分为

$$\Delta U = nC_{V,m}(T_2 - T_1) \tag{1-14}$$

三、等压热容

等压热容是封闭系统物质在等压过程中的热容,用 C_p 表示;1 mol 物质在等压过程中的热容是等压摩尔热容,用 $C_{p,m}$ 表示。$C_{p,m}$ 和 $C_{V,m}$ 一样,不仅随物种及其聚集状态不同而变化,还随温度而变化。C_p 定义的数学表达式为

$$C_p = \frac{\delta Q_p}{dT} = \left(\frac{\partial H}{\partial T}\right)_p \tag{1-15}$$

移项积分可得

$$\Delta H = \int_{T_1}^{T_2} C_p dT = n\int_{T_1}^{T_2} C_{p,m} dT \tag{1-16}$$

式(1-16)提供了计算非体积功为零、单纯状态变化的封闭系统热力学过程的焓变的有效方法。如果在积分范围内 $C_{p,m}$ 为常数,则式(1-16)可以写为

$$\Delta H = nC_{p,m}(T_2 - T_1) \tag{1-17}$$

例 1-5 在 101.325 kPa 等压条件下,1 mol 50 ℃的水变成 150 ℃的水蒸气,试计算此过程吸收的热。已知水和水蒸气的平均等压摩尔热容分别为 75.3 $J \cdot K^{-1} \cdot mol^{-1}$ 和 33.6 $J \cdot K^{-1} \cdot mol^{-1}$,水在 100 ℃ 及 101.325 kPa 压力下,由液态水变成水蒸气的气化热为 40.64 $kJ \cdot mol^{-1}$。

解:50 ℃的水变成 150 ℃的水蒸气,其过程为

$$H_2O(l,50\ ℃) \rightarrow H_2O(l,100\ ℃) \rightarrow H_2O(g,100\ ℃) \rightarrow H_2O(g,150\ ℃)$$

由 50 ℃的水变成 100 ℃的水,吸热为

$$Q_{p,1} = nC_{p,m}(l)(T_2 - T_1) = 1 \times 75.3 \times (373.15 - 323.15) = 3765(J) = 3.77\ kJ$$

由 100 ℃的水变成 100 ℃的水蒸气时的相变热为

$$Q_{p,2} = n\Delta H_m = 1 \times 40.64 = 40.64(kJ)$$

由 100 ℃的水蒸气变成 150 ℃的水蒸气,吸热为

$$Q_{p,3} = nC_{p,m}(g)(T_3 - T_2) = 1 \times 33.6 \times (423.15 - 373.15) = 1680(J) = 1.68\ kJ$$

全过程所吸收的热为

$$Q_p = Q_{p,1} + Q_{p,2} + Q_{p,3} = 3.77 + 40.64 + 1.68 = 46.09(kJ)$$

例 1-6 已知 1 mol O_2(视为理想气体)在等容条件下从 298.15 K、100 kPa 降为 50 kPa,求该过程的 W、ΔH 和 ΔU。已知 $C_{p,m} = 29.1\ J \cdot K^{-1} \cdot mol^{-1}$。

解：等容过程中的体积功 $W=0$。

理想气体在等容条件下，$p_2=0.5p_1$，则 $T_2=0.5T_1$

$$\Delta H=nC_{p,m}(T_2-T_1)=1\times29.1\times(0.5T_1-T_1)=-4338.1(J)$$
$$\Delta U=\Delta H-\Delta(pV)=\Delta H-nR(T_2-T_1)$$
$$=-4338.1-1\times8.314\times(0.5T_1-T_1)=-3098.7(J)$$

四、热容与温度的关系

热容随温度的变化是通过实验测定的，$C_{p,m}$ 和 $C_{V,m}$ 之间存在一定的关系。在常用的化学、化工手册中，可以查得不同物质的 $C_{p,m}$；还有的手册是以图、数据表的形式表示，以方便计算。$C_{p,m}$ 与温度的关系，常用的经验式有如下两种形式：

$$C_{p,m}=a+bT+cT^2 \tag{1-18}$$
$$C_{p,m}=a+bT+\frac{c'}{T^2} \tag{1-19}$$

式中，a、b、c、c' 均为经验常数，它们随着物质及温度范围的不同而不同，部分物质的 $C_{p,m}$ 的经验常数可参见附录。

例 1-7 试计算在 100 kPa 下，1 mol O_2 从 298.15 K 升温到 473.15 K 时所吸收的热。

解：查表，可得 O_2 的 $C_{p,m}$ 随温度变化的经验常数 a、b、c。上述过程为非体积功为零的等压过程，则 $T_1=298.15$ K 升温到 $T_2=473.15$ K 过程中所吸收的热为

$$Q_p=\Delta H=n\int_{T_1}^{T_2}C_{p,m}dT=n\int_{T_1}^{T_2}(a+bT+cT^2)dT$$

$$=n\left[a(T_2-T_1)+\frac{1}{2}b(T_2^2-T_1^2)+\frac{1}{3}c(T_2^3-T_1^3)\right]$$

$$=36.16(T_2-T_1)+\frac{1}{2}\times8.45\times10^{-4}\times(T_2^2-T_1^2)-\frac{1}{3}\times7.494\times10^{-7}\times(T_2^3-T_1^3)$$

$$=6365.2(J)$$

第七节 热力学第一定律的应用

一、热力学第一定律在理想气体中的应用

（一）理想气体的热力学能和焓——焦耳实验

1843 年，焦耳（Joule）做了如下实验：将两个体积相等且中间以旋塞相通的容器，置于有绝热壁的水浴中。如图 1-3 所示，其中一个容器充有气体，另一个容器抽成真空，待达到热平衡后，打开旋塞，气体向真空膨胀，最后达到平衡。如果以气体为系统，水浴为环境，实验发现水浴的温度无变化（$\Delta T=0$），说明在此过程中系统与环境之间无热交换，即 $Q=0$；又因为气体向真空膨胀，故 $W=0$；根据热力学第一定律 $\Delta U=Q+W=0$。可见气体向真空膨胀时，温度不变，热力学能保持不变。

对于一定量的纯物质均相封闭系统，热力学能 $U=f(T,p)$，则

$$dU=\left(\frac{\partial U}{\partial T}\right)_p dT+\left(\frac{\partial U}{\partial p}\right)_T dp$$

实验测得 $dT=0$，又因为 $dU=0$，所以必然有

$$\left(\frac{\partial U}{\partial p}\right)_T dp=0$$

NOTE

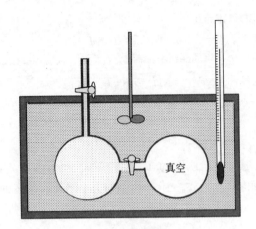

图 1-3 焦耳实验示意图

而气体变化前后 $\mathrm{d}p \neq 0$，故

$$\left(\frac{\partial U}{\partial p}\right)_T = 0 \tag{1-20}$$

式(1-20)表明，在等温情况下，上述实验气体的热力学能不随压力而变。

同理可证明

$$\left(\frac{\partial U}{\partial V}\right)_T = 0 \tag{1-21}$$

式(1-21)表明，在等温时，上述实验气体的热力学能不随体积而变化。

由式(1-20)和式(1-21)可以说明，气体的热力学能仅是温度的函数，而与压力和体积无关，即

$$U = f(T)$$

实际上，由于实验条件的限制，焦耳实验是不够精确的，由于水浴中水的热容量很大，因而无法测得水温的微小变化。进一步的实验表明，实际气体向真空膨胀时，温度会发生微小变化，但是这种变化会随着气体起始压力的降低而减小。由此可以推论，只有当气体的初始压力趋近于零，即气体近似于理想气体时，上述实验结果才完全正确。因此，该结论的准确表述如下：**理想气体的热力学能仅是温度的函数，而与体积和压力无关。**

对于理想气体的焓

$$H = U + pV = f(T) + nRT$$

因此，对于理想气体，$H = f(T)$，即**理想气体的焓也仅是温度的函数，与体积和压力无关。**

因 $C_p = \left(\frac{\partial H}{\partial T}\right)_p$ 和 $C_V = \left(\frac{\partial U}{\partial T}\right)_V$，所以，**理想气体的 C_p 和 C_V 也仅是温度的函数，与体积和压力无关。**

（二）理想气体的 $C_{p,\mathrm{m}}$ 和 $C_{V,\mathrm{m}}$ 的关系

在等压加热过程中，系统吸收的热除用于增加热力学能外，还用于对外做功，所以 C_p 总是大于 C_V。对于没有化学变化和相变化、非体积功为零的热力学封闭系统，

$$C_p - C_V = \left(\frac{\partial H}{\partial T}\right)_p - \left(\frac{\partial U}{\partial T}\right)_V = \left[\frac{\partial(U + pV)}{\partial T}\right]_p - \left(\frac{\partial U}{\partial T}\right)_V \tag{1-22}$$

$$= \left(\frac{\partial U}{\partial T}\right)_p + p\left(\frac{\partial V}{\partial T}\right)_p - \left(\frac{\partial U}{\partial T}\right)_V$$

设热力学能 $U = f(T, V)$，U 的全微分为

$$\mathrm{d}U = \left(\frac{\partial U}{\partial T}\right)_V \mathrm{d}T + \left(\frac{\partial U}{\partial V}\right)_T \mathrm{d}V \tag{1-23}$$

等压条件下,式(1-23)对 T 求导,得

$$\left(\frac{\partial U}{\partial T}\right)_p = \left(\frac{\partial U}{\partial T}\right)_V + \left(\frac{\partial U}{\partial V}\right)_T \left(\frac{\partial V}{\partial T}\right)_p \tag{1-24}$$

将式(1-24)代入式(1-22),可得

$$C_p - C_V = \left(\frac{\partial U}{\partial V}\right)_T \left(\frac{\partial V}{\partial T}\right)_p + p\left(\frac{\partial V}{\partial T}\right)_p = \left[\left(\frac{\partial U}{\partial V}\right)_T + p\right]\left(\frac{\partial V}{\partial T}\right)_p \tag{1-25}$$

对于液体和固体,因为体积随温度变化很小,所以 $\left(\frac{\partial V}{\partial T}\right)_p \approx 0$,故 $C_p \approx C_V$。

对于理想气体,因为 $\left(\frac{\partial U}{\partial V}\right)_T = 0$,$\left(\frac{\partial V}{\partial T}\right)_p = \frac{nR}{p}$,所以

$$C_p - C_V = nR \tag{1-26}$$

$$C_{p,\mathrm{m}} - C_{V,\mathrm{m}} = R \tag{1-27}$$

式(1-27)表明,理想气体的 $C_{p,\mathrm{m}}$ 和 $C_{V,\mathrm{m}}$ 的差值为摩尔气体常数 R。可以证明:**摩尔气体常数 R 的物理意义是 1 mol 理想气体温度升高 1 K 时,在等压条件下所做的功。**

统计力学可以证明:理想气体在常温下,单原子分子的 $C_{V,\mathrm{m}} = \frac{3}{2}R$、$C_{p,\mathrm{m}} = \frac{5}{2}R$;双原子分子的 $C_{V,\mathrm{m}} = \frac{5}{2}R$、$C_{p,\mathrm{m}} = \frac{7}{2}R$;非线型多原子分子的 $C_{V,\mathrm{m}} = 3R$、$C_{p,\mathrm{m}} = 4R$。

例 1-8 试计算 1 mol O_2(视为理想气体)在等压条件下从 100 kPa、273.15 K 升温到 298.15 K 时的 Q、W、ΔU 和 ΔH。

解:O_2 为双原子分子,其 $C_{V,\mathrm{m}} = \frac{5}{2}R$,$C_{p,\mathrm{m}} = \frac{7}{2}R$

$$\Delta U = nC_{V,\mathrm{m}}(T_2 - T_1) = 1 \times \frac{5}{2} \times 8.314 \times (298.15 - 273.15) = 519.6(\mathrm{J})$$

$$\Delta H = nC_{p,\mathrm{m}}(T_2 - T_1) = 1 \times \frac{7}{2} \times 8.314 \times (298.15 - 273.15) = 727.5(\mathrm{J})$$

$$W = -p_\mathrm{e}(V_2 - V_1) = -p \times \left(\frac{nRT_2}{p} - \frac{nRT_1}{p}\right) = -nR(T_2 - T_1)$$

$$= -1 \times 8.314 \times (298.15 - 273.15) = -207.9(\mathrm{J})$$

这是一个等压过程,因此 $Q = 727.5(\mathrm{J})$

(三)理想气体的绝热过程

1. 理想气体绝热可逆过程方程式

在绝热过程中,系统与环境之间没有热交换,即 $Q = 0$,根据热力学第一定律可得

$$\mathrm{d}U = \delta W$$

因为

$$\mathrm{d}U = C_V \mathrm{d}T$$

所以

$$\delta W = \mathrm{d}U = C_V \mathrm{d}T \tag{1-28}$$

可见,若 $\delta W \neq 0$,则 $\mathrm{d}T \neq 0$。表明在绝热过程中,只要系统与环境之间有功的交换,系统温度必然发生变化。若系统对环境做功,则系统温度降低,热力学能减小;若环境对系统做功,则系统温度升高,热力学能增加。

对于理想气体的绝热可逆过程,若非体积功 $W' = 0$,则

$$\delta W = -p_\mathrm{e}\mathrm{d}V = -p\mathrm{d}V \quad (\text{可逆过程 } p_\mathrm{e} = p)$$

代入式(1-28)得

NOTE

$$-p\,\mathrm{d}V = -\frac{nRT}{V}\mathrm{d}V = C_V\,\mathrm{d}T$$

或

$$-\frac{nR}{V}\mathrm{d}V = \frac{C_V}{T}\mathrm{d}T$$

$$-\int_{V_1}^{V_2}\frac{nR}{V}\mathrm{d}V = \int_{T_1}^{T_2}\frac{C_V}{T}\mathrm{d}T$$

$$nR\ln\frac{V_2}{V_1} = -C_V\ln\frac{T_2}{T_1}$$

对于理想气体，$C_p - C_V = nR$ 代入上式，得

$$(C_p - C_V)\ln\frac{V_2}{V_1} = -C_V\ln\frac{T_2}{T_1}$$

令 $C_p/C_V = \gamma$，γ 称为热容比。上式两边同时除以 C_V，得

$$(\gamma - 1)\ln\frac{V_2}{V_1} = \ln\frac{T_1}{T_2}$$

显然

$$T_1 V_1^{\gamma-1} = T_2 V_2^{\gamma-1} \quad 或 \quad TV^{\gamma-1} = K \tag{1-29}$$

上式中，K 为一个常数。如果将 $T = pV/nR$ 代入式(1-29)，可得

$$p_1 V_1^{\gamma} = p_2 V_2^{\gamma} \quad 或 \quad pV^{\gamma} = K' \tag{1-30}$$

上式中，K' 为一个常数。如果将 $V = nRT/p$ 代入式(1-29)，可得

$$T_1^{\gamma} p_1^{1-\gamma} = T_2^{\gamma} p_2^{1-\gamma} \quad 或 \quad T^{\gamma} p^{1-\gamma} = K'' \tag{1-31}$$

上式中，K'' 为一个常数。式(1-29)、式(1-30)、式(1-31)称为非体积功为零($W'=0$)的理想气体绝热可逆过程方程式。

2. 绝热过程功的计算

绝热过程功的计算可以由式(1-28)得到

$$W = \int_{T_1}^{T_2} C_V\,\mathrm{d}T$$

若 C_V 可视为常数，则有

$$W = C_V(T_2 - T_1) \tag{1-32}$$

对于理想气体，$C_p - C_V = nR$，则

$$\frac{nR}{C_V} = \frac{C_p - C_V}{C_V} = \gamma - 1$$

所以，式(1-32)又可以写成

$$W = \frac{nR(T_2 - T_1)}{\gamma - 1} = \frac{p_2 V_2 - p_1 V_1}{\gamma - 1} \tag{1-33}$$

理想气体从同一始态出发，分别经过绝热可逆过程和等温可逆过程不能达到同一终态。如图 1-4 所示，图中 AB 线为等温可逆过程曲线，而 AC 线为绝热可逆过程曲线，AC 线斜率的

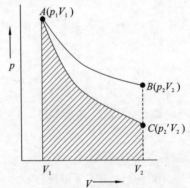

图 1-4　等温(AB)与绝热(AC)可逆膨胀

绝对值总是比 AB 线斜率的绝对值大,即绝热可逆膨胀过程中,气体压力的降低要比等温可逆膨胀过程更为显著。在绝热可逆膨胀过程中,气体体积的增大和气体温度的降低两个因素使压力降低,所以系统的压力降低更快;而在等温可逆膨胀过程中,气体的压力仅随体积的增大而降低。显然,系统在等温可逆膨胀过程中做功比绝热可逆膨胀过程做功大。

例 1-9 3 mol He(视为理想气体)从 $T_1 = 300$ K、$p_1 = 400$ kPa 膨胀至终态压力 $p_2 = 200$ kPa。试分别计算下列两过程的终态温度 T_2 以及过程的 Q、W、ΔU、ΔH。

(1)绝热可逆膨胀;(2)绝热等外压 200 kPa 下膨胀至终态。

解:(1)绝热可逆膨胀过程:

He 是单原子分子理想气体,则

$$\gamma = C_{p,m}/C_{V,m} = \frac{5R/2}{3R/2} = 1.67$$

根据理想气体的绝热可逆过程方程式

$$T_1^{\gamma} p_1^{1-\gamma} = T_2^{\gamma} p_2^{1-\gamma}$$

$$300^{1.67} \times 400^{-0.67} = T_2^{1.67} \times 200^{-0.67}$$

解得:$T_2 = 227$(K)

因为绝热过程 $Q = 0$,则

$$W = \Delta U = nC_{V,m}(T_2 - T_1) = 3 \times \frac{3}{2} \times 8.314 \times (227 - 300) = -2731.1(J)$$

$$\Delta H = nC_{p,m}(T_2 - T_1) = 3 \times \frac{5}{2} \times 8.314 \times (227 - 300) = -4551.9(J)$$

(2)等外压 200 kPa 下的绝热膨胀过程:

因为绝热过程 $Q = 0$,所以 $\quad W = \Delta U = nC_{V,m}(T_2 - T_1)$

对于等外压膨胀, $\quad W = -p_e(V_2 - V_1) = -p_2(V_2 - V_1)$

因此有 $\quad -nRT_2 + p_2 \dfrac{nRT_1}{p_1} = nC_{V,m}(T_2 - T_1)$

$$-3 \times 8.314 \times T_2 + 200 \times \frac{3 \times 8.314 \times 300}{400} = 3 \times \frac{3}{2} \times 8.314 \times (T_2 - 300)$$

解得: $\quad T_2 = 240$(K)

$$W = \Delta U = nC_{V,m}(T_2 - T_1) = 3 \times \frac{3}{2} \times 8.314 \times (240 - 300) = -2244.8(J)$$

$$\Delta H = nC_{p,m}(T_2 - T_1) = 3 \times \frac{5}{2} \times 8.314 \times (240 - 300) = -3741.3(J)$$

通过比较可以看出,系统从同一始态出发,经绝热可逆和绝热不可逆过程,不能达到相同

NOTE

的终态。当终态压力相等时,由于可逆过程所做的功大,热力学能降低得更多,导致绝热可逆膨胀过程终态的温度更低。

二、热力学第一定律在实际气体中的应用

1. 节流膨胀

由于 1843 年焦耳设计的自由膨胀实验不够精确,1852 年焦耳和汤姆逊(W. Thomson)设计了一个实验——焦耳-汤姆逊实验,用以观察实际气体在膨胀过程中的温度变化,如图 1-5 所示。

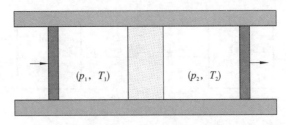

图 1-5 焦耳-汤姆逊实验示意图

实验装置为在一个圆形绝热筒的中部设置一个刚性的多孔塞,把绝热筒分为左、右两部分。气体可以通过多孔塞缓慢地膨胀,并且在多孔塞的两边能够维持一定的压力差。实验时将压力为 p_1 和温度为 T_1 的某种气体,连续地压过多孔塞,实验中保持 p_1、T_1 恒定不变;气体在多孔塞右边的压力为 p_2 并恒定不变,且 $p_1 > p_2$。由于多孔塞的孔很小,气体只能缓慢地从左侧进入右侧,p_1 和 p_2 的差基本上全部发生在多孔塞内。这种维持一定压力差的绝热膨胀过程称为**节流膨胀**(throttling expansion)。实验中,由于多孔塞的节流作用,可保持左室气体压力 p_1 和右室气体压力 p_2 不变。当节流膨胀经过一定时间达到稳定状态后,左、右室气体的温度分别稳定在 T_1 和 T_2,并且 $T_1 \neq T_2$。在通常情况下,实际气体经节流膨胀后温度都将发生变化。

2. 节流膨胀是恒焓过程

当节流膨胀达到稳定状态后,设有一定量的 V_1 体积的气体流入右侧,即左侧的体积减小 V_1 以维持 p_1 不变,为保持 p_2 不变,右侧体积增大 V_2,由于这是一个绝热过程,$Q=0$,则

$$\Delta U = W$$

在此过程中环境对系统做功为

$$W_1 = -p_1(-V_1) = p_1 V_1$$

系统对环境做功为

$$W_2 = -p_2 V_2$$

整个过程做的净功为

$$W = W_1 + W_2 = p_1 V_1 - p_2 V_2$$

因此

$$\Delta U = U_2 - U_1 = p_1 V_1 - p_2 V_2$$

移项,得

$$U_2 + p_2 V_2 = U_1 + p_1 V_1$$
$$H_2 = H_1$$
$$\Delta H = 0 \tag{1-34}$$

所以,**气体的节流膨胀是一个恒焓过程。**

理想气体的焓仅为温度的函数,若焓不变,则温度不变,因此理想气体经过节流膨胀后,其

温度保持不变。实际气体经过节流膨胀后,焓值不变,温度却发生了变化,这说明实际气体的焓不仅与温度有关,还与气体的压力或体积有关。同理,实际气体的热力学能也与气体的温度、压力或体积有关。

3. Joule-Thomson 系数

假设节流膨胀时,压差为 $\mathrm{d}p$,温度改变 $\mathrm{d}T$,定义

$$\mu_{\text{J-T}} = \left(\frac{\partial T}{\partial p}\right)_H$$

式中,$\mu_{\text{J-T}}$ 称为 Joule-Thomson 系数,表示经节流膨胀气体的温度随压力的变化率。因为 T、p 为强度性质,故 $\mu_{\text{J-T}}$ 也是强度性质,且是 T、p 的函数。在节流膨胀过程中,$\mathrm{d}p<0$,若 $\mu_{\text{J-T}}>0$,则 $\mathrm{d}T<0$,说明气体经节流膨胀后温度降低;反之,若 $\mu_{\text{J-T}}<0$,则 $\mathrm{d}T>0$,说明气体经节流膨胀后温度升高。$\mu_{\text{J-T}}$ 的大小,与气体的种类和气体的 T、p 有关。在常温下,一般气体的 $\mu_{\text{J-T}}>0$,所以经节流膨胀后,气体温度降低。而 H_2、He 的 $\mu_{\text{J-T}}<0$,但是当温度降至很低时,它们的 $\mu_{\text{J-T}}$ 也可以转变为正值。$\mu_{\text{J-T}}=0$ 时的温度称为转化温度。

在工业上节流膨胀被广泛应用于气体的液化和制冷技术。

第八节 热 化 学

化学反应常伴有放热或吸热现象,对这些热效应进行精密的测定、研究,成为物理化学的一个分支,称为热化学(thermochemistry)。热化学实际上是热力学第一定律在化学反应过程中的具体应用。

一、等压反应热与等容反应热

在非体积功为零的封闭系统中发生某化学反应之后,使产物的温度恢复到反应前原反应物的温度,系统吸收或放出的热量称为该反应的**热效应**,即**反应热**。规定:反应系统放热,反应热为负值;反应系统吸热,反应热为正值。热与途径有关,等压条件下进行的反应,称为等压反应热,用 Q_p 表示;等容条件下进行的反应,称为等容反应热,用 Q_V 表示。在非体积功为零的等压或等容的特定条件下,一个化学反应的反应热可以用状态函数焓或热力学能的改变值 $\Delta_r H$ 或 $\Delta_r U$ 表示。一般而言,量热计测得的反应热是等容反应热,而化学反应通常是在等压条件下进行的,因此需要由 $\Delta_r U$ 计算出 $\Delta_r H$。

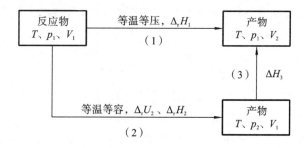

设某化学反应分别经等温等压(1)和等温等容(2)两条途径进行反应。反应(2)的产物经过(3)后可以到达与反应(1)的产物相同的状态。

根据状态函数的特征,可知

$$\Delta_r H_1 = \Delta_r H_2 + \Delta H_3 = \Delta_r U_2 + \Delta(pV)_2 + \Delta H_3$$

对于反应系统中固态和液态等凝聚相物质,反应前、后的 pV 相差不大,可以忽略不计。

NOTE

只需考虑气体组分的 pV 之差。如果假设气体组分为理想气体,则

$$\Delta(pV)_2 = p_2V_2 - p_1V_1 = (\Delta n_g)RT$$

式中,Δn_g 表示气体产物和气体反应物的物质的量之差。

对于理想气体,焓仅是温度的函数,故等温过程(3)的 $\Delta H_3 = 0$;对于产物中的固态和液态物质,ΔH_3 不为零,但其数值与化学反应的 $\Delta_r H_2$ 相比要小得多,一般可以忽略不计。因此

$$\Delta_r H = \Delta_r U + (\Delta n_g)RT$$

或

$$Q_p = Q_V + (\Delta n_g)RT \tag{1-35}$$

对于没有气体参与的反应系统,

$$Q_p = Q_V \tag{1-36}$$

例 1-10 298.15 K 时,将 1 mol 正庚烷置于量热计中燃烧,测得其等容反应热为 -4.708×10^6 J,求等压反应热。

解: 正庚烷燃烧反应为

$$C_7H_{16}(l) + 11O_2(g) \Longrightarrow 7CO_2(g) + 8H_2O(l)$$

气体物质的

$$\Delta n = 7 - 11 = -4(mol)$$

$$Q_p = Q_V + (\Delta n_g)RT = -4.708 \times 10^6 - 4 \times 8.314 \times 298.15 = -4.718 \times 10^6 (J)$$

二、热化学方程式

热化学方程式是表示化学反应与热效应关系的反应方程式,除写出化学反应方程式外,还须在其后写出反应热的数值。因为 H、U 与系统的状态有关,所以在写热化学方程式时,应注明物态、温度、压力、组成等。通常用(g)、(l)、(s)表示气、液、固态,水溶液用(aq)表示,(aq,∞)表示无限稀释的水溶液;对于固态还应注明晶型,如 C(石墨)、C(金刚石)等。反应热可表示成 $\Delta_r H_m^{\ominus}(T)$,称为标准摩尔反应热,一般是指标准压力为 100 kPa、指定温度为 298.15 K 时的反应热;下标 m 表示反应进度为 1 mol,即按照化学计量方程式进行了一个单位的反应。

(1) $N_2(g) + 3H_2(g) \Longrightarrow 2NH_3(g)$ $\Delta_r H_m^{\ominus}(T) = -92.22$ kJ·mol^{-1}

(2) $\frac{1}{2}N_2(g) + \frac{3}{2}H_2(g) \Longrightarrow NH_3(g)$ $\Delta_r H_m^{\ominus}(T) = -46.11$ kJ·mol^{-1}

(3) $2NH_3(g) \Longrightarrow N_2(g) + 3H_2(g)$ $\Delta_r H_m^{\ominus}(T) = 92.22$ kJ·mol^{-1}

(4) $C(石墨) + O_2(g) \Longrightarrow CO_2(g)$ $\Delta_r H_m^{\ominus}(T) = -393.509$ kJ·mol^{-1}

(5) $C(金刚石) + O_2(g) \Longrightarrow CO_2(g)$ $\Delta_r H_m^{\ominus}(T) = -395.4$ kJ·mol^{-1}

可以看出,反应热与反应条件、反应方程式有关,所以书写热化学方程式时,化学计量方程式与反应热的值应相互对应。

三、赫斯定律

1840 年,热力学定律尚未建立,化学家赫斯(G. H. Hess)从大量实践中归纳、总结出一条经验规律——赫斯定律(Hess's law):一个化学反应无论是一步完成还是分几步完成,其热效应的总和相等;或者说,保持反应条件(如温度、压力等)不变时总反应的热效应等于各分反应热效应之和。实验表明,赫斯定律只有在非体积功为零时才严格成立。实际上赫斯定律是热力学第一定律的必然结果。

对于难以测准或反应程度不易控制而无法直接测定反应热的化学反应,可以应用赫斯定律间接求得。例如,反应 $C(石墨) + \frac{1}{2}O_2(g) \Longrightarrow CO(g)$ 的热效应很难直接测定,通过以下过程,可以应用赫斯定律间接求得其反应热。

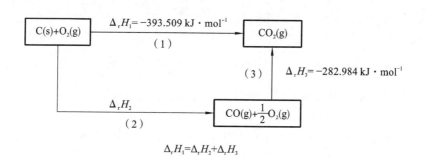

$$\Delta_r H_1 = \Delta_r H_2 + \Delta_r H_3$$

故反应(2)的热效应 $\Delta_r H_2 = \Delta_r H_1 - \Delta_r H_3 = -393.509 + 282.984 = -110.525(kJ \cdot mol^{-1})$。

知识拓展

"保暖贴"小知识

关节炎、肩周炎、腰腿痛、四肢发凉、风湿及类风湿、患处遇寒疼痛等疾病患者经常使用的保暖贴,使用时只需要往相应部位一贴,立刻就能发热。保暖贴为什么会发热呢?

保暖贴是由还原铁粉、活性炭、无机盐($NaCl$ 等)、蛭石[$Mg_{0.5}(H_2O)_4Mg_3(AlSi_3O_{10})(OH)_2$]等物质组成的一种固体混合物。铁与空气中氧气、水蒸气接触后发生了化学吸氧腐蚀,铁被氧化放出热量,使保暖贴发热。蛭石主要起蓄热保温作用。

使用中,只需要打开隔氧包装袋与空气接触,即可发生氧化反应,产生热量。该热量就是化学反应的热效应。

第九节　化学反应热效应的计算

等温、等压条件下化学反应的热效应 $\Delta_r H$ 等于产物焓的总和减去反应物焓的总和,即

$$\Delta_r H = Q_p = \left(\sum H \right)_{产物} - \left(\sum H \right)_{反应物} \tag{1-37}$$

因此,如果能知道各个物质的焓的值,用上式就可方便地求得任何反应的反应热。而焓的绝对值是无法准确测定的,但可以采用一种相对标准求出焓的改变量。

由于反应热 $\Delta_r H$ 与反应前、后系统中各物质的状态,如温度、压力、物态等有关,因此在热力学中规定了物质的标准态。纯液体和纯固体的标准态定义为在标准压力 $p^\ominus$ 及指定温度 T 下的纯液体和纯固体;气体物质的标准态定义为在标准压力 $p^\ominus$ 及指定温度 T 下具有理想气体性质的纯气体。

标准压力 $p^\ominus = 100$ kPa,通常指定温度 $T = 298.15$ K,本书附录均采用温度为 298.15 K 时的数据。

一、利用生成焓计算热效应

生成热是指由元素的单质化合成单一化合物时的反应热。在标准压力 $p^\ominus$ 和指定温度 T 下,由最稳定单质生成标准态下 1 mol 化合物时的等压热效应,称为该化合物的**标准摩尔生成焓**(standard molar enthalpy of formation)或标准摩尔生成热,用符号 $\Delta_f H_m^\ominus$ 表示。

最稳定单质的标准摩尔生成焓为零。最稳定单质是指在标准压力 $p^\ominus$ 和指定温度 T 下元

素所处的最稳定形态,如碳的最稳定单质是石墨。

例如,在标准压力下,温度为 298.15 K 时 H_2 与 O_2 生成 1 mol $H_2O(l)$ 的反应

$$H_2(g) + \frac{1}{2}O_2(g) \Longrightarrow H_2O(l) \quad \Delta_r H_m^\ominus(H_2O, l) = -285.83 \text{ kJ} \cdot \text{mol}^{-1}$$

根据上述定义,显然该反应的标准摩尔反应热就是水的标准摩尔生成焓,即

$$\Delta_f H_m^\ominus(H_2O, l) = -285.83 \text{ kJ} \cdot \text{mol}^{-1}$$

可见,一个化合物的生成焓并不是这个化合物的焓的绝对值,而是相对于生成它的稳定单质的相对焓。由物质的标准摩尔生成焓,可以方便地计算在标准态下的化学反应的热效应。

例如,在标准压力和 298.15 K 下,对于某化学反应

$$aA + dD \longrightarrow gG + hH$$

可设计成如下过程:

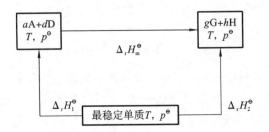

焓是状态函数,所以有

$$\Delta_r H_m^\ominus = \Delta_r H_2^\ominus - \Delta_r H_1^\ominus$$

而

$$\Delta_r H_1^\ominus = a\Delta_f H_m^\ominus(A) + d\Delta_f H_m^\ominus(D)$$
$$\Delta_r H_2^\ominus = g\Delta_f H_m^\ominus(G) + h\Delta_f H_m^\ominus(H)$$

所以

$$\Delta_r H_m^\ominus = [g\Delta_f H_m^\ominus(G) + h\Delta_f H_m^\ominus(H)] - [a\Delta_f H_m^\ominus(A) + d\Delta_f H_m^\ominus(D)] \quad (1-38)$$
$$= \sum_B \nu_B \Delta_f H_m^\ominus(B)$$

式中,B 为参与反应的任意物质;ν_B 表示反应计量方程式的计量数,产物取正值,反应物取负值。式(1-38)表示:任意一个反应的标准摩尔焓变(等压反应热)等于产物的标准摩尔生成焓的总和减去反应物标准摩尔生成焓的总和。

例 1-11 298.15 K 时,估算 1 mol $C_2H_5OH(l)$ 在体内能产生的热量是多少。

解:乙醇氧化反应:$C_2H_5OH(l) + 3O_2(g) \Longrightarrow 2CO_2(g) + 3H_2O(l)$

由附录查得,$C_2H_5OH(l)$、$CO_2(g)$、$H_2O(l)$ 的 $\Delta_f H_m^\ominus$(单位 kJ·mol^{-1})分别为 -277.69、-393.509、-285.83;稳定单质 O_2 的 $\Delta_f H_m^\ominus = 0$。

$$\Delta_r H_m^\ominus = [3\Delta_f H_m^\ominus(H_2O) + 2\Delta_f H_m^\ominus(CO_2)] - [\Delta_f H_m^\ominus(C_2H_5OH) + 3\Delta_f H_m^\ominus(O_2)]$$
$$= 3 \times (-285.83) + 2 \times (-393.509) - (-277.69)$$
$$= -1366.82(\text{kJ} \cdot \text{mol}^{-1})$$

所以 1 mol $C_2H_5OH(l)$ 在体内放出的热量是 1366.82 kJ。

二、利用燃烧焓计算热效应

事实上,绝大多数有机化合物不能由稳定单质直接合成,故其标准摩尔生成焓无法直接测得。但多数有机化合物可以燃烧,由实验可以测得其燃烧反应热效应。在标准压力 $p^\ominus$ 和指定温度 T 下,1 mol 物质完全燃烧的等压热效应称为该物质的**标准摩尔燃烧焓**(standard molar enthalpy of combustion)或标准摩尔燃烧热,用 $\Delta_c H_m^{\ominus}$ 表示。

完全燃烧的最稳定产物的标准摩尔燃烧焓为零。 化合物完全燃烧是指被燃烧的物质变成最稳定的完全燃烧的产物,如化合物中的 C 变为 $CO_2(g)$,H 变为 $H_2O(l)$,N 变为 $N_2(g)$,S 变为 $SO_2(g)$,Cl 变为 $HCl(aq)$ 等。

例如,在 298.15 K 和 $p^{\ominus}$ 时,下列反应
$$CH_3COOH(l)+2O_2(g)\Longrightarrow 2CO_2(g)+2H_2O(l)$$
$$\Delta_r H_m^{\ominus}(CH_3COOH,l)=-871.5\ kJ \cdot mol^{-1}$$

按照定义,该反应的标准摩尔反应热就是 $CH_3COOH(l)$ 的标准摩尔燃烧焓,即
$$\Delta_c H_m^{\ominus}(CH_3COOH,l)=-871.5\ kJ \cdot mol^{-1}$$

从已知物质的燃烧焓可以求得化学反应的热效应。例如,在标准压力和 298.15 K 时,对于某化学反应
$$aA+dD \longrightarrow gG+hH$$

可设计成如下过程:

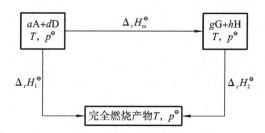

根据状态函数的特征,可得
$$\Delta_r H_m^{\ominus}=\Delta_r H_1^{\ominus}-\Delta_r H_2^{\ominus}$$
而
$$\Delta_r H_1^{\ominus}=a\Delta_c H_m^{\ominus}(A)+d\Delta_c H_m^{\ominus}(D)$$
$$\Delta_r H_2^{\ominus}=g\Delta_c H_m^{\ominus}(G)+h\Delta_c H_m^{\ominus}(H)$$
所以
$$\Delta_r H_m^{\ominus}=[a\Delta_c H_m^{\ominus}(A)+d\Delta_c H_m^{\ominus}(D)]-[g\Delta_c H_m^{\ominus}(G)+h\Delta_c H_m^{\ominus}(H)] \tag{1-39}$$
$$=-\sum_B \nu_B \Delta_c H_m^{\ominus}(B)$$

因此,任意一个反应的标准摩尔焓变(等压反应热)等于反应物的标准摩尔燃烧焓的总和减去产物的标准摩尔燃烧焓的总和。

淀粉、糖类、蛋白质等是生物体内主要能量来源,这些物质的燃烧焓在营养学的研究中有重要作用。

例 1-12 在 $p^{\ominus}$ 和 298.15 K 下,已知丙烯的 $\Delta_f H_m^{\ominus}=20.42\ kJ \cdot mol^{-1}$,环丙烷 C_3H_6、C(石墨)和 $H_2(g)$ 的 $\Delta_c H_m^{\ominus}$(单位 $kJ \cdot mol^{-1}$)分别为 -2092、-393.509 和 -285.83。试分别计算:

(1) 298.15 K 时环丙烷的 $\Delta_f H_m^{\ominus}$;

(2) 298.15 K 时环丙烷异构化为丙烯反应的 $\Delta_r H_m^{\ominus}$。

解:(1) 由稳定单质生成环丙烷的反应如下
$$3C(石墨)+3H_2(g)\longrightarrow C_3H_6(环丙烷)$$
$\Delta_f H_m^{\ominus}(环丙烷)=3\times(-393.509)+3\times(-285.83)-(-2092)=53.98(kJ \cdot mol^{-1})$

(2) 环丙烷异构化为丙烯的反应为
$$C_3H_6(环丙烷)\longrightarrow CH_3CH=CH_2(丙烯)$$
$\Delta_r H_m^{\ominus}=20.42-53.98=-33.56(kJ \cdot mol^{-1})$

NOTE

第十节　溶解热和稀释热

随着溶液的形成,在系统(溶液)和环境之间常常有能量交换,通常这种交换的能量被称为溶解热或者稀释热。溶解热和稀释热不属于化学反应热。

一、溶解热

在等温、等压条件下,一定量的物质溶于一定量的溶剂中时,所产生的热效应称为该物质的溶解热,它是破坏溶质晶格的晶格能、电离能、溶剂化能等能量的总和。

溶解热分为积分溶解热和微分溶解热。在等温、等压、非体积功为零的条件下,将 1 mol 的溶质 B 溶解于一定量的溶剂中形成一定浓度的溶液,整个过程的焓变 $\Delta_{isol}H_m$,即为形成该浓度溶液时的**摩尔积分溶解热**(integral molar heat of solution)。摩尔积分溶解热不但与溶质、溶剂的种类及溶液的浓度有关,还与系统所处的温度和压力有关,如不注明,通常指 298.15 K 和 $p^{\ominus}$。

在等温、等压及一定浓度的溶液中,再加入 dn_B 的溶质 B 所产生的微量热效应为 dH,则溶质 B 在该浓度的**摩尔微分溶解热**(differential molar heat of solution),用 $\Delta_{dsol}H_m$ 表示,其定义为

$$\Delta_{dsol}H_m = \left(\frac{\partial H}{\partial n_B}\right)_{T,p,n_A} = \left(\frac{\partial Q_p}{\partial n_B}\right)_{T,p,n_A} \tag{1-40}$$

上式表示溶剂的物质的量 n_A 保持不变,由于再加入的溶质的量 dn_B 为微量,溶液的浓度可视为不变,所以摩尔微分溶解热也可以理解为在无限大量的一定浓度的溶液中,再加入 1 mol的溶质时所产生的热效应。

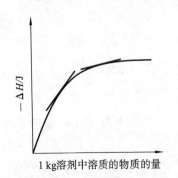

1 kg溶剂中溶质的物质的量

图 1-6　积分溶解热和微分溶解热

摩尔微分溶解热不能用量热法直接测定。根据定义,可以测定不同量的溶质在一定量溶剂中的积分溶解热,以积分溶解热 ΔH 对溶质的物质的量作图,如图 1-6 所示,曲线上某点的斜率即为该浓度的摩尔微分溶解热。

二、稀释热

稀释热也可分为积分稀释热和微分稀释热。在等温、等压条件下,将 1 mol 溶剂加入一定浓度的溶液中(该溶液含有的溶质的量为 n_B),使之稀释成另一浓度的溶液时所产生的热效应称为**摩尔积分稀释热**(integral molar heat of dilution),用 $\Delta_{idil}H_m$ 表示。

从浓度 1 稀释到浓度 2 的摩尔积分稀释热为

$$\Delta_{idil}H_m = \Delta_{isol}H_m(2) - \Delta_{isol}H_m(1)$$

即摩尔积分稀释热为稀释后与稀释前的摩尔积分溶解热之差。

在等温、等压及一定浓度的溶液中,再加入物质的量为 dn_A 的溶剂 A 所产生的微量热效应为 dH,则**摩尔微分稀释热**(differential molar heat of dilution)定义为

$$\Delta_{ddil}H_m = \left(\frac{\partial H}{\partial n_A}\right)_{T,p,n_B} = \left(\frac{\partial Q_p}{\partial n_A}\right)_{T,p,n_B} \tag{1-41}$$

稀释过程中溶质的物质的量 n_B 保持不变,$\Delta_{ddil}H_m$ 表示摩尔微分稀释热。由于再加入的

NOTE

溶剂的量 dn_A 为微量，溶液浓度可视为不变，所以摩尔微分稀释热可以理解为在无限大量的一定浓度的溶液中再加入 1 mol 溶剂时所产生的热效应。摩尔微分稀释热也不能直接测得，可以先测定一定量的溶质在不同数量的溶剂中的积分稀释热 ΔH，以 ΔH 对 n_A 作图，曲线上某点的斜率即为该浓度的摩尔微分稀释热。

第十一节 反应热与温度的关系——基尔霍夫定律

从热力学手册上，一般查到的是 298.15 K 时的数据，依据这些数据计算得出的也是 298.15 K下的化学反应的热效应。然而绝大多数化学反应并非在 298.15 K 下进行，因此需要知道化学反应的热效应随温度的变化规律，即基尔霍夫定律(Kirchhoff's law)，利用基尔霍夫定律可以计算任意温度下化学反应的热效应。

在等压条件下，化学反应在 T_1 时的反应热效应为 $\Delta_r H_m(T_1)$，在 T_2 时的反应热效应为 $\Delta_r H_m(T_2)$。

由式(1-15) $C_p = \left(\dfrac{\partial H}{\partial T}\right)_p$，得

$$\Delta C_p = \left(\frac{\partial \Delta_r H_m}{\partial T}\right)_p$$

上式移项、积分得

$$\Delta_r H_m(T_2) = \Delta_r H_m(T_1) + \int_{T_1}^{T_2} \Delta C_p dT \tag{1-42}$$

式(1-42)即基尔霍夫定律。

可以看出，化学反应的热效应随温度的变化是反应物与产物的热容不同所致。若 $\Delta C_p > 0$，反应热随温度升高而增大；若 $\Delta C_p < 0$，反应热随温度升高而减小；若 $\Delta C_p = 0$，反应热不随温度而变。

若温度变化范围不大，可将 ΔC_p 视为常数，则式(1-42)可写为

$$\Delta_r H_m(T_2) = \Delta_r H_m(T_1) + \Delta C_p(T_2 - T_1) \tag{1-43}$$

式中，C_p 为参与反应的各物质在 $T_1 \sim T_2$ 温度范围内的平均等压热容；ΔC_p 等于产物的平均等压热容与反应物的平均等压热容之差。

若反应物和产物的等压热容与温度有关，由式(1-18) $C_{p,m} = a + bT + cT^2$，得

$$\Delta C_p = \Delta a + \Delta b \cdot T + \Delta c \cdot T^2 \tag{1-44}$$

则式(1-42)可写为

$$\begin{aligned}
\Delta_r H_m(T_2) &= \Delta_r H_m(T_1) + \int_{T_1}^{T_2} \Delta C_p dT \\
&= \Delta_r H_m(T_1) + \int_{T_1}^{T_2} (\Delta a + \Delta b \cdot T + \Delta c \cdot T^2) dT \\
&= \Delta_r H_m(T_1) + \Delta a(T_2 - T_1) + \frac{1}{2}\Delta b(T_2^2 - T_1^2) + \frac{1}{3}\Delta c(T_2^3 - T_1^3)
\end{aligned} \tag{1-45}$$

例 1-13 细胞中葡萄糖的氧化反应如下：

$$C_6H_{12}O_6(s) + 6O_2(g) \longrightarrow 6H_2O(l) + 6CO_2(g)$$

已知 298.15 K 时，$C_6H_{12}O_6(s)$、$O_2(g)$、$H_2O(l)$、$CO_2(g)$ 的 $C_{p,m}$(单位 $J \cdot K^{-1} \cdot mol^{-1}$)分别为 218.90、29.355、75.291、37.11，该反应的 $\Delta_r H_m^\ominus(298.15\ K) = -2801.71\ kJ \cdot mol^{-1}$。假

NOTE

设各物质的 $C_{p,m}$ 在 298.15～310.15 K 温度范围内不变,求在正常体温下该反应的反应热。

解: 把 ΔC_p 视为常数

$$\Delta C_p = [6C_{p,m}(H_2O) + 6C_{p,m}(CO_2)] - [C_{p,m}(C_6H_{12}O_6) + 6C_{p,m}(O_2)]$$

$$= (6 \times 75.291 + 6 \times 37.11) - (218.90 + 6 \times 29.355)$$

$$= 279.38(J \cdot K^{-1} \cdot mol^{-1})$$

$$\Delta_r H_m(T_2) = \Delta_r H_m^{\ominus}(298.15) + \Delta C_p(T_2 - T_1)$$

$$= -2801.71 + 279.38 \times (310.15 - 298.15) \times 10^{-3}$$

$$= -2798.36(kJ \cdot mol^{-1})$$

知识拓展

焦耳与热力学第一定律

自远古以来,人类感知着冷与热,尝试钻木取火,利用火来改善饮食和起居,一个疑问也随之而来:热究竟是什么? 千百年来,人类一直在探索着。直到 18 世纪,还存在着两种截然不同的观点。一种观点认为热是一种不生不灭的热质,一个物体含有的热质多,就具有较高的温度;热质减少,温度则降低,这是热质说。另一种观点认为,热不是物质,是物质的一种运动的形式,热是一种运动。

班杰明·汤姆森(后改名朗伦特,1753—1814)最早提出热是一种运动的思想。1798年,当他在巴伐利亚的首府慕尼黑监督炮筒钻孔工作时注意到,当用镗具钻削制造炮筒时,金属坯料烫得像火一样,因而必须不断用水来冷却,根据热质说,当金属被切削成刨花时,热质就从金属中逸出,本应冷却,但事实并非如此。经过一系列的实验,朗伦特认为这些实验中被激发出来的热,除了把它看作运动以外,似乎很难把它看作其他任何东西。英国物理学家焦耳(1818—1889)赞成朗伦特的观点。在 1840 年以后,焦耳做了一系列设计极为巧妙的实验,证明热同大量分子的无规则运动相关。他在一个盛水的容器里装上水,容器安装了转动轴以及附在轴上的有叶片的搅拌桨。转动轴通过滑轮由吊着的重物来驱动。这样,重物下降要做功,转化成摩擦而生成的热,再传给水。焦耳通过计算,可以确定重物做的功与产生的热之间的正比例关系。为了使计算更准确,在近四十年间,他用各种方法进行了四百多次实验。焦耳以精确的数据证实了热功当量概念的正确性,否定了热质说,表明了功可以转化,并为能量守恒定律奠定了实验基础。能量守恒定律是自然界普遍规律之一,焦耳的主要贡献是他研究了热和机械功之间的当量关系,测量出热功当量为 4.18 J·cal⁻¹。

1847 年,焦耳在英国科学会议上公布了自己的实验结果,大家都表示怀疑,不相信能量可以转化。直到 1850 年,其他科学家也通过不同实验证实了能量守恒和转化的关系之后,焦耳的工作才被认可。

热量可以从一个物体传递到另一个物体,也可以与机械能或其他能量互相转化,但是在转化过程中,能量的总值保持不变,即能量守恒,这就是热力学第一定律,它是热力学的基础。

本章小结

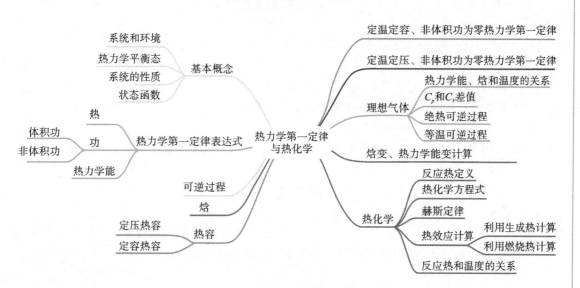

目标检测与习题

目标检测与
习题答案

一、选择题

1. 状态函数 U、H、F、G、T、p、V、S、n（n 为物质的量）中，广度性质的状态函数个数为（ ）。

A. 4 　　　　　 B. 5 　　　　　 C. 6 　　　　　 D. 7

2. 系统的状态改变了，其热力学能值（ ）。

A. 必定改变 　　 B. 必定不变 　　 C. 不一定改变 　　 D. 状态与热力学能无关

3. 273.15 K、101.325 kPa 时，冰融化为水的过程中，下列关系式正确的是（ ）。

A. $W<0$ 　　　　 B. $\Delta H=Q_p$ 　　 C. $\Delta H<0$ 　　 D. $\Delta U<0$

4. 下列说法不符合热力学第一定律的是（ ）。

A. 在孤立系统内发生的任何过程中，系统的热力学能不变

B. 在任何等温过程中，系统的热力学能不变

C. 在任一循环过程中，$\Delta U=0$

D. 在理想气体自由膨胀过程中，$\Delta U=0$

5. 对理想气体做等温可逆压缩，其体积从 V_1 变化到 V_2，则系统做功 W 为（ ）。

A. $W=0$ 　　 B. $W=Q$ 　　 C. $W=-nRT\ln\dfrac{V_1}{V_2}$ 　　 D. $W=-nRT\ln\dfrac{V_2}{V_1}$

6. 理想气体经历一个循环过程，对环境做功为 -100 J，则循环过程的热 Q 等于（ ）。

A. 100 J 　　　 B. -100 J 　　　 C. 0 　　　　　 D. ΔU

7. 非理想气体向真空膨胀，其体积从 V_1 增大到 V_2，则系统做功为（ ）。

A. $W=0$ 　　 B. $W>0$ 　　 C. $W<0$ 　　 D. $W=-nRT\ln(V_2/V_1)$

8. 公式 $\Delta H=Q_p$ 适用于下列哪个过程？（ ）

A. 理想气体绝热等外压膨胀

B. $H_2O(s) \xrightleftharpoons{273.15\ K,101.325\ kPa} H_2O(l)$

NOTE

C. $Cu^{2+}(aq)+2e^- \longrightarrow Cu(s)$

D. 273.15 K、101.325 kPa 的水向真空蒸发变为 273.15 K、101.325 kPa 的水蒸气

9. 下列关系式中,哪一项不需要"理想气体"的条件假设?(　　)

A. $C_p-C_V=nR$　　　　　　　　　　B. $W=-nRT\ln(V_2/V_1)$

C. $\Delta H=\Delta U+p\Delta V$(等压过程)　　D. 绝热可逆过程,$pV^\gamma=$ 常数

10. 对于下列四种表述,正确的是(　　)。

(1) 因为 $\Delta H=Q_p$,所以只有等压过程才有 ΔH

(2) 因为 $\Delta H=Q_p$,所以 Q_p 也具有状态函数的性质

(3) $\Delta H=Q_p$ 只适用于封闭系统

(4) 封闭系统不做非体积功的等压过程,其热量变化只取决于系统的始态和终态

A. (1)(4)　　　　　B. (3)(4)　　　　　C. (2)(3)　　　　　D. (1)(2)

11. 等容条件下,一定量的理想气体,当温度升高时热力学能将(　　)。

A. 降低　　　　　　　　　　　　　　　B. 增加

C. 不变　　　　　　　　　　　　　　　D. 温度升高或者降低值与理想气体种类有关

12. 从同一始态出发,理想气体经可逆和不可逆两种绝热过程(　　)。

A. 可能达到同一终态

B. 不可能达到同一终态

C. 可以达到同一终态,但给环境留下不同的影响

D. 有可能达到同一终态

13. 已知 $H_2O(g)$、$CO(g)$ 在 298.15 K 时的标准摩尔生成焓分别为 -242 kJ·mol^{-1}、-111 kJ·mol^{-1},则反应 $H_2O(g)+C(s)\Longrightarrow H_2(g)+CO(g)$ 的 $\Delta_r H_m^\ominus$ 为(　　)。

A. 131 kJ·mol^{-1}　　B. -131 kJ·mol^{-1}　　C. -353 kJ·mol^{-1}　　D. 353 kJ·mol^{-1}

14. 已知反应 $H_2(g)+\frac{1}{2}O_2(g)\Longrightarrow H_2O(g)$ 为放热反应,其标准摩尔反应焓为 $\Delta_r H_m^\ominus$,下列表述中不正确的是(　　)。

A. $\Delta_r H_m^\ominus$ 是 $H_2O(g)$ 的标准摩尔生成焓　　B. $\Delta_r H_m^\ominus$ 是 $H_2O(g)$ 的标准摩尔燃烧焓

C. $\Delta_r H_m^\ominus$ 是负值　　　　　　　　　　　　D. $\Delta_r H_m^\ominus$ 与 $\Delta_r U_m^\ominus$ 值不等

二、填空题

1. 理想气体的等温可逆压缩过程有 ΔU _____ 0,ΔH _____ 0。

2. 理想气体的绝热可逆膨胀过程有 ΔU _____ 0,ΔH _____ 0。

3. 某绝热系统在接受环境所做的功之后,其温度一定_____。

4. 理想气体从某一始态出发,经绝热可逆压缩或等温可逆压缩到相同的体积,_____过程所需的功大。

5. 有 1 mol $H_2O(l)$,在 373.15 K、101.325 kPa 下,向真空蒸发为同温、同压的水蒸气,则此过程的 ΔH _____ 0。

6. 对于任何宏观物质,其焓 H 一定_____热力学能 U,因为_____。

7. 1 mol 单原子分子理想气体从 298.15 K、202.65 kPa,经①等温可逆膨胀;②绝热可逆膨胀;③等压膨胀三条途径,使体积增加到原来的 2 倍,所做的功分别为 W_1、W_2、W_3,三者大小(绝对值)的关系是_____。

8. 某理想气体,等温(25 ℃)可逆地从 1.5 dm^3 膨胀到 10 dm^3 时,吸热 9414.5 J,则此气体的物质的量为_____ mol。

9. 一个绝热箱的中间用隔膜分开,开始时箱的两边分别装有浓 H_2SO_4 和水,然后弄破隔膜,使浓 H_2SO_4 和水混合。若以浓 H_2SO_4 和水为系统,则 W _____ 0,ΔU _____ 0。

NOTE

10. 系统在等压条件下从环境中吸收的热量全部用来_____。

11. 1 mol 理想气体在密闭容器中进行绝热膨胀时,系统的温度_____。

12. 1 个大气压为_____ kPa,标准压力为_____ kPa。

13. 已知 $\Delta_f H_m^{\ominus}(CH_3OH, l) = -238.66$ kJ·mol^{-1},$\Delta_f H_m^{\ominus}(CO, g) = -110.525$ kJ·mol^{-1}。则反应 $CO(g) + 2H_2(g) \rightleftharpoons CH_3OH(l)$ 的 $\Delta_r H_m^{\ominus} =$_____。

14. 若 $CO(g) + 2H_2(g) \rightleftharpoons CH_3OH(l)$ 的 $\Delta_r H_m^{\ominus}(298.15 \text{ K}) = -128.14$ kJ·mol^{-1},则 $2CH_3OH(l) \rightleftharpoons 2CO(g) + 4H_2(g)$ 的 $\Delta_r H_m^{\ominus}(298.15 \text{ K}) =$_____。

15. 298.15 K,标准压力时,1 mol $CH_3OH(l)$ 在等容条件下完全燃烧放热 725.4 kJ,则 298.15 K 时 $CH_3OH(l)$ 的标准摩尔燃烧焓 $\Delta_c H_m^{\ominus} =$_____。

三、判断题

1. 状态函数改变后,状态一定改变。(   )

2. 因为 $\Delta U = Q_v$、$\Delta H = Q_p$,所以 Q_v 和 Q_p 是特定条件下的状态函数。(   )

3. 系统经一个循环过程对环境做功 1 kJ,它必然从环境吸热 1 kJ。(   )

4. 只有循环过程才是可逆过程,因为系统回到了始态。(   )

5. 可逆的化学反应就是可逆过程。(   )

6. 只要确定了始态和终态,热力学过程中 W、Q 值就可确定,与过程无关。(   )

7. $H = U + pV$,则 $\Delta H = \Delta U + \Delta(pV)$,式中 $\Delta(pV)$ 表示系统所做的膨胀功。(   )

8. 绝热过程 $Q = 0$,而 $\Delta H = Q_p$,因此 $\Delta H = 0$。(   )

9. 凡是在孤立系统中进行的变化,其 ΔU 和 ΔH 的值一定是零。(   )

10. 对于理想气体的简单变化过程,不论是等压过程还是等容过程,公式 $\Delta H = \int C_p dT$ 都适用。(   )

11. $pV^\gamma =$ 常数,该式适用于理想气体的任意绝热变化。(   )

12. 在 1 个大气压、100 ℃ 下,1 mol H_2O 蒸发为水蒸气。若水蒸气可视为理想气体,那么由于过程等温,所以该过程 $\Delta U = 0$。(   )

13. 化学反应的等压热效应 Q_p 大于其等容热效应 Q_V。(   )

14. 赫斯(Hess)定律既适用于体积功为零的等温等压下的化学反应,又适用于非体积功为零的等温等容下的化学反应。(   )

15. 物质的燃烧焓 $\Delta_c H_m^{\ominus}$ 为负值。(   )

16. 化学反应的热效应指化学反应达平衡时的反应热。(   )

四、简答题

1. 非体积功为零的等温等压下的化学反应的热效应 Q_p,可以用反应前、后系统的焓变 ΔH 来表示。这样的表示方法有什么优点?

2. 为什么反应热又被称为反应焓?

3. 对理想气体来说,等温下 $\Delta H_T = 0$。是否说明:若水蒸气为理想气体,则在 100 ℃ 下将水蒸发成水蒸气时 $\Delta H_T = 0$?

4. 请对体积功的计算进行小结。

5. $\Delta_c H_m^{\ominus}$、$\Delta_f H_m^{\ominus}$、$\Delta_r H_m^{\ominus}$ 之间是什么关系?

6. 判断下列过程的 W、Q、ΔU、ΔH,分别为正、负还是零?

(1) 理想气体自由膨胀;

(2) 理想气体等温可逆膨胀;

(3) 理想气体绝热、等外压膨胀;

(4) 水蒸气通过热机对外做功后再次恢复始态,以水蒸气为系统;

NOTE

(5) 水(101.325 kPa,373.15 K)→水蒸气(101.325 kPa,373.15 K);

(6) 在充满氧气的绝热刚性容器中,石墨剧烈燃烧,以反应器及其中的所有物质为系统。

7. 有一绝热箱,箱内有水,将一电炉丝浸于箱中,以通电前为始态,通电一段时间后的状态为终态,以下面情况为系统,请问 Q、W、ΔU 之值大于零、小于零还是等于零?

(1) 以电炉丝为系统;

(2) 以电炉丝和水为系统;

(3) 以电炉丝、水、电源和一切相关的部分为系统。

五、计算题

1. 在 298.15 K 时,2 mol 某理想气体分别按下列三种方式从 15.0 dm³ 膨胀到 40.0 dm³,求这三种过程的 Q、W、ΔU 和 ΔH。

(1) 自由膨胀;(2) 可逆膨胀;(3) 在 100 kPa 外压下膨胀。

[(1) 0,0,0,0;(2) 4858.5 J,−4858.5 J,0,0;(3) 2500 J,−2500 J,0,0]

2. 2 mol N₂(设为理想气体)经一可逆循环过程,分别计算各个步骤及整个循环过程的 Q、W、ΔU、ΔH。已知:A 状态为 $2p^{\ominus}$,$V=0.01$ m³;B 状态为 $2p^{\ominus}$,$V=0.02$ m³;C 状态为 $p^{\ominus}$,$V=0.02$ m³;(3) 为等温过程。

[(1) 7000 J;−2000 J;5000 J;7000 J;(2) −5000 J;0;−5000 J;−7000 J;

(3) −1386 J;1386 J;0;0;循环过程 614 J;−614 J;0;0]

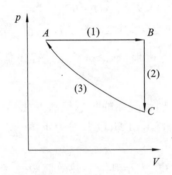

3. 已知 H₂(g) 的 $C_{p,m}=(29.07-0.837\times10^{-3}T+2.012\times10^{-6}T^2)$ J·K⁻¹·mol⁻¹,现将 1 mol 的 H₂(g) 从 300 K 升至 1000 K,试求:

(1) 等压升温吸收的热及 ΔH、ΔU;

(2) 等容升温吸收的热及 ΔH、ΔU。

[(1) 20620 J,20620 J,14800 J;(2) 14800 J,20620 J,14800 J]

4. 已知乙醇的蒸发热为 8.58×10⁵ J·kg⁻¹,每 0.001 kg 乙醇蒸气的体积为 6.07×10⁻⁴ m³。试计算下列过程的 Q、W、ΔU 和 ΔH:

(1) 0.020 kg 乙醇在其沸点 78.4 ℃下蒸发为气体(计算时可忽略液体体积);

(2) 若将压力 101.325 kPa、温度 78.4 ℃下 0.020 kg 的液体乙醇突然移放到等温78.4 ℃的真空容器中,乙醇立即蒸发并充满容器,最后气体的压力为 101.325 kPa。

[(1) 17160 J,−1230 J,15930 J,17160 J;(2) 15930 J,0,15930 J,17160 J]

5. 1 mol 单原子分子理想气体,始态压力为 202.65 kPa、体积为 0.0112 m³,经过"pT=常数"的可逆压缩过程至终态压力为 405.30 kPa,试求:

(1) 终态的体积和温度;(2) ΔU 和 ΔH;(3)该过程系统所做的功。

[(1) 0.0028 m³,136.5 K;(2) −1702.3 J,−2837.1 J;(3) 2269.7 J]

6. 某理想气体的 $C_{p,m}=29.10$ J·K⁻¹·mol⁻¹。当 1 mol 该气体在 298.15 K、1200 kPa 时做绝热可逆膨胀到最后压力为 400 kPa。试计算上述过程终态的温度和体积以及过程的

W、ΔU 和 ΔH。

$$[218\ \text{K};0.00453\ \text{m}^3;-1663\ \text{J};-1663\ \text{J};-2328\ \text{J}]$$

7. 1 mol 双原子分子理想气体从 0.002 m^3、1000 kPa,经绝热可逆膨胀到 500 kPa,试求:过程的 Q、W、ΔU 和 ΔH。

$$[0;-900\ \text{J};-900\ \text{J};-1260\ \text{J}]$$

8. 40 g He 在 $3p^{\ominus}$ 下从 25 ℃ 加热到 50 ℃。试求该过程的 Q、W、ΔU、ΔH。假设该条件下的 He 是理想气体。

$$[5196.3\ \text{J};-2078.5\ \text{J};3117.8\ \text{J};5196.3\ \text{J}]$$

9. 1 mol 单原子分子理想气体,在 273.15 K、1.0×10^5 Pa 时发生一变化过程,体积增加一倍,$Q=1674$ J,$\Delta H=2092$ J。试计算:

(1) 终态温度、压力和该过程的 W 和 ΔU;

(2) 该气体经等温和等容两步可逆过程到达上述终态,试计算 ΔH、ΔU、Q 和 W。

$$[(1)\ 373.80\ \text{K},6.8\times10^4\ \text{Pa},-419\ \text{J},1255\ \text{J};(2)\ 2092\ \text{J},1255\ \text{J},2829\ \text{J},-1574\ \text{J}]$$

10. 对于理想气体,试证明:

(1) $\left(\dfrac{\partial U}{\partial T}\right)_p = C_p - p\left(\dfrac{\partial V}{\partial T}\right)_p$ (2) $\left(\dfrac{\partial H}{\partial T}\right)_V = C_V + V\left(\dfrac{\partial p}{\partial T}\right)_V$

(3) $\left(\dfrac{\partial U}{\partial p}\right)_V = C_V\left(\dfrac{\partial T}{\partial p}\right)_V$ (4) $\left(\dfrac{\partial H}{\partial T}\right)_V = C_p + \left(\dfrac{\partial H}{\partial p}\right)_T\left(\dfrac{\partial p}{\partial T}\right)_V$

11. 已知下列反应在 298.15 K 时:

(1) $\text{Na(s)} + \dfrac{1}{2}\text{Cl}_2(\text{g}) \Longrightarrow \text{NaCl(s)}$,$\Delta_r H_{m,1} = -411$ kJ·mol^{-1}

(2) $2\text{Na(s)} + \text{S(s)} + 2\text{O}_2(\text{g}) \Longrightarrow \text{Na}_2\text{SO}_4(\text{s})$,$\Delta_r H_{m,2} = -1383$ kJ·mol^{-1}

(3) $\dfrac{1}{2}\text{H}_2(\text{g}) + \dfrac{1}{2}\text{Cl}_2(\text{g}) \Longrightarrow \text{HCl(g)}$,$\Delta_r H_{m,3} = -92.3$ kJ·mol^{-1}

(4) $\text{H}_2(\text{g}) + \text{S(s)} + 2\text{O}_2(\text{g}) \Longrightarrow \text{H}_2\text{SO}_4(\text{l})$,$\Delta_r H_{m,4} = -811.3$ kJ·mol^{-1}

(5) $2\text{NaCl(s)} + \text{H}_2\text{SO}_4(\text{l}) \Longrightarrow \text{Na}_2\text{SO}_4(\text{s}) + 2\text{HCl(g)}$

求反应(5)在 298.15 K 时的 $\Delta_r U_m$ 和 $\Delta_r H_m$。

$$[60.7\ \text{kJ·mol}^{-1};65.7\ \text{kJ·mol}^{-1}]$$

12. 查表,查出各物质的 $\Delta_c H_m^{\ominus}$,求下列反应的 $\Delta_r H_m^{\ominus}$。

$$\text{CH}_3\text{COOH(l)} + \text{C}_2\text{H}_5\text{OH(l)} \Longrightarrow \text{CH}_3\text{COOC}_2\text{H}_5(\text{l}) + \text{H}_2\text{O(l)}$$

$$[-8.5\ \text{kJ·mol}^{-1}]$$

13. $\text{C}_5\text{H}_{12}(\text{g})$ 的标准摩尔燃烧焓为 -3536.10 kJ·mol^{-1},$\text{CO}_2(\text{g})$ 和 $\text{H}_2\text{O(l)}$ 的标准摩尔生成焓分别为 -395.509 kJ·mol^{-1} 和 -285.83 kJ·mol^{-1}。计算 $\text{C}_5\text{H}_{12}(\text{g})$ 的标准摩尔生成焓 $\Delta_f H_m^{\ominus}$。

$$[-156.43\ \text{kJ·mol}^{-1}]$$

14. 298.15 K 时,1 mol CO(g) 在 10 mol O_2 中充分燃烧。已知 CO_2 和 CO 的 $\Delta_f H_m^{\ominus}$(单位 kJ·mol^{-1})分别为 -393.509、-110.525;CO、CO_2 和 O_2 的 $C_{p,m}$(单位 J·K^{-1}·mol^{-1})分别为 29.14、37.11 和 29.355。

求:(1) 该反应在 298.15 K 时的 $\Delta_r H_m^{\ominus}$;

(2) 该反应在 398.15 K 时的 $\Delta_r H_m^{\ominus}$。

$$[(1)\ -282.984\ \text{kJ·mol}^{-1};(2)\ -283.655\ \text{kJ·mol}^{-1}]$$

15. 298.15 K 时,反应 $\text{N}_2(\text{g}) + 3\text{H}_2(\text{g}) \Longrightarrow 2\text{NH}_3(\text{g})$ 的热效应 $\Delta_r H_m^{\ominus}$ 为 -92.38 kJ·mol^{-1},试计算上述反应在 598.15 K 时的热效应。已知

NOTE

$$C_{p,\text{m}}(\text{NH}_3) = (25.89 + 33.00 \times 10^{-3} T - 30.46 \times 10^{-7} T^2) \text{J} \cdot \text{K}^{-1} \cdot \text{mol}^{-1}$$

$$C_{p,\text{m}}(\text{N}_2) = (26.98 + 5.912 \times 10^{-3} T - 3.376 \times 10^{-7} T^2) \text{J} \cdot \text{K}^{-1} \cdot \text{mol}^{-1}$$

$$C_{p,\text{m}}(\text{H}_2) = (29.07 - 0.837 \times 10^{-3} T + 20.12 \times 10^{-7} T^2) \text{J} \cdot \text{K}^{-1} \cdot \text{mol}^{-1}$$

$$[-103.43 \text{ kJ} \cdot \text{mol}^{-1}]$$

（河南中医药大学　李晓飞）

NOTE

第二章 热力学第二定律与化学平衡

学习目标

1. 记忆、理解：自发过程的概念及其特征；卡诺循环和卡诺定理；熵的定义及其物理意义，热力学第二定律及其数学表达式；热力学第三定律和规定熵；热力学基本关系式；偏摩尔量和化学势的概念；理想溶液和拉乌尔定律，活度和逸度概念；稀溶液的依数性。

2. 计算、分析、应用：会计算理想气体简单状态变化过程、化学变化过程、相变过程中的 ΔS 和 ΔG 及应用相关判据判断变化的方向和限度；用化学反应等温方程进行相关计算并判断反应的方向，会计算不同表示方法表示的化学反应平衡常数；用吉布斯-亥姆霍兹方程、化学反应等压方程进行相关计算。

本章 PPT

自然界发生的过程均遵守热力学第一定律，但是遵守第一定律的过程并非都能自发地进行。热自发地从高温物体传给低温物体，水从高水位流向低水位，几种气体会自发地混合，化学反应会向某一方向自发进行等，这些过程的逆过程也符合热力学第一定律，但不会自发进行。

热力学第一定律不能回答在指定条件下，反应进行的方向以及限度（平衡）。大量事实表明，自然界的宏观过程在一定条件下都有确定的方向和限度，热力学第二定律就是研究自发过程的方向和限度的规律。热力学第二定律的基本原理应用于化学反应，即可得出判断化学反应方向和限度的"判据"，这些研究对于设计反应、优化反应条件、降低反应成本等，具有重大指导意义。例如，为了让石墨变成金刚石，科学家进行了无数次实验，但均以失败告终，直到通过热力学的计算得出结论：必须在大于 15000 个大气压力下才能发生石墨生成金刚石的反应。终于，在热力学理论的指导下，人类制得了金刚石。

第一节 热力学第二定律

一、自发过程与热力学第二定律的经验表述

（一）自发过程

在一定条件下，不需对其施加外力就能发生的变化过程称为**自发过程**（spontaneous process）。自然界时时刻刻都发生着各种各样的自发过程，这些过程具有共同的特征。

1. 自发过程具有确定的方向和限度

如水自发地从高水位流向低水位，直至两处水位相等；热自发地从高温物体传给低温物体，直至两物体温度相等；C 燃烧产生 CO_2 并放出热。这些自发过程均有确定的方向并最终达到平衡，达到平衡状态也就是系统在该条件下所能达到的限度。

NOTE

2. 自发过程具有热力学不可逆性

热不能自发地从低温物体传给高温物体,水也不能自发地从低水位流向高水位。这些过程不能自发进行,若要实现这些过程就必须借助外力,即环境要对系统做功。理想气体向真空膨胀是一个自发过程,过程的 $Q=0$、$W=0$、$\Delta U=0$、$\Delta H=0$;经等温压缩可使气体恢复原状,但环境必须对气体做功,系统把等量的热给环境。要使环境恢复原状,则取决于在不引起其他变化的条件下,热能否全部转变为功。热由高温物体传给低温物体是自发过程,两物体温度相等后,通过制冷机,热可以反向流动,恢复两物体的温差,使系统复原,这种复原的代价是环境消耗了功,同时从系统得到等量的热;要使环境也恢复原状,则取决于在不引起其他变化的条件下,热能否全部转化为功。事实上,所有自发过程是否热力学可逆,都可归结为"在不引起其他任何变化的条件下热能否全部转化为功"这样一个共同问题。人类经验告诉我们:功能全部转化为热,但在不引起其他变化的条件下,热不能全部转化为功。

3. 自发过程具有做功的能力

原则上一切自发过程都可以通过设计适当装置做功,过程进行中,其高度差、压力差、电势差、温度差等逐渐减小,直到到达平衡,丧失做功能力。

(二)热力学第二定律的经验表述

热力学第二定律是人类在长期实践中,归纳出来的关于自发过程的方向和限度的规律。热力学第二定律有多种表述方式,各种表述方式本质是相同的,其中最经典的是克劳修斯(Clausius)和开尔文(Kelvin)的两种表述。

克劳修斯表述:热由低温物体传给高温物体而不引起其他变化是不可能的。也就是说,如将热由低温物体取出传给高温物体,必定引起其他变化,即环境需对其做功。

开尔文表述:从单一热源取热使之完全变为功,而不发生其他变化是不可能的。也可表述为"第二类永动机是不可能造成的",这种机器与不需外界供给热而能不断循环做功的第一类永动机不同,它是在不违反热力学第一定律前提下设计出的一类机器。比如,它从大海等巨大单一热源取热并转化为功,这个机器做功后再将等量的热还给环境,从而实现永动。这种永动机存在的条件是从单一热源吸热而做出等量的功,同时又不引起其他变化,实践证明这是不可能的。

要使热全部转变为功,一定会引起其他变化,这说明"功转变为热"与"热转变为功"是不等价的。

二、卡诺循环与卡诺定理

自发不可逆性的本质原因是在不引起其他变化的前提下,热不能完全转化为功。那么在不引起其他变化的前提下,热转化为功的效率与哪些因素有关呢?对这个问题的解决正是通过热机(将热能转化为机械能的装置)完成的,通过对热机效率的研究,得到在指定条件下,自发过程进行的方向和限度的判据。

(一)卡诺循环

1824 年,法国工程师卡诺(S. Carnot)研究热转变为功的限度问题时,把实际热机进行了科学的抽象,设计了一种理论上的热机,称为卡诺热机或可逆热机。卡诺热机工作时,由四步可逆过程构成一个可逆循环,即由两个等温可逆过程和两个绝热可逆过程构成,这样的循环过程称为**卡诺循环**(Carnot cycle)。

为了讨论简便,设工作物质为 1 mol 的理想气体,从高温热源 T_2 吸取热 Q_2,一部分做功 W,一部分放热 Q_1 给低温热源 T_1。系统起始状态 A,依次经过等温 T_2 可逆膨胀至 B,绝热可逆膨胀至 C,等温 T_1 可逆压缩至 D,绝热可逆压缩返回至 A 点,如图 2-1 所示。在 pV 图上,

$ABCD$ 所包围的面积就是系统对环境所做的功 W。

过程（1）：等温可逆膨胀 $A(p_1, V_1, T_2) \to B(p_2, V_2, T_2)$。系统与高温热源 T_2 接触，吸收了 Q_2 的热，等温 T_2 可逆膨胀至 B。则

$$\Delta U_1 = 0$$

$$Q_2 = -W_1 = RT_2 \ln \frac{V_2}{V_1}$$

过程（2）：绝热可逆膨胀 $B(p_2, V_2, T_2) \to C(p_3, V_3, T_1)$。该过程系统温度由 T_2 降至 T_1，若该过程中等容摩尔热容 $C_{V,m}$ 为定值，则

$$Q = 0$$

$$W_2 = \Delta U_2 = C_{V,m}(T_1 - T_2)$$

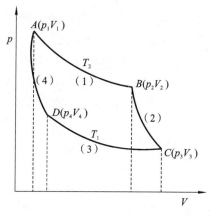

图 2-1 卡诺循环

过程（3）：等温可逆压缩 $C(p_3, V_3, T_1) \to D(p_4, V_4, T_1)$。系统与低温热源 T_1 接触，等温可逆压缩过程中，系统放热 Q_1 给低温热源，则

$$\Delta U_3 = 0$$

$$Q_1 = -W_3 = RT_1 \ln \frac{V_4}{V_3}$$

过程（4）：绝热可逆压缩 $D(p_4, V_4, T_1) \to A(p_1, V_1, T_2)$。该过程中系统温度由 T_1 升至 T_2，返回至始态。则

$$Q = 0$$

$$W_4 = \Delta U_4 = C_{V,m}(T_2 - T_1)$$

以上四步构成卡诺可逆循环，系统所做的功为

$$W = W_1 + W_2 + W_3 + W_4$$

$$= -RT_2 \ln \frac{V_2}{V_1} + C_{V,m}(T_1 - T_2) - RT_1 \ln \frac{V_4}{V_3} + C_{V,m}(T_2 - T_1)$$

$$= -RT_2 \ln \frac{V_2}{V_1} - RT_1 \ln \frac{V_4}{V_3} \tag{2-1}$$

因过程（2）和（4）是绝热可逆过程，根据理想气体的绝热可逆过程方程式，有

过程（2） $\qquad\qquad\qquad T_2 V_2^{\gamma-1} = T_1 V_3^{\gamma-1}$

过程（4） $\qquad\qquad\qquad T_2 V_1^{\gamma-1} = T_1 V_4^{\gamma-1}$

两式相除可得

$$\frac{V_2}{V_1} = \frac{V_3}{V_4}$$

代入式（2-1）得

$$W = -RT_2 \ln \frac{V_2}{V_1} + RT_1 \ln \frac{V_2}{V_1} = -R(T_2 - T_1) \ln \frac{V_2}{V_1}$$

热机效率（efficiency of heat engine）定义为热机所做的功 W 与从高温热源吸收的热 Q_2 之比，用 η 表示

$$\eta = \frac{-W}{Q_2} = \frac{Q_2 + Q_1}{Q_2}$$

对于可逆热机，用 η_R 表示其效率，则

$$\eta_R = \frac{-W}{Q_2} = \frac{Q_2 + Q_1}{Q_2} = \frac{R(T_2 - T_1) \ln \dfrac{V_2}{V_1}}{RT_2 \ln \dfrac{V_2}{V_1}} = \frac{T_2 - T_1}{T_2} = 1 - \frac{T_1}{T_2} \tag{2-2}$$

NOTE

由此可以得出结论：

（1）可逆热机的效率只与两热源的温度有关，两热源的温差越大，热机的效率越大；两热源的温差越小，热机的效率越低。

（2）若 $T_1 = T_2$，热机效率等于零，即热机工作，必须有两个不同温度的热源。

（3）因为 0 K 不可达到，所以热机效率总是小于 1。

（4）热与温度的比值称为热温商。由式（2-2）得出卡诺循环的热温商之和为零，即

$$\frac{Q_1}{T_1} + \frac{Q_2}{T_2} = 0 \tag{2-3}$$

（二）卡诺定理

在卡诺循环的基础上，卡诺归纳出卡诺定理：在同一高温热源和同一低温热源之间工作的任意热机，卡诺热机的效率最大，否则将违反热力学第二定律。

$$\eta_R \geqslant \eta_{IR}$$

卡诺定理的推论：卡诺热机的效率只与两热源的温度有关，与工作物质无关，否则也将违反热力学第二定律。

卡诺定理的证明采用反证法，即假设任意热机（IR）的效率大于可逆热机（R）的效率，若假设不成立，则卡诺定理是正确的。

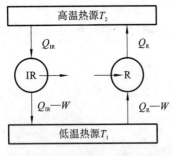

图 2-2　卡诺定理的证明示意图

如图 2-2 所示，在两热源之间有两台热机在工作，一台是可逆热机（R），另一台是任意热机（IR），并使两台热机做功相等，均为 W。若以任意热机（IR）带动可逆热机（R）使其逆向运转完成一次循环。任意热机从高温热源吸热 Q_{IR}，做功 W，放热 $Q_{IR} - W$；可逆热机从低温热源吸热 $Q_R - W$，做功 W，放热 Q_R 给高温热源。

假设 $\qquad \eta_{IR} > \eta_R$

$$\frac{W}{Q_{IR}} > \frac{W}{Q_R}$$

由此可得 $\qquad Q_{IR} < Q_R$

高温热源得热 $\qquad Q_R - Q_{IR} > 0$

低温热源失热 $\qquad (Q_R - W) - (Q_{IR} - W) = Q_R - Q_{IR} > 0$

使两机组合循环一周后，两机均复原，其总结果是低温热源失热，高温热源得热，没有发生其他变化。热从低温物体传给高温物体没有发生其他的变化，这与热力学第二定律相悖，故假设不能成立。因此有

$$\eta_R \geqslant \eta_{IR}$$

证明卡诺定理是正确的。

用同样的方法可以证明卡诺定理的推论。假设两个可逆热机 R_1 和 R_2，在相同高温热源 T_2 与相同低温热源 T_1 间工作，其中的工作物质各不相同。若以 R_1 带动 R_2，使其逆转完成一次循环，则根据卡诺定理，有

$$\eta_{R_2} \geqslant \eta_{R_1}$$

反之，若以 R_2 带动 R_1，使其逆转完成一次循环，则有

$$\eta_{R_1} \geqslant \eta_{R_2}$$

若要同时满足上述两个不等式，则应有

$$\eta_{R_1} = \eta_{R_2}$$

由此得知，不论用于卡诺循环的工作物质是什么，在两个温度相同的低温热源和高温热源之间工作的可逆热机，热机效率都相等。前面讨论的以理想气体为工作介质的卡诺热机可以

推广到任意热机。

$$\frac{T_2 - T_1}{T_2} \geqslant \frac{Q_2 + Q_1}{Q_2} \tag{2-4}$$

等号适用于可逆热机,大于号适用于不可逆热机。

卡诺定理可定量地区分可逆循环与不可逆循环。卡诺定理对热力学的发展起了非常重要的作用,为熵函数和热力学第二定律的数学表达式的导出奠定了基础。

三、熵函数与热力学第二定律的数学表达式

(一)熵函数

卡诺循环是可逆循环,可逆循环不一定是卡诺循环,但任意可逆循环可以转换成卡诺循环,如图 2-3 所示。取其中任意过程 PQ(P、Q 两点可取得很近,只是为了说明问题才把图放大),通过 P、Q 两点作两条绝热可逆线 RS 和 TU,然后在 PQ 间通过 O 点画一条等温线 VW,使三角形 PVO 的面积等于三角形 OWQ 的面积。折线所经过的过程 $PVOWQ$ 与直接由 P 到 Q 的过程所做的功相同,由于这两个过程的始、终态相同,内能的变化相同,所以这两个过程的热效应也一样。同理,在弧线 MN 上也可以做类似的处理,即折线 $MXO'YN$ 所经的过程与由 M 直接到 N 的过程,功和热效应均相同。$VWYX$ 构成一个卡诺循环。

对于任意一个可逆循环总可以看成一系列小的卡诺循环的组合。图 2-4 在 p-V 图上的任意可逆循环分割成许多小的卡诺循环,图中虚线所代表的绝热可逆过程实际上不存在,因为对上一循环来说是绝热可逆压缩线,而对下一循环来说它是绝热可逆膨胀线,其所做的功互相抵消。因此这些小卡诺循环总效果与图中任意可逆循环相当。由式(2-3)可知,对于每一个小的卡诺循环都有下列关系

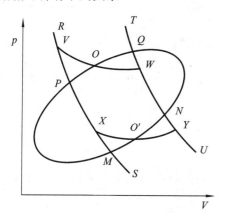

图 2-3 任意可逆循环转换成卡诺循环方法示意图

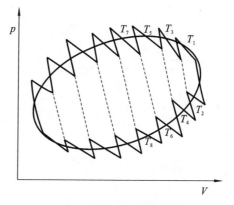

图 2-4 任意可逆循环转换成卡诺循环示意图

$$\frac{\delta Q_1}{T_1} + \frac{\delta Q_2}{T_2} = 0$$

$$\frac{\delta Q_3}{T_3} + \frac{\delta Q_4}{T_4} = 0$$

$$\frac{\delta Q_5}{T_5} + \frac{\delta Q_6}{T_6} = 0$$

$$\vdots$$

上述各式相加,可得

$$\oint \frac{(\delta Q)_R}{T} = 0 \quad \text{或} \quad \sum_i \frac{(\delta Q_i)_R}{T_i} = 0$$

NOTE

若任意一个可逆循环过程 $A \to B \to A$，由可逆过程 R_1 和可逆过程 R_2 构成，如图 2-5 所示。则有

$$\int_A^B \left(\frac{\delta Q}{T}\right)_{R_1} + \int_B^A \left(\frac{\delta Q}{T}\right)_{R_2} = 0$$

即

$$\int_A^B \left(\frac{\delta Q}{T}\right)_{R_1} = \int_A^B \left(\frac{\delta Q}{T}\right)_{R_2}$$

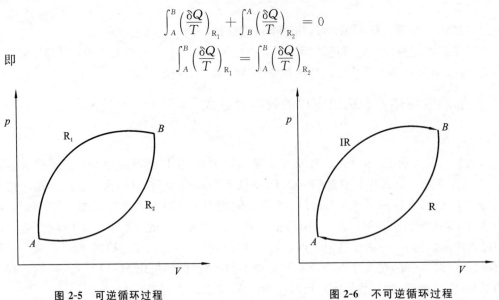

图 2-5　可逆循环过程　　　　　　图 2-6　不可逆循环过程

上式表明，从 A 到 B 可逆过程的热温商沿 R_1 途径的积分与沿 R_2 途径的积分相等，说明该物理量改变值只取决于系统的始态与终态，而与具体途径无关，具有这种性质的物理量只能是系统某一状态函数。

1854 年，克劳修斯(Clausius)定义了一个新的热力学函数**熵**(entropy)，用符号 S 表示：

$$\Delta S = S_B - S_A = \int_A^B \frac{(\delta Q)_R}{T}$$

或

$$\Delta S = S_B - S_A = \sum_A^B \frac{(\delta Q_i)_R}{T_i} \qquad (2\text{-}5)$$

上式的意义是系统由状态 A 到状态 B，ΔS 有唯一的值，且等于从 A 到 B 可逆过程的热温商之和。

对于微小变化，有

$$dS = \frac{\delta Q_R}{T} \qquad (2\text{-}6)$$

熵是系统的广度性质，单位为 $J \cdot K^{-1}$。应该注意：可逆过程的热温商不是熵，而是该过程的熵变。

(二)热力学第二定律的数学表达式

在两个不同热源之间，若有一不可逆热机，根据卡诺定理，可逆热机效率 η_R 大于不可逆热机效率 η_{IR}，即

$$\eta_R > \eta_{IR}$$

$$\frac{T_2 - T_1}{T_2} > \frac{Q_1 + Q_2}{Q_2}$$

移项，可得

$$\frac{Q_1}{T_1} + \frac{Q_2}{T_2} < 0$$

推广至任意一个不可逆循环过程，从状态 A 到状态 B 为不可逆过程 IR 和从状态 B 返回状态 A 为可逆过程 R，如图 2-6 所示。在不可逆循环过程中，使系统与一系列不同温度 T_i 的热源接触，交换热分别为 δQ_i，则有

$$\sum_A^B \frac{(\delta Q_i)_{IR}}{T_i} + \sum_B^A \frac{(\delta Q_i)_R}{T_i} < 0$$

则

$$\Delta S > \sum_A^B \frac{(\delta Q_i)_{IR}}{T_i} \qquad (2\text{-}7)$$

式(2-7)表示该过程系统始、终态之间的熵变大于不可逆过程的热温商之和。熵是状态函数，熵变数值上等于可逆过程的热温商之和。

结合式(2-5)和式(2-7)，从状态 A 到状态 B 为任意过程，则有

$$\Delta S \geqslant \sum_A^B \frac{\delta Q_i}{T_i} \qquad (2\text{-}8)$$

对于一个微小变化过程，可写为

$$\mathrm{d}S \geqslant \frac{\delta Q}{T} \qquad (2\text{-}9)$$

式(2-8)和式(2-9)称作**克劳修斯不等式**(Clausius inequality)，也是**热力学第二定律的数学表达式**。δQ 是实际过程中交换的热，T 是环境(热源)的温度，式中"＝"适用于可逆过程，此时环境与系统处于平衡状态，温度相等；"＞"适用于不可逆过程。系统的熵变不可能比实际热温商之和小，即不可能有 $\mathrm{d}S < \dfrac{\delta Q}{T}$ 的过程发生，否则将违反热力学第二定律，由卡诺定理可证明之。

四、熵增原理与熵判据

（一）熵增原理

绝热系统中所发生的任何过程，$Q=0$，根据克劳修斯不等式有

$$\Delta S_{绝热} \geqslant 0 \qquad (2\text{-}10)$$

式(2-10)表示对于绝热可逆过程，系统的熵值不变，$\Delta S_{绝热}=0$；对于绝热不可逆过程，系统的熵值增加，$\Delta S_{绝热}>0$，即绝热过程系统的熵值永不减少，这就是**熵增加原理**(principle of entropy increasing)。绝热不可逆过程可能是自发过程，也可能是非自发过程。绝热过程系统与环境无热交换，但不排斥以功的形式交换能量，故式(2-10)只能判别过程是否可逆，不能用来判断过程是否自发进行。

（二）熵判据

对于与环境无物质交换、无能量交换的孤立系统，必然是绝热的，式(2-10)也同样适用于孤立系统。孤立系统排除了环境对系统任何方式的干扰，因此，孤立系统的不可逆过程必然是自发过程。式(2-10)可表示为

$$\Delta S_{孤立} \geqslant 0 \qquad (2\text{-}11)$$

孤立系统自发过程的方向总是朝着熵增大的方向进行，直到在该条件下系统熵值达到最大为止，即孤立系统中过程的限度就是其熵值达到最大，这是**孤立系统的熵增原理**，换句话说，孤立系统的熵值不会减少。孤立系统的熵变可以用来判断过程的方向和限度。对于一个具体过程，系统与环境间可能发生能量交换，这时如果同时考虑系统和环境，即将系统与其密切相关的环境加在一起考虑，就可构建一个孤立系统，这个孤立系统的熵变就是系统的熵变与环境熵变之和。

$$\Delta S_{孤立} = \Delta S_{系统} + \Delta S_{环境}$$

对于给定系统，只要能够计算系统和环境的熵变，就可以依据式(2-11)判别过程的方向和限度。

如果 $\Delta S_{孤立}>0$，就是自发过程，即孤立系统的自发过程总是向着熵增大的方向进行；如果

NOTE

43

$\Delta S_{孤立}=0$，表明熵达到最大，此时系统达到平衡，即该过程在该条件下到达了最大限度，这就解决了热力学第二定律关于自发过程方向和限度的判断问题。接下来的问题就是如何计算系统的熵变和环境的熵变。

知识拓展

热力学第二定律建立的背景

高深的理论都来自对自然的思考。热力学第二定律也不例外，它的建立就是从研究热机效率开始的。

18世纪时，蒸汽机在人类社会的各个方面凸显日益重要的作用，但在运用蒸汽机时遇到一个很大的困难，就是效率太低，从1732年瓦特改造蒸汽机以后的80年间，其效率仅从3%提高到8%。所以，当时的科学家和技师几乎都把注意力集中到如何提高热机效率的问题上。

在这样的背景下，研究者思考是否可能制造这样的热机，它能够把吸收的热全部用来对外做功。如果能制造出这样的热机，它只需要高温热源而不再需要低温热源，或者说它的效率将是100%。这样的热机不需要低温热源，我们就可以利用它从大海吸热对外做功。大海的能源几乎是取之不尽的，据估算，地球上的海水温度降低0.01 K，释放出来的能量可以使全世界动力装置工作1000多年。所以这样的热机同样是可以"永动"的，故称为第二类永动机。

第二类永动机的设想吸引了很多研究者。一个颇有代表性的例子是美国发明家J. Gange设计的所谓"零发动机"。按他的设计，若选用易液化的氨为工作物质，可在0 ℃时产生4个大气压的推力驱动活塞做功。

J. Gange的设计还得到了当时美国军方的支持，他们以为海军从此无须靠岸加燃料，只要直接从海水中吸热就行了。不幸的是，所有第二类永动机的设计均以失败告终。这使一些人意识到是否也存在着普遍的规律，这个规律注定第二类永动机同样也不能制成呢？

卡诺是法国军队里的热机工程师，有机会接触到各式各样的实际热机。他发现一切热机尽管它们的形状、大小、结构、散热和漏气等各不相同，但它们都有两个共同点：

(1) 都有高温热源和低温热源；

(2) 工作物质总是从高温热源吸热，对外做功，放热给低温热源。

于是，卡诺抓住这两个相同点，避开不同点，设想了一种理想热机模型，其工作物质只与两个热源相接触，并且无任何散热、漏气等因素存在，这样的热机称为卡诺热机。这种热机实际是一种反映了一切热机共性而无任何实际个性的理想热机。在这个基础上卡诺提出了著名的卡诺循环，得出卡诺定理。值得一提的是，对卡诺定理的证明，卡诺自己是以"热质说"和"永动机不可能"为依据的，当然他的前提是错误的，但克劳修斯发现其结论仍然是正确的。

卡诺的研究成果包括卡诺循环的提出和卡诺定理的证明，在近代科学和技术发展史上都具有极重要的地位。一方面他提出了提高热机效率的方向，即提高高温热源温度或者降低低温热源温度，从此人们找到了提高热机效率的正确途径。直到今天，卡诺定理仍是设计热机的指导思想。另一方面它为热力学第二定律的建立奠定了实践基础。

所以，可以说卡诺定理是人类历史上同时对科学和技术都做出伟大贡献的不多成就之一。

NOTE

第二节 熵的物理意义与热力学第三定律

一、熵与混乱度

前面的学习,我们知道可以用熵变判断过程的方向和限度。那么熵又有什么物理意义呢?热力学系统是由大量分子组成的集合体,热力学系统的各种状态是宏观性质,它是该系统大量分子平均行为的表现。在一般的热力学系统中,分子数目极多,要把每个粒子的运动情况与系统的宏观性质联系起来,经典力学无能为力,只有用统计力学的方法研究众多粒子的平均行为,才能与热力学的宏观性质联系起来。

人们最初认为放热的化学反应可以自发进行是因为产物能量降低,但对理想气体等温混合过程,能量无变化,但仍能自发进行却无法解释,只有从分子运动的行为考虑,即混合后比混合前更混乱。再者功、热转化的不可逆性也应从分子的运动行为考虑。研究自发过程的共同特征时发现,自发过程都是不可逆的,且不可逆过程都与热、功转换的不可逆性相联系。从微观角度看,功是大量分子定向运动引起的能量传递,该过程中分子是有序运动;而热是大量分子混乱运动引起的能量传递。功转变为热是大量分子从有序运动向无序运动的转化。换句话说,自发变化的方向是从有序运动向着无序运动的方向进行,即向混乱度增加的方向进行,直至在该条件下最混乱的状态,此时熵值达到最大值。相反,大量分子的无序运动不可能自发地变成有序运动。因此我们可以说,**一切自发不可逆过程都是向混乱度增大的方向进行的**,这就是热力学第二定律的自发不可逆过程发生的本质原因。

解释热力学性质的微观意义,对于深入了解热力学熵函数的物理意义是很有帮助的。如热力学能是系统中大量分子的平均能量,温度与系统中大量分子的平均动能有关,那么如何从微观角度来理解系统的熵是系统混乱程度的度量?熵变计算结果告诉我们,$S_{固} < S_{液} < S_{气}$,物质从固态经液态到气态,系统中分子的有序性减小,分子运动的混乱程度依次增加;$S_{低温} < S_{高温}$,当物质温度升高时,分子热运动增强,分子的有序性减小,混乱程度增加;$S_{高压} < S_{低压}$,气体物质压力降低则体积增大,分子在大的空间中运动,其有序性减小,混乱程度增加。两种气体的扩散混合,混合前就其中某种气体而言,运动空间较小,混合后其运动空间范围增大,因此,混合后的气体分子空间分布较无序。上述各过程尽管不同,但混乱程度增大,熵值增加是共同的特性。由此可以得出结论:**熵是系统混乱程度的标志或度量。**

二、熵与热力学概率的关系——玻尔兹曼公式

孤立系统自发过程熵增方向与系统混乱程度增加方向一致,用有序和无序定性描述系统的变化方向是不够的,本节给出更严谨的概率概念,定量找出熵函数与热力学概率间的函数关系。所谓**热力学概率**(probability of thermodynamics)就是一定宏观状态下,系统可能出现的微观状态数目,就是系统处于某种状态时的微观状态数目,用 Ω 表示。

一个孤立系统处于热力学平衡的宏观状态,由于分子运动的微观状态瞬息万变,一个确定的热力学平衡态,可能对应多个微观状态。某宏观状态所对应的微观状态数 Ω 越多,该宏观状态出现的可能性也越大。

例 2-1 将 4 个可区分的小球 a、b、c、d,装入两个体积相同的箱子,有几种宏观状态,每种宏观状态对应有多少种微观状态,热力学概率又是多少?

解:将 4 个可区分的小球 a、b、c、d,装入两个体积相同的箱子,共有 5 种宏观状态。具体分配方式如表 2-1 所示。

表 2-1　小球在箱子中的分配情况

宏观状态		微观状态		热力学概率	数学概率
箱子 I	箱子 II	箱子 I	箱子 II		
4	0	abcd	0	$C_4^4=1$	1/16
3	1	abc	d	$C_4^3=4$	4/16
		abd	c		
		acd	b		
		bcd	a		
2	2	ab	cd	$C_4^2=6$	6/16
		ac	bd		
		ad	bc		
		bc	ad		
		bd	ab		
		cd	ab		
1	3	a	bcd	$C_4^1=4$	4/16
		b	acd		
		c	abd		
		d	abc		
0	4	0	abcd	$C_4^4=1$	1/16

　　从表 2-1 可见,4 个球总微观状态数为 16,每种宏观状态对应的微观状态数不同,数学概率最大为 6/16,此时热力学概率也为最大 6。由此可推论,热力学概率大,其宏观状态出现的概率就大。

　　在孤立系统中,自发过程总是由热力学概率小的状态,向着热力学概率较大的状态变化,直至热力学概率最大即系统达到平衡。这一结果与孤立系统中熵增原理一致,系统的热力学概率 Ω 和系统的熵 S 都趋于增加,S 与 Ω 一定存在内在的联系或函数关系 $S=f(\Omega)$。

　　设一系统由 A、B 两部分组成,热力学概率分别为 Ω_A、Ω_B,相应的熵为 $S_A=f(\Omega_A)$、$S_B=f(\Omega_B)$,根据概率定理,系统的总概率应等于各个部分概率的乘积,即 $\Omega=\Omega_A\cdot\Omega_B$,相应地,整个系统的熵等于各部分熵之和。即

$$S=S_A+S_B=f(\Omega_A)+f(\Omega_B)=f(\Omega)$$

能够满足上述函数关系的,只有对数函数,即 S 与 Ω 符合对数函数关系

$$S=k\ln\Omega \tag{2-12}$$

式(2-12)称为**玻尔兹曼公式**,k 是玻尔兹曼常数。

　　玻尔兹曼公式是将系统的宏观物理量 S 与微观量 Ω 联系起来的重要公式,是宏观量与微观量联系的重要桥梁。

三、热力学第三定律

　　熵是系统混乱程度的度量。系统的混乱程度越低,熵值越小。比较气、液、固三种状态,以固态存在时的熵最小,且当固态的温度进一步下降时,系统的熵值也进一步下降。

　　20 世纪初,科学家根据一系列低温实验,提出了**热力学第三定律:0 K 时,任何纯物质完美晶体的熵等于零**。所谓完美晶体即晶体中的原子、分子只有一种排列方式,且没有任何晶格缺

NOTE

陷。例如 NO,排列 NONONONO…只有一种排列方式,而 NONONOON…出现了多种排列方式。热力学第三定律的另一种说法就是 0 K 不可能通过有限步骤达到。

依据热力学第三定律而求得的任何物质在温度 T 时的熵值 S_T,称为该物质在此状态下的规定熵(conventional entropy)。

$$\Delta S = S_T - S_{0K} = S_T = \int_0^T dS = \int_0^T \frac{C_p dT}{T} \tag{2-13}$$

在标准压力 $p^{\ominus}$ 下,1 mol 物质的规定熵又称为该物质在温度 T 时的**标准摩尔熵**(standard molar entropy),用 $S_{m,B}^{\ominus}$ 表示,单位是 $J \cdot K^{-1} \cdot mol^{-1}$。本书附录中列出了一些物质在标准压力 $p^{\ominus}$ 和 298.15 K 下的标准摩尔熵。

知识拓展

熵 与 生 命

熵是物质的一种属性,可将物质区分为高熵物质或低熵物质,自然界没有负熵的物质。生命的基本特征是新陈代谢,从熵的角度看新陈代谢实际上是生命体吸纳低熵物质、排出高熵物质的过程。动物体摄取的多糖、蛋白质等,其分子结构的排列是非常有规则的,是严格有序的低熵物质,而其排泄物却是相对无序的,这样就引进了负熵流。植物在生长发育的过程中离不开阳光,光不仅是一种能量形式,比起热是更有序的能量,也是一负熵流。

生物进化是由单细胞向多细胞、从简单到复杂、从低级向高级变化的过程,也就是说向着更为有序、更为精确的方向进化,这是一个熵减的方向,与孤立系统向熵增大的方向进行恰好相反,可以说生物进化是熵变为负的过程。当系统的总熵变小于零时,生命处在生长、发育的阶段,向着更加高级有序的结构转化。当总熵变为零时,生命体将维持在一个稳定、成熟的状态,而总熵变大于零的标志则是疾病、衰老。衰老是生命系统熵的一种长期的缓慢的增加过程,也就是说随着生命的衰老,生命系统的混乱度增大,原因应该是生命组织能力的下降造成负熵流的下降,生命系统的生物熵增加,直至极值而死亡,这是一个不可抗拒的自然规律。疾病可以看作生命体短期和局部的熵增加,从而引起正常生理功能的失调和无序,治疗则是通过各种外部力量干预机体,促进吸纳低熵物质,排出高熵物质。

第三节 熵变的计算及熵判据的应用

对于给定系统,可以利用孤立系统的熵变判断变化的方向,因为

$$\Delta S_{孤立} = \Delta S_{系统} + \Delta S_{环境}$$

所以,首先需要把系统的熵变和环境的熵变计算出来。

1. 系统熵变的计算

熵是状态函数,其变化只与始、终态有关,与过程无关,因此无论过程是否可逆,系统由状态 1 变化至状态 2,均可用下式计算熵变

$$\Delta S_{系统} = S_2 - S_1 = \int_1^2 \frac{\delta Q_R}{T} \tag{2-14}$$

NOTE

47

计算任意过程系统的熵变,首先应确定系统的始态 1 和终态 2。若为不可逆过程,可在始、终态间设计可逆过程,这个可逆过程的热温商就是 $\Delta S_{系统}$。

注意:$\Delta S_{系统}$ 在不需要特别区分的时候,常写为 ΔS,即如不特别说明,ΔS 指系统的熵变。

2. 环境熵变的计算

与系统相比,环境很大。系统发生变化时所吸收或放出的热对环境而言是微不足道的,其温度和压力也不至于因为这部分热交换而发生变化,即环境温度和压力均可视为常数。因此,无论系统发生的过程可逆与否,对环境而言均可视为可逆过程,因此实际过程的热即为可逆热,用 $Q_{环境}$ 表示,则

$$\Delta S_{环境} = \frac{Q_{环境}}{T_{环境}} = -\frac{Q_{体系}}{T_{环境}} \tag{2-15}$$

一、理想气体等温过程熵变的计算

(一)理想气体简单状态变化过程

理想气体简单状态变化指没有相变化、化学变化及气体混合过程,只是气体单纯 p、V、T 的变化。

设 n mol 理想气体,由始态 $A(p_1,V_1,T)$ 等温变化到终态 $B(p_2,V_2,T)$ 的任意过程,设计等温可逆过程,则系统的熵变有

$$Q_R = -W_R = nRT\ln\frac{V_2}{V_1} = nRT\ln\frac{p_1}{p_2}$$

$$\Delta S = \frac{Q_R}{T} = nR\ln\frac{V_2}{V_1} = nR\ln\frac{p_1}{p_2} \tag{2-16}$$

例 2-2 在温度 300.15 K 时,1 mol 理想气体经下列过程体积增大一倍。计算过程的熵变,并通过计算说明过程的可逆性。(1)自由膨胀;(2)可逆膨胀。

解:(1) $\Delta S_{系统} = nR\ln\dfrac{V_2}{V_1} = 1 \times 8.314 \times \ln\dfrac{2V_1}{V_1} = 5.76(\text{J} \cdot \text{K}^{-1})$

$$\Delta S_{环境} = \frac{Q_{环境}}{T_{环境}} = -\frac{Q_{体系}}{T_{环境}} = 0$$

$$\Delta S_{孤立} = \Delta S_{系统} + \Delta S_{环境} = 5.76 + 0 = 5.76(\text{J} \cdot \text{K}^{-1}) > 0$$

故理想气体自由膨胀为自发不可逆过程。

(2)系统 ΔS 只与始、终态有关,与途径无关,所以过程(2)的 $\Delta S_{系统} = 5.76\ \text{J} \cdot \text{K}^{-1}$。

$\Delta U = 0$,所以该可逆膨胀系统的热变化为

$$Q_{系统} = -W_R = nRT\ln\frac{V_2}{V_1}$$

$$\Delta S_{环境} = -\frac{Q_{系统}}{T_{环境}} = -nR\ln\frac{V_2}{V_1} = -5.76(\text{J} \cdot \text{K}^{-1})$$

$$\Delta S_{孤立} = \Delta S_{系统} + \Delta S_{环境} = 5.76 - 5.76 = 0$$

进一步验证该过程为可逆过程。

(二)理想气体的混合熵变

理想气体在等温、等压下混合时,Q、W、ΔU 和 ΔH 都等于零,混合熵怎样变化?

例 2-3 在 300.15 K 时,用一隔板将容器分为两部分,一边装有 0.4 mol、100 kPa 的 O_2,另一边是 0.6 mol、100 kPa 的 N_2,抽去隔板后,两气体混合均匀。计算气体的混合熵,并判断过程的可逆性。

解:混合前 O_2 与 N_2 的压力与混合后气体总压力 p 相同,根据道尔顿分压定律,混合后

O_2 和 N_2 的分压分别为

$$p_{O_2} = px_{O_2}, \quad p_{N_2} = px_{N_2}$$

$$\Delta S_{O_2} = n_{O_2}R\ln\frac{p}{p_{O_2}} = n_{O_2}R\ln\frac{p}{px_{O_2}} = -n_{O_2}R\ln x_{O_2}$$

同理,可得

$$\Delta S_{N_2} = -n_{N_2}R\ln x_{N_2}$$

$$\Delta S_{系统} = -n_{O_2}R\ln x_{O_2} - n_{N_2}R\ln x_{N_2}$$

$$= -0.4\times8.314\times\ln0.4 - 0.6\times8.314\times\ln0.6 = 5.6(\text{J}\cdot\text{K}^{-1})$$

因为理想气体混合过程,$Q=0$,故 $\Delta S_{环境}=0$

$$\Delta S_{孤立} = \Delta S_{系统} + \Delta S_{环境} = 5.6 + 0 = 5.6(\text{J}\cdot\text{K}^{-1}) > 0$$

所以理想气体在等温、等压下混合为自发过程。由此可推导理想气体等温、等压下混合,混合熵为

$$\Delta_{mix}S_{系统} = -R\sum_B n_B\ln x_B$$

二、纯物质变温过程熵变的计算

若对系统加热或冷却,系统的温度发生变化,熵值也发生变化。对于没有相变化、没有化学反应、不做非体积功的系统,熵变的计算过程如下。

若为等容过程,则有

$$\Delta S = \int_{T_1}^{T_2} C_V \frac{dT}{T} = nC_{V,m}\ln\frac{T_2}{T_1} \tag{2-17}$$

若为等压过程,则有

$$\Delta S = \int_{T_1}^{T_2} C_p \frac{dT}{T} = nC_{p,m}\ln\frac{T_2}{T_1} \tag{2-18}$$

上述积分中,$C_{V,m}$、$C_{p,m}$ 为常数。

例 2-4 1 mol Ag 在等容条件下,由 273.15 K 加热至 303.15 K,求其熵变,并判断过程的可逆性。已知在该区间 Ag 的等容摩尔热容为 24.48 J·K^{-1}·mol^{-1},热源的温度为303.15 K。

解:该过程为等容变温过程

$$\Delta S_{系统} = nC_{V,m}\ln\frac{T_2}{T_1} = 1\times24.48\times\ln\frac{303.15}{273.15} = 2.55(\text{J}\cdot\text{K}^{-1})$$

$$\Delta S_{环境} = -\frac{Q_{体系}}{T_{环境}} = -\frac{nC_{V,m}(T_2-T_1)}{T_{环境}} = -\frac{1\times24.48\times(303.15-273.15)}{303.15} = -2.42(\text{J}\cdot\text{K}^{-1})$$

$$\Delta S_{孤立} = \Delta S_{系统} + \Delta S_{环境} = 2.55 + (-2.42) = 0.13(\text{J}\cdot\text{K}^{-1}) > 0$$

故该过程为不可逆过程。

若有 n mol 理想气体,从任意状态 $A(p_1,V_1,T_1)$ 变化到 $B(p_2,V_2,T_2)$,过程熵变的计算可以通过设计中间态进行。

第一种方法:先经等温过程到达中间态 C,再经等容过程到达终态 B。

$$A(p_1,V_1,T_1) \xrightarrow[\text{等温过程}]{\Delta S_1} C(p_3,V_2,T_1) \xrightarrow[\text{等容过程}]{\Delta S_2} B(p_2,V_2,T_2)$$

$$\Delta S = \Delta S_1 + \Delta S_2 = nR\ln\frac{V_2}{V_1} + \int_{T_1}^{T_2} C_V \frac{dT}{T}$$

第二种方法:先经等温过程到达中间态 C',再经等压过程到达终态 B。

$$A(p_1,V_1,T_1) \xrightarrow[\text{等温过程}]{\Delta S_1'} C'(p_2,V_3,T_1) \xrightarrow[\text{等压过程}]{\Delta S_2'} B(p_2,V_2,T_2)$$

NOTE

$$\Delta S = \Delta S'_1 + \Delta S'_2 = nR\ln\frac{p_1}{p_2} + \int_{T_1}^{T_2} C_p \frac{\mathrm{d}T}{T}$$

当然,视已知条件的不同,还可以设计成不同的中间态。

例 2-5 2 mol He 起始状态为$(1.0\times10^5\ \mathrm{Pa}, 273.15\ \mathrm{K})$,经一绝热压缩过程至终态$(4.0\times10^5\ \mathrm{Pa}, 546.15\ \mathrm{K})$。计算过程的熵变,并判断此过程是否为可逆过程。He 视为理想气体。

解: 把该过程视为经历等温、等压过程完成,则

$$\Delta S_{系统} = nR\ln\frac{p_1}{p_2} + nC_{p,m}\ln\frac{T_2}{T_1}$$

$$= 2\times8.314\times\ln\frac{1.0\times10^5}{4.0\times10^5} + 2\times\frac{5}{2}\times8.314\times\ln\frac{546.15}{273.15} = 5.75(\mathrm{J}\cdot\mathrm{K}^{-1})$$

绝热过程 $Q=0$,则 $\Delta S_{环境}=0$

$$\Delta S_{孤立} = \Delta S_{系统} + \Delta S_{环境} = 5.75 + 0 = 5.75(\mathrm{J}\cdot\mathrm{K}^{-1}) > 0$$

故此过程为不可逆过程。

三、相变过程熵变的计算

(一) 可逆相变过程熵变的计算

纯物质在正常相变点发生的相变过程都是可逆相变,如 101325 Pa 下,373.15 K 的水变成 373.15 K 的水蒸气或 273.15 K 的水变成 273.15 K 的冰。这些过程是在等温、等压条件下可逆进行的,过程的 ΔS 就等于相变热除以相变温度。

$$\Delta S = \frac{Q_R}{T} = \frac{\Delta H_m}{T} \tag{2-19}$$

例 2-6 1 mol 液态水在 373.15 K、101325 Pa 下,经等温、等压过程蒸发变成 373.15 K、101325 Pa 的水蒸气,蒸发焓为 40.67 $\mathrm{kJ}\cdot\mathrm{mol}^{-1}$。试计算此过程的 ΔS,并判断过程的可逆性。

解: 这是正常相变

$$\Delta S_{系统} = \frac{\Delta H_m}{T} = \frac{40670}{373.15} = 108.99(\mathrm{J}\cdot\mathrm{K}^{-1})$$

$$\Delta S_{环境} = \frac{-Q_{体系}}{T_{环境}} = \frac{-40670}{373.15} = -108.99(\mathrm{J}\cdot\mathrm{K}^{-1})$$

$$\Delta S_{孤立} = \Delta S_{系统} + \Delta S_{环境} = 108.99 - 108.99 = 0$$

计算证明该过程为可逆过程。

(二) 不可逆相变过程熵变的计算

若为不可逆相变过程,设计从始态到终态的包含可逆相变的过程进行计算。

例 2-7 在 268.15 K、101325 Pa 等温、等压条件下,1 mol 液体苯变成固体苯。苯的正常凝固点为 278.15 K,熔化热为 9916 $\mathrm{J}\cdot\mathrm{mol}^{-1}$,$C_{p,m}(\mathrm{C_6H_6},s) = 122.6\ \mathrm{J}\cdot\mathrm{K}^{-1}\cdot\mathrm{mol}^{-1}$,$C_{p,m}(\mathrm{C_6H_6},l) = 126.8\ \mathrm{J}\cdot\mathrm{K}^{-1}\cdot\mathrm{mol}^{-1}$。试计算此过程的 ΔS,并判断过程的可逆性。

解: 这是一个不可逆相变,需设计一个可逆过程来计算熵变。

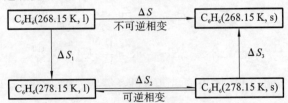

$$\Delta S_{系统} = \Delta S_1 + \Delta S_2 + \Delta S_2$$
$$= 1 \times 126.8 \times \ln \frac{278.15}{268.15} - \frac{9916}{278.15} + 1 \times 122.6 \times \ln \frac{268.15}{278.15} = -35.50(\text{J} \cdot \text{K}^{-1})$$

系统吸收、放出的热,就是环境放出、吸收的热,则

$$Q_{环境} = -1 \times 126.8 \times (278.15 - 268.15) + 9916 - 1 \times 122.6(268.15 - 278.15) = 9874(\text{J})$$

$$\Delta S_{环境} = \frac{Q_{环境}}{T_{环境}} = \frac{9874}{268.15} = 36.82(\text{J} \cdot \text{K}^{-1})$$

$$\Delta S_{孤立} = \Delta S_{系统} + \Delta S_{环境} = -35.50 + 36.82 = 1.32(\text{J} \cdot \text{K}^{-1}) > 0$$

计算说明,这是一个不可逆相变过程。

四、化学反应熵变的计算

化学反应熵变的计算和化学反应热效应的计算类似,可利用热力学数据表查出各物质的标准摩尔熵值进行计算。对于任意化学反应,若各物质均处于标准态,则反应的摩尔熵变 $\Delta_r S_m^{\ominus}$ 可由下式计算

$$\Delta_r S_m^{\ominus} = \sum_B \nu_B S_{m,B}^{\ominus} \tag{2-20}$$

式中,ν_B 为反应的化学计量数,反应物取负值,产物取正值;$S_{m,B}^{\ominus}$ 为参与反应的任意物质 B 的标准摩尔熵。式(2-20)表示化学反应的标准摩尔熵变,等于产物的标准摩尔熵之和减去反应物的标准摩尔熵之和。

通过热力学手册常常只能查得 298.15 K 的标准摩尔熵,故只能通过式(2-20)计算出 298.15 K 下的熵变。在任意温度 T、标准压力 $p^{\ominus}$ 下进行的化学反应,$\Delta_r S_m^{\ominus}(T)$ 可用下式计算:

$$\Delta_r S_m^{\ominus}(T) = \Delta_r S_m^{\ominus}(298.15\text{K}) + \int_{298.15}^{T} \frac{\sum_B \nu_B C_{p,m}(B)}{T} dT \tag{2-21}$$

例 2-8 求下列反应在 $p^{\ominus}$、298.15 K 条件下的熵变 $\Delta_r S_m^{\ominus}$。

$$N_2(g) + 3H_2(g) \Longleftrightarrow 2NH_3(g)$$

解:查表得

$$S_m^{\ominus}(N_2, g) = 191.61 \text{ J} \cdot \text{K}^{-1} \cdot \text{mol}^{-1}$$

$$S_m^{\ominus}(H_2, g) = 130.68 \text{ J} \cdot \text{K}^{-1} \cdot \text{mol}^{-1}$$

$$S_m^{\ominus}(NH_3, g) = 192.45 \text{ J} \cdot \text{K}^{-1} \cdot \text{mol}^{-1}$$

$$\Delta_r S_m^{\ominus} = \sum_B \nu_B S_{m,B}^{\ominus}$$

$$= 2S_m^{\ominus}(NH_3, g) - [S_m^{\ominus}(N_2, g) + 3S_m^{\ominus}(H_2, g)]$$

$$= 2 \times 192.45 - (191.61 + 3 \times 130.68) = -198.75(\text{J} \cdot \text{K}^{-1} \cdot \text{mol}^{-1})$$

第四节　亥姆霍兹自由能和吉布斯自由能

应用熵判据判断自发过程的方向和限度时,需要计算出系统的熵变和环境的熵变,而环境的熵变在很多情况下是不容易得到的。事实上,大多数化学变化和相变化都是在等温、等压或等温、等容条件下进行的,如果能够利用系统某些状态函数的变化来判断这些条件下变化的方向和限度,将会比较方便。根据具体条件结合热力学第一定律和第二定律推导出的亥姆霍兹自由能(Helmholtz free energy)和吉布斯自由能(Gibbs free energy)就是这样的状态函数。

热力学第一定律　　　　　　　　　$dU = \delta Q + \delta W$

热力学第二定律　　　　　　　　　$dS \geqslant \dfrac{\delta Q}{T}$

将两式联立,有 $\qquad\qquad TdS - dU \geqslant - \delta W$ $\qquad\qquad\qquad$ (2-22)

式中,">"表示不可逆过程,"="表示可逆过程。式(2-22)为热力学第一定律和第二定律的联合表达式,对封闭系统的任何过程均成立。

一、亥姆霍兹自由能及判据

在等温条件下,式(2-22)可变为

$$-d(U - TS) \geqslant - \delta W$$

定义 $\qquad\qquad\qquad\qquad F \equiv U - TS$ $\qquad\qquad\qquad\qquad$ (2-23)

F 称为**亥姆霍兹自由能**,也称**功函**(work function),因 U、T、S 均为状态函数,所以 F 亦为状态函数。

$$-dF \geqslant - \delta W \qquad 或 \qquad -\Delta F \geqslant -W \qquad\qquad (2-24)$$

式(2-24)的意义:封闭系统在等温条件下,若过程是可逆的,亥姆霍兹自由能的减少等于系统所做的最大功;如果是不可逆过程,亥姆霍兹自由能的减少大于系统所做的功。亥姆霍兹自由能可理解为等温条件下系统做功的能力,这就是 F 也称作功函的原因。

式(2-24)中,W 包括体积功和非体积功 W'。在等温、等容和 $W'=0$ 的条件下,式(2-24)可表达为

$$-dF_{T,V,W'=0} \geqslant 0 \qquad 或 \qquad -\Delta F_{T,V,W'=0} \geqslant 0 \qquad\qquad (2-25)$$

$$dF_{T,V,W'=0} \leqslant 0 \qquad 或 \qquad \Delta F_{T,V,W'=0} \leqslant 0 \qquad\qquad (2-26)$$

式(2-26)表示封闭系统在等温、等容和非体积功为零的条件下,只有系统亥姆霍兹自由能减小的过程才会自发进行,当该条件下的亥姆霍兹自由能达到最小值时,系统就达到了平衡状态,这一规则称为**最小亥姆霍兹自由能原理**(principle of minimization of Helmholtz energy)。在等温、等容和非体积功为零的条件下,系统不能自发进行 $\Delta F>0$ 的过程。式(2-26)是等温、等容和非体积功为零的条件下自发过程的判据。

二、吉布斯自由能及判据

在等温、等压条件下,式(2-22)可表达为

$$-d(U + pV - TS) \geqslant - \delta W'$$

或 $\qquad\qquad\qquad\qquad -d(H - TS) \geqslant - \delta W'$

定义 $\qquad\qquad\qquad\qquad G \equiv H - TS$ $\qquad\qquad\qquad\qquad$ (2-27)

G 称为**吉布斯自由能**,因 H、T、S 均为状态函数,所以 G 也为状态函数。在等温、等压条件下

$$-dG \geqslant - \delta W' \qquad 或 \qquad -\Delta G \geqslant -W' \qquad\qquad (2-28)$$

式(2-28)表明,封闭系统在等温、等压条件下,若是可逆过程,吉布斯自由能的减小等于系统所做的非体积功 W';如果是不可逆过程,吉布斯自由能的减少大于系统所做的非体积功 W'。因此,ΔG 代表了在等温、等压条件下,系统做非体积功的能力。

在等温、等压和非体积功等于零的条件下,式(2-28)可表示为

$$dG_{T,p,W'=0} \leqslant 0 \qquad 或 \qquad \Delta G_{T,p,W'=0} \leqslant 0 \qquad\qquad (2-29)$$

式(2-29)表明,封闭系统在等温、等压和非体积功为零的条件下,只有使系统吉布斯自由能减小的过程才会自发进行,当该条件下的吉布斯自由能达到最小值时系统就达到了平衡状态,这一规则称为**最小吉布斯自由能原理**(principle of minimization of Gibbs energy)。等温、等压和非体积功为零的条件下不能自动发生 $\Delta G>0$ 的过程。式(2-29)是等温、等压和非体积功为零的条件下自发过程的判据。多数化学反应、相变化是在等温、等压和非体积功为零的条件下进行的,因此,式(2-29)是最常用的判据。

注意:亥姆霍兹自由能 F、吉布斯自由能 G 均为状态函数,状态改变,其值必有改变。ΔF、ΔG 只有在特定的条件下才能作为判据,不满足特定条件不能作为判据,但其改变量仍可计算。

三、自发过程方向和限度的判据

我们已经学习了五个热力学状态函数 U、S、H、F、G,其中 U、S 是热力学定律的直接结果,是最基本的热力学函数,其他为导出的辅助函数。因为等温、等压是常见的过程,故吉布斯自由能 G 是常用的函数,如相变化和化学变化中遇到的问题几乎全是用吉布斯自由能来处理的。熵、亥姆霍兹自由能、吉布斯自由能三个判据总结如表 2-2 所示。

表 2-2 自发过程的方向及限度的判据

名 称	适 用 系 统	适 用 条 件	判 据	
熵判据	孤立系统	任何过程	$\Delta S_{孤立} > 0$	自发
			$\Delta S_{孤立} = 0$	可逆或达平衡态
			$\Delta S_{孤立} < 0$	不能自发进行
亥姆霍兹自由能判据	封闭系统	等温、等容和非体积功为零	$\Delta F_{T,V,W'=0} < 0$	自发
			$\Delta F_{T,V,W'=0} = 0$	可逆或达平衡态
			$\Delta F_{T,V,W'=0} > 0$	不能自发进行
吉布斯自由能判据	封闭系统	等温、等压和非体积功为零	$\Delta G_{T,p,W'=0} < 0$	自发
			$\Delta G_{T,p,W'=0} = 0$	可逆或达平衡态
			$\Delta G_{T,p,W'=0} > 0$	不能自发进行

(一) 熵判据

孤立系统与环境既无功的交换,也无热的交换,故 $\Delta U = 0$,孤立系统具有恒热力学能的性质。热力学第二定律数学表达式演变为孤立系统的熵值不会减少,孤立系统中熵值增大的过程是自发过程,也是不可逆过程;孤立系统的熵值保持不变的过程是可逆过程,系统处于平衡态;孤立系统中熵值减小的过程不可能发生。

(二) 亥姆霍兹自由能判据

在等温、等容和非体积功为零条件下,封闭系统自发过程朝着亥姆霍兹自由能减少的方向进行,直至亥姆霍兹自由能降到极小值(最小亥姆霍兹自由能原理),系统达到平衡。

(三) 吉布斯自由能判据

在等温、等压和非体积功为零条件下,封闭系统自发变化总是朝着吉布斯自由能减少的方向进行,直至吉布斯自由能降到极小值(最小吉布斯自由能原理),系统达到平衡。

尽管这三个判据分别有各自适用的条件,但彼此是相关的。亥姆霍兹自由能和吉布斯自由能判据的优势在于克服了熵判据的不足,不用再考虑环境的热力学函数变化,直接用系统的热力学函数变化判断过程的方向和限度。

需要强调的是用热力学函数作为判据时,仅说明过程发生的可能性,并不是过程实际已经发生;过程实际是否发生、速率如何等问题留待化学动力学解决。$\Delta F_{T,V,W'=0} > 0$,$\Delta G_{T,p,W'=0} > 0$ 的过程不是不可能实现,而是在特定条件下不会自发进行,如果改变条件仍可使 $\Delta F > 0$ 或 $\Delta G > 0$ 的过程发生,如光照、电解等都可使 $\Delta G > 0$ 的反应发生。

NOTE

第五节　吉布斯自由能变的计算

由于大多数化学反应、相变化都是在等温、等压条件下进行的,所以吉布斯自由能判据更常用。

根据定义 $G=H-TS$,全微分有

$$dG = dH - TdS - SdT$$
$$= dU + pdV + Vdp - TdS - SdT$$

对于非体积功为零的可逆过程,热力学第一、第二定律联合式为

$$dU = TdS - pdV \qquad (2\text{-}30)$$

代入上式,有

$$dG = -SdT + Vdp \qquad (2\text{-}31)$$

对于等温过程,式(2-31)变为 $dG=Vdp$,积分,得

$$\Delta G = \int_{p_1}^{p_2} Vdp \qquad (2\text{-}32)$$

或根据 G 的定义和状态函数的性质进行计算,对于等温过程

$$\Delta G = \Delta H - T\Delta S$$

一、理想气体等温过程吉布斯自由能变的计算

$$\Delta G = \int_{p_1}^{p_2} Vdp = nRT\ln\frac{p_2}{p_1} = nRT\ln\frac{V_1}{V_2}$$

或者,对于理想气体等温过程,$\Delta H = 0$

$$\Delta G = \Delta H - T\Delta S = -T\Delta S$$

例 2-9　(1) 在 298.15 K 下,1 mol O_2 由 100 kPa 等温可逆压缩至 600 kPa,试计算此过程的 Q、W、ΔU、ΔH、ΔS、ΔF 和 ΔG。(2) 如以等外压进行压缩,计算上述各量。

解:(1) 等温可逆压缩

对于理想气体,等温过程 $\Delta U = 0,\Delta H = 0$

$$Q = -W = nRT\ln\frac{p_1}{p_2} = 1\times8.314\times298.15\times\ln\frac{100}{600} = -4441.4(J)$$

$$W = 4441.4\ J$$

$$\Delta S = nR\ln\frac{p_1}{p_2} = 1\times8.314\times\ln\frac{100}{600} = -14.9(J \cdot K^{-1})$$

$$\Delta G = nRT\ln\frac{p_2}{p_1} = 1\times8.314\times298.15\times\ln\frac{600}{100} = 4441.4(J)$$

或　　　　　$$\Delta G = -T\Delta S = -298.15\times(-14.9) = 4442.4(J)$$

$$\Delta F = -T\Delta S = -298.15\times(-14.9) = 4442.4(J)$$

(由于小数取舍的不同,两种方法的计算结果略有差异。)

理想气体等温过程,计算结果 ΔF 与 ΔG 相等,这是理想气体的热力学能 U 和焓 H 只是温度的函数的必然结果。

(2) 等外压压缩

状态函数的改变值仅与始态和终态有关,该等外压过程与(1)的等温可逆过程始、终态相同,所以 ΔU、ΔH、ΔS、ΔF 和 ΔG 与前面的计算结果相同。

对于等外压过程,$p_e = p_2$

$$Q = -W = p_e\Delta V = nRT\left(1 - \frac{p_2}{p_1}\right) = 1\times 8.314\times 298.15\times\left(1 - \frac{600}{100}\right) = -12.4(\text{kJ})$$

$$W = 12.4 \text{ kJ}$$

对于理想气体的等温、等压混合过程，$\Delta U_{mix} = 0$，$\Delta H_{mix} = 0$，则

$$\Delta G_{mix} = \Delta H_{mix} - T\Delta S_{mix} = RT\sum_B n_B\ln x_B$$

因 $x_B < 1$，$\ln x_B$ 一定为负值，所以混合过程 ΔG_{mix} 一定为负值，即 $\Delta G_{mix} < 0$，这是一个自发过程。

二、相变过程吉布斯自由能变的计算

(一)等温、等压可逆相变过程

在正常相变点发生的相变，是可逆相变，如水在 373.15 K、101325 Pa 下的蒸发，冰在 273.15 K、101325 Pa 下的融化。更广义地说，在指定温度、饱和蒸气压下进行的相变是可逆相变，如水在 298.15 K、3168 Pa 下的蒸发是可逆相变过程。

相变一般都是在等温、等压、非体积功为零条件下进行的，所以可逆相变过程

$$\Delta G = 0$$

例 2-10 1 mol 苯在其沸点 353.15 K 下蒸发成气体，蒸发热为 30.84 kJ·mol^{-1}。假设苯蒸气是理想气体，计算 Q、W、ΔU、ΔH、ΔS、ΔF 和 ΔG。

解：该过程是可逆相变过程

$$\Delta G = 0$$

$$Q = \Delta H = 30.84(\text{kJ})$$

$$\Delta S = \frac{Q_R}{T} = \frac{30840}{353.15} = 87.3(\text{J}\cdot\text{K}^{-1})$$

$$W = -p_e(V_g - V_1)\approx -nRT = -1\times 8.314\times 353.15 = -2936.1(\text{J})$$

$$\Delta U = Q + W = 30840 - 2936.1 = 27903.9(\text{J})$$

$$\Delta F = \Delta U - T\Delta S = 27903.9 - 353.15\times 87.3 = -2926.1(\text{J})$$

(二)等温、等压不可逆相变过程

由于吉布斯自由能 G 是状态函数，所以不可逆过程的 ΔG 可通过设计可逆过程计算。

例 2-11 计算 1 mol H_2O(l) 在 373.15 K、202650 Pa 等温、等压条件下，转变成 373.15 K、202650 Pa 的 H_2O(g) 的 ΔG。已知水的平均密度为 1.00×10^3 kg·m^{-3}。水蒸气视为理想气体。

解：该相变为不可逆相变，需设计可逆过程进行计算

$$\Delta G_1 = \int_{p_1}^{p_2} V_1\mathrm{d}p = V_1(p_2 - p_1) = \frac{1\times 18.02\times 10^{-3}}{1.00\times 10^3}\times(101325 - 202650) = -1.8(\text{J})$$

$$\Delta G_2 = 0$$

$$\Delta G_3 = \int_{p_1'}^{p_2'} V_g\mathrm{d}p = nRT\ln\frac{p_2'}{p_1'} = 1\times 8.314\times 373.15\times\ln\frac{202650}{101325} = 2150.4(\text{J})$$

NOTE

55

$$\Delta G = \Delta G_1 + \Delta G_2 + \Delta G_3 = -1.8 + 0 + 2150.4 = 2148.6(\text{J}) > 0$$

该过程为非自发过程,但其逆过程是自发过程,即在 373.15 K、202650 Pa 下过饱和的水蒸气会自发凝结成水。

三、化学反应吉布斯自由能变的计算

(一)标准摩尔吉布斯自由能变

因为大多数化学反应都是在等温、等压条件下进行的,所以体系在等温、等压过程中的 $\Delta_r G_m$ 对判断化学反应进行的方向和限度特别有意义。但是由于物质的一些热力学函数的绝对值尚不知道,于是便对计算体系在反应过程中的 $\Delta_r G_m$ 带来了困难。由于 $\Delta_r G_m$ 本身就是相对值,因而可以用计算 $\Delta_r H_m$ 的相似方法来计算反应体系的 $\Delta_r G_m$。

在指定温度、标准压力下,由最稳定单质生成 1 mol 某物质的吉布斯自由能(变),称为该物质的**标准摩尔生成吉布斯自由能(变)**(standard molar Gibbs free energy of formation),用符号 $\Delta_f G_m^{\ominus}$ 表示,单位为 kJ·mol^{-1}。最稳定单质的 $\Delta_f G_m^{\ominus}$ 为零。通常手册上所给的 $\Delta_f G_m^{\ominus}$ 大多是 298.15 K 时的值,与利用化合物标准摩尔生成焓求反应焓的方法类似,利用参加反应各化合物的 $\Delta_f G_m^{\ominus}$ 可以计算出反应的 $\Delta_r G_m^{\ominus}$。

例如,对于任一化学反应

$$a\text{A} + d\text{D} \Longrightarrow g\text{G} + h\text{H}$$

$$\Delta_r G_m^{\ominus} = [g\Delta_f G_m^{\ominus}(\text{G}) + h\Delta_f G_m^{\ominus}(\text{H})] - [a\Delta_f G_m^{\ominus}(\text{A}) + d\Delta_f G_m^{\ominus}(\text{D})]$$

$$\Delta_r G_m^{\ominus} = \sum_B \nu_B \Delta_f G_m^{\ominus}(\text{B}) \tag{2-33}$$

式(2-33)中,ν_B 为化学反应中任意物质 B 的计量数,反应物取负值,产物取正值。该式的物理意义:化学变化过程的 $\Delta_r G_m^{\ominus}$ 等于产物的标准摩尔生成吉布斯自由能的总和减去反应物的标准摩尔生成吉布斯自由能的总和。

$\Delta_r G_m$ 的数值可以判断反应进行的方向,但若 $\Delta_r G_m^{\ominus}$ 的绝对值很大,$\Delta_r G_m^{\ominus}$ 的数值和符号对 $\Delta_r G_m$ 起决定作用,则可用 $\Delta_r G_m^{\ominus}$ 数据估计反应的方向。一般来说,$\Delta_r G_m^{\ominus} > 42$ kJ·mol^{-1} 可以认为反应不能进行;$\Delta_r G_m^{\ominus} < -42$ kJ·mol^{-1} 可以认为反应能自发进行。

例 2-12 298.15 K 时,已知下列反应中各物质的 $\Delta_f G_m^{\ominus}$,估计反应可否进行。

$$\text{NH}_3(\text{g}) + \text{HCl}(\text{g}) \Longrightarrow \text{NH}_4\text{Cl}(\text{s})$$

$$\Delta_f G_m^{\ominus}/\text{kJ·mol}^{-1} \qquad -16.63 \qquad -95.26 \qquad -203.89$$

解:$\Delta_r G_m^{\ominus} = \Delta_f G_m^{\ominus}(\text{NH}_4\text{Cl}) - \Delta_f G_m^{\ominus}(\text{NH}_3) - \Delta_f G_m^{\ominus}(\text{HCl})$

$$= -203.89 + 16.63 + 95.26 = -92.00(\text{kJ·mol}^{-1})$$

所以,估计反应可以进行。

(二)其他方法计算 $\Delta_r G_m^{\ominus}$

(1)在等温条件下,由基本定义式计算化学反应的 $\Delta_r G_m^{\ominus}$

$$\Delta_r G_m^{\ominus} = \Delta_r H_m^{\ominus} - T\Delta_r S_m^{\ominus} \tag{2-34}$$

例 2-13 在 298.15 K、$p^{\ominus}$ 下,计算反应 $\text{NH}_4\text{Cl}(\text{s}) \Longrightarrow \text{NH}_3(\text{g}) + \text{HCl}(\text{g})$ 的 $\Delta_r G_m^{\ominus}$。

	NH$_4$Cl(s)	NH$_3$(g)	HCl(g)
$\Delta_f G_m^{\ominus}/(\text{kJ·mol}^{-1})$	−203.89	−16.63	−95.26
$\Delta_f H_m^{\ominus}/(\text{kJ·mol}^{-1})$	−314.43	−46.19	−92.31
$S_m^{\ominus}/(\text{J·K}^{-1}\text{·mol}^{-1})$	94.6	192.51	186.68

NOTE

解:

$$\Delta_r H_m^\ominus = \sum_B \nu_B \Delta_f H_m^\ominus(B)$$

$$= \Delta_f H_m^\ominus(HCl) + \Delta_f H_m^\ominus(NH_3) - \Delta_f H_m^\ominus(NH_4Cl)$$

$$= -92.31 - 46.19 - (-314.43) = 175.93(kJ \cdot mol^{-1})$$

$$\Delta_r S_m^\ominus = \sum_B \nu_B S_m^\ominus(B)$$

$$= S_m^\ominus(HCl) + S_m^\ominus(NH_3) - S_m^\ominus(NH_4Cl)$$

$$= 186.68 + 192.51 - 94.6 = 284.59(J \cdot K^{-1} \cdot mol^{-1})$$

$$\Delta_r G_m^\ominus = \Delta_r H_m^\ominus - T\Delta_r S_m^\ominus$$

$$= 175930 - 298.15 \times 284.59 = 91.08(kJ \cdot mol^{-1})$$

或

$$\Delta_r G_m^\ominus = \sum_B \nu_B \Delta_f G_m^\ominus(B)$$

$$= \Delta_f G_m^\ominus(HCl) + \Delta_f G_m^\ominus(NH_3) - \Delta_f G_m^\ominus(NH_4Cl)$$

$$= -95.26 + (-16.63) - (-203.89) = 92.00(kJ \cdot mol^{-1})$$

(2) 由已知反应的 $\Delta_r G_m^\ominus$ 求相关未知反应的 $\Delta_r G_m^\ominus$,和化学反应的焓变计算类似,例如:

①$C(s) + O_2(g) \Longrightarrow CO_2(g)$ $\Delta G_{m,1}^\ominus$

②$CO(g) + \frac{1}{2}O_2(g) \Longrightarrow CO_2(g)$ $\Delta G_{m,2}^\ominus$

③$C(s) + \frac{1}{2}O_2(g) \Longrightarrow CO(g)$ $\Delta G_{m,3}^\ominus$

反应③=①-②,所以,$\Delta G_{m,3}^\ominus = \Delta G_{m,1}^\ominus - \Delta G_{m,2}^\ominus$。

(3) 实验方法测定

通过实验测定反应的平衡常数,计算反应的 $\Delta_r G_m^\ominus$;或测定相关反应的平衡常数求其 $\Delta_r G_m^\ominus$,再经计算,求得目标反应的 $\Delta_r G_m^\ominus$。

(4) 电化学方法

对可以设计成电池的化学反应,使反应在可逆电池中进行,根据 $\Delta_r G_m^\ominus = -zE^\ominus F$ 计算。

四、吉布斯自由能与温度的关系——吉布斯-亥姆霍兹方程

一般从热力学手册上查得的是 298.15 K 时的数据,依据这些数据可计算 298.15 K 的化学反应的吉布斯自由能变,然而绝大多数化学反应并非在 298.15 K 下进行。因此要利用 298.15 K 时化学反应的吉布斯自由能变计算任意温度下的吉布斯自由能变,即已知一个温度下的吉布斯自由能变求另一个温度下的吉布斯自由能变。

由式(2-31)可得 $\left(\frac{\partial G}{\partial T}\right)_p = -S$,对于化学反应有

$$\left(\frac{\partial \Delta_r G}{\partial T}\right)_p = -\Delta_r S \tag{2-35}$$

温度 T 时,有

$$\Delta_r G = \Delta_r H - T\Delta_r S \quad 或 \quad -\Delta_r S = \frac{\Delta_r G - \Delta_r H}{T} \tag{2-36}$$

把式(2-36)代入式(2-35),有

$$\left(\frac{\partial \Delta_r G}{\partial T}\right)_p = \frac{\Delta_r G - \Delta_r H}{T}$$

两边同时除以 T,得

$$\frac{1}{T}\left(\frac{\partial \Delta_r G}{\partial T}\right)_p - \frac{\Delta_r G}{T^2} = -\frac{\Delta_r H}{T^2}$$

$$\left[\frac{\partial(\Delta_r G/T)}{\partial T}\right]_p = -\frac{\Delta_r H}{T^2} \tag{2-37}$$

若已知反应在 T_1 温度时的 $\Delta_r G_1$，计算该反应在 T_2 温度时的 $\Delta_r G_2$。温度变化范围不大，把 $\Delta_r H$ 看作常数时，对式(2-37)进行定积分，可得

$$\int d\left(\frac{\Delta_r G}{T}\right) = -\int \frac{\Delta_r H}{T^2}dT$$

$$\frac{\Delta_r G_2}{T_2} - \frac{\Delta_r G_1}{T_1} = \Delta_r H\left(\frac{1}{T_2} - \frac{1}{T_1}\right) \tag{2-38}$$

例 2-14　298.15 K 时，反应 $2SO_3(g) \rightleftharpoons 2SO_2(g) + O_2(g)$ 的 $\Delta_r G_m = 1.4 \times 10^5$ J·mol^{-1}，$\Delta_r H_m = 1.996 \times 10^3$ J·mol^{-1}，且 $\Delta_r H_m$ 不随温度而变化。求该反应在 400.15 K 时的 $\Delta_r G_m$。

解：已知 $T_1 = 298.15$ K，$\Delta_r G_m = 1.4 \times 10^5$ J·mol^{-1}，求 $T_2 = 400.15$ K 时的 $\Delta_r G_m(T_2)$。

由式(2-38)，有

$$\frac{\Delta_r G_m(T_2)}{400.15} - \frac{1.4 \times 10^5}{298.15} = 1.996 \times 10^3 \times \left(\frac{1}{400.15} - \frac{1}{298.15}\right)$$

解得：$\Delta_r G_m(T_2) = 187.2$ kJ·mol^{-1}

知识拓展

由热力学参数判断药物小分子与蛋白质的作用类型

根据热力学参数的改变，可以大致确定药物小分子与蛋白质等生物大分子的作用力类型。当温度变化不大时，把 ΔH 视为常数，根据 van't Hoff 定律得

$$\ln K = \frac{\Delta H}{RT} + \frac{\Delta S}{R}$$

式中，K 为结合常数。作 $\ln K$-$1/T$ 图，得一直线，由直线的斜率和截距，可得出 ΔH 和 ΔS。又根据下式

$$\Delta G = \Delta H - T\Delta S$$

可求出 ΔG 值，从而判断该作用能否发生。

根据 ΔH 和 ΔS 的符号和大小，可以确定作用力的类型，如氢键、范德华力、静电作用力、是否有疏水作用等。

第六节　热力学状态函数之间的关系

一、热力学基本关系式

热力学第一定律的基本函数是热力学能 U，由 U 引出焓 H；热力学第二定律的基本函数是 S，由 S 引出亥姆霍兹自由能 F 和吉布斯自由能 G。这五个热力学函数的共同特点：都是状态函数，都是广度性质，绝对值都难以测得，均具有能量的量纲等。它们之间存在如下关系：

$$H = U + pV$$

$$F = U - TS$$

$$G = H - TS$$

热力学函数之间的关系如图 2-7 所示。上述式子中，p、V、T 是可直接测量的量，而 U、H、S、F 和 G 是不易直接得到的量；U 和 S 是最基本的热力学物理量，物理意义明确；而 H、F 和 G 在特定的条件下使用方便。根据热力学第一、第二定律的联合式，结合热力学之间的关系，有

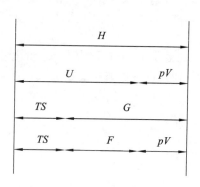

$$dU = TdS - pdV \qquad (2\text{-}39)$$

$$dH = TdS + Vdp \qquad (2\text{-}40)$$

$$dF = -SdT - pdV \qquad (2\text{-}41)$$

$$dG = -SdT + Vdp \qquad (2\text{-}42)$$

图 2-7 热力学函数间的关系

式(2-39)至式(2-42)称为**热力学基本方程**，其适用条件为组成不变且只做体积功的封闭系统。在推导中引用了可逆过程的条件，但导出的关系式中所有的物理量均为状态函数，在始、终态一定时，其变量为定值，与过程是否可逆无关。

二、对应系数关系式

由热力学基本方程可以导出其他一些热力学公式，例如由式(2-39)，可得

$$\left(\frac{\partial U}{\partial S}\right)_V = T \qquad \left(\frac{\partial U}{\partial V}\right)_S = -p \qquad (2\text{-}43)$$

同理，由式(2-40)、式(2-41)和式(2-42)，可分别得到如下关系式

$$\left(\frac{\partial H}{\partial S}\right)_p = T \qquad \left(\frac{\partial H}{\partial p}\right)_S = V \qquad (2\text{-}44)$$

$$\left(\frac{\partial F}{\partial T}\right)_V = -S \qquad \left(\frac{\partial F}{\partial V}\right)_T = -p \qquad (2\text{-}45)$$

$$\left(\frac{\partial G}{\partial T}\right)_p = -S \qquad \left(\frac{\partial G}{\partial p}\right)_T = V \qquad (2\text{-}46)$$

式(2-43)至式(2-46)称为对应系数关系式，即

$$T = \left(\frac{\partial U}{\partial S}\right)_V = \left(\frac{\partial H}{\partial S}\right)_p$$

$$V = \left(\frac{\partial G}{\partial p}\right)_T = \left(\frac{\partial H}{\partial p}\right)_S$$

$$-p = \left(\frac{\partial U}{\partial V}\right)_S = \left(\frac{\partial F}{\partial V}\right)_T$$

$$-S = \left(\frac{\partial F}{\partial T}\right)_V = \left(\frac{\partial G}{\partial T}\right)_p$$

三、麦克斯韦关系式

状态函数的变化只与始、终态有关，与途径无关，符合这一特点的物理量具有全微分的性质。设 Z 是系统某一状态函数，它是 x、y 的函数，即 $Z = f(x, y)$，Z 的全微分可以表示为

$$dZ = \left(\frac{\partial Z}{\partial x}\right)_y dx + \left(\frac{\partial Z}{\partial y}\right)_x dy = Mdx + Ndy$$

式中

$$M = \left(\frac{\partial Z}{\partial x}\right)_y, \qquad N = \left(\frac{\partial Z}{\partial y}\right)_x$$

M 和 N 分别是 Z 对 x 和 y 的一阶偏导数，若 M 和 N 分别对 y 和 x 再求偏导数，得

$$\left(\frac{\partial M}{\partial y}\right)_x = \frac{\partial^2 Z}{\partial y \cdot \partial x} \qquad \left(\frac{\partial N}{\partial x}\right)_y = \frac{\partial^2 Z}{\partial x \cdot \partial y}$$

NOTE

二阶偏导数与求导次序无关，Z 的二阶混合偏导数相同，则有

$$\left(\frac{\partial M}{\partial y}\right)_x = \left(\frac{\partial N}{\partial x}\right)_y$$

在数学上，上式称为全微分的欧拉倒易关系。将该式应用于热力学基本方程式(2-39)至式(2-42)，得**麦克斯韦关系式**（Maxwell's relations）。

$$\left(\frac{\partial T}{\partial V}\right)_S = -\left(\frac{\partial p}{\partial S}\right)_V$$

$$\left(\frac{\partial T}{\partial p}\right)_S = \left(\frac{\partial V}{\partial S}\right)_p$$

$$\left(\frac{\partial S}{\partial V}\right)_T = \left(\frac{\partial p}{\partial T}\right)_V$$

$$\left(\frac{\partial S}{\partial p}\right)_T = -\left(\frac{\partial V}{\partial T}\right)_p$$

麦克斯韦关系式的意义在于它将不能或不易直接测量的物理量的变化规律，用易于测量的物理量的变化规律表示出来。如 p、V 和 T 为容易测量的量，U、H、S、F 和 G 为不容易测量的量，可以用容易测量的偏微商代替不易测量的偏微商。如用 $-\left(\frac{\partial V}{\partial T}\right)_p$ 代替 $\left(\frac{\partial S}{\partial p}\right)_T$，即通过测量体积随温度的变化了解熵随压力的变化规律。下面举例说明麦克斯韦关系式的应用。

例 2-15 试求在等温条件下，理想气体热力学能随体积、压力的变化率。

解： 由 $dU = TdS - pdV$，等温条件下，两边同时对体积 V 求导，有

$$\left(\frac{\partial U}{\partial V}\right)_T = T\left(\frac{\partial S}{\partial V}\right)_T - p$$

将麦克斯韦关系式 $\left(\frac{\partial S}{\partial V}\right)_T = \left(\frac{\partial p}{\partial T}\right)_V$ 代入上式，有

$$\left(\frac{\partial U}{\partial V}\right)_T = T\left(\frac{\partial p}{\partial T}\right)_V - p$$

对于理想气体，$p = \frac{nRT}{V}$，体积 V 不变的条件下对 T 求导，有

$$\left(\frac{\partial p}{\partial T}\right)_V = \frac{nR}{V}$$

代入上式得

$$\left(\frac{\partial U}{\partial V}\right)_T = T \cdot \frac{nR}{V} - p = p - p = 0$$

类似处理可得

$$\left(\frac{\partial U}{\partial p}\right)_T = 0$$

即理想气体的热力学能仅是温度的函数，与气体体积、压力无关。对于非理想气体，若知道其状态方程，也可求出具体的函数关系。

第七节　偏摩尔量与化学势

热力学系统若为组成不变的封闭系统，系统的广度性质只需要用两个变量即可描述。对于组成发生变化的多组分系统，各物质的量也是决定系统状态的变量。如果一个封闭系统，其中不止一个相，在相与相间有物质的交换，各相的组成将发生变化，则每一相都可以作为一个敞开系统来处理。总之，对于组成可变的系统，当各组分的物质种类和数量发生变化时，该系

统的热力学函数也会随之发生变化。换句话说,各组分的物质的量均是系统热力学函数的自变量。为此有必要介绍两个重要的热力学量——偏摩尔量和化学势。

一、偏摩尔量

(一)偏摩尔量的定义

首先,我们看一个实验的结果。在 293.15 K 时,将乙醇和水以不同的比例混合,溶液的总量为 100 g,测定不同浓度时溶液的总体积,结果如表 2-3 所示。

表 2-3　乙醇与水混合液的体积与浓度的关系

混合液中乙醇的组成		$V_{乙醇}$/ cm^3	$V_水$/ cm^3	混合前 $(V_{乙醇}+V_水)$/cm^3	实验值 $V_{混合液}$/ cm^3	ΔV_{mix}/ cm^3	溶液摩尔体积/ cm^3
质量分数	摩尔分数						
10	0.042	12.67	90.36	103.03	101.84	1.19	19.5
20	0.089	25.34	80.32	105.66	103.24	2.42	21.2
30	0.14	38.01	70.28	108.29	104.84	3.45	23.1
40	0.21	50.68	60.24	110.92	106.93	3.99	25.5
50	0.28	63.35	50.20	113.55	109.43	4.12	28.3
60	0.37	76.02	40.16	116.18	112.22	3.96	31.9
70	0.48	88.69	30.12	118.81	115.25	3.56	36.2
80	0.61	101.36	20.08	121.44	118.56	2.88	41.7
90	0.78	114.03	10.04	124.07	122.25	1.82	48.7

由表 2-3 可知,混合溶液的总体积并不等于各组分在纯态时的体积之和。最后一列表明,一定温度、压力下溶液的摩尔体积随溶液组成的变化而变化。这说明摩尔体积不仅是温度、压力的函数,而且还与系统的组成有关。换句话说,对组成发生变化的系统,系统的体积 V 是温度、压力以及各组分物质的量的函数。

事实上,不仅体积 V 如此,对于任一广度性质 X(X 代表 V、U、H、S、F、G 等),都可表示为

$$X = f(T, p, n_1, n_2, n_3 \cdots)$$

当系统状态发生微小变化时,X 有相应的改变,可用全微分表示

$$dX = \left(\frac{\partial X}{\partial T}\right)_{p,n_1,n_2,n_3,\cdots} dT + \left(\frac{\partial X}{\partial p}\right)_{T,n_1,n_2,n_3,\cdots} dp + \left(\frac{\partial X}{\partial n_1}\right)_{T,p,n_2,n_3,\cdots} dn_1$$
$$+ \left(\frac{\partial X}{\partial n_2}\right)_{T,p,n_1,n_3,\cdots} dn_2 + \cdots \tag{2-47}$$

$$= \left(\frac{\partial X}{\partial T}\right)_{p,n_1,n_2,n_3,\cdots} dT + \left(\frac{\partial X}{\partial p}\right)_{T,n_1,n_2,n_3,\cdots} dp + \sum_B \left(\frac{\partial X}{\partial n_B}\right)_{T,p,n_i \neq n_B} dn_B$$

式中,n_B 表示系统中任意组分 B 的物质的量,$n_i \neq n_B$ 表示除 B 组分外其他组分的物质的量保持不变。在等温、等压条件下,令

$$X_{B,m} = \left(\frac{\partial X}{\partial n_B}\right)_{T,p,n_i \neq n_B} \tag{2-48}$$

$X_{B,m}$ 称为多组分系统中 B 物质的**偏摩尔量**(partial molar quantity),在等温、等压条件下,把式(2-48)代入式(2-47)中,得

$$dX = \sum_B X_{B,m} dn_B \tag{2-49}$$

上式可写成

NOTE

$$dX = X_{1,m}dn_1 + X_{2,m}dn_2 + \cdots = \sum_B X_{B,m}dn_B \qquad (2\text{-}50)$$

X 代表系统的任意广度性质，因此有

B 物质的偏摩尔体积 $\qquad\qquad V_{B,m} = \left(\dfrac{\partial V}{\partial n_B}\right)_{T,p,n_i \neq n_B}$

B 物质的偏摩尔热力学能 $\qquad\qquad U_{B,m} = \left(\dfrac{\partial U}{\partial n_B}\right)_{T,p,n_i \neq n_B}$

B 物质的偏摩尔熵 $\qquad\qquad S_{B,m} = \left(\dfrac{\partial S}{\partial n_B}\right)_{T,p,n_i \neq n_B}$

B 物质的偏摩尔焓 $\qquad\qquad H_{B,m} = \left(\dfrac{\partial H}{\partial n_B}\right)_{T,p,n_i \neq n_B}$

B 物质的偏摩尔亥姆霍兹自由能 $\qquad\qquad F_{B,m} = \left(\dfrac{\partial F}{\partial n_B}\right)_{T,p,n_i \neq n_B}$

B 物质的偏摩尔吉布斯自由能 $\qquad\qquad G_{B,m} = \left(\dfrac{\partial G}{\partial n_B}\right)_{T,p,n_i \neq n_B}$

偏摩尔量的物理意义可理解为在等温、等压条件下，在一定浓度的有限量溶液中，加入 dn 的 B 物质（即系统的浓度几乎保持不变）所引起系统广度性质 X 随 B 物质的量变化的变化率，即为组分 B 的偏摩尔量；或可理解为在等温、等压条件下，往一定浓度的大量溶液中加入 1 mol B 物质（即系统的浓度仍可看作不变）所引起系统广度性质 X 随 B 物质的量变化的变化量，即为组分 B 的偏摩尔量。多组分系统中的偏摩尔量与纯组分的摩尔量一样，是强度性质，等温、等压、组成一定的条件下，各物质的偏摩尔量都具有确定的值。

（二）偏摩尔量的集合公式

因为偏摩尔量为强度性质，与混合物中各组分的物质的量有关，与混合物的总量无关。在等温、等压、溶液浓度不变的条件下，同时向溶液中加入各物质的量分别为 n_1、$n_2 \cdots$ 时，维持溶液的浓度不变，则各组分的偏摩尔量 $X_{B,m}$ 的值也保持不变，对式（2-50）积分，有

$$X = n_1 X_{1,m} + n_2 X_{2,m} + \cdots = \sum_B n_B X_{B,m} \qquad (2\text{-}51)$$

式（2-51）称为偏摩尔量的集合公式，此式表明系统的任一广度性质 X 等于各组分物质的量 n 与偏摩尔量 $X_{B,m}$ 的乘积之和。若系统中只有两个组分，以体积为例，物质的量为 n_1 的某物质与物质的量为 n_2 的另一种物质混合后，混合体积为

$$V = n_1 V_{1,m} + n_2 V_{2,m}$$

例 2-16 在 298.15 K 下，有摩尔分数为 0.40 的甲醇水溶液，若往大量的此种溶液中加入 1 mol 的水，溶液体积增加 17.35 mL；若往大量的此种溶液中加 1 mol 的甲醇，溶液体积增加 39.01 mL。试计算将 0.4 mol 的甲醇及 0.6 mol 的水混合成溶液时，体积为多少？混合过程中体积变化多少？已知 298.15 K 时，甲醇和水的密度分别为 0.7911 g·mL^{-1} 和 0.9971 g·mL^{-1}。

解： 按偏摩尔量的定义和已知条件：$V_{甲醇,m} = 39.01$ mL·mol^{-1}，$V_{水,m} = 17.35$ mL·mol^{-1}

按偏摩尔量的集合公式：$V = n_1 V_{1,m} + n_2 V_{2,m}$

$$V = 0.4 \times 39.01 + 0.6 \times 17.35 = 26.01 (\text{mL})$$

混合前体积：$V_{混合前} = V_{纯甲醇} + V_{纯水} = \dfrac{32.04}{0.7911} \times 0.4 + \dfrac{18.02}{0.9971} \times 0.6 = 27.04 (\text{mL})$

混合过程中体积变化：$27.04 - 26.01 = 1.03 (\text{mL})$

（三）吉布斯-杜亥姆公式

偏摩尔量的集合公式适用于等温、等压和浓度不变的条件，若系统的浓度发生变化，则各组分的偏摩尔量也会改变，对式（2-51）求全微分，得

$$dX = X_{1,m}dn_1 + n_1dX_{1,m} + X_{2,m}dn_2 + n_2dX_{2,m} + \cdots \tag{2-52}$$
$$= (X_{1,m}dn_1 + X_{2,m}dn_2 + \cdots) + (n_1dX_{1,m} + n_2dX_{2,m} + \cdots)$$

将式(2-50)与式(2-52)比较,可得

$$n_1dX_{1,m} + n_2dX_{2,m} + \cdots = 0$$

或

$$\sum_B n_B dX_{B,m} = 0 \tag{2-53}$$

式(2-53)为**吉布斯-杜亥姆**(Gibbs-Duhem)公式,此式表明在等温、等压下,当浓度改变时各组分偏摩尔量变化的相互关系。

将式(2-53)两边同除以物质的总量,则有

$$\sum_B x_B dX_{B,m} = 0 \tag{2-54}$$

式(2-54)表明在等温、等压的条件下,偏摩尔量之间不是彼此无关的,而是具有一定的联系。例如二组分系统,有

$$x_1dX_{1,m} + x_2dX_{2,m} = 0$$

上式表明当一个组分的偏摩尔量增加时,另一个组分的偏摩尔量必将减少,其变化此消彼长且符合上式。

因此,均相系统中偏摩尔量之间的关系符合两个关系式:集合公式和吉布斯-杜亥姆公式。

二、化学势

(一) 化学势的定义

在偏摩尔量中偏摩尔吉布斯自由能最重要,这是因为化学变化、相变化常是在等温、等压的条件下进行的,吉布斯自由能是在该条件下自发过程方向和限度的判据。将偏摩尔吉布斯自由能 $G_{B,m}$ 称为**化学势**(chemical potential),用符号 μ_B 表示。

$$\mu_B = G_{B,m} = \left(\frac{\partial G}{\partial n_B}\right)_{T,p,n_i \neq n_B} \tag{2-55}$$

μ_B 的物理意义与前面偏摩尔量的物理意义类似,表示在等温、等压的条件下,在物质的量很大的系统中加入 1 mol B 物质引起吉布斯自由能的变化。

(二) 广义化学势和组成可变系统的热力学基本公式

对组成可变的多组分系统,系统的吉布斯自由能 G 除与温度 T、压力 p 有关外,还和系统的组成 n 有关。则有

$$G = f(T, p, n_1, n_2, n_3, \cdots)$$

当系统状态发生微小变化时,上式的全微分有

$$dG = \left(\frac{\partial G}{\partial T}\right)_{p,n_1,n_2,n_3,\cdots}dT + \left(\frac{\partial G}{\partial p}\right)_{T,n_1,n_2,n_3,\cdots}dp + \sum_B\left(\frac{\partial G}{\partial n_B}\right)_{T,p,n_i \neq n_B}dn_B$$

在组成恒定时,由式(2-46)得

$$\left(\frac{\partial G}{\partial T}\right)_{p,n_1,n_2,n_3,\cdots} = -S, \quad \left(\frac{\partial G}{\partial p}\right)_{T,n_1,n_2,n_3,\cdots} = V$$

代入上式,得

$$dG = -SdT + Vdp + \sum_B \mu_B dn_B \tag{2-56}$$

上式是多组分系统吉布斯自由能变化的基本公式。由式(2-56)可以看出,G 的改变由两部分构成,一部分由 T、p 的改变所引起,另一部分是由组分 n_1、n_2、n_3…的改变所引起,即较原来的关系式多了一项 $\sum_B \mu_B dn_B$,这一项实际上体现的是封闭系统中的混合过程或相变化过程,或化学变化本身引起的系统吉布斯自由能 G 的改变。

NOTE

同理，对于热力学能 $U = f(S, V, n_1, n_2, n_3, \cdots)$

$$dU = \left(\frac{\partial U}{\partial S}\right)_{V, n_1, n_2, n_3, \cdots} dS + \left(\frac{\partial U}{\partial V}\right)_{S, n_1, n_2, n_3, \cdots} dV + \sum_B \left(\frac{\partial U}{\partial n_B}\right)_{S, V, n_i \neq n_B} dn_B$$

由式(2-43)，得

$$\left(\frac{\partial U}{\partial S}\right)_{V, n_1, n_2, n_3, \cdots} = T, \quad \left(\frac{\partial U}{\partial V}\right)_{S, n_1, n_2, n_3, \cdots} = -p$$

代入上式，得

$$dU = TdS - pdV + \sum_B \left(\frac{\partial U}{\partial n_B}\right)_{S, V, n_i \neq n_B} dn_B \tag{2-57}$$

由 $G = U + pV - TS$，可得

$$dU = dG - pdV - Vdp + TdS + SdT$$

将式(2-56)代入上式，得

$$dU = TdS - pdV + \sum_B \mu_B dn_B \tag{2-58}$$

比较式(2-57)与式(2-58)，可知

$$\mu_B = \left(\frac{\partial U}{\partial n_B}\right)_{S, V, n_i \neq n_B}$$

由 $H = f(S, p, n_1, n_2, n_3, \cdots)$，$F = f(T, V, n_1, n_2, n_3, \cdots)$，同理可得化学势的表示式。
因此

$$\mu_B = \left(\frac{\partial G}{\partial n_B}\right)_{T, p, n_i \neq n_B} = \left(\frac{\partial U}{\partial n_B}\right)_{S, V, n_i \neq n_B} = \left(\frac{\partial H}{\partial n_B}\right)_{S, p, n_i \neq n_B} = \left(\frac{\partial F}{\partial n_B}\right)_{T, V, n_i \neq n_B} \tag{2-59}$$

式(2-59)中四个偏微商都称作化学势，这是化学势的广义定义。不同表达形式的化学势，必须满足对应的条件。由于实际中物理和化学变化常在等温、等压条件下进行，所以在本教材中若不特别注明，化学势指的就是 $\mu_B = \left(\frac{\partial G}{\partial n_B}\right)_{T, p, n_i \neq n_B}$。

对于组成可变且只做体积功的多组分系统，四个热力学基本公式为

$$dU = TdS - pdV + \sum_B \mu_B dn_B \tag{2-60}$$

$$dH = TdS + Vdp + \sum_B \mu_B dn_B \tag{2-61}$$

$$dF = -SdT - pdV + \sum_B \mu_B dn_B \tag{2-62}$$

$$dG = -SdT + Vdp + \sum_B \mu_B dn_B \tag{2-63}$$

（三）温度、压力对化学势的影响

在温度、组成不变的条件下，化学势对压力 p 求偏微分，有

$$\left(\frac{\partial \mu_B}{\partial p}\right)_{T, n_1, n_2, n_3, \cdots} = \left[\frac{\partial}{\partial p}\left(\frac{\partial G}{\partial n_B}\right)_{T, p, n_i \neq n_B}\right]_{T, n_1, n_2, n_3, \cdots} = \left[\frac{\partial}{\partial n_B}\left(\frac{\partial G}{\partial p}\right)_{T, n_1, n_2, n_3, \cdots}\right]_{T, p, n_i \neq n_B}$$

由于 $\left(\frac{\partial G}{\partial p}\right)_T = V$，代入上式可得化学势与压力的关系

$$\left(\frac{\partial \mu_B}{\partial p}\right)_{T, n_1, n_2, n_3, \cdots} = V_{B, m}$$

同理，因为 $\left(\frac{\partial G}{\partial T}\right)_p = -S$，做类似处理可得化学势与温度的关系

$$\left(\frac{\partial \mu_B}{\partial T}\right)_{p, n_1, n_2, n_3, \cdots} = -S_{B, m}$$

NOTE

由上述关系式可知，对于组成可变的多组分系统，热力学函数关系与纯物质的公式相比，

只是用偏摩尔量代替摩尔量而已。

（四）化学势判据及其应用

对于多组分系统

$$dG = -SdT + Vdp + \sum_B \mu_B dn_B$$

因等温、等压且非体积功为零，$dG_{T,p} \leqslant 0$ 是过程进行方向及限度的判据。根据上式，在相同条件下，化学势是多组分系统过程进行方向及限度的判据，即

$$\sum_B \mu_B dn_B \leqslant 0 \tag{2-64}$$

式（2-64）中，"<"表示过程具有自发性，"="表示处于平衡状态。

现以相变化和化学变化进行具体讨论。

1. 化学势判据在相平衡中的应用

某系统由 n_1、n_2、n_3… 种物质组成，有 α、β 两相，在等温、等压条件下，设有 dn_B 极微量的 B 物质从 α 相转移到 β 相中，此时系统吉布斯自由能的总变化如下

$$dG = dG_\alpha + dG_\beta = -\mu_B^\alpha dn_B + \mu_B^\beta dn_B = (\mu_B^\beta - \mu_B^\alpha)dn_B \leqslant 0$$

依据上式，有

$$\mu_B^\alpha \geqslant \mu_B^\beta \tag{2-65}$$

上式表示：组分 B 可自发地从化学势高的 α 相向化学势低的 β 相转移；当 B 组分在 α 相和 β 相中的化学势相等时，B 组分在两相中分配达到平衡。因此，化学势的高低决定物质在相变过程中转移的方向和限度，可以将化学势看成物质在两相中转移的推动力。组成不变的多组分多相系统平衡条件是除系统中各相温度、压力相等外，任意组分 B 在各相中的化学势必须相等。即

$$\mu_B^\alpha = \mu_B^\beta = \cdots$$

2. 化学势判据在化学平衡中的应用

某化学变化在等温、等压条件下进行，反应式如下：

$$aA + dD \rightleftharpoons gG + hH$$

当反应进行到某一程度时，A、D、G、H 各自有确定的量，其化学势也有确定的值。设该反应按化学方程式进行了微小变化，则

$$dG = \sum_B \mu_B dn = (g\mu_G + h\mu_H - a\mu_A - d\mu_D)dn \leqslant 0$$

依据上式，有

$$(a\mu_A + d\mu_D) \geqslant (g\mu_G + h\mu_H)$$

即

$$\sum_B (\nu_B \mu_B)_{反应物} \geqslant \sum_B (\nu_B \mu_B)_{产物} \tag{2-66}$$

上式中，ν_B 代表反应中的任意物质 B 在化学反应式中的计量数。">"表示反应自发进行，"="表示达到平衡。此式说明，在等温、等压、非体积功为零的条件下，若反应物化学势之和高于产物化学势之和，反应将正向自发进行；反应物的化学势之和与产物化学势之和相等时，化学反应达到平衡。

通过化学势在相变化和化学变化中的应用，可以看出化学势的物理意义，化学势可作为物质传递过程方向和限度的判据。自发变化的方向总是从化学势高向化学势低的方向进行，一直进行到化学势相等，即达到平衡态。

（五）化学势的表示式

化学势是多组分系统中重要的热力学性质，由于吉布斯自由能的绝对值不知道，所以多组分系统中某物质的化学势的绝对值也没法知道。在化学势的应用中，我们关注的是化学势的相对值，为此，对物质处于不同状态，如固态、液态、气态和溶液中的各组分各选定一个标准态

作为相对起点,并将此相对起点的化学势称为标准化学势。在其他状态下,物质的化学势将表示为与标准化学势相关的关系式,这样就可以很方便地求解化学势的相对值,进而解决化学势作为过程进行方向和限度的判据问题。

1. 理想气体的化学势

对于单组分理想气体,化学势就是其摩尔吉布斯自由能,有

$$d\mu = dG_m = -S_m dT + V_m dp$$

温度一定时,有

$$d\mu = V_m dp$$

代入理想气体状态方程并对上式从 $p^\ominus$ 到 p 积分,则有

$$\mu = \mu^\ominus(T) + RT\ln\frac{p}{p^\ominus} \tag{2-67}$$

将标准压力 $p^\ominus$、选定温度 T 时的状态定为理想气体的标准态。上式中 $\mu^\ominus(T)$ 是理想气体在温度 T 时的标准化学势,$\mu^\ominus(T)$ 只是温度的函数。

对于混合理想气体,其中任一气体组分 B 的行为与它单独占有混合气体的总体积时的行为相同,所以混合气体中任一组分 B 的化学势可表示为

$$\mu_B = \mu_B^\ominus(T) + RT\ln\frac{p_B}{p^\ominus} \tag{2-68}$$

式中,p_B 为 B 的分压。理想气体混合物中物质 B 的化学势的标准态与其作为纯理想气体时相同。

2. 非理想气体的化学势

非理想气体即实际气体或真实气体。对于实际气体,其状态方程式较复杂,其化学势表示式也会十分复杂。为得到较为简单、方便使用的化学势表示式,路易斯(Lewis)于 1901 年提出了逸度(fugacity)概念,即用逸度 f 代替压力 p,使实际气体化学势保留理想气体化学势的表示式。于是实际气体的化学势可表示为

$$\mu = \mu^\ominus(T) + RT\ln\frac{f}{p^\ominus} \tag{2-69}$$

f 称为**逸度或有效压力**(effective pressure),逸度 f 定义为

$$f = \gamma p \tag{2-70}$$

$$\lim_{p\to 0}\frac{f}{p} = 1 \tag{2-71}$$

校正因子 γ 称为**逸度系数**(fugacity coefficient),它承担了因各种因素而导致的偏离,其值不仅与气体特性有关,还与气体所处温度和压力有关。在温度一定时,若 $p\to 0, \gamma\to 1$,这时真实气体的行为趋于理想气体行为,逸度与压力趋于一致。

对于实际气体混合物中的各个组分,用逸度 f_B 替代压力 p_B,真实气体混合物中组分 B 的化学势的表示式为

$$\mu_B = \mu_B^\ominus(T) + RT\ln\frac{f_B}{p^\ominus} \tag{2-72}$$

由上述讨论可以看出,气体物质的标准态,无论是理想气体还是实际气体,无论是单组分还是混合物,都是当压力为标准压力($p_B = p^\ominus$)时,表现出理想气体特性的纯气体。

3. 溶液中各组分的化学势

下面讨论溶液的化学势表示式,均以二组分体系为例,以 A 代表溶剂,B 代表溶质或系统中的任一组分。以理想溶液、理想稀溶液和非理想溶液分别进行讨论。

(1) 理想溶液中各组分的化学势

1887 年,拉乌尔(Raoult)从实验探讨稀溶液的性质时,发现在溶剂中加入非挥发性溶质

后,溶剂的蒸气压降低并归纳出如下规律:在一定温度下,稀溶液中溶剂的蒸气压等于纯溶剂的蒸气压乘以溶液中溶剂的摩尔分数。这就是拉乌尔定律(Raoult's law),用公式表示为

$$p_A = p_A^* x_A \tag{2-73}$$

式中,p_A^* 为纯溶剂的蒸气压;x_A 为溶剂的摩尔分数。

在一定温度下,任一组分在全部浓度范围内均符合拉乌尔定律的液态混合物称为理想溶液。理想溶液任一组分遵从的规律相同,只需对其中任一种组分进行热力学处理即可。

从分子模型上看,理想溶液各组分的分子间作用力相同,构成混合物时,一种物质的加入对另一种物质只起稀释作用,因此其表观表现为混合后无热效应产生、无体积变化。若组成溶液的各组分化学结构、性质非常相似,就有可能形成理想溶液,如苯和甲苯、正己烷和正庚烷组成的溶液就非常接近于理想溶液。

按相平衡条件,任一组分 B 在液相中的化学势与平衡气相中的化学势相等,则依式(2-68),有

$$\mu_B^l = \mu_B^g = \mu_B^{\ominus}(T) + RT\ln\frac{p_B}{p^{\ominus}} \tag{2-74}$$

以拉乌尔定律 $p_B = p_B^* x_B$ 代入上式,B组分的化学势为

$$\mu_B = \mu_B^{\ominus}(T) + RT\ln\frac{p_B^*}{p^{\ominus}} + RT\ln x_B$$

或 $$\mu_B = \mu_B^*(T,p) + RT\ln x_B \tag{2-75}$$

上式中,$\mu_B^*(T,p) = \mu_B^{\ominus}(T) + RT\ln\dfrac{p_B^*}{p^{\ominus}}$,表示理想溶液中 B 组分的标准化学势。理想溶液中 B 组分的标准态是指纯液体 B 在温度 T、饱和蒸气压下的状态。

(2)理想稀溶液中各组分的化学势

理想稀溶液是指溶剂符合拉乌尔定律,溶质符合亨利定律的液态混合物。由于溶剂和溶质遵循的规律不同,需分别处理。

1803 年,亨利(Henry)研究挥发性溶质的稀溶液,如 N_2、甲醇等的水溶液,进行了大量实验,归纳出亨利定律(Henry's law):在等温条件下,稀溶液的挥发性溶质的平衡分压 p_B 与该溶质在溶液中的浓度成正比。溶质 B 的浓度以摩尔分数 x_B 表示时,亨利定律表示如下:

$$p_B = k_x x_B \tag{2-76}$$

以质量摩尔浓度 b_B、物质的量浓度 c_B 表示时,亨利定律有不同的表示式,相应的亨利系数也不同:$p_B = k_b b_B$、$p_B = k_c c_B$,k_x、k_b、k_c 分别为不同浓度表示时的亨利系数。应用亨利定律时,溶质在气相和溶液中的分子状态必须相同;如果溶质分子有聚合或离解,只能用其分子浓度。

理想稀溶液的溶剂 A 服从拉乌尔定律,所以溶剂的化学势和理想溶液化学势一样,可表示为

$$\mu_A = \mu_A^*(T,p) + RT\ln x_A \tag{2-77}$$

对理想稀溶液中的溶质,在溶液与其上方蒸气达平衡时,溶质 B 的化学势可表示为

$$\mu_B = \mu_B^{\ominus}(T) + RT\ln\frac{p_B}{p^{\ominus}} \tag{2-78}$$

理想稀溶液的溶质服从亨利定律,将式(2-76)代入式(2-78)中,得

$$\mu_B = \mu_B^{\ominus}(T) + RT\ln\frac{k_x}{p^{\ominus}} + RT\ln x_B$$

或 $$\mu_B = \mu_B^*(T,p) + RT\ln x_B \tag{2-79}$$

NOTE

上式中，$\mu_B^*(T,p) = \mu_B^\ominus(T) + RT\ln\dfrac{k_x}{p^\ominus}$，$\mu_B^*(T,p)$ 为溶质 B 的标准化学势，可以看成 $x_B = 1$ 且服从亨利定律的状态下的化学势，这是一个假想的状态。

比较式(2-77)和式(2-79)可以看出，理想稀溶液中溶剂 A 和溶质 B 的化学势，表示形式相同但其对应的标准态不同。

(3) 非理想溶液(真实溶液)中各组分的化学势

非理想溶液的溶剂不符合拉乌尔定律、溶质不符合亨利定律。为了使真实溶液中物质的化学势表示式仍具有简单的形式，将真实溶液对理想溶液的偏差集中于对真实溶液浓度的校正上，路易斯引入了活度(activity)的概念。

$$a = \gamma_x x \tag{2-80}$$

式中，x 是摩尔分数表示的浓度；a 为某组分用摩尔分数表示的活度，即矫正浓度，可以理解为溶液的有效浓度；γ_x 是活度系数(activity coefficient)，即对浓度的校正因子，浓度可以有不同的表示法，相应的活度系数也不同。溶液的浓度 $x \to 0$(即溶液极稀，接近于纯溶剂)时，活度系数 $\gamma_x \to 1$，此时浓度与活度趋于一致。

有了活度的概念，非理想溶液中溶剂 A 的化学势可以依式(2-77)表示为

$$\mu_A = \mu_A^*(T,p) + RT\ln a_A \tag{2-81}$$

式中，$a_A = \gamma_A x_A$。

非理想溶液的溶质 B 的化学势根据式(2-79)可表示为

$$\mu_B = \mu_B^*(T,p) + RT\ln a_B \tag{2-82}$$

式中，$a_B = \gamma_B x_B$。$\mu_B^*(T,p)$ 为非理想溶液中溶质 B 的标准化学势，标准态为温度 T、压力 p 及一定条件下，$x_B = 1$ 且符合亨利定律的假想状态。

综上所述，各种状态物质的化学势具有相似的形式，可统一表示为

$$\mu_B = \mu_B(标准态) + RT\ln a_B \tag{2-83}$$

式中，μ_B(标准态)为组分 B 的标准化学势，对不同状态的物质 B 含义不同；a_B 为组分 B 的广义活度。对不同状态的物质，a_B 有不同的含义：理想气体的 a_B 表示为 $\dfrac{p_B}{p^\ominus}$，非理想气体的 a_B 表示为 $\dfrac{f_B}{p^\ominus}$，理想溶液的 a_B 表示为 x_B，非理想溶液的 a_B 表示为 $\gamma_B x_B$ 等，如前所述。

三、稀溶液的依数性

在溶剂中加入非挥发性溶质形成稀溶液后，溶液的蒸气压降低，使沸点升高、凝固点降低，产生了渗透压，这些现象就是稀溶液的依数性(colligative properties)的表现。"依数"的含义是这些性质只与溶质的有效质点数有关，与溶质的性质无关。

溶液的蒸气压降低，沸点升高和凝固点降低可由图 2-8 说明。

图 2-8 中，AB 为纯溶剂的蒸气压曲线，CD 为溶液的蒸气压曲线，由于溶剂中加入非挥发性溶质，使得蒸气压降低，因此 CD 线在 AB 线的下方。在相同的压力(101325 Pa)下，纯溶剂的沸点 B 的温度为 T_b^*，稀溶液的沸点 D 的温度为 T_b，由图可见稀溶液的沸点升高。EF 线为固态溶剂的蒸气压曲线，F 点是纯溶剂的固-液平衡点(凝固点)，温度为 T_f^*；C 点是稀溶液的凝固点，温度为 T_f，由图可见稀溶液的凝固点降低。

(一)稀溶液的蒸气压下降

如果稀溶液中只有两种组分，由拉乌尔定律可得

$$p_A = p_A^* x_A = p_A^*(1 - x_B)$$
$$\Delta p_A = p_A^* - p_A = p_A^* x_B \tag{2-84}$$

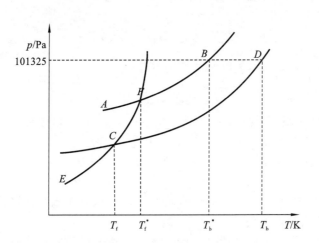

图 2-8 稀溶液沸点升高和凝固点降低示意图

式中,Δp_A 为稀溶液的蒸气压降低值;x_B 为溶质的摩尔分数。式(2-84)是拉乌尔定律的另一种写法,其意义为在溶剂中加入溶质后引起的溶剂蒸气压的改变等于纯溶剂的蒸气压 p_A^* 乘以溶质的摩尔分数。这可定性地解释为加入的溶质分子占据了原溶剂的位置并减少了单位表面积上溶剂分子的数目,因而也减少了离开液面进入气相的溶剂分子数目,即减小了溶剂的蒸气压。

(二) 稀溶液的凝固点降低

设稀溶液凝固时,固相只是纯溶剂 A,稀溶液的凝固点降低。固-液两相平衡时溶剂 A 组分在两相中的化学势相同,则

$$\mu_A^*(s) = \mu_A(l) = \mu_A^*(l) + RT\ln a_A$$

在等压 $p = p^{\ominus}$ 时,上式对温度 T 微分,并将 $\left(\dfrac{\partial \mu_A}{\partial T}\right)_{p,n_1,n_2,n_3,\cdots} = -S_{m,A}$ 代入,则

$$-S_{m,A}^*(s) = -S_{m,A}^*(l) + R\ln a_A + RT\left(\frac{\partial \ln a_A}{\partial T}\right)_p$$

将 $R\ln a_A = \dfrac{\mu_A^*(s) - \mu_A^*(l)}{T}$ 代入上式,得

$$RT\left(\frac{\partial \ln a_A}{\partial T}\right)_p = \frac{\left[\mu_A^*(l) + TS_{m,A}^*(l)\right] - \left[\mu_A^*(s) + TS_{m,A}^*(s)\right]}{T}$$

$$\left(\frac{\partial \ln a_A}{\partial T}\right)_p = \frac{H_{m,A}^*(l) - H_{m,A}^*(s)}{RT^2} = \frac{\Delta_{fus}H_{m,A}^*}{RT^2}$$

上式中,$\Delta_{fus}H_{m,A}^*$ 是纯溶剂的标准摩尔熔化焓,可以视为常数。上式从纯溶剂 $a_A = 1$ 到溶液的活度 a_A、凝固点 T_f^* 到 T_f 积分,得

$$\ln a_A = \frac{\Delta_{fus}H_{m,A}^*}{R}\left(\frac{1}{T_f^*} - \frac{1}{T_f}\right) \tag{2-85}$$

对于稀溶液,当 $\gamma_A \to 1$,$a_A \approx x_A$,将 $\ln x_A$ 级数展开,可近似处理为

$$\ln a_A \approx \ln x_A = \ln(1 - x_B) = -x_B - \frac{1}{2}x_B^2 - \cdots \approx -x_B = -\frac{n_B}{n_A + n_B} \approx -\frac{n_B}{n_A}$$

代入式(2-85),令 $\Delta T_f = T_f^* - T_f$,$T_f^* T_f \approx (T_f^*)^2$,则有

$$\Delta T_f = \frac{R(T_f^*)^2}{\Delta_{fus}H_{m,A}^*} \cdot \frac{n_B}{n_A} \tag{2-86}$$

式(2-86)就是稀溶液凝固点降低公式,表明凝固点降低值 ΔT_f 与溶质的物质的量 n_B 成正比。

设溶剂的质量为 m_A,摩尔质量为 M_A(kg·mol^{-1});溶液的质量摩尔浓度为 b_B(mol·kg^{-1})

$$\frac{n_B}{n_A} = \frac{n_B}{m_A/M_A} = M_A b_B$$

令 $K_f = \dfrac{M_A R(T_f^*)^2}{\Delta_{fus} H_{m,A}^*}$，则式(2-86)可表示为

$$\Delta T_f = K_f b_B \tag{2-87}$$

式中，K_f 为溶剂的摩尔凝固点降低常数(cryoscopic constant)，单位是 $K \cdot kg \cdot mol^{-1}$。从 K_f 的关系式可知，其值只与溶剂的性质有关，对水来说，

$$K_f = \frac{M_A R(T_f^*)^2}{\Delta_{fus} H_{m,A}^*} = \frac{0.018015 \times 8.314 \times 273.15^2}{6007.282} = 1.860(K \cdot kg \cdot mol^{-1})$$

由于在公式推导中，根据稀溶液的性质做了近似处理，因此凝固点降低公式只适用于稀溶液，对较浓的溶液会有较大的偏差。

测定 ΔT_f，可计算溶质的摩尔质量，所以可以利用凝固点降低法测定溶质的摩尔质量。

$$M_B = \frac{K_f}{\Delta T_f} \cdot \frac{m_B}{m_A} \tag{2-88}$$

式中，m_B 为溶质的质量，计算出的溶质摩尔质量为 $M_B(kg \cdot mol^{-1})$。

(三)稀溶液的沸点升高

拉乌尔定律表明非挥发性溶质的加入，降低了溶液的蒸气压，使得一定外压下气-液平衡时的温度上升，即沸点上升。定量关系可按类似凝固点降低的处理方法，同理推导可得

$$\Delta T_b = \frac{R(T_b^*)^2}{\Delta_{vap} H_{m,A}^*} \cdot \frac{n_B}{n_A} \tag{2-89}$$

令 $K_b = \dfrac{M_A R(T_b^*)^2}{\Delta_{vap} H_{m,A}^*}$，则式(2-89)可表示为

$$\Delta T_b = K_b b_B \tag{2-90}$$

$\Delta T_b = T_b - T_b^*$ 为沸点上升值，$\Delta_{vap} H_{m,A}^*$ 为溶剂的气化热，K_b 为沸点升高常数(ebullioscopic constant)，单位是 $K \cdot kg \cdot mol^{-1}$。从 K_b 的关系式可知，其值只与溶剂的性质有关，对水来说，$K_b = 0.512\ K \cdot kg \cdot mol^{-1}$。沸点升高公式也只适用于稀溶液。

测定 ΔT_b，可计算溶质的摩尔质量，所以可以利用沸点升高法测定溶质的摩尔质量。

$$M_B = \frac{K_b}{\Delta T_b} \cdot \frac{m_B}{m_A} \tag{2-91}$$

(四)渗透压

如果用半透膜将溶液与纯溶剂分开，溶剂分子会透过半透膜向溶液扩散，这种现象称为渗透(osmosis)。渗透的结果，引起溶液一侧液面上升，达到平衡后两边液面间的静压差称为渗透压(osmotic pressure)，见图 2-9(a)。如果对溶液一方施加额外压力 p_1 以消除液面差，则 p_1 即为渗透压，用 Π 表示，见图 2-9(b)。

渗透的驱动力与扩散一样，都源于浓度差，只是扩散常用于描述溶质分子的移动，而渗透用于描述溶剂分子的移动。渗透过程是自发进行的过程，溶剂分子从化学势大的一侧向化学势小的一侧移动，直到两边化学势相等，即达到平衡，渗透平衡是动态平衡。图 2-9 中，纯溶剂的化学势大于溶液中溶剂的化学势，所以溶剂分子从纯溶剂一侧向溶液一侧移动。化学势随压力增大而增加，当溶液由渗透开始到达平衡，压力由 p_0(大气压)增大到 $p_0 + \Pi$，使溶液中溶剂的化学势逐渐增大，达到和纯溶剂的化学势相同的时候，宏观上渗透现象就停止了。

渗透压的大小取决于溶质的浓度和温度，其定量关系可根据热力学平衡进行推导。在某温度 T 下，当达到渗透平衡时，左侧溶液中溶剂的化学势 μ_A 等于右侧纯溶剂的化学势 μ_A^*，即

$$\mu_A = \mu_A^*(T, p_0 + \Pi) + RT\ln x_A = \mu_A^*(T, p_0) \tag{2-92}$$

$$\mu_A^*(T, p_0) + \int_{p_0}^{p_0+\Pi} V_m \mathrm{d}p + RT\ln x_A = \mu_A^*(T, p_0)$$

$$\int_{p_0}^{p_0+\Pi} V_m \mathrm{d}p = -RT\ln x_A$$

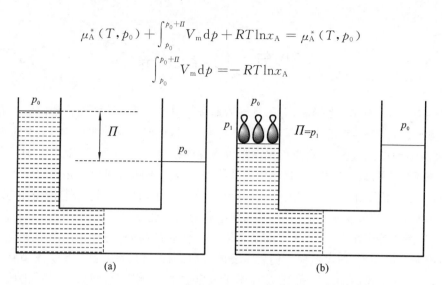

图 2-9　渗透压示意图

当压力变化不大时,水的摩尔体积 V_m 可视为常数,则

$$V_m\Pi = -RT\ln x_A$$

对于稀溶液,$\ln x_A = \ln(1 - x_B) = -x_B - \dfrac{1}{2}x_B^2 - \cdots \approx -x_B = -\dfrac{n_B}{n_A + n_B} \approx -\dfrac{n_B}{n_A}$,则

$$\Pi = \frac{n_B}{n_A V_m}RT$$

或
$$\Pi = c_B RT \tag{2-93}$$

式(2-93)称为范特霍夫渗透压公式(van't Hoff osmotic pressure equation),式中 c_B 是溶质的物质的量浓度,单位为 $mol \cdot m^{-3}$。由于在推导过程中做了一些近似,因而只适用于稀溶液,溶液越稀该公式越准确。式(2-93)说明在定温下,稀溶液的渗透压与溶液浓度成正比,通过测定渗透压可求出大分子化合物溶质的摩尔质量。

例 2-17　在 298.15 K 时,某大分子化合物溶液的浓度为每 0.1 dm^3 溶液中含该溶质 1.6 $\times 10^{-3}$ kg,测得其渗透压为 1539 Pa。求该大分子化合物的平均摩尔质量。

解: 由范特霍夫渗透压公式,得

$$\Pi = cRT = \frac{m}{M \cdot V}RT$$

$$M = \frac{mRT}{\Pi V} = \frac{1.6 \times 10^{-3} \times 8.314 \times 298.15}{1539 \times 0.1 \times 10^{-3}} = 25.8 (\mathrm{kg \cdot mol^{-1}})$$

即该大分子化合物的平均摩尔质量为 25.8 $kg \cdot mol^{-1}$。

具有相同渗透压的溶液彼此称为等渗溶液;对于不同渗透压的溶液,渗透压相对较大的溶液称为高渗溶液,渗透压相对较小的溶液称为低渗溶液。渗透压不同的溶液用半透膜隔开时,水总是由低渗溶液向高渗溶液转移,直至两边渗透压相同,即浓度相同,此时达到渗透平衡。

图 2-9 中,如果在渗透平衡后继续提高溶液一侧的压力,此时溶剂分子将从溶液一侧透过半透膜进入纯溶剂一侧,该过程称为**反渗透**(reverse osmosis)。反渗透技术可用于海水淡化、工业污水处理等方面。人体中肾具有反渗透功能,可阻止血液中的糖分不排到尿液中。

渗透现象在自然界中广泛存在,它在生命过程中起重要作用。植物吸收水分和养分是通过渗透作用进行的,动植物的生物膜具有半透膜的性质,血液、细胞液、组织液等必须有相同的渗透压,这对代谢过程极为重要。

NOTE

第八节 化学平衡

　　根据热力学第二定律,在等温、等压且不做非体积功的过程中,系统总是向着吉布斯自由能减少的方向进行,当系统的吉布斯自由能不再变化时,此时反应物的化学势与生成物的化学势相等,反应达到平衡,这个平衡态就是该条件下化学反应进行的限度。达平衡时反应物的转化率就是该条件下的最大转化率,此时反应系统的组成不再随时间而变化。化学平衡是一种动态平衡,一定条件下化学反应达到平衡时,反应并未停止,只是在此条件下,正、逆两个方向的反应速率相等。如果改变反应条件,平衡状态就会发生变化。

　　在化工、医药等工业生产中,人们除了希望获得优质产品外,还要求产品产率高,为此,需研究如何控制反应条件,使反应向人们所需要的方向进行,并提高产品产率。本节将运用热力学的方法,讨论化学反应的方向和限度、化学平衡常数的表示法及计算、温度对化学平衡的影响等。

一、化学反应的方向和平衡条件

(一) 反应进度

对于任意一个化学反应

$$aA + dD \Longrightarrow gG + hH$$

$t=0$	$n_{A,0}$	$n_{D,0}$	$n_{G,0}$	$n_{H,0}$
t	$n_{A,t}$	$n_{D,t}$	$n_{G,t}$	$n_{H,t}$

　　若反应系统中的任意物质用 B 表示,其计量方程式的系数用 ν_B 表示,对反应物 ν_B 取负值,对产物 ν_B 取正值。**反应进度**(advancement of reaction)用 ξ 表示,其定义为

$$\xi = \frac{n_{B,t} - n_{B,0}}{\nu_B} = \frac{\Delta n_B}{\nu_B}$$

$$d\xi = \frac{dn_B}{\nu_B}$$

反应进度 ξ 的单位为 mol。对于上述反应

$$\xi = \frac{n_{A,t} - n_{A,0}}{-a} = \frac{n_{D,t} - n_{D,0}}{-d} = \frac{n_{G,t} - n_{G,0}}{g} = \frac{n_{H,t} - n_{H,0}}{h}$$

$$d\xi = \frac{dn_A}{-a} = \frac{dn_D}{-d} = \frac{dn_G}{g} = \frac{dn_H}{h}$$

　　引入反应进度的最大优点是在反应进行到任一时刻,用任一反应物或产物所表示的反应进度都是相等的。$\xi = 1$ mol,表示化学反应按化学方程式的系数比例进行了一个单位的反应。

　　(二) 反应的摩尔吉布斯自由能变与反应方向、限度

　　对于任意不做非体积功的多组分封闭系统,当系统有微小变化时,系统的各物质的化学势也相应发生微小变化,则系统吉布斯自由能的变化为

$$dG = -SdT + Vdp + \sum_B \mu_B dn_B$$

对于化学反应,$dn_B = \nu_B d\xi$,在等温、等压的条件下,上式可表示为

$$dG_{T,p} = \sum_B \nu_B \mu_B d\xi \tag{2-94}$$

$$\left(\frac{\partial G}{\partial \xi}\right)_{T,p} = \sum_B \nu_B \mu_B = \Delta_r G_m \tag{2-95}$$

NOTE

式中，$\left(\dfrac{\partial G}{\partial \xi}\right)_{T,p}$ 表示在等温、等压、非体积功为零的条件下，反应的吉布斯自由能随反应进度的变化率。换句话说，表示反应进度为 1 mol 时所引起吉布斯自由能的变化，即摩尔吉布斯自由能变，以 $\Delta_r G_m$ 表示。

由式(2-95)，可知，

正向反应自发进行时，

$$\Delta_r G_m = \left(\frac{\partial G}{\partial \xi}\right)_{T,p} < 0 \quad \text{或} \quad \sum_B \nu_B \mu_B < 0 \tag{2-96}$$

反应达平衡时，

$$\Delta_r G_m = \left(\frac{\partial G}{\partial \xi}\right)_{T,p} = 0 \quad \text{或} \quad \sum_B \nu_B \mu_B = 0 \tag{2-97}$$

逆向反应自发进行时，

$$\Delta_r G_m = \left(\frac{\partial G}{\partial \xi}\right)_{T,p} > 0 \quad \text{或} \quad \sum_B \nu_B \mu_B > 0 \tag{2-98}$$

$\left(\dfrac{\partial G}{\partial \xi}\right)_{T,p}$、$\sum_B \nu_B \mu_B$ 和 $\Delta_r G_m$ 均可用来判断化学反应的方向和限度。等温、等压、非体积功为零条件下化学反应的吉布斯自由能 G 随反应进度 ξ 的变化曲线如图 2-10 所示。从图 2-10 可以看出，随着反应的进行，ξ 逐渐增大，系统的吉布斯自由能 G 逐渐减小，降到最低时达平衡。$\left(\dfrac{\partial G}{\partial \xi}\right)_{T,p}$ 为曲线的斜率，反应达平衡前，曲线的斜率小于零，即 $\left(\dfrac{\partial G}{\partial \xi}\right)_{T,p} < 0$，反应正向进行；达平衡时，$\left(\dfrac{\partial G}{\partial \xi}\right)_{T,p} = 0$；曲线的斜率大于零，即 $\left(\dfrac{\partial G}{\partial \xi}\right)_{T,p} > 0$，表示反应正向不能自发进行，逆向可以自发进行。

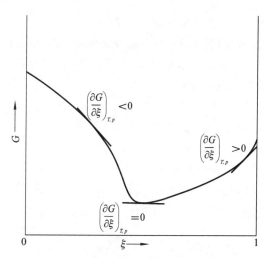

图 2-10　化学反应系统反应吉布斯自由能和反应进度的关系

为什么化学反应的限度是达到平衡而不是进行到底？反应产物生成后，产物与反应物的混合必定引起混合熵，由 $\Delta_r G_m = \Delta_r H_m - T \Delta_r S_m$ 可知，混合熵的出现导致反应的吉布斯自由能进一步减小，当吉布斯自由能减至最小时，反应达到平衡，此时反应系统中仍然有反应物存在，也就是说，不可能所有反应物都变成产物，反应不可能进行到底。

二、化学反应等温方程和标准平衡常数

（一）化学反应等温方程

在等温、等压的条件下，一封闭系统发生化学反应

$$aA + dD \rightleftharpoons gG + hH$$

反应系统的吉布斯自由能变为

$$\Delta_r G_m = \sum_B \nu_B \mu_B$$

反应中任一物质在温度 T 时的化学势 μ_B 可写为

$$\mu_B = \mu_B^{\ominus} + RT\ln a_B$$

$$\Delta_r G_m = g(\mu_G^{\ominus} + RT\ln a_G) + h(\mu_H^{\ominus} + RT\ln a_H) - a(\mu_A^{\ominus} + RT\ln a_A) - d(\mu_D^{\ominus} + RT\ln a_D)$$

$$= \sum_B \nu_B \mu_B^{\ominus} + RT\ln \frac{a_G^g a_H^h}{a_A^a a_D^d}$$

令 $Q_a = \dfrac{a_G^g a_H^h}{a_A^a a_D^d}$，且 $\Delta_r G_m^{\ominus} = \sum_B \nu_B \mu_B^{\ominus}$，故有

$$\Delta_r G_m = \Delta_r G_m^{\ominus} + RT\ln Q_a \tag{2-99}$$

式(2-99)称为化学反应等温方程(reaction isotherm)。式中 Q_a 称为活度商,是反应任意时刻产物活度的幂的乘积与反应物活度的幂的乘积的比值。计算 Q_a 时所用的活度为广义活度,对于气体反应、溶液反应等含义不同。$\Delta_r G_m^{\ominus}$ 为标准摩尔吉布斯自由能变,只是温度的函数。

(二) 标准平衡常数

1. 标准平衡常数

化学反应达平衡时,$\Delta_r G_m = 0$,由式(2-99)有

$$\Delta_r G_m^{\ominus} = -RT\ln Q_{a,eq}$$

式中,$Q_{a,eq}$ 表示化学平衡时的活度商。因为 $\Delta_r G_m^{\ominus}$ 只是温度的函数,故等温条件下,平衡时活度商为常数,用 $K_a^{\ominus}$ 表示,则

$$\Delta_r G_m^{\ominus} = -RT\ln K_a^{\ominus} \tag{2-100}$$

式中,$K_a^{\ominus}$ 称为反应的标准平衡常数(standard equilibrium constant)或热力学平衡常数(thermodynamic equilibrium constant),$K_a^{\ominus}$ 是一个无量纲的量,仅是温度的函数,其数值越大,反应越完全。将式(2-100)代入式(2-99)可得

$$\Delta_r G_m = -RT\ln K_a^{\ominus} + RT\ln Q_a \tag{2-101}$$

由式(2-101)可得,

当 $K_a^{\ominus} > Q_a$ 时,$\Delta_r G_m < 0$,反应正向自发进行;

当 $K_a^{\ominus} = Q_a$ 时,$\Delta_r G_m = 0$,反应达到平衡;

当 $K_a^{\ominus} < Q_a$ 时,$\Delta_r G_m > 0$,反应逆向自发进行。

2. 平衡常数的表示方法

(1) 气体反应

$$aA(g) + dD(g) \rightleftharpoons gG(g) + hH(g)$$

对于理想气体反应,$a_B = \dfrac{p_B}{p^{\ominus}}$,则理想气体反应系统的标准平衡常数表示为

$$K_p^{\ominus} = \frac{\left(\dfrac{p_G}{p^{\ominus}}\right)^g \left(\dfrac{p_H}{p^{\ominus}}\right)^h}{\left(\dfrac{p_A}{p^{\ominus}}\right)^a \left(\dfrac{p_D}{p^{\ominus}}\right)^d} \tag{2-102}$$

$K_p^{\ominus}$ 是以压力表示的标准平衡常数。注意:计算平衡常数时的分压必须是达平衡时的各物质的分压。

例 2-18 已知 610 K 时,理想气体反应 $A(g) + D(g) \rightleftharpoons G(g) + H(g)$ 的标准平衡常数 $K_p^{\ominus} = 2.8$,设该反应系统各物质的分压分别为 $p_A = 0.5 \text{ kPa}, p_D = 0.2 \text{ kPa}, p_G = 0.3 \text{ kPa}, p_H =$

0.3 kPa。通过计算判断反应的方向。

解：对于理想气体反应，由式(2-102)，有

$$Q_p = \frac{\dfrac{p_G}{p^{\ominus}} \cdot \dfrac{p_H}{p^{\ominus}}}{\dfrac{p_A}{p^{\ominus}} \cdot \dfrac{p_D}{p^{\ominus}}} = \frac{0.3 \times 0.3}{0.5 \times 0.2} = 0.9$$

由于 $K_p^{\ominus} > Q_p$，所以反应可以正向进行。

若以 $p_B = p x_B$ 代入式(2-102)，p 为反应系统的总压，x_B 为各组分的摩尔分数，则

$$K_p^{\ominus} = \frac{\left(\dfrac{p_G}{p^{\ominus}}\right)^g \left(\dfrac{p_H}{p^{\ominus}}\right)^h}{\left(\dfrac{p_A}{p^{\ominus}}\right)^a \left(\dfrac{p_D}{p^{\ominus}}\right)^d} = \frac{\left(\dfrac{p x_G}{p^{\ominus}}\right)^g \left(\dfrac{p x_H}{p^{\ominus}}\right)^h}{\left(\dfrac{p x_A}{p^{\ominus}}\right)^a \left(\dfrac{p x_D}{p^{\ominus}}\right)^d} = K_x^{\ominus}\left(\dfrac{p}{p^{\ominus}}\right)^{\sum\limits_B \nu_B} \tag{2-103}$$

式中，$K_x^{\ominus}$ 是以摩尔分数表示的平衡常数，$\sum\limits_B \nu_B = (g+h)-(a+d)$ 是反应前后计量数的代数和。

$K_a^{\ominus}$ 数值的大小与化学方程式的写法有关。如反应(1)为

$$2CO(g) + O_2(g) \Longrightarrow 2CO_2(g)$$

$$K_1^{\ominus} = \frac{\left(\dfrac{p_{CO_2}}{p^{\ominus}}\right)^2}{\left(\dfrac{p_{CO}}{p^{\ominus}}\right)^2 \left(\dfrac{p_{O_2}}{p^{\ominus}}\right)}$$

反应(2)为

$$CO(g) + \frac{1}{2}O_2(g) \Longrightarrow CO_2(g)$$

$$K_2^{\ominus} = \frac{\left(\dfrac{p_{CO_2}}{p^{\ominus}}\right)}{\left(\dfrac{p_{CO}}{p^{\ominus}}\right)\left(\dfrac{p_{O_2}}{p^{\ominus}}\right)^{\frac{1}{2}}}$$

两个反应的平衡常数之间的关系为 $K_1^{\ominus} = (K_2^{\ominus})^2$。或由反应(1) = 2 × 反应(2)，根据 $\Delta_r G_m^{\ominus} = -RT\ln K^{\ominus}$ 也可得出相同结论。

例 2-19 298.15 K 时，下列反应的 $\Delta_r H_m^{\ominus} = -92.22$ kJ·mol^{-1}，$\Delta_r S_m^{\ominus} = -198.76$ J·K^{-1}·mol^{-1}。

$$N_2(g) + 3H_2(g) \Longrightarrow 2NH_3(g)$$

求：(1)上述反应的 $\Delta_r G_m^{\ominus}(1)$ 和平衡常数。

(2) 反应 $\frac{1}{2}N_2(g) + \frac{3}{2}H_2(g) \Longrightarrow NH_3(g)$ 的平衡常数。

解：(1) $\Delta_r G_m^{\ominus}(1) = \Delta_r H_m^{\ominus} - T\Delta_r S_m^{\ominus} = -92220 - 298.15 \times (-198.76)$

$$= -32959.7(J \cdot mol^{-1}) \tag{1}$$

$$K_1^{\ominus} = \exp\left[-\frac{\Delta_r G_m^{\ominus}(1)}{RT}\right] = \exp\left[-\frac{(-32959.7)}{8.314 \times 298.15}\right] = 5.95 \times 10^5 \tag{2}$$

(2) $\Delta_r G_m^{\ominus}(2) = \frac{1}{2}\Delta_r G_m^{\ominus}(1)$，根据 $\Delta_r G_m^{\ominus} = -RT\ln K^{\ominus}$，则有

$$K_2^{\ominus} = \exp\left[-\frac{\Delta_r G_m^{\ominus}(1)}{2RT}\right] = \exp\left[-\frac{(-32959.7)}{2 \times 8.314 \times 298.15}\right] = 7.71 \times 10^2$$

也可由 $K_1^{\ominus} = (K_2^{\ominus})^2$，求出 $K_2^{\ominus}$。

NOTE

对于非理想气体反应,用平衡时的逸度 f_B 代替式(2-102)中的平衡分压 p_B,$f_B = \gamma_B \cdot p_B$,得到实际气体反应的标准平衡常数为

$$K_f^\ominus = \frac{\left(\dfrac{f_G}{p^\ominus}\right)^g \left(\dfrac{f_H}{p^\ominus}\right)^h}{\left(\dfrac{f_A}{p^\ominus}\right)^a \left(\dfrac{f_D}{p^\ominus}\right)^d} = \frac{\left(\dfrac{\gamma_G p_G}{p^\ominus}\right)^g \left(\dfrac{\gamma_H p_H}{p^\ominus}\right)^h}{\left(\dfrac{\gamma_A p_A}{p^\ominus}\right)^a \left(\dfrac{\gamma_D p_D}{p^\ominus}\right)^d} = K_p^\ominus K_\gamma \tag{2-104}$$

$K_f^\ominus$ 是以逸度表示的标准平衡常数;K_γ 称为逸度系数商,不是平衡常数。

(2) 溶液中的反应

$$aA(eq) + dD(eq) \rightleftharpoons gG(eq) + hH(eq)$$

若为理想溶液中的反应,以达平衡时物质的量浓度计算平衡常数,则

$$K_c^\ominus = \frac{\left(\dfrac{c_G}{c^\ominus}\right)^g \left(\dfrac{c_H}{c^\ominus}\right)^h}{\left(\dfrac{c_A}{c^\ominus}\right)^a \left(\dfrac{c_D}{c^\ominus}\right)^d} \tag{2-105}$$

式中,各浓度是反应达平衡时各组分的浓度,标准浓度 $c^\ominus = 1\ mol \cdot dm^{-3}$。

若与理想溶液偏差较大,式(2-105)中各组分的平衡浓度以活度取代,$a_B = \gamma_B \cdot c_B$,则式(2-105)可写为

$$K_a^\ominus = \frac{\left(\dfrac{\gamma_G c_G}{c^\ominus}\right)^g \left(\dfrac{\gamma_H c_H}{c^\ominus}\right)^h}{\left(\dfrac{\gamma_A c_A}{c^\ominus}\right)^a \left(\dfrac{\gamma_D c_D}{c^\ominus}\right)^d} = K_c^\ominus K_\gamma \tag{2-106}$$

$K_a^\ominus$ 是以活度表示的标准平衡常数;K_γ 称为活度系数商,不是平衡常数。由于活度也可以用摩尔分数、质量摩尔浓度等表示,所以相应的 $K_a^\ominus$ 的值也不同。在实际应用时,可依据实际情况选择不同的平衡常数计算方法。

三、多相化学反应的平衡常数

参加化学反应的各组分若处于不同的相中,称为多相化学反应。现只讨论纯物质的凝聚相(液相或固相)与理想气体间的多相反应。

设某一反应

$$aA(s) + dD(g) \rightleftharpoons gG(l) + hH(g)$$

在常压下,压力对凝聚相的广度性质的影响很小,可忽略不计,故参加反应的凝聚相可认为处于标准态,根据反应平衡条件 $\Delta_r G_m = \sum_B \nu_B \mu_B = 0$,可推得标准平衡常数为

$$K_p^\ominus = \frac{\left(\dfrac{p_H}{p^\ominus}\right)^h}{\left(\dfrac{p_D}{p^\ominus}\right)^d} \tag{2-107}$$

$\Delta_r G_m^\ominus$ 是温度的函数,它和参与反应的所有纯物质标准态下的化学势有关,在有纯态凝聚相参加的理想气体反应中,其平衡常数只与反应物和产物的气相物质的平衡分压有关。如反应

$$CaCO_3(s) \rightleftharpoons CaO(s) + CO_2(g)$$

$$K_p^\ominus = \frac{p_{CO_2}}{p^\ominus}$$

该反应的标准平衡常数 $K_p^\ominus$ 只与平衡时 CO_2 的分压有关,即在温度一定的条件下,平衡时,不论反应系统中 $CaCO_3$ 和 CaO 的量是多少,CO_2 的分压总是定值。通常将平衡时 CO_2 的分压称为 $CaCO_3$ 的分解压(dissociation pressure),也称解离压力。一般情况下,分解压是指

固体物质在一定温度下分解达到平衡时产物中气体的总压力。所以若分解产物中不止一种气体,则平衡时各气体产物分压之和才是分解压。

例 2-20 有反应

$$NH_4HS(s) \rightleftharpoons NH_3(g) + H_2S(g)$$

达到平衡时产物总压为 p,求其平衡常数表达式。

解:反应系统中只有产物是气体,为 $NH_3(g)$、$H_2S(g)$ 的混合气体,则

$$p_{NH_3} = p_{H_2S} = \frac{1}{2}p$$

所以其平衡常数表达式为

$$K_p^{\ominus} = \frac{p_{NH_3}}{p^{\ominus}} \cdot \frac{p_{H_2S}}{p^{\ominus}} = \left(\frac{1}{2}\frac{p}{p^{\ominus}}\right)^2 = \frac{1}{4}\left(\frac{p}{p^{\ominus}}\right)^2$$

式中各分压为平衡分压。

四、有关平衡常数的计算

平衡常数是衡量一个化学反应进行限度的标志。判断一个反应确已达到平衡,通常可以用下面几种方法:

(1)在外界条件不变的情况下,体系中各物质的组成均不再随时间而改变。

(2)从反应物开始正向进行反应或者从生成物开始逆向进行反应,在达到平衡后,所得的组成相同。

(3)任意改变反应中各物质的初始浓度,平衡时各物质的组成相同。

平衡常数的计算,可利用物理方法测定平衡体系的折射率、电导率或吸光度等求出各组分的含量,或用化学分析法测定平衡体系中各物质的量,然后计算求得;也可以用 $\Delta_r G_m^{\ominus}$ 求得。前面的例题已经涉及一些平衡常数的计算,这部分讨论确定反应物的平衡转化率和产物的产率问题。

平衡转化率也称理论转化率或最高转化率,其定义为

$$平衡转化率 \ \alpha = \frac{平衡时某反应物消耗掉的量}{该反应物的起始量} \times 100\%$$

若有副反应发生,反应物只有一部分变为产品,另一部分变为副产物。工业上又常用"产率"(收率)这一概念,即

$$平衡产率 = \frac{平衡时转化为指定产品的量}{某反应物的起始量} \times 100\%$$

转化率是以起始反应物的消耗量来衡量反应的限度,而产率则以产品的量来衡量反应的限度,本质上两者是一致的。

例 2-21 在 800 K、101325 Pa 下,1 mol 的正戊烷异构化为异戊烷和新戊烷(副产物),反应如下:

异戊烷　$K_x(1) = 1.795$

正戊烷

新戊烷　$K_x(2) = 0.137$

试计算平衡时正戊烷的总转化率和生产异戊烷的产率。

解:K_x 是以摩尔分数表示的平衡常数。设平衡时生成 x mol 的异戊烷和 y mol 新戊烷,则正戊烷的平衡量为 $(1-x-y)$ mol,则

$$\frac{x}{1-x-y} = 1.795$$

$$\frac{y}{1-x-y} = 0.137$$

联立，解得：$x=0.612$，$y=0.047$。

正戊烷的总转化率 $\alpha = (0.612+0.047) \times 100\% = 65.9\%$

异戊烷的产率 $= 0.612 \times 100\% = 61.2\%$

五、温度对化学平衡的影响——范特霍夫等压式

将 $\Delta_r G_m^\ominus = -RT\ln K_a^\ominus$ 代入吉布斯-亥姆霍兹方程，得

$$\left[\frac{\partial(\Delta_r G_m^\ominus/T)}{\partial T}\right]_p = -\frac{\Delta_r H_m^\ominus}{T^2}$$

则有

$$\left(\frac{\partial \ln K_a^\ominus}{\partial T}\right)_p = \frac{\Delta_r H_m^\ominus}{RT^2} \tag{2-108}$$

式（2-108）称为**化学反应的等压方程**（isobaric equation），也称为**范特霍夫等压式**。

式中，$\Delta_r H_m^\ominus$ 是各物质均处于标准态时的标准摩尔反应热，由此可得

吸热反应：$\Delta_r H_m^\ominus > 0$，$\left(\frac{\partial \ln K_a^\ominus}{\partial T}\right)_p > 0$，即 $K_a^\ominus$ 随温度的升高而增大。

放热反应：$\Delta_r H_m^\ominus < 0$，$\left(\frac{\partial \ln K_a^\ominus}{\partial T}\right)_p < 0$，即 $K_a^\ominus$ 随温度的升高而减小。

故升温对吸热反应有利，对放热反应不利。对对峙反应来说，升温可使平衡向吸热方向移动，降温可使平衡向放热方向移动。

对于不同类型的反应，如理想气体、实际气体、理想溶液等反应，式（2-108）中的 $K_a^\ominus$ 分别用 $K_p^\ominus$、$K_f^\ominus$、$K_c^\ominus$ 等表示。

若 $\Delta_r H_m^\ominus$ 与温度无关或温度变化范围较小，$\Delta_r H_m^\ominus$ 可视为常数，对式（2-108）进行定积分后，得

$$\ln \frac{K_2^\ominus}{K_1^\ominus} = -\frac{\Delta_r H_m^\ominus}{R}\left(\frac{1}{T_2} - \frac{1}{T_1}\right) \tag{2-109}$$

由上式可以看出，在 $\Delta_r H_m^\ominus$ 为定值的条件下，已知一个温度下的平衡常数，可以计算出另一温度下的平衡常数。

对式（2-108）进行不定积分后，得

$$\ln K_a^\ominus = -\frac{\Delta_r H_m^\ominus}{RT} + I \tag{2-110}$$

式中，I 为积分常数。可见 $\ln K_a^\ominus$ 与 $\frac{1}{T}$ 呈线性关系，其斜率为 $-\frac{\Delta_r H_m^\ominus}{R}$，利用该直线的斜率可计算反应的热效应。

当 $\Delta_r H_m^\ominus$ 与温度有关或温度变化范围较大时，就必须考虑温度对反应热的影响，这时应先确定 $\Delta_r H_m^\ominus$ 与 T 的函数关系，再进行积分。

例 2-22 对于合成甲醇的反应

$$CO(g) + 2H_2(g) \Longrightarrow CH_3OH(g)$$

如找到合适的催化剂，在 773 K 可使反应进行得很快。已知 298.15 K 时，$K_1^\ominus = 2.16 \times 10^4$，$\Delta_r H_m^\ominus = 90.73 \text{ kJ} \cdot \text{mol}^{-1}$。若 $\Delta_r H_m^\ominus$ 与温度无关，求 773 K 时的平衡常数 $K_2^\ominus$。

解：将数据代入式（2-109），得

$$\ln \frac{K_2^\ominus}{2.16 \times 10^4} = -\frac{90730}{8.314} \times \left(\frac{1}{773} - \frac{1}{298.15}\right) = 22.5$$

解得：$K_2^\ominus = 1.28 \times 10^{14}$。

知识拓展

非平衡态热力学简介

热力学第二定律指出，孤立系统中，自发变化朝着消除差别、混乱度增加、能量趋于退化的方向进行。而生物进化过程是从单细胞到多细胞、从简单到复杂、从无序朝着有序的方向进行，如许多树叶、花朵及蝴蝶翅膀上的花纹都呈现出美丽的颜色和规则的图案。生物有序性不但体现在空间的特点上，也表现在时间的特点上，如生物钟周期性交替也是一种有序现象。另外生物界的自组织现象也表现出有序性，如蜜蜂这种低等的昆虫能营造出一个个完美无缺的正六边形的蜂巢。显然经典热力学理论解释生物界的进化和自然界种类繁多的自组织现象时，已经不适用了。这需要脱离经典热力学，发展新的理论来解释。

一、非平衡态

在一定条件下，系统在宏观上不随时间变化的恒定状态称为定态，系统内部不再有任何宏观变化过程，这样的定态，称热力学平衡态。热力学平衡态有两个重要特征：状态函数不随时间变化和系统内部不存在物理量的宏观流动，如热流、粒子流等。凡不具备以上任一条件的状态，都称为非平衡态。对孤立系统，定态就是平衡态；而敞开系统则不同，敞开系统达到定态，不一定是平衡态。例如生物体在发展的某一阶段可能处于宏观不变的定态，但生物体内进行着新陈代谢过程，因此生物体不随时间变化的状态是非平衡定态，而不是平衡态。

二、熵流、熵产生和耗散结构

热力学第二定律指出，对于孤立系统，过程熵变 $dS \geq 0$，其实质就是从热力学概率较小的非平衡态，自发朝热力学概率增大方向进行，直到达到最大熵的平衡态。1945 年，比利时科学家普里高津（Prigogine）将熵增原理推广到任意系统。熵是系统的广度性质，当系统处于平衡状态时有确定的熵值，发生变化时，系统的熵变是外熵变和内熵变的和。外熵变是由系统与环境通过界面进行热交换和物质交换时，进入或流出系统的熵流，是系统与环境间的熵交换，用 d_eS 表示；内熵变是由系统内部的不可逆过程（如系统内部的扩散、化学反应等）所引起的熵产生，用 d_iS 表示，则

$$dS = d_iS + d_eS$$

其中 d_eS 可正、可负、可为零，而 d_iS 永远不可能为负值，即一定存在 $d_iS \geq 0$。

对于孤立系统，系统和环境间没有任何物质和能量的交换，同样没有熵的交流，因而有

$$d_eS = 0$$

故

$$dS = d_iS \geq 0$$

对于封闭系统和敞开系统，$d_iS \geq 0$ 一定成立，d_eS 表现在系统和环境之间由于物质和能量交换所引起的影响。系统的熵是系统无序程度的度量，熵越大，越无序；熵越小，越有序。对于非平衡态的敞开系统要出现有序的稳定状态，则环境必须提供足够的负熵流才有可能。

一个健康的生物体是热力学敞开系统，基本上处于非平衡态的稳态。其系统的熵变 $\Delta S \approx 0$。但由于体内的化学变化、扩散、血液流动等不可逆过程所产生的熵 $\Delta_iS > 0$，故必须有负熵流来抵消 Δ_iS。动物食品中含有高度有序的低熵大分子，如蛋白质、糖、脂肪等，经过消化后排出高熵分子，这就相当于"摄入负熵流"。

NOTE

在某些条件下,体系通过和外界环境不断地交换物质和能量以及通过内部进行的不可逆过程(能量耗散的不可逆过程)体系的无序态有可能变成有序态。普里高津把这样形成的有序状态称为**耗散结构**(dissipative structures),因为它的形成和维持需要消耗能量。耗散结构概念的提出,使人们认识到非平衡和不可逆过程也可以建立有序结构。这不仅有利于人们认识自然界中各种有序现象,也可以促使人们利用这些有序现象为人类服务。普里高津的非平衡态热力学是研究耗散结构的理论基础,由于在这方面的突出贡献,他获得了 1977 年诺贝尔化学奖。

本章小结

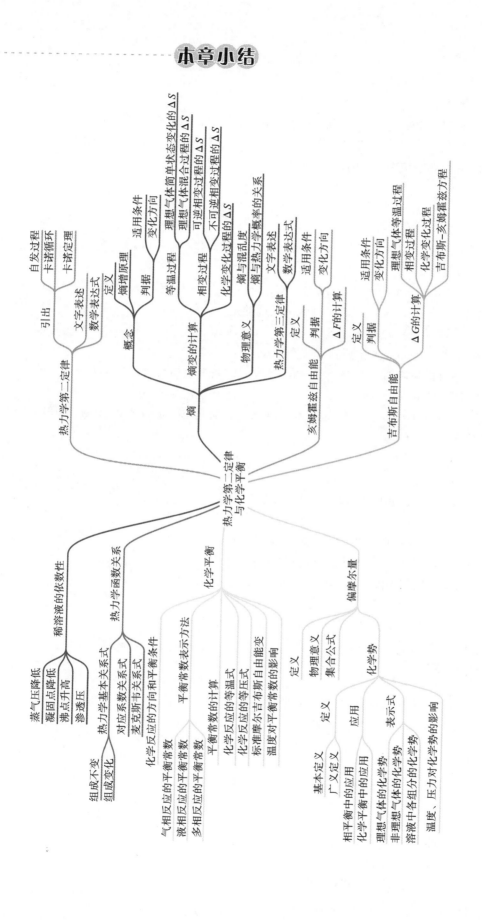

目标检测与习题答案

目标检测与习题

一、选择题

1. 在温度 127 ℃和 27 ℃间工作的热机,最大效率为（   ）。
A. 20％   B. 25％   C. 75％   D. 100％

2. 对绝热系统中发生的过程,下列说法正确的是（   ）。
A. $\Delta S > 0$ B. $\Delta S < 0$ C. $\Delta S = 0$ D. A、C 都可能

3. 孤立系统中发生的变化,下列说法正确的是（   ）。
A. $\Delta S_{孤立} > 0$ B. $\Delta S_{孤立} < 0$ C. $\Delta S_{孤立} = 0$ D. A、C 都可能

4. 1 mol 理想气体在 300.15 K 发生等温可逆膨胀,体积变为原来的 5 倍,则 ΔS 为（   ）。
A. 0.1338 J·K^{-1} B. 1.338 J·K^{-1} C. 13.38 J·K^{-1} D. 133.8 J·K^{-1}

5. 理想气体向真空膨胀,下列说法正确的是（   ）。
A. $\Delta S > 0$ B. $\Delta S < 0$ C. $\Delta S = 0$ D. A、C 都可能

6. 系统经一不可逆循环后（   ）。
A. 系统的熵增加   B. 系统吸热大于对外做功
C. 环境的熵一定增加   D. 环境内能减小

7. 在 373.15 K、101325 Pa 下,1 mol 水全部向真空气化为 373.15 K、101325 Pa 的水蒸气,则该过程（   ）。
A. $\Delta G < 0$,不可逆   B. $\Delta G = 0$,不可逆
C. $\Delta G = 0$,可逆   D. $\Delta G > 0$,不可逆

8. 下列定义式中,正确的是（   ）。
A. $F = U - TS$ B. $H = U - pV$ C. $U = Q + W$ D. $G = U - TS$

9. 对于封闭系统自发过程判据,正确的是（   ）。
A. ΔS 适用于等温、等压、非体积功为零的系统
B. ΔG 适用于等温、等压、非体积功为零的系统
C. ΔF 适用于等温、等压、非体积功为零的系统
D. ΔG 适用于等温、等容、非体积功为零的系统

10. 下列式子中,不属于化学势的是（   ）。
A. $\left(\dfrac{\partial U}{\partial n_B}\right)_{S,V,n_i \neq n_B}$ B. $\left(\dfrac{\partial G}{\partial n_B}\right)_{T,p,n_i \neq n_B}$ C. $\left(\dfrac{\partial F}{\partial n_B}\right)_{S,V,n_i \neq n_B}$ D. $\left(\dfrac{\partial H}{\partial n_B}\right)_{S,p,n_i \neq n_B}$

11. 下列物理量,不是偏摩尔量的是（   ）。
A. $\left(\dfrac{\partial G}{\partial n_B}\right)_{T,p,n_i \neq n_B}$ B. $\left(\dfrac{\partial U}{\partial n_B}\right)_{T,V,n_i \neq n_B}$ C. $\left(\dfrac{\partial F}{\partial n_B}\right)_{T,p,n_i \neq n_B}$ D. $\left(\dfrac{\partial H}{\partial n_B}\right)_{T,p,n_i \neq n_B}$

12. 化学势关系为（   ）。
(1) 100 ℃、0.5 个大气压的液态水,化学势为 μ_1。
(2) 100 ℃、0.5 个大气压的气态水蒸气,化学势为 μ_2。
A. $\mu_1 > \mu_2$ B. $\mu_1 < \mu_2$ C. $\mu_1 = \mu_2$ D. 无法确定

13. $\Delta G = 0$ 的过程应满足的条件是（   ）。
A. 等温、等压且非体积功为零的可逆过程
B. 等温、等压且非体积功为零的过程
C. 等温、等容且非体积功为零的过程

NOTE

D. 绝热可逆过程

14. 理想气体从状态 I 经自由膨胀到状态 II，可用下列哪个热力学判据来判断该过程的自发性？（　　）

    A. ΔF B. ΔG C. $\Delta S_{孤立}$ D. ΔU

15. 已知在温度 T 时，反应 $C(s)+\frac{1}{2}O_2(g)\rightleftharpoons CO(g)$ 的平衡常数为 K_1，则反应 $2C(s)+O_2(g)\rightleftharpoons 2CO(g)$，其平衡常数 K_2 为（　　）。

    A. $2K_1$ B. K_1 C. K_1^2 D. $\sqrt{K_1}$

16. 已知反应 $3O_2(g)\rightleftharpoons 2O_3(g)$，在 298.15 K 时，$\Delta_r H_m^\ominus = -280\ J\cdot mol^{-1}$，则对反应有利的条件是（　　）。

    A. 升温升压   B. 升温降压   C. 降温升压   D. 降温降压

二、填空题

1. 指出在下述各过程中，系统的 U、H、S、F 和 G 等热力学量中不变的量。

（1）在绝热定容反应器中反应，_____ 不变。

（2）气体绝热可逆膨胀过程，_____ 不变。

（3）理想气体等温膨胀过程，_____ 不变。

（4）液态水在 273.15 K 和 101.325 kPa 下变成冰，_____ 不变。

（5）系统经一系列过程恢复原态，_____ 不变。

（6）理想气体向真空自由膨胀，_____ 不变。

2. 液态水在 373.15 K、101325 Pa 下气化为水蒸气，此过程的 ΔH _____ 0，ΔS _____ 0，ΔG _____ 0（填>、<、=）。

3. 101.325 kPa 下，373.15 K 的 1 kg 水蒸气冷凝为同温下的水，此过程 $\Delta S_{系统}$ _____ 0，$\Delta S_{孤立}$ _____ 0（填>、<、=）。

4. 在一定温度及压力下，某物质液-气两相达平衡，则两相的化学势 $\mu_B(l)$ _____ $\mu_B(g)$；若维持压力不变，升高温度，则 $\mu_B(l)$ _____ $\mu_B(g)$（填>、<、=）。

5. 糖可以溶解在水中，说明固态糖的化学势较糖溶液中糖的化学势 _____（填"高"或"低"）。

三、判断题

1. 热不能完全转化为功，功可以完全变成热。（　　）

2. 自发过程是不可逆过程，反过来，不可逆过程一定是自发过程。（　　）

3. 非自发过程是不能进行的过程。（　　）

4. 热力学第二定律可表述为"热不能由低温物体传给高温物体"。（　　）

5. 卡诺热机的效率不一定是最高的。（　　）

6. 不可逆过程的热温商一定不是熵。（　　）

7. 理想气体完成一个卡诺循环，则 $\Delta S=0$。（　　）

8. CO 在绝热钢瓶中燃烧，$\Delta U=0$ 一定成立。（　　）

9. 系统自发过程的方向是从无序向有序方向进行。（　　）

10. 在绝对零度下，任何纯物质完美晶体的熵都等于零。（　　）

11. 理想气体卡诺循环过程 $\Delta G=0$。（　　）

12. 水蒸气通过蒸汽机对外做一定量的功之后恢复原态，以水蒸气为系统，则 $\Delta S=0$。（　　）

13. 真实气体不可逆循环过程，$\Delta S=0$，$\Delta F=0$，$\Delta G=0$，$\Delta U=0$，$\Delta H=0$。（　　）

NOTE

14. 在可逆过程中系统的熵值不变。(   )

15. 以化学势作为自发过程的判据,自发变化总是从化学势高向化学势低的方向进行。(   )

16. $\left(\dfrac{\partial G}{\partial n_B}\right)_{T,p,n_i\neq n_B}$ 既是化学势,也是偏摩尔量。(   )

17. 化学反应的平衡常数为一定值,所以反应的终点不可能变化。(   )

四、简答题

1. 一个绝热圆筒上有一个无摩擦、无重量的绝热活塞,其内有理想气体,圆筒内壁绕有电阻丝。当通电时气体慢慢膨胀,这是等压过程。请分别讨论两个过程的 Q 和体系的 ΔH 是大于、等于还是小于零。

(1) 选理想气体为体系;

(2) 选理想气体和电阻丝为体系。

2. 理想气体从相同始态,分别经绝热可逆膨胀和绝热不可逆膨胀,是否能到达相同的终态?

3. 在稀溶液中,溶质 B 的浓度可分别用 x_B、c_B 和 b_B(质量摩尔浓度)表示,则有不同的标准态,那么相应的溶质的化学势是否相同?

4. 农田中施肥量太多时植物会被"烧死",盐碱地的农作物长势不良,甚至枯萎,是什么原因?

5. 北方冬天吃冻梨前,先将冻梨放入凉水中浸泡一段时间后,发现梨表面结了一层薄冰,而里面却解冻了。这是什么原因?

6. 如果一个化学反应的 $\Delta_r G_m^{\ominus}<0$,则该反应一定能够正向进行吗?为什么?

五、计算题

1. 1 mol 理想气体 B,在 298.15 K 下,由 1.00 dm³ 膨胀至 10.00 dm³,若该过程为等温可逆过程,求该过程的 ΔS;若为自由膨胀,则过程的 ΔS 又为多少?由此能够得出什么结论?

$$[19.14\ \text{kJ}\cdot\text{mol}^{-1};19.14\ \text{kJ}\cdot\text{mol}^{-1};熵变只与始、终态有关]$$

2. 室温为 300 K,实验室中某一大恒温槽的温度为 400 K,因恒温槽绝热不良而有 4000 J 的热传给空气,通过计算判断该过程是否可逆。

$$[\Delta S_{孤}=3.3\ \text{J}\cdot\text{K}^{-1},不可逆]$$

3. 10 g H_2(视为理想气体)在 300.15 K、5×10^5 Pa 时,在温度不变、恒定外压力为 10^6 Pa 下进行压缩,终态压力为 10^6 Pa,试计算该过程的 ΔS,并判断过程的可逆性。

$$[-28.8\ \text{J}\cdot\text{K}^{-1};\Delta S_{孤}=12.8\ \text{J}\cdot\text{K}^{-1},不可逆]$$

4. 在 298.15 K,标准压力下,计算下面催化加氢反应的熵变:

$$C_2H_2(g)+2H_2(g)\longrightarrow C_2H_6(g)$$

已知:$C_2H_2(g)$、$H_2(g)$ 和 $C_2H_6(g)$ 的标准摩尔熵分别为 200.8 J·K⁻¹·mol⁻¹、130.6 J·K⁻¹·mol⁻¹ 和 229.5 J·K⁻¹·mol⁻¹。

$$[-232.5\ \text{J}\cdot\text{K}^{-1}\cdot\text{mol}^{-1}]$$

5. 在 400 K,0.5 MPa 下,把 1 mol He 等温压缩至 1 MPa,试求 Q、W、ΔU、ΔH、ΔS、ΔF 和 ΔG。He 可视为理想气体。

(1) 设为可逆过程;

(2) 压缩时外压自始至终为 1 MPa。

$$[(1)\ Q=-2305\ \text{J},W=2305\ \text{J},\Delta U=0,\Delta H=0,\Delta S=-5.76\ \text{J}\cdot\text{K}^{-1},$$
$$\Delta F=2305\ \text{J},\Delta G=2305\ \text{J};$$
$$(2)\ Q=-3326\ \text{J},W=3326\ \text{J},其余与(1)相同]$$

6. 在 298.15 K 下，1 mol O_2 从 101.6 kPa 等温可逆压缩至 608.0 kPa，求此过程的 Q、W、ΔU、ΔH、ΔS、ΔF 和 ΔG。（设 O_2 为理想气体）

$[Q = -4435 \text{ J}; W = 4435 \text{ J}; \Delta U = 0; \Delta H = 0; \Delta S = -14.9 \text{ J} \cdot \text{K}^{-1}; \Delta F = 4435 \text{ J}; \Delta G = 4435 \text{ J}]$

7. 1 mol 甲苯在其沸点 383.15 K、101.325 kPa 下蒸发为气体，求该过程的 Q、W、ΔU、ΔH、$\Delta S_{系统}$、$\Delta S_{孤}$、ΔF 和 ΔG。已知：甲苯的气化热为 33.3 kJ·mol^{-1}。甲苯蒸气可视为理想气体。

$[Q = 33.3 \text{ kJ}; W = -3.2 \text{ kJ}; \Delta U = 30.1 \text{ kJ}; \Delta H = 33.3 \text{ kJ};$
$\Delta S_{系统} = 86.9 \text{ J} \cdot \text{K}^{-1}; \Delta S_{孤} = 0; \Delta F = -3.2 \text{ kJ}; \Delta G = 0]$

8. 苯在正常沸点 353.15 K 时，$\Delta_{vap} H_m^{\ominus} = 30.77$ kJ·mol^{-1}。今将 353.15 K 及 101325 Pa 下的 1 mol 苯向真空等温蒸发为同温同压的苯蒸气（设为理想气体），求 Q、W、ΔU、ΔH、ΔF、ΔG、$\Delta S_{系统}$、$\Delta S_{环}$、$\Delta S_{孤}$，并判断上述过程的可逆性。

$[Q = 27.83 \text{ kJ}; W = 0; \Delta U = 27.83 \text{ kJ}; \Delta H = 30.77 \text{ kJ}; \Delta F = -2.93 \text{ kJ}; \Delta G = 0;$
$\Delta S_{系统} = 87.13 \text{ J} \cdot \text{K}^{-1}; \Delta S_{环} = -78.80 \text{ J} \cdot \text{K}^{-1}; \Delta S_{孤} = 8.33 \text{ J} \cdot \text{K}^{-1}; 不可逆过程]$

9. 在 298.15 K、101325 Pa 下，计算 1 mol 的 $H_2O(g)$ 变为 $H_2O(l)$ 的 ΔG。已知 298.15 K 时水的饱和蒸气压为 3168 Pa，水的密度为 1.0 kg·dm^{-3} 且可视为不随温度而变。

$[-8587.9 \text{ J}]$

10. 在 298.15 K、101325 Pa 下，若使 1 mol 铅与醋酸铜溶液在可逆条件下作用，可做功 91.8 kJ，同时吸热 213.6 kJ，试计算 ΔU、ΔH、ΔS、ΔF 和 ΔG。

$[\Delta U = 121.8 \text{ kJ}; \Delta H = 121.8 \text{ kJ}; \Delta S = 716.4 \text{ J} \cdot \text{K}^{-1}; \Delta F = -91.8 \text{ kJ}; \Delta G = -91.8 \text{ kJ}]$

11. 常压下，绝热容器由隔板分成左、右体积相等的两部分，分别盛有温度为 300 K 压力相等的两种气体（可视为理想气体）各 2 mol，抽去隔板使两种气体等温、等压下混合，求该过程的 ΔU、ΔH、ΔS、ΔF 和 ΔG，并判断该过程的可逆性。

$[\Delta U = 0; \Delta H = 0; \Delta S = 23.05 \text{ J} \cdot \text{K}^{-1}; \Delta F = -6915 \text{ J}; \Delta G = -6915 \text{ J}; \Delta G < 0, 不可逆过程]$

12. 在温度为 298.15 K 及压力为 $p^{\ominus}$ 下，C(金刚石) 和 C(石墨) 的标准摩尔熵分别为 2.45 J·K^{-1}·mol^{-1} 和 5.71 J·K^{-1}·mol^{-1}，燃烧焓分别为 -395.40 kJ·mol^{-1} 和 -393.51 kJ·mol^{-1}，密度分别为 3513 kg·m^{-3} 和 2260 kg·m^{-3}。试求：

(1) 在 298.15 K 及 $p^{\ominus}$ 下，石墨变成金刚石的 $\Delta_r G_m$；

(2) 石墨和金刚石，哪一种更稳定？

(3) 增加压力能否使石墨变成金刚石，如果可能则需加多大的压力？

$[(1) \ 2.86 \text{ kJ} \cdot \text{mol}^{-1}; (2) \ 石墨较稳定; (3) \ 1.51 \times 10^9 \text{ Pa}]$

13. 计算下述反应在 298.15 K 的 $\Delta_r G_m^{\ominus}$

$$C_6H_6(g) + CH_4(g) \Longrightarrow C_6H_5CH_3(g) + H_2(g)$$

已知：$C_6H_6(g)$、$CH_4(g)$、$C_6H_5CH_3(g)$ 和 $H_2(g)$ 在 298.15 K 的 $\Delta_f H_m^{\ominus}$ 分别为 82.93 kJ·mol^{-1}、-74.81 kJ·mol^{-1}、50.00 kJ·mol^{-1} 和 0，$S_m^{\ominus}$ 分别为 269.31 J·K^{-1}·mol^{-1}、186.26 J·K^{-1}·mol^{-1}、320.77 J·K^{-1}·mol^{-1} 和 130.68 J·K^{-1}·mol^{-1}。

$[43.11 \text{ kJ} \cdot \text{mol}^{-1}]$

14. 已知当水的摩尔分数为 0.4 时，水的偏摩尔体积为 16.18 cm^3·mol^{-1}，乙醇的偏摩尔体积为 57.50 cm^3·mol^{-1}，当 0.4 mol 水和 0.6 mol 乙醇混合形成溶液时，求混合溶液的体积。

$[40.97 \text{ cm}^3]$

15. 测得浓度为 20 kg·m^{-3} 血红蛋白水溶液在 298.15 K 时的渗透压为 763 Pa，求血红蛋白的摩尔质量。

[64.98 kg·mol^{-1}]

16. 已知在 298.15 K 时，下列反应的 $\Delta_r G_m^\ominus = -34.85$ kJ·mol^{-1}，$\Delta_r H_m^\ominus = -56.52$ kJ·mol^{-1}

$$NO(g) + \frac{1}{2}O_2(g) \Longrightarrow NO_2(g)$$

若把 $\Delta_r H_m^\ominus$ 视为常数，求 373.15 K 时该反应的标准平衡常数。

[1.30×10^4]

17. 下列反应在 303.15 K 时的 $K_p^\ominus = 6.55 \times 10^{-4}$，试求 $NH_2COONH_4(s)$ 的分解压力。

$$NH_2COONH_4(s) \Longrightarrow 2NH_3(g) + CO_2(g)$$

[1.64×10^4 Pa]

18. 化学反应 $2CH_4(g) + O_2(g) \Longrightarrow 2CH_3OH(l)$，在 298.15 K 时数据如下表，至少用两种方法计算反应的 $\Delta_r G_m^\ominus$。

	CH$_4$(g)	O$_2$(g)	CH$_3$OH(l)
$\Delta_f G_m^\ominus$/kJ·mol^{-1}	−50.79	0	−166.31
$\Delta_f H_m^\ominus$/kJ·mol^{-1}	−74.85	0	−238.64
$S_m^\ominus$/J·K^{-1}·mol^{-1}	186.19	205.03	126.8

[−231.04 kJ]

19. 在 718 K 时，反应 $H_2(g) + I_2(g) \Longrightarrow 2HI(g)$ 的标准平衡常数为 $K_p^\ominus = 50.1$。取 5.30 mol $H_2(g)$ 与 7.94 mol $I_2(g)$，使之发生反应，计算平衡时产生的 HI(g) 的量。

[9.48 mol]

（黄河科技学院　侯巧芝）

第三章 相 平 衡

本章 PPT

学习目标

1. 记忆、理解：相、组分数、自由度等基本概念和相律；水的三相点和凝固点；恒沸点、恒沸混合物；等边三角形组成表示法及特点。

2. 计算、应用：会用克拉贝龙-克劳修斯方程、杠杆规则进行相关计算并解决实际问题。

3. 解析、应用相图：会解析单组分系统的相图、二组分系统的相图、三组分系统的相图，并依据相图分析系统在一定条件下的相变化；会绘制简单低共熔混合物的相图并应用其解决实际问题；会陈述冷冻干燥、精馏、萃取、结晶、水蒸气蒸馏、CO_2-SFE 等操作依据的相平衡原理。

相平衡是研究多相系统相变化规律的分支，属于化学热力学的范畴，可利用多相系统的热力学函数讨论系统中相态与温度、压力、组分等参数之间的关系。在系统中物质从一个相转变为另一个相的过程称为相变过程，它是一种物理变化。相变过程涉及系统内两个或两个以上相之间的平衡问题，相变过程遵守一个普遍规律——**相律**（phase rule），相律是根据热力学原理推导出来的，处理各种类型多相平衡的理论方法。但是由于多相系统变化的复杂性，其规律一般不易用函数形式表达，所以以通常使用更为简单直观的几何图形——**相图**（phase diagram）来描述。相图是根据实验数据绘制的系统相态与温度、压力、组成之间相互关系的图形，可以直观地反映出在给定条件下相变化的方向和限度。

实验室或制药生产中常见的过程，如蒸发、升华、冷凝、熔化、结晶、溶解、萃取等都是相变过程。药剂中的配伍、新剂型研究等离不开相平衡理论的指导。

第一节 相 律

相律（phase rule）是 1875 年吉布斯（Gibbs）根据热力学基本原理推导出来的相平衡遵循的普遍规律，又称为吉布斯相律。相律讨论的是平衡系统中相数、独立组分数与自由度之间的关系。在学习相律的表达式之前，先学习几个基本概念。

一、相

相（phase）是指在系统内部物理性质和化学性质完全相同均匀的部分。多相系统中，相与相之间有相界面，越过界面，相的性质发生突变。系统中所包含的相的数目称为**相数**（number of phase），用符号 Φ 表示。同一系统在不同条件下可以有不同的相，相数也可能不同。由于各种气体都能无限混合，彼此之间无界面可分，所以系统内不论有多少种气体，都是一个相。对于液体，则视不同液体间的互溶情况，可以有一相、两相或多相共存。对于固体，不论混合得

NOTE

87

多么均匀,一般而言系统中有几种固体物质,就有几个相。但是,如果不同种固体之间达到了分子程度的混合,就形成了固态混合物(solid mixture),一种固态混合物是一个相。

二、独立组分数

平衡系统中存在的化学物质的数目称为物种数(number of chemical species),用符号 S 表示。应注意,不同聚集态的同一化学物质不能算多个物种,例如水、水蒸气、冰三相平衡体系中只含有一种纯物质,故物种数 $S=1$。

用以确定平衡系统中,所有各相组成所需要的最少的物种数称为**独立组分数**(independent components),简称**组分数**,用符号 K 表示。应注意,组分数和物种数是两个不同的概念,在多相平衡系统中,组分数是一个重要的概念。

若各物质间没有任何化学反应发生、没有浓度限制条件存在,则系统的物种数与组分数是相同的,即 $K=S$。例如葡萄糖和 H_2O 组成的溶液中,$K=S=2$。

若各物质间有化学平衡存在,或有浓度限制条件,则组分数小于物种数,即 $K<S$。例如,开始的时候系统中只有 PCl_5,PCl_5 发生分解且达化学平衡:

$$PCl_5(g) \rightleftharpoons PCl_3(g) + Cl_2(g)$$

该系统中的物种数为3,但组分数 $K=1$,因为已知系统中任一物质的量,便能计算出其他两种物质的量。

组分数与物种数有如下关系:

组分数=物种数-独立化学平衡数-独立浓度限制条件数

如果用 R 表示系统中独立化学平衡数,用 R' 表示独立浓度限制条件数,则

$$K = S - R - R'$$

上例中,有一个化学平衡;因为产物 Cl_2、PCl_3 的分压相等,这是一个浓度限制条件,所以 $K=3-1-1=1$。

又如,①假设 H_2 和 N_2 的投料比为 $3:1$,合成氨反应达平衡。

$$3H_2(g) + N_2(g) \rightleftharpoons 2NH_3(g)$$

系统中有一个化学平衡和一个浓度限制条件,所以 $K=3-1-1=1$,即知道了任意一种物质的量,就可以求出另外两种物质的量。

②假设投料是任意量的 H_2 和 N_2 系统,建立平衡后,各量间不存在浓度限制条件,$K=3-1-0=2$;$K=2$ 表示要确定系统中各物质的量,需知道任意两种物质的量。

注意:①浓度限制条件必须在"同一相"中才能应用,不同相间不存在浓度限制条件。例如,如果开始的时候,系统中只有 $CaCO_3$,发生分解反应且达平衡:

$$CaCO_3(s) \rightleftharpoons CaO(s) + O_2(g)$$

虽然分解反应产生的 $CaO(s)$ 和 $CO_2(g)$ 的物质的量相同,但一个是固相,另一个是气相,其间不存在浓度限制关系,故组分数 $K=3-1-0=2$。

②系统中的化学平衡数必须是"独立"的。当有多种物质存在建立了多个化学平衡时,这些化学平衡之间必须是独立的。

例 3-1 系统中有 $CO_2(g)$、$CO(g)$、$C(s)$、$H_2O(g)$、$H_2(g)$ 等5种物质,有化学反应发生,求该系统在平衡后的组分数。

解:系统中同时存在3个化学平衡式。

(1) $H_2O(g) + C(s) \rightleftharpoons CO(g) + H_2(g)$

(2) $CO_2(g) + H_2(g) \rightleftharpoons H_2O(g) + CO(g)$

(3) $CO_2(g) + C(s) \rightleftharpoons 2CO(g)$

但只有2个反应是独立的,第3个反应可通过其他2个反应得到,如(1)+(2)=(3),所以

$R=2$；系统中各种物质间无浓度限制条件，$R'=0$。

所以 $$K = S - R - R' = 5 - 2 - 0 = 3$$

例 3-2 抽空的容器中放置有 $NH_4HCO_3(s)$，400 K 时达分解平衡。

$$NH_4HCO_3(s) \Longrightarrow NH_3(g) + CO_2(g) + H_2O(g)$$

求该系统的组分数。

解：一个化学反应，存在 4 种物质，且 $p(NH_3) : p(H_2O) = 1 : 1$，$p(NH_3) : p(CO_2) = 1 : 1$

所以 $$S = 4, \quad R = 1, \quad R' = 2$$

故 $$K = S - R - R' = 4 - 1 - 2 = 1$$

一个系统的物种数 S 可以随着人们考虑问题的角度不同而不同，但系统的组分数 K 却始终不变。例如对于 $NaCl(s)$ 和 H_2O 组成的溶液，如果只考虑相平衡，$S = K = 2$（即 $NaCl$ 和 H_2O）；若考虑物质的解离，系统中存在的物种有 $NaCl(s)$、Na^+、Cl^-、H_2O、H_3O^+、OH^-，因此 $S = 6$，但是这 6 个物种间存在两个独立的化学（电离）平衡，即 $2H_2O \Longrightarrow H_3O^+ + OH^-$ 和 $NaCl(s) \Longrightarrow Na^+ + Cl^-$，还存在两个浓度限制条件：$c(Na^+) = c(Cl^-)$ 与 $c(H_3O^+) = c(OH^-)$，因此 $K = S - R - R' = 6 - 2 - 2 = 2$，故 K 始终为 2。

三、自由度

在不引起旧相消失和新相形成的前提下，可以在一定范围内变动的独立的强度性质变量称为系统的**自由度**（degree of freedom），用符号 f 表示。常用的强度性质有温度、压力和浓度等。例如对于液态水，在一定温度和压力范围内可同时任意改变其温度、压力而仍能保持单相，说明它有两个独立可变的强度性质，所以此时 $f = 2$。当液态水与其蒸气平衡共存时，若要保持相平衡状态，系统的压力必须是所处温度下水的饱和蒸气压，或系统的温度必须是水的饱和蒸气压所对应的温度，因二者之间存在函数关系，所以两者之中只有一个可以独立变动，因此 $f = 1$。

四、相律

相律是描述多相平衡系统中的独立组分数 K、相数 Φ 及自由度 f 之间关系的规律。

设在一多组分平衡系统中有 S 种物质，Φ 个相。若每一种物质在 Φ 个相中都存在，则每一相中有 S 个浓度变量，描述系统状态的总变量为 $S\Phi + 2$，"2"是指温度和压力两个变量。

各变量间的平衡关系式有三种：

（1）每一相中各物质摩尔分数之和等于 1，共 Φ 个关系式；

（2）根据相平衡条件，每种物质在各相中的化学势相等，共 $S(\Phi - 1)$ 个关系式；

（3）独立化学平衡关系式的数目 R 和独立浓度限制条件数目 R'。

因此，系统中关系式总数为 $\Phi + S(\Phi - 1) + R + R'$。

系统状态的总变量数减去系统中关系式总数，得到独立变量数，也就是自由度。因此，自由度数 $f = S\Phi + 2 - [\Phi + S(\Phi - 1) + R + R']$，整理得

$$f = K - \Phi + 2 \tag{3-1}$$

这就是相律的数学表示式。式中，K 为独立组分数，$K = S - R - R'$，Φ 为相数，"2"是指温度和压力两个变量。

在推导相律过程中应用了相平衡条件，因此相律只适用于平衡系统。系统中每种物质不一定都存在于每一相中，这并不影响相律的结果。

如果系统指定了温度或压力，则上式写为

NOTE

$$f^* = K - \Phi + 1 \tag{3-2}$$

如果系统压力和温度均已指定,则

$$f^{**} = K - \Phi \tag{3-3}$$

f^* 或 f^{**} 称为条件自由度。在有些情况下,除温度和压力外,平衡系统还受到电场、磁场、渗透等其他因素(n 个)的影响,这时相律应写成更普遍的形式:

$$f = K - \Phi + n \tag{3-4}$$

相律是一切平衡系统均遵循和适用的规律,它对多组分多相系统的研究起着重要的指导作用。但是相律只能对多相平衡体系做定性描述,不能解决各变量之间的定量关系。如根据相律可确定一个平衡系统中有几个相,但不能具体指出是哪些相,以及每一相的数量是多少。

例 3-3 试说明下列平衡系统的自由度数为多少。

(1) 298.15 K 及 $p^\ominus$ 下,NaCl(s) 与其水溶液平衡共存。

(2) 相平衡系统:$Br_2(l) \Longleftrightarrow Br_2(g)$。

解:(1) $K = 2$,$\Phi = 2$,$f^{**} = K - \Phi = 2 - 2 = 0$

在指定温度、压力下,饱和食盐水的浓度为定值,系统没有可变量。

(2) $K = 1$,$\Phi = 2$,$f = K - \Phi + 2 = 1 - 2 + 2 = 1$

说明纯物质两相平衡时温度和压力仅有一个可独立变动。

例 3-4 Na_2CO_3 与 H_2O 可组成下列几种化合物:$Na_2CO_3 \cdot H_2O$,$Na_2CO_3 \cdot 7H_2O$,$Na_2CO_3 \cdot 10H_2O$。

(1) 标准压力 $p^\ominus$ 下,与 Na_2CO_3 水溶液和冰共存的含水盐最多可有几种?

(2) 298.15 K 时,可与水蒸气共存的含水盐最多可有几种?

解:此系统 $K = 5 - 3 = 2$

(1) 压力为 $p^\ominus$ 时,$f^* = K - \Phi + 1 = 3 - \Phi$;相数最多时自由度最少,即 $f^* = 0$ 时 $\Phi = 3$。因已有 Na_2CO_3 水溶液和冰两相了,故与之共存的含水盐最多只有 1 种。

(2) 在 298.15 K 时,同样有 $f^* = K - \Phi + 1 = 3 - \Phi$;$f^* = 0$ 时,$\Phi = 3$,即与水蒸气共存的含水盐最多只有 2 种。

第二节 单组分系统

单组分系统的组分数 $K = 1$,根据相律 $f = 1 - \Phi + 2 = 3 - \Phi$,说明单组分系统中最多三相共存。当 $\Phi = 1$ 时,$f = 2$,有两个变量,指温度和压力在一定范围内可任意改变;当 $\Phi = 2$ 时,$f = 1$,此时温度和压力两个变量存在一定的依存关系,指定了一个,另一个也随之确定下来。

一、克拉贝龙-克劳修斯方程

根据热力学基本公式,法国工程师克拉贝龙(Clapeyron)导出了适用于任何单组分系统的任意两相平衡的克拉贝龙方程,揭示了压力随温度的变化率与相变焓和相变体积之间的关系。

定温、定压下,系统内纯物质的 α 相与 β 相两相平衡,$\mu^\alpha = \mu^\beta$。对于纯物质 $G_m = \mu$,根据相平衡条件可知

$$G_m^\alpha = G_m^\beta$$

当温度改变 dT、压力改变 dp 后,该纯物质在温度 $T + dT$ 和压力 $p + dp$ 下又达到新的平衡。G_m^α 变成了 $G_m^\alpha + dG_m^\alpha$,G_m^β 变成了 $G_m^\beta + dG_m^\beta$,即

$$G_m^\alpha + dG_m^\alpha = G_m^\beta + dG_m^\beta$$

则
$$dG_m^\alpha = dG_m^\beta$$

因为
$$dG_m = -S_m dT + V_m dp$$

则
$$-S_m^\alpha dT + V_m^\alpha dp = -S_m^\beta dT + V_m^\beta dp$$

移项整理得
$$(V_m^\beta - V_m^\alpha)dp = (S_m^\beta - S_m^\alpha)dT$$

或
$$\frac{dp}{dT} = \frac{S_m^\beta - S_m^\alpha}{V_m^\beta - V_m^\alpha} = \frac{\Delta S_m}{\Delta V_m} \qquad (3-5)$$

式中,ΔS_m 和 ΔV_m 分别为定温、定压下可逆相变的摩尔熵变和摩尔体积改变值。对可逆相变来说

$$\Delta S_m = \frac{\Delta H_m}{T}$$

式中,ΔH_m 为摩尔相变焓,上式代入式(3-5)得

$$\frac{dp}{dT} = \frac{\Delta H_m}{T \Delta V_m} \qquad (3-6)$$

式(3-6)为克拉贝龙(Clapeyron)方程。它给出了两相平衡时平衡压力与温度之间的定量关系,适用于任何纯物质单组分的任何两相平衡系统,如蒸发、熔化、升华等。将该式应用到不同的相平衡时,可得到具体形式。

1. 克拉贝龙方程应用于气-液两相平衡系统

将克拉贝龙方程应用到气-液平衡系统,dp/dT 表示液体的饱和蒸气压随温度的变化率;$\Delta V_m = V_m(g) - V_m(l)$ 即气、液两相摩尔体积之差,在通常温度下,$V_m(g) \gg V_m(l)$,所以 $V_m(l)$ 可忽略不计;ΔH_m 以摩尔气化焓 $\Delta_{vap}H_m$ 表示。假设蒸气为理想气体,则

$$\Delta V_m \approx V_m(g) = \frac{RT}{p}$$

代入式(3-6)得
$$\frac{d\ln p}{dT} = \frac{\Delta_{vap}H_m}{RT^2} \qquad (3-7)$$

式(3-7)称为**克拉贝龙-克劳修斯方程**(Clapeyron-Clausius equation),简称克-克方程。克-克方程定量给出了温度对纯物质的饱和蒸气压的影响。

当温度变化范围不大时,$\Delta_{vap}H_m$ 可近似地看作一常数,将式(3-7)不定积分,可得

$$\ln p = -\frac{\Delta_{vap}H_m}{RT} + I \qquad (3-8)$$

式中,I 为积分常数。由此式可以看出,将 $\ln p$ 对 $1/T$ 作图应为一直线,此直线的斜率为 $(-\Delta_{vap}H_m/R)$,由此斜率即可计算液体的 $\Delta_{vap}H_m$。

温度由 T_1 变为 T_2 时,将式(3-7)定积分可得

$$\ln \frac{p_2}{p_1} = -\frac{\Delta_{vap}H_m}{R}\left(\frac{1}{T_2} - \frac{1}{T_1}\right)$$

或
$$\ln \frac{p_2}{p_1} = \frac{\Delta_{vap}H_m(T_2 - T_1)}{RT_1 T_2} \qquad (3-9)$$

根据此式可求纯物质在某一温度下的饱和蒸气压,或某一压力下纯物质的沸点。

当缺乏液体摩尔气化焓 $\Delta_{vap}H_m$ 数据时,可用一些经验规则进行近似计算。

对非极性的、分子不缔合的液体,有如下规则

$$\frac{\Delta_{vap}H_m}{T_b} \approx 88 \ \text{J} \cdot \text{K}^{-1} \cdot \text{mol}^{-1} \qquad (3-10)$$

式中,T_b 为正常沸点,即大气压力为 101.325 kPa 时液体的沸点,这个规则称为**特鲁顿规则**(Trouton rule),应注意此规则不能用于极性较强的液体。

例 3-5 已知水在 373.15 K 时的饱和蒸气压为 101.325 kPa。摩尔气化焓 $\Delta_{vap}H_m = 40.67$ kJ·mol^{-1},试计算:(1) 水在 368.15 K 时的饱和蒸气压;(2) 当外压为 80 kPa 时,水的

NOTE

沸点。

解:(1) $T_1 = 373.15$ K, $p_1 = 101.325$ kPa, $T_2 = 368.15$ K

$$\ln \frac{p_2}{101.325} = \frac{40670 \times (368.15 - 373.15)}{8.314 \times 373.15 \times 368.15}$$

解得:$p_2 = 84.78$ kPa。

(2) $\ln \dfrac{80}{101.325} = \dfrac{40670 \times (T_2 - 373.15)}{8.314 \times 373.15 \times T_2}$

解得:$T_2 = 366.4$ K。

2. 克拉贝龙方程应用于气-固两相平衡系统

和液体一样,固体的体积比蒸气的体积小很多,$V_m(s)$ 也可忽略不计,故 $\Delta V_m = V_m(g) - V_m(s) \approx V_m(g)$,假设蒸气为理想气体。将式(3-6)中的 ΔH_m 以摩尔升华焓 $\Delta_{sub} H_m$ 表示,可得到气-固相平衡时,固体的饱和蒸气压与温度之间的关系:

$$\ln \frac{p_2}{p_1} = \frac{\Delta_{sub} H_m (T_2 - T_1)}{R T_1 T_2} \tag{3-11}$$

3. 克拉贝龙方程应用于固-液两相平衡系统

将克拉贝龙方程应用于固-液相平衡系统,将 ΔH_m 写为摩尔熔化焓 $\Delta_{fus} H_m$,ΔV_m 写为 $\Delta_{fus} V_m$,即 $\Delta_{fus} V_m = V_m(l) - V_m(s)$,由于液体和固体的体积相差不多,故不能将 $V_m(l)$ 或 $V_m(s)$ 略去,这时式(3-6)可改写为

$$dp = \frac{\Delta_{fus} H_m}{\Delta_{fus} V_m} \cdot \frac{dT}{T}$$

当温度变化范围不大时,$\Delta_{fus} H_m$ 和 $\Delta_{fus} V_m$ 均可视为常数,对上式积分得

$$p_2 - p_1 = \frac{\Delta_{fus} H_m}{\Delta_{fus} V_m} \ln \frac{T_2}{T_1}$$

如果令 $\dfrac{T_2 - T_1}{T_1} = x$,则 $\ln \dfrac{T_2}{T_1} = \ln \dfrac{T_2 - T_1 + T_1}{T_1} = \ln(1 + x)$,当 x 很小时,$\ln(1 + x) \approx x$,于是上式可改写为

$$p_2 - p_1 = \frac{\Delta_{fus} H_m}{\Delta_{fus} V_m} \cdot \frac{T_2 - T_1}{T_1} \tag{3-12}$$

二、水的相图

在通常情况下,纯水有 $H_2O(g)$、$H_2O(l)$ 和 $H_2O(s)$ 三种单相状态。水的相图是根据实验数据画出的,图 3-1 为水的相图,由三个区、三条线和一个点构成。

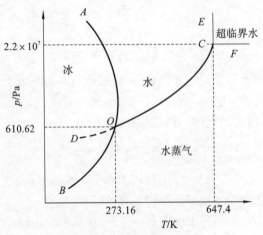

图 3-1 水的相图

有三个单相区。在水、冰、水蒸气三个区域内,系统均为单相区,$\Phi=1$,$f=2$。该区域内,温度和压力可在适当范围内独立变动,而不会引起相的变化。要确定系统的状态,须同时指定温度和压力两个变量。

有三条两相平衡线。两个单相区的交界线就是两相平衡线。在这些线上,$\Phi=2$,$f=1$,温度和压力之中只能有一个是独立变量。

OC 线是水-水蒸气两相平衡线,即水的饱和蒸气压曲线,也称为水的沸腾曲线。OC 线不能无限地向上延伸,它终止于**临界点**(critical point),即 C 点(647.4 K,2.2×10^7 Pa)。在临界点,气-液相间的密度相同,气、液两相的界面消失,成为一种单相的流体(fluid),这种状态称为**超临界状态**(supercritical state)。系统温度低于临界温度时,可以通过加压的方法使气体液化。

OB 线是冰-水蒸气两相平衡线,即冰的饱和蒸气压曲线,也称为冰的升华曲线,在理论上可以延长到绝对零度附近。

OA 线是冰-水两相平衡线,即冰的熔融曲线或水的凝固曲线。OA 线也不能随意延长,在压力高于 2.03×10^8 Pa 时,相图变得比较复杂,有不同晶体结构的冰平衡共存。这里要注意的是,OA 线的斜率是负值,冰的凝固温度会随着压力的减小而变大,这是因为冰的密度小于水的密度,所以冰-水两相平衡线的斜率是负值,这是个特例。

OD 是 CO 的延长线,是水和水蒸气的介稳平衡线,即过冷水的饱和蒸气压与温度的关系。过冷状态是介稳状态,一旦有冰晶加入或被搅动,过冷水会迅速凝结为冰。

OC、OB、OA 三条线的斜率可由克拉贝龙方程表示。

OC 线:
$$\left(\frac{\mathrm{d}p}{\mathrm{d}T}\right)_{蒸发}=\frac{\Delta_{vap}H_m}{T(V_g-V_l)}$$

OB 线:
$$\left(\frac{\mathrm{d}p}{\mathrm{d}T}\right)_{升华}=\frac{\Delta_{sub}H_m}{T(V_g-V_s)}$$

OA 线:
$$\left(\frac{\mathrm{d}p}{\mathrm{d}T}\right)_{熔融}=\frac{\Delta_{fus}H_m}{T(V_l-V_s)}$$

可以看出,$\left(\frac{\mathrm{d}p}{\mathrm{d}T}\right)_{熔融}<0$,即 OA 线的斜率是负值。

有一个三相点。O 点是三条线的交点,在该点气、液、固三相共存,称为**三相点**(triple point),$\Phi=3$,$f=0$,即该点为定态,系统的压力和温度均固定(273.16 K,610.62 Pa)。

水的凝固点(freezing point)(273.15 K,101325 Pa)与三相点(273.16 K,610.62 Pa)是有严格区别的。三相点是单组分系统,而水的凝固点是在水中溶有空气和外界压力为 101.325 kPa 时测得的,凝固点比三相点温度低 0.01 K 是由两个因素造成的,一个因素是外压增加,使凝固点下降 0.00748 K;另一个因素是凝固时水是暴露在空气中的,水中溶有空气,使凝固点下降 0.00241 K。两者共同使水的凝固点比三相点下降了 0.00989 K,约 0.01 K。

由图 3-1 可以看出,当温度低于三相点 O 时,如将系统的压力降至 OB 线以下,固态冰可以不经过熔化而直接气化,这就是升华(sublimation)过程。药物制剂常用升华干燥来制备注射用无菌粉末。例如某些在水溶液中不稳定,特别是对湿热敏感的药物,在制备注射用无菌粉针剂时,先将盛有这类药物水溶液的敞口安瓿快速冻结成固体,在真空条件下使冰直接升华,从而去除水分,封口后便得到可以长时间储存的粉针剂,这种干燥方法就是升华干燥法,又称为冷冻干燥(freeze drying)法。冷冻冻干技术是一项重要的制剂技术,约有 14 % 的抗生素类药品和 90 % 以上的生物大分子药品是用冷冻冻干技术制备的。

冷冻干燥的优点:①可避免药品因高热而分解变质,如生物技术药物制剂中避免蛋白质变性;②所得产品质地疏松,在水中迅速溶解恢复药液原有的特性;③含水量低,一般在 1%~

NOTE

3%范围内,且在真空状态下进行干燥,故不易被氧化,有利于产品长期储存;④产品中杂质微粒较少,因为污染机会相对少;⑤产品剂量准确,外观优良。冷冻干燥制品不足之处是溶剂不能随意选择,有时某些产品重新溶解时出现混浊。此外,本法需特殊设备,成本较高。

超临界流体(supercritical fluid)是指温度及压力均处于临界点以上的流体,图 3-1 中,ECF 区为超临界流体区。超临界水($T_c > 647.4$ K,$p_c > 2.2 \times 10^7$ Pa)具有通常状态下水所没有的一些特殊性质,它不但可以和空气、O_2、N_2、CO_2 等气体完全互溶,而且在 673 K 和 25 MPa 以上还可以和一些有机物均相混合。如果超临界水中同时溶有 O_2 和有机物质,则有机物在极短的时间内即可迅速氧化成 H_2O、N_2 及其他小分子,这种方法称为超临界水氧化法。该方法可用于各种有毒物质的废水处理,产物清洁,不需进一步加工,可以全封闭处理,这一新技术已被广泛关注。

三、CO_2 的相图及超临界流体萃取

(一)CO_2 的相图

图 3-2 为 CO_2 的相图,与水的相图类似,图中有 $CO_2(g)$、$CO_2(l)$ 和 $CO_2(s)$ 的三个单相区,有三条两相平衡线,有一个三相点 O。但与水的相图不同的是,CO_2 的三条两相平衡线的斜率均大于零,这是因为 $CO_2(s)$ 的密度大于 $CO_2(l)$ 的密度。

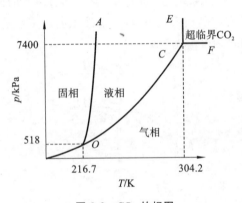

图 3-2 CO_2 的相图

图 3-2 可看出,CO_2 的气、液、固三相平衡点 O 的温度为 216.7 K,压力为 518 kPa。该三相点的温度低于常温,而压力又高于大气压,所以在常温、常压下,只能看到 CO_2 的气体,而在低温下只能看到它的固态,很难看到它的液态,除非加压到 518 kPa 以上。在常温、常压下,$CO_2(s)$ 总是直接升华为 $CO_2(g)$,因此人们将 $CO_2(s)$ 称为干冰。

C 点是 CO_2 的临界点,温度为 304.2 K,压力为 7400 kPa。这个温度、压力在工业上较容易达到,因此 CO_2 的超临界流体较易制备。而且因为它对中草药有效成分的溶解能力强、选择性好,毒性低,可在接近室温下操作等优点,所以在中药材超临界萃取和反应中应用广泛。

(二)超临界流体萃取

超临界流体同时具有气体、液体的优点,其黏度小,扩散速率快,密度大,具有良好的溶解性和传质性。处于超临界状态的溶剂,其萃取能力比在常温、常压条件下可提高几十倍、甚至几百倍。超临界流体萃取(SFE,supercritical fluid extraction)技术正是利用此原理,控制超临界流体在高于临界温度及临界压力的条件下,从目标物中萃取成分,当恢复到常温、常压时,溶解在超临界流体中的萃取成分立即与超临界流体分开。该过程操作简单方便、萃取效率高且能耗少、无溶剂残留,因此在中草药提取、食品提取等工业中应用越来越广泛,为中药产业化提

NOTE

供了一种高效的提取与分离的方法。

知识拓展

CO₂超临界流体萃取

目前工业上用得最多的提取剂是CO_2超临界流体,它化学性质稳定,无毒、无污染、不易燃、无腐蚀性,是一种绿色环保型的萃取剂。CO_2超临界流体萃取(CO_2-SFE)与其他常规的中草药提取方法相比较,具有明显的优势:①萃取温度低,避免热敏性药物成分被破坏,提取效率高;②无有机溶剂残留,安全性高;③萃取物中无细菌、病菌等,具有抗氧化、灭菌作用,有利于保证和提高药品质量;④提取和分离合二为一,简化工艺流程,生产效率高;⑤CO_2超临界流体纯度高,价廉易得,可循环使用;⑥可以通过加入一些极性大的夹带剂改变超临界流体的极性,用于提取极性较大的物质。例如,提取丹参中的丹参酮时,加入乙醇可大大增加丹参酮在CO_2流体中的溶解度,从而提高提取效率。CO_2超临界流体提取缺点:①较适用于亲脂性、小分子物质的提取,对极性较大及分子量较大成分的提取需加入夹带剂,且要在较高的压力下进行;②CO_2超临界流体萃取产物一般为多组分混合物,要得到纯度较高的化合物单体,必须对萃取产物进一步精制。

第三节 二组分系统

对于二组分系统,$K=2$,$f=2-\Phi+2=4-\Phi$,Φ最小为1,所以自由度最多为3,即系统最多可有三个变量:T、p和组成x。此时二组分系统的状态要用三个坐标的三维立体图形来表示。为了简化讨论,通常固定其中一个变量,此时$f^*=2-\Phi+1=3-\Phi$,可得到立体图形中的某一个截面图,将三维的立体图转化为二维的平面图来表示。这种平面图有三种,即定温相图(p-x图)、定压相图(T-x图)和等浓度相图(p-T图),其中前两种较为常用。本节讨论一些典型类型相图,实际中的复杂相图可看作一些简单相图的组合,相图分析方法类似。

二组分系统的相图种类很多,大致可以分为三大类型:气-液平衡、液-液平衡、液-固平衡。本节先讨论双液系统相图,然后讨论液-固平衡系统相图。根据两液体之间相互溶解程度的不同,双液系统可分为完全互溶、部分互溶及完全不互溶三类;完全互溶系统又可分为理想液态混合物和非理想液态混合物系统。

一、完全互溶的理想液态混合物系统

(一)理想液态混合物的 p-x 图

设液体 A 与液体 B 可形成理想溶液,根据拉乌尔(Raoult)定律:$p_A=p_A^* x_A$,$p_B=p_B^* x_B$,理想液态混合物的总蒸气压表示如下:

$$p = p_A + p_B = p_A^* x_A + p_B^* x_B$$
$$= p_A^*(1-x_B) + p_B^* x_B = p_A^* + (p_B^* - p_A^*)x_B \tag{3-13}$$

p_A^*和p_B^*分别为纯 A 和纯 B 液体的饱和蒸气压,x_A和x_B分别为液相中 A 和 B 组分的摩尔分数。从式(3-13)可以看出,分压p_A、p_B及总压p都与x_B呈直线关系。在一定温度下,以x_B为横坐标,p为纵坐标,作p-x图,如图3-3所示。横坐标两端点分别表示纯组分 A、B,p

NOTE

与 x_B 之间的关系曲线称为液相线,理想液态混合物的液相线是直线。

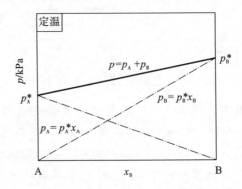

图 3-3　理想液态混合物蒸气压图

由于 A、B 两组分蒸气压不同,气-液平衡时的气相组成与液相组成也必然不同。将气相看作理想气体,气相中的 A 和 B 组分用 y_A 和 y_B 表示,它们都遵循道尔顿(Dalton)分压定律:

$$p_A = py_A, \quad p_B = py_B$$

整理得
$$y_B = \frac{p_B}{p} = \frac{p_B^* x_B}{p_A^* + (p_B^* - p_A^*)x_B} \tag{3-14}$$

上式中若已知定温下纯组分的 p_A^* 和 p_B^*,就可从液相组成 x_B 求出相应的气相组成 y_B,连成线即得气相线,如图 3-4 所示。在 p-x 图中气相线总是在液相线下方。

液相线和气相线将 p-x 图分成三个区域,液相线上方,系统压力很高,液态混合物以液态存在,故为液相(单相)区,此时系统的自由度 $f^* = 2-1+1 = 2$;气相线下方,系统压力很低,液态混合物以气态存在,故为气相(单相)区,此时系统的自由度 $f^* = 2$,表明系统的压力和浓度都可独立改变。液相线与气相线之间的区域为气、液两相共存的两相区,此时系统的自由度 $f^* = 2-2+1 = 1$,表明系统的压力 p 和浓度 x_B(或 y_B)只有一个能独立改变。

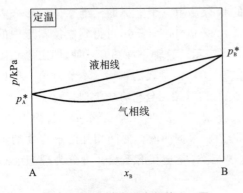

图 3-4　理想液态混合物的 p-x 图

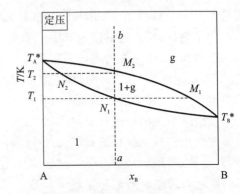

图 3-5　理想液态混合物的 T-x 图

(二)理想液态混合物的 T-x 图

一定压力下系统气-液平衡时沸点 T 与组成 x 关系的曲线,称为 T-x 图。T-x 图可以直接从实验数据绘制。仍用 A 和 B 组成的二组分理想液态混合物为例,在大气压为 101.325 kPa 下测定纯 A 液体和纯 B 液体的沸点,分别标在以组成为横坐标、温度为纵坐标的 T-x 图上,如图 3-5 所示。图中 T_A^* 和 T_B^* 分别是纯 A 和纯 B 液体的沸点。显然纯物质的饱和蒸气压越低,它的沸点越高,A 和 B 组成液态混合物的沸点介于 T_A^* 与 T_B^* 之间。

将组成为 a 的混合物在一定压力下升温至 T_1 到达液相点 N_1 时,液相开始出现气泡而沸腾,N_1 称为液相泡点(bubble point),把不同组成的泡点连接起来,即为液相线。若将混合蒸气由气相 b 在一定压力下降温至 T_2 到达气相点 M_2 时,气相凝结出如露水一样的小液滴,因

NOTE

此 M_2 称为露点(dew point),把不同组成的露点连接起来,即为气相线。液相线下方为液相单相区,气相线上方为气相单相区,气相线和液相线之间是气-液平衡的两相区。

二、完全互溶的非理想液态混合物

理想溶液中溶剂和溶质都服从拉乌尔定律,而实际溶液会对拉乌尔定律产生偏差,其蒸气压-组成关系不服从拉乌尔定律,我们称为非理想的液态混合物。当系统的总蒸气压和蒸气分压的实验值均大于拉乌尔定律的计算值时,称为发生了"正偏差";若小于拉乌尔定律的计算值,称为发生了"负偏差"。产生偏差的原因大致有如下三方面:①分子环境发生变化,分子间作用力改变而引起挥发性的改变。当同类分子间引力大于异类分子间引力时,混合后作用力降低,挥发性增强,产生正偏差;反之,则产生负偏差。②混合后分子发生缔合或解离现象引起挥发性改变。若离解度增加或缔合度减少,蒸气压增大,产生正偏差;反之,出现负偏差。③由于二组分混合后生成化合物,蒸气压降低,产生负偏差。

(一)蒸气压-液相组成图

1. 正、负偏差较小的系统

液态混合物和两种组分的蒸气压对拉乌尔定律产生正(负)偏差,但在全部组成范围内,混合物的蒸气压均介于两个纯组分的饱和蒸气压之间。图 3-6 是实际二组分溶液的实验数据与拉乌尔定律比较的蒸气压-组成图($p\text{-}x$ 图),图中虚线表示服从拉乌尔定律情况,实线表示实测的总蒸气压、蒸气分压随组成变化。图 3-6(a)为产生正偏差的相图,图 3-6(b)为产生负偏差的相图。

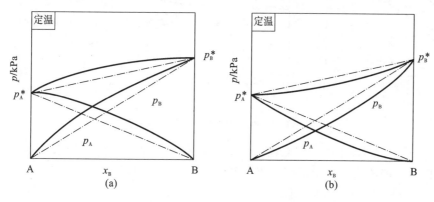

图 3-6 偏差较小系统的蒸气压-液相组成的图

2. 正偏差较大的系统

液态混合物的蒸气压和两种组分的蒸气压对拉乌尔定律产生正偏差,且在某一组成范围内,混合物的蒸气压比易挥发组分的饱和蒸气压大,因而蒸气压图出现最高点。苯-乙醇液态混合物的蒸气压-液相组成相图就属于这种类型,如图 3-7 所示。在苯-乙醇的液态混合物中,乙醇是极性化合物,分子间有一定的缔合作用,当非极性的苯分子混入后,使乙醇分子间的缔合体发生解离,使液相中非缔合乙醇分子数增加,使液体分子更容易向气相蒸发,因此产生较大的正偏差。

3. 负偏差较大的系统

液态混合物的蒸气压和两种组分的蒸气压对拉乌尔定律产生负偏差,且在某一组成范围内,混合物的蒸气压比不易挥发组分的饱和蒸气压还低,因而蒸气压出现最小值。硝酸-水、氯化氢-水等混合物的蒸气压-液相组成相图就属于这种类型。如图 3-8 所示,硝酸和水混合后,硝酸溶解于水中,产生电离,使硝酸与水分子都减少了,因此产生较大的负偏差。一般形成这

NOTE

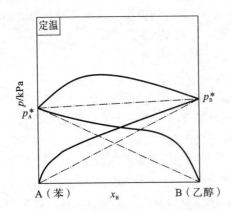

图 3-7　苯-乙醇的蒸气压-液相组成相图

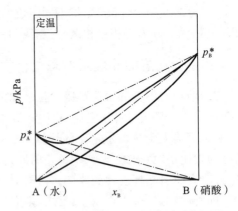

图 3-8　硝酸-水的蒸气压-液相组成相图

类溶液时常伴有温度升高和体积缩小的效应。

（二）压力-组成（p-x）图

二组分液态混合物的 p-x 图中，液相线和气相线均是由实验测定而得到的，可分为三种类型，如图 3-9 所示。

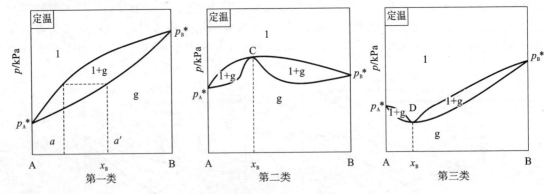

图 3-9　三种类型液态混合物的 p-x 图

对于第一种类型，即正（负）偏差较小的系统来说，由于加入组分 B 使系统蒸气压增加，故平衡蒸气相中 B 的浓度将大于溶液中 B 的浓度，即 $y_B > x_B$，所以，蒸气压-气相组成曲线在蒸气压-液相组成曲线下面。例如，当溶液组成为 a 时，与此溶液成平衡的蒸气相组成为 a'。究竟这两条曲线的位置相差多大，取决于 B 比 A 易挥发的程度。

第二种类型是正偏差较大的系统，当溶液浓度在 A 与 C 之间时，由于加入 B 将使系统蒸气压增加，故 $y_B > x_B$；当溶液浓度在 C 和 B 之间时，由于加入 A 将使系统蒸气压增加，故 $y_A > x_A$；溶液组成为 C 时，$y_B = x_B$。

第三种类型是负偏差较大的系统，溶液浓度在 A 和 D 之间时，$y_A > x_A$；溶液浓度在 D 和 B 之间时，$y_B > x_B$；溶液组成为 D 时，$y_B = x_B$。

1881 年，柯诺瓦洛夫（Konowalov）在大量实验工作的基础上，归纳出联系蒸气组成（y_B）和溶液组成（x_B）之间关系的两条定性规则。

（1）在二组分溶液中，如果加入某一组分而使溶液的总蒸气压增加，即在一定压力下使溶液的沸点下降，那么，该组分在平衡蒸气相中的浓度将大于它在溶液相中的浓度。

（2）在溶液的蒸气压-液相组成图中，如果有最高点或最低点存在，则在最高点或最低点上平衡蒸气相的组成和溶液相的组成相同。

根据柯诺瓦洛夫经验规则可以确定，在溶液的蒸气压-组成图中：①各种类型溶液的蒸气组成曲线应在溶液组成曲线的下方；②在最高点或最低点时，溶液组成曲线和平衡蒸气的组成曲线应合二为一。

（三）温度-组成（T-x）图

（1）正、负偏差较小系统的 T-x 图类似于理想液态混合物的 T-x 图。

（2）正偏差较大系统的 p-x 图出现最高点，则其 T-x 图必然出现最低点，气相线和液相线交于最低点。在最低点处，混合物的气相组成与液相组成相同，因此沸腾时温度恒定不变。由于这一温度又是液态混合物沸腾的最低温度，因此称为**最低恒沸点**（minimum azeotropic point），对应于该点组成的混合物称为**最低恒沸混合物**（minimum boiling azeotropic mixture）。常见具有最低恒沸点的混合物系统见表 3-1。

表 3-1 101.325 kPa 下二组分最低恒沸混合物系统

组分 A	组分 B	最低恒沸点/K	组分 B 含量/（%）
水	正丙醇	360.85	71.7
水	异丙醇	353.55	87.9
水	乙醇	351.25	95.57
水	乙酸乙酯	343.55	93.9
甲醇	四氯化碳	328.85	79.4
乙醇	氯仿	332.55	93.0
乙醇	苯	341.35	67.6

（3）负偏差较大系统的 p-x 图出现最低点，则其 T-x 图必出现最高点。最高点所对应的温度称为**最高恒沸点**（maximum azeotropic point），具有最高点组成的混合物称为**最高恒沸混合物**（maximum boiling azeotropic mixture）。常见具有最高恒沸点的混合物系统见表 3-2。

表 3-2 101.325 kPa 下二组分最高恒沸混合物系统

组分 A	组分 B	最高恒沸点/K	组分 B 含量/（%）
水	硝酸	393.65	68.0
水	氯化氢	383.65	20.24
水	高氯酸	476.15	71.6
水	甲酸	380.25	77.5
氯仿	丙酮	337.85	20.0

上述情形的 T-x 图，如图 3-10 所示。

应该指出，在一定外压下，恒沸混合物的组成和沸点不变；若外压改变，恒沸混合物的组成和沸点也随之改变，甚至沸点可能消失，所以恒沸混合物的组成不确定，是两种组分挥发能力暂时相等的一种状态。

T-x 图可通过实验数据直接绘制得到。

通过对比图 3-9 和图 3-10 可知，T-x 图的形状与 p-x 图呈"倒转"关系，即 p-x 图上 $p_B^* > p_A^*$，则 T-x 图上 $T_B^* < T_A^*$（蒸气压高的组分沸点低）；当 p-x 相图上出现最高点时，在 T-x 图上有最低点；当 p-x 图上出现最低点时，T-x 相图上将有最高点。液相线与气相线之间仍为气、液平衡共存区。T-x 图的液相线和气相线可以从 p-x 图"倒转"得到。

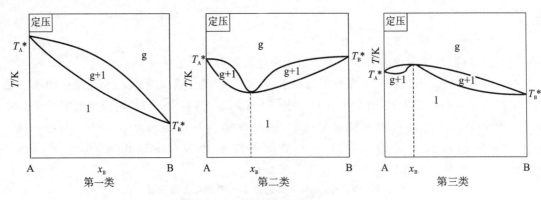

图 3-10　三种类型液态混合物 T-x 相图

三、杠杆规则

（一）物系点与相点

在相图中,表示系统的温度、压力及总组成状态的点称为**物系点**(point of system),而表示各相组成和状态的点称为**相点**(point of phase)。当物系点处于单相区时,系统的总组成就是该相的组成;当物系点处于两相区时,物系点将分为两个相点,如图 3-11 所示,过物系点 O 作水平线与液相线和气相线相交,交点分别为液相点 M 和气相点 N。两个相点之间的连线称为连结线或简称结线,即图中的 $\overline{MN}$。

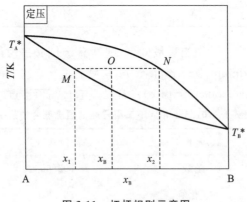

图 3-11　杠杆规则示意图

（二）杠杆规则

利用杠杆规则,可以在任意两相平衡区计算各相的含量或组成。

在图 3-11 中,组成为 x_B 的物系点 O 落在两相平衡区内,M 点、N 点分别为液相点、气相点,$\overline{MN}$ 是连结线。设液相的组成和物质的量分别为 x_1 和 n_1,气相的组成和物质的量分别为 x_2 和 n_g,则 $\overline{MO}=x_B-x_1$,$\overline{ON}=x_2-x_B$。

根据质量守恒定律得

$$n = n_1 + n_g$$

$$(n_1 + n_g)x_B = n_1 x_1 + n_g x_2$$

移项整理得

$$n_1(x_B - x_1) = n_g(x_2 - x_B)$$

即

$$n_1 \cdot \overline{MO} = n_g \cdot \overline{ON} \tag{3-15}$$

式(3-15)与力学中的杠杆原理相似,故称为**杠杆规则**(lever rule)。如果相图将组成用质量分数 w 表示,将物质的质量用 m 表示,这时杠杆规则可表示为

NOTE

$$m_1(w_B - w_1) = m_g(w_2 - w_B)$$
$$m_1 \cdot \overline{MO} = m_g \cdot \overline{ON} \tag{3-16}$$

杠杆规则在推导过程中没有设定任何条件,故适用于二组分系统的任何两相平衡区。可以通过杠杆规则确定两相的相对量,若已知总量,就可以确定各相的量。

例 3-6 将 5 mol A 和 5 mol B 混合组成二组分理想液态混合物,某温度下在两相区达到平衡,B 在液相中的摩尔分数 $x_B = 0.20$,在气相中的摩尔分数 $y_B = 0.70$。试求气、液两相物质的量 n_g 和 n_1 及其组成。

解:如图 3-11 所示,B 在混合物中的摩尔分数 $x_B = 5/(5+5) = 0.50$,根据杠杆规则

$$n_1 \times (0.50 - 0.20) = n_g \times (0.70 - 0.50)$$
$$n_1 + n_g = 10$$

解得: $n_1 = 4$ (mol) $\quad n_B(l) = 4 \times 0.2 = 0.8$ (mol) $\quad n_A(l) = 3.2$ (mol)

$n_g = 6$ (mol) $\quad n_B(g) = 6 \times 0.7 = 4.2$ (mol) $\quad n_A(g) = 1.8$ (mol)

四、蒸馏与精馏

在气-液平衡时,一般而言,气相组成不同于液相组成,利用这一点,可把溶液分离、纯化,蒸馏或精馏便是基于此。**蒸馏**(distillation)是一种热力学的分离工艺,它是利用混合液体或液-气系统中各组分沸点不同,让低沸点组分先蒸发,再冷凝,使其从整个组分中分离的过程,是蒸发和冷凝两种过程的联合。与其他的分离手段,如萃取、过滤、结晶等相比,它的优点在于不需使用系统组分以外的其他溶剂,从而不会引入新的杂质。但简单蒸馏的方法并不能将两组分完全分离,要将混合物较完全地分离,需采用精馏的方法。中药提取液经分离和纯化后,液体量仍然很大,通常不能直接用于制剂的制备,可通过蒸馏后获得较高浓度的浓缩液或流浸膏。临床治疗中使用的灭菌制剂,如注射剂、眼药水常用蒸馏法制备。

精馏(rectification)是指将液态混合物同时经多次部分气化和部分冷凝而使之分离的操作,是多次简单蒸馏的组合,也就是通过反复气化、冷凝的手段达到较完全分离液体混合物中不同组分的过程。实验室和制药厂常用精馏塔来实现精馏,图 3-12 为精馏塔示意图。精馏塔底部装有加热釜,一般用蒸气加热釜中物料,使之气化。塔身内部装有许多块带有小孔的塔板,每块塔板上的温度是恒定的,且自下而上温度逐渐降低。塔顶装有冷凝器和回流阀。

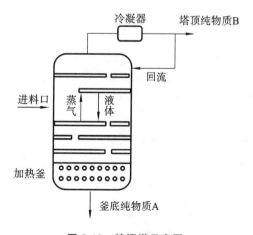

图 3-12 精馏塔示意图

精馏的基本原理:由于两组分蒸气压不同,故一定温度下达到平衡时,两相的组成也不同,在气相中易挥发成分比液相中多。若将蒸气冷凝,所得冷凝物(馏分)就富集了低沸点组分,而残留物(母液)却富集了高沸点的组分。图 3-13 是完全互溶双液系统的 T-x 图,将组成为 x 的

NOTE

原料从塔中部进料口加入,加热到 T_3,相当于相图的 O 点处,这时原料分成两个相,气相和液相的组成分别用 y_3 和 x_3 表示。组成为 y_3 的气相上升到上一层塔板,温度由 T_3 下降为 T_2,部分高沸点的组成冷凝为液体,此时气相中含低沸点物质增多,在 T_2 温度时,气、液两相的组成分别用 y_2 和 x_2 表示。如此反复多次使气相部分冷凝,气相中 B 的含量越来越高,最终在塔顶得到易挥发(低沸点)组分纯 B。

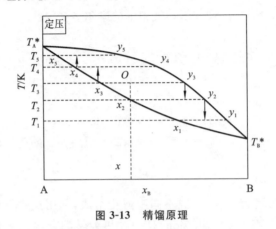

图 3-13　精馏原理

同理,组成为 x_3 的液相向下流至下一层塔板,温度由 T_3 上升为 T_4,部分低沸点组分受热后气化,留下的液相组成为 x_4。如此继续,液相不断向下,温度越来越高,液体中 A 的含量越来越高,最终在釜底得到难挥发(高沸点)组分纯 A。

对于形成恒沸混合物的系统,从某混合物出发进行精馏,不能得到两种纯组分,只可能得到纯 A 或纯 B 以及恒沸混合物。例如,水-乙醇混合系统,101.325 kPa 下乙醇质量分数为 0.9557时形成最低恒沸混合物,要想通过精馏方法得到无水乙醇,用于精馏的混合物系统含乙醇的质量分数必须大于 0.9557。

五、部分互溶的双液系统

当所考虑的平衡系统不涉及气相而仅涉及固相和液相时,这样的系统常称为凝聚相系统。由于压力对凝聚相系统相平衡的影响可忽略不计,因此常不考虑压力的影响,研究此类系统时常将压力视为定值。由于固定了压力,所以常只考虑液-液、液-固平衡系统的温度-组成图 (T-w 图,w 表示质量分数),这时系统的相律可以写成 $f^* = 2 - \Phi + 1 = 3 - \Phi$。

当两个组分性质相差较大时,在液态混合时仅在一定比例和温度范围内互溶,而在另外的组成范围内只能部分互溶形成两个液相,这样的系统称为液态部分互溶双液系统。其特点是,在一定的温度和浓度范围内由于两种液体的相互溶解度有限而形成两个饱和的液层,即在相图中有双液相区的存在。

从实验看,当某一组分的量很少时,可溶于另一大量的组分而形成一个不饱和的均相溶液,然而当溶解量达到饱和并超过极限时,就会产生两个饱和溶液层,通常称为共轭溶液。根据溶解度随温度变化规律,部分互溶双液系统的温度-组成图 (T-w 图)可分为以下四种类型。

(一) 具有最高临界溶解温度的类型

将具有两个液层的部分互溶双液系统的温度升高到某一温度时,两个液相的界面将会消失而成为一个液相,此时的温度称为最高**临界溶解温度**(critical solution temperature)。H_2O-C_6H_5OH、H_2O-$C_6H_5NH_2$ 等系统就属于具有最高临界溶解温度的部分互溶双液系统,如图 3-14 所示,图中 w 表示质量分数。

温度 T_1 时,取少量苯胺加入水中,苯胺在水中完全溶解。继续加入苯胺,物系点水平向

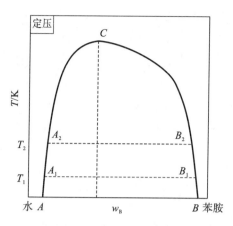

图3-14 水-苯胺系统 $T\text{-}w$ 相图

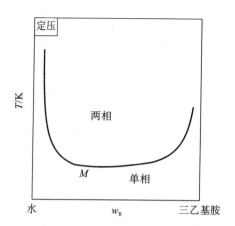

图3-15 水-三乙基胺系统 $T\text{-}w$ 相图

右移动。当苯胺在水中溶解达到饱和时,溶液分为两层,一层为饱和了苯胺的水溶液,称为富水层,相点为 A_1;另一层为饱和了水的苯胺溶液,称为富胺层,相点为 B_1。此时两层平衡共存,称为共轭溶液。若在该温度下继续加入苯胺,两层中二组分的组成不变,只是两层的质量比例发生变化。若升温至 T_2 后重复上述过程,则苯胺在水中溶解度沿 A_1A_2 向上变化,水在苯胺中溶解度沿 B_1B_2 向上变化;继续升温,相互溶解度增大,两层组成逐渐靠近,最后两液相的界面消失,成为一个液相汇聚于 C 点,形成单相溶液。C 点所对应的温度即最高临界溶解温度,又称为最高会溶温度。温度在 C 点以上时,水和苯胺两种液体可以任意比例互溶;温度在 C 点以下时,水和苯胺只能部分互溶。临界溶解温度的高低反映了二组分相互溶解能力的强弱,临界溶解温度越低,说明它们的互溶性越好,中药提取液可利用此温度值选取优良萃取剂。

图中曲线 AC 是苯胺在水中的溶解度曲线,曲线 BC 是水在苯胺中的溶解度曲线。两曲线交于 C 点,将相图分为两个相区,曲线以外为溶液单相区,曲线以内(帽形区)为共轭的两相区。在两相区内可利用杠杆规则计算共轭双液层的相对质量。

(二)具有最低临界溶解温度的类型

这一类型二组分系统在温度较低时互溶程度较大,甚至在某一最低温度下完全互溶,但随着温度升高,互溶程度减小,出现分层现象,具有这种特征的双液系统称为具有最低临界溶解温度的部分互溶双液系统。$H_2O\text{-}(C_2H_5)_3N$ 系统的相图就属于这种类型,如图3-15所示。

图中,M 点为最低会溶点,M 点所对应的温度为最低临界溶解温度。系统温度低于 M 点时,水和三乙基胺完全互溶;系统温度高于 M 点时,水和三乙基胺只能部分互溶。溶解度曲线下方为单液相区,溶解度曲线上方为液-液两相平衡区。

(三)同时具有最高、最低临界溶解温度的类型

某些部分互溶双液系统,既具有最高会溶温度,又具有最低会溶温度。这类系统具有封闭式的溶解度曲线,在高温或低温下二组分均可以任意比例混溶成单一液相。封闭曲线内为液-液两相平衡区,封闭曲线外为单液相区。水-烟碱系统就属于这种类型,如图3-16所示。

(四)不具有临界溶解温度的类型

部分互溶双液系统在作为液相存在的温度范围内,无论以何种比例都是彼此部分互溶的。水-乙醚系统就属于这种类型,如图3-17所示。

在药学上,常利用部分互溶双液系统相图中的单相区来配制澄清透明的药液,而利用会溶温度来选择较为优良的萃取剂。

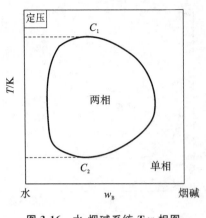

图 3-16　水-烟碱系统 T-w 相图

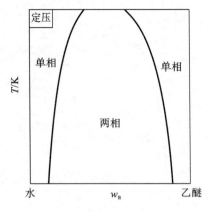

图 3-17　水-乙醚系统 T-w 相图

六、完全不互溶的双液系统及水蒸气蒸馏

严格来讲,两种完全不互溶的液体是不存在的,但是,若两种液体相互溶解的程度极小,以致可以忽略不计,这样近似地可视为完全不互溶的双液系,例如,H_2O-Hg、H_2O-CS_2、H_2O-C_6H_5Br 等就属于这种系统。这种系统中各组分的蒸气压分别等于它们的饱和蒸气压,与另一组分无关,液面上总的蒸气压等于两种纯组分的饱和蒸气压之和,即 $p = p_A^* + p_B^*$。

在这种系统中,只要有两种液体共存,无论其相对质量如何,系统的总蒸气压恒高于任一纯组分的蒸气压,因此这种双液系的沸点会低于任一纯组分的沸点,利用这一点,用水蒸气蒸馏来降低有机蒸馏的温度。

以水和溴苯为例,因溴苯在水中的溶解度极小,可近似认为水和溴苯是完全不互溶的双液系统。

分别画出水和溴苯的饱和蒸气压随温度的变化曲线,如图 3-18 所示。图中,OA 线是溴苯的蒸气压随温度的变化曲线。若将 OA 线延长,当蒸气压等于大气压 101.325 kPa 时,溴苯沸腾,沸点约为 429 K(图中未画出)。OB 线是水的蒸气压曲线,当水的蒸气压等于 101.325 kPa 时,水开始沸腾,这时水的正常沸点为 373.15 K。OC 线是水和溴苯系统的总蒸气压曲线,是将每个温度下溴苯和水的蒸气压相加而得,它的数值比水和溴苯的蒸气压都高。当 OC 线与压力为 101.325 kPa 的水平线相交于 C 点时,这个完全不互溶系统开始沸腾,沸点约为 368.15 K。这个沸点既低于水的沸点,更低于溴苯的沸点。这时水蒸气和溴苯同时馏出,冷凝接收,两种液相混合在一起。由于它们不互溶,静置后即可分层,因此很容易将溴苯分离出来。

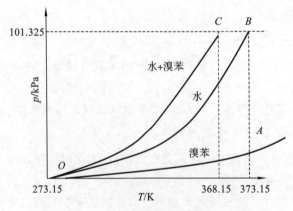

图 3-18　水和溴苯蒸气压随温度变化曲线

水蒸气蒸馏可以使蒸馏温度下降,在低于水的正常沸点温度下蒸馏,有效地防止了有机物在较高温度时可能发生的分解,水蒸气蒸馏还具有设备简单、操作方便等特点。水蒸气蒸馏常用于中药材中挥发性成分的提取,如金银花注射剂中金银花挥发性成分及乳腺康注射剂中莪术油的提取。

水蒸气蒸馏的馏出物中两种液体的质量比可计算如下:当水与另一种完全不互溶的液体混合且沸腾时,两种组分的蒸气压分别是 $p_{H_2O}^*$ 和 p_B^*,根据分压定律,气相中两种物质的分压比等于其物质的量之比

$$\frac{p_{H_2O}^*}{p_B^*}=\frac{n_{H_2O}}{n_B}=\frac{m_{H_2O}/M_{H_2O}}{m_B/M_B}$$

整理后,得

$$\frac{m_{H_2O}}{m_B}=\frac{p_{H_2O}^* M_{H_2O}}{p_B^* M_B} \tag{3-17}$$

式中,m 和 M 分别表示质量和摩尔质量;$\frac{m_{H_2O}}{m_B}$ 称为水蒸气消耗系数。虽然高沸点物质的蒸气压 p_B^* 较小,但它的摩尔质量 M_B 比水的摩尔质量 M_{H_2O} 大很多,因此馏出物中高沸点物质的质量 m_B 并不低,即水蒸气消耗系数不会太大。

例 3-7 某中药有效成分液体用水蒸气蒸馏时,在 101325 Pa 下于 90 ℃沸腾。馏出物中水的质量分数为 0.24。已知 90 ℃时,水的饱和蒸气压为 7.01×10^4 Pa,试求此中药有效成分液体的摩尔质量。

解: 设总质量为 100 g,$m_{H_2O}=24$ g,$m_B=76$ g

已知: $p_{H_2O}^*+p_B^*=101325$ Pa;$p_B^*=101325-7.01\times10^4=31225(Pa)$

根据式(3-17),得

$$M_B=M_{H_2O}\frac{p_{H_2O}^* m_B}{p_B^* m_{H_2O}}=18.0\times\frac{7.01\times10^4\times76}{31225\times24}=128(g\cdot mol^{-1})$$

七、二组分液-固平衡系统

在研究液-固平衡系统时,如果外压大于平衡蒸气压,实际上系统的蒸气相是不考虑的,所以将只有液体和固体存在的系统称为凝聚相系统。做实验时,通常将系统放置在大气中即可,这时系统的压力并不是平衡压力,而是由于压力对凝聚相系统的影响很小,在大气压下所得的结果与平衡压力下所得的结果没有什么区别,因此通常都是在恒定压力下讨论温度-组成(T-w,w 表示质量分数)关系的,这时相律可写为 $f^*=K-\Phi+1$。

二组分液-固系统的相图类型很多,但不论相图如何复杂,都是由若干基本类型的相图构成的,只要掌握基本类型相图的知识,就能解析复杂相图了。盐类的结晶提纯、药物片剂的主料和辅料混合等都属于这类系统,这些过程发生的相变化都可用液-固系统相图来描述。最简单的是液相完全互溶而固相完全不互溶的相图,此类相图中最常见的是简单低共熔混合物和生成化合物的相图。

(一)简单低共熔混合物的相图

1. 水-盐系统的相图——溶解度法绘制

将某一种盐溶于水中时,可使水的凝固点降低,而凝固点降低多少,与盐在溶液中的浓度有关。如果将此盐的稀溶液降温,则在 0 ℃以下某个温度,析出纯冰。但当盐在水中的浓度比较大时,溶液冷却的过程中析出的固体不是冰而是盐,这时该溶液称为盐的饱和溶液,盐在水中的浓度称为溶解度,溶解度的大小与温度有关。图 3-19 即为 H_2O-$(NH_4)_2SO_4$ 二组分系统的相图。

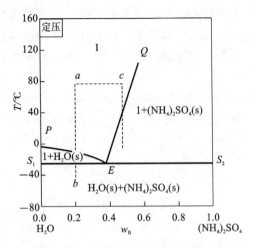

图 3-19　H_2O-$(NH_4)_2SO_4$ 系统的相图

如图 3-19 所示，P 点是水的凝固点，曲线 PE 为水的凝固点降低曲线，曲线 EQ 是 $(NH_4)_2SO_4$ 的溶解度曲线。Q 点对应的温度是在外压为 101.325 kPa 下，$(NH_4)_2SO_4$ 饱和溶液可能存在的最高温度，温度超过 Q 点所对应的温度时，液相消失而成为水蒸气和 $(NH_4)_2SO_4(s)$，但如果增大外压，曲线 EQ 还可以向上延长。E 点对应的温度是溶液可能存在的最低温度，称为**最低共熔点**(eutectic point)，这时析出的冰和 $(NH_4)_2SO_4$ 晶体的混合物称为**简单低共熔混合物**。水平线 S_1S_2 是三相线，在三相线上冰、$(NH_4)_2SO_4(s)$ 和溶液三相平衡共存。曲线 PEQ 以上是 $(NH_4)_2SO_4$ 不饱和溶液单相区，PES_1 是冰和溶液的两相平衡区，QES_2 是 $(NH_4)_2SO_4(s)$ 和溶液的两相平衡区，三相线 S_1S_2 以下是冰和 $(NH_4)_2SO_4(s)$ 两相区。

水-盐系统的相图对于用结晶法分离或提纯盐类具有指导意义。例如，欲从 $(NH_4)_2SO_4$ 的质量分数为 0.20 的溶液中获得纯 $(NH_4)_2SO_4(s)$，由图 3-19 物系点从 a 到 b 的过程可看出只用冷却方法得不到纯 $(NH_4)_2SO_4(s)$，因为冷却过程中先析出冰，冷却到 -18.5 ℃ 时，$(NH_4)_2SO_4$ 晶体与冰同时析出。应先将溶液蒸发浓缩到 c 点，使 $(NH_4)_2SO_4$ 的质量分数大于点 E 所对应的质量分数，再将浓缩后的溶液冷却到低共熔点以上，就可得到纯 $(NH_4)_2SO_4(s)$。

表 3-3 是一些常见的盐和水系统的最低共熔点及其组成。

表 3-3　一些盐和水系统的最低共熔点及其组成

盐	最低共熔点/℃	最低共熔物盐组成/(%)
NaCl	-21.1	23.3
NaBr	-28.0	40.3
KCl	-10.7	19.7
KBr	-12.6	31.3
$CaCl_2$	-55	29.9
$(NH_4)_2SO_4$	-18.3	39.8

2. 热分析法绘制相图

热分析法(thermal analysis)也称步冷曲线法，是将已知组成的样品加热至熔融温度以上，然后让其缓慢均匀地冷却，记录冷却过程中系统温度随时间的变化数据，并绘制温度-时间(T-t)曲线，即步冷曲线(cooling curve)，由步冷曲线进一步绘制温度-组成相图。

NOTE

系统冷却过程中,如果不发生相变化,则温度随时间均匀地变化,步冷曲线为连续的曲线;若有固相析出,由于凝固时放热将弥补或部分弥补系统向环境释放的热量,使冷却速率变慢,步冷曲线出现转折或水平线段,由相律可以求出系统内有几相共存。

以 A、B 二组分液-固系统为例,讨论绘制步冷曲线和相应的温度-组成图的方法。

首先配制一定组成的混合物,如纯 A,纯 B,B 质量分数分别为 0.2、0.4、0.7 等 5 个样品,加热使其完全熔化,然后让其慢慢冷却,分别记录每个样品温度随时间变化的数据,并绘制出步冷曲线,如图 3-20(a)所示。

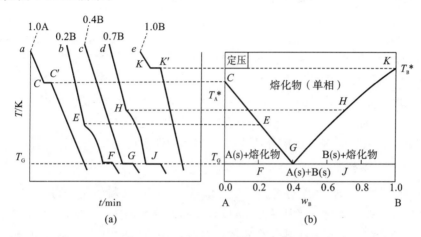

图 3-20　液-固系统步冷曲线与相图的绘制

曲线 a 和 e 分别是纯 A 和纯 B 的样品。在熔融状态时它们均为单相,相律 $f^* = 1-1+1 = 1$,系统的温度随着冷却过程的进行而均匀下降,所以曲线 a 和 e 的上部均为一直线。当温度降至纯 A 的熔点 T_A^* 和纯 B 的熔点 T_B^* 时分别析出纯 A 和纯 B,此时 $\varPhi = 2$,$f^* = 1-2+1 = 0$,因此温度维持不变,在步冷曲线上出现水平线段 CC' 和 KK',此时对应的温度为 A 和 B 的熔点(凝固点)。当液相全部凝固时,系统又变成单一的固相,此时 $f^* = 1-1+1 = 1$,温度可以变化,固体便均匀降温,因此在曲线 a 和 e 的下方又表现为一直线。

曲线 b 为 $w_B = 0.2$ 的二组分系统,高温时为熔融液相(熔融液),$f^* = 2-\varPhi+1 = 3-\varPhi = 2$,温度和组成可在一定范围内变化而不改变其单相状态。当样品开始冷却时,系统只有熔融液一个相,因此温度可均匀下降,步冷曲线上表现为直线;当 b 号样品降至 E 点时,熔融液中有 A 开始析出,此时系统处于熔融液和固体 A 两相共存,$f^* = 2-2+1 = 1$,即在 A 析出过程中系统温度仍可以不断降低,由于系统析出固体 A 时会放出凝固热可部分抵偿系统向环境释放的热,于是冷却速度比之前要缓慢,所以曲线 EF 段斜率减小,出现转折点(拐点)。即步冷曲线上拐点的出现,意味着新相的产生。当温度降低至 T_G 点时,熔融液中另一种物质 B 开始析出,此时系统处于熔融液、固体 A 和固体 B 三相共存的状态,$f^* = 2-3+1 = 0$,即温度和组成都不能任意变化,曲线出现水平线段;当熔融液全部凝固后,系统中将只剩下固体 A、B 的二相混合物,$f^* = 1$,系统将继续降温。

曲线 d 为 $w_B = 0.7$ 的二组分系统,其变化过程与 b 类似:在 H 点 B 析出,出现拐点;当温度降低至 T_G 点时,A 也析出,步冷曲线上出现水平线段。

曲线 c 为 $w_B = 0.4$ 的二组分系统,与 b 和 d 不同。在温度 T_G 之前均为熔融液,无固体析出,步冷曲线为直线;当到达 T_G 温度时,纯 A 和纯 B 同时析出,与熔融液相三相共存,$f^* = 0$,温度不变,步冷曲线上出现水平线段;固体完全析出后,液相消失,温度将继续下降。

熔融液可能存在的最低温度,即为最低共熔点,对应于该温度的水平直线为最低共熔线,对应组成的混合物为最低共熔混合物。图 3-20 所示的系统中,$w_B = 0.4$ 时,A、B 形成了简单低共熔混合物，在最低共熔点温度 T_G 时析出，水平直线 FGJ 是最低共熔线。

完成不同组成的步冷曲线后，将 5 条步冷曲线上的点 C、E、H、K 及处于同一水平线上的三个点 F、G、J 所对应的温度对组成作图得到 A-B 系统相图，即为具有简单低共熔混合物的相图，见图 3-20(b)。图中 CGK 线以上为熔融液的单相区。CG 线代表纯 A 与熔融液相平衡时，液相组成与温度的关系曲线，也可理解为当纯 A 含有 B 时 A 的凝固点曲线；GK 线为纯 B 与液相平衡时液相组成与温度的关系曲线，也称为 B 的凝固点曲线；在 CGK 曲线以下，FGJ 线以上为两相共存区。FGJ 线以下是 A 和 B 两种固体共存区。两固相的数量比可用杠杆规则计算。

图 3-20(b) 是在定压下画的相图，若压力可以改变，则自由度应增加 1，平面图将变为立体图，这时 G 点的自由度 $f^* = 1$，温度或组成两者之中有一个可以发生改变。因此，G 点实际上是三相平衡系统的低共熔线在某压力下的一个截点，这是与单组分系统的三相点不同的地方。除了低共熔温度可以随着外压的改变而改变外，低共熔混合物的组成也可以随着外压的改变而改变，因此低共熔混合物不是化合物，是两相共存的机械混合物。

邻硝基氯苯-对硝基氯苯、铋-镉等系统的液-固相图即为此类型相图。

（二）形成化合物的相图

有些液-固二组分系统，两组分能以一定比例发生反应生成新的化合物，形成第三个组分，而它们三者之间存在一个化学平衡关系，所以系统的组分数仍然为 2，因此可用二组分系统相图来分析此类型系统。根据新生成化合物的稳定性，这类型的二组分相图又可分为以下两类。

1. 生成稳定化合物的相图

如果 A 和 B 能形成一种化合物，且在升温过程中化合物能够稳定存在，直到其熔点都不分解，这种化合物称为稳定化合物。该化合物熔化后所形成的液相与固体化合物具有相同的组成，故又称此化合物为具有相合熔点的化合物。图 3-21 为 A-B 生成稳定化合物的温度-组成图。

图 3-21 可看作由两个简单低共熔混合物的相图拼合而成。化合物 AB 和 A 之间有一简单低共熔混合物 E_1，化合物 AB 和 B 之间有一简单低共熔混合物 E_2，在两个低共熔点 E_1 和 E_2 之间有一极大点 C。在 C 点溶液的组成与化合物 AB 的组成相同，故 C 点即为化合物 AB 的相合熔点。应注意在 C 点时，二组分系统实际上已成为单组分系统，因此在此组成的溶液冷却时，其步冷曲线的形式与纯物质相同，温度到达 C 点时将出现一水平线段。其他情况均与前面所述简单低共熔混合物系统相同。

常见退热镇痛药复方氨基比林就是属于这种类型，它是先由氨基比林和巴比妥以 1∶1 的比例加热熔融生成 AB 型分子化合物，此化合物再与等量的氨基比林共熔得到该药物。熔融处理后显著提高了其镇痛效果。

2. 生成不稳定化合物的相图

有的系统二组分之间形成的化合物在达到其熔点之前就分解成新的固相和组成不同于原来固态化合物的液相，这类化合物称为不稳定化合物，也称为不相合熔点化合物，该化合物的分解过程称为转熔反应。这类系统最简单的是不稳定化合物与生成它的两种物质在固态时完全不互溶，如图 3-22 所示。

由图 3-22 可见，若将 A 与 B 所生成的不稳定化合物 $C(s)$ 加热，系统点由 C 竖直向上移动，当达到水平线段 $M_1M_2E_2$ 所对应的温度时，系统中有三相共存，即 E_2 代表的液相，M_1 代表的固相 $A(s)$ 和 M_2 代表的固相 $C(s)$，故 $M_1M_2E_2$ 是三相线，此时系统三相共存，$f^* = 0$，三相的组成及温度皆为定值。

从图中可以看到 E_2 点的组成已不同于 $C(s)$ 的组成，即 E_2 点的液相已经不是 $C(l)$ 了，而

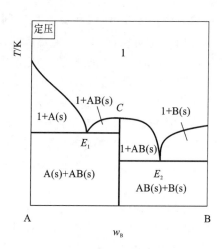

图 3-21 生成稳定化合物的相图

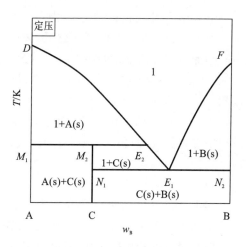

图 3-22 生成不稳定化合物的相图

是由 C(s)分解的 A(l)＋B(l)组成的完全互溶液相。继续加热时,系统的温度不变,C(s)将继续分解,直到其完全分解,系统中仅剩有 M_1 代表的固相 A(s)和 E_2 点代表的 A(l)＋B(l)时,温度才会继续上升。所以 $M_1 M_2 E_2$ 三相线对应的温度称为两个固态 A(s)和 C(s)的转熔温度,即三相线 $M_1 M_2 E_2$ 以上只有固相 A(s),而在三相线 $M_1 M_2 E_2$ 之下只有 C(s)。继续加热,A(s)将不断熔融,对应的液相组成将沿 DE_2 线向 D 点不断移动,直到 A(s)完全熔融。CaF_2-$CaCl_2$ 二组分液-固相图即属于此类型。

(三) 有固溶体生成的相图

如果两个组分不仅能在液相中完全互溶,而且能在固相中互溶,即系统降温时从液相中析出的固体不是纯组分而是两种组分的固体溶液,即固溶体(solid solution)。有固溶体形成的相图与前面讨论的液-固相图不同。根据两种组分在固相中互溶的程度不同,一般分为完全互溶和部分互溶两种情况。

1. 固相完全互溶系统的相图

当系统中的两个组分不仅能在液相中完全互溶,而且在固相中也能完全互溶时,其温度-组成图与形成简单低共熔混合物的液-固平衡系统温度-组成图有较大区别,却与完全互溶双液系统的温度-组成图形式相似。在这种系统中,析出的固相只有一个相,所以系统中最多只有液相和固相两个相共存。根据相律 $f^* = 2 - \Phi + 1$,即在定压时,系统的自由度最少为 1,而不是 0。所以,这种系统的步冷曲线上将不会出现水平线段,如图 3-23 所示。Bi-Sb 二组分液-固相图即属于此类型。

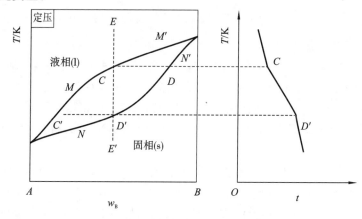

图 3-23 固相完全互溶系统的相图和步冷曲线

图中 MM' 线以上的区域为液相区，NN' 线以下的区域为固相区，MM' 线和 NN' 线之间的区域为液相和固相共存的两相平衡区，MM' 线为液相冷却时开始析出固相的凝固点线，NN' 线为固相加热时开始熔化的熔点线。由图上可以看出，平衡液相的组成与固相的组成是不同的，平衡液相中熔点较低组分的质量分数要大于固相中该组分的质量分数，例如，与组成为 C 的液相成平衡的固相组成为 D。

将 E 点所代表的熔融液逐渐降温，当降温到 C 点时，将有组成为 D 的固相析出。如在降温过程中保持固、液两相的平衡，液相组成将沿 CC' 方向移动，与液相平衡的固相组成沿 DD' 方向移动。当液相组成到达 C' 时，固相组成对应为 D'，此时只有极少量熔融液了，接着继续降温，液相将消失，系统进入固相区。

事实上，由于固相中粒子的扩散很慢，因此固、液系统冷却时只有降温速率极其缓慢，才能保证系统始终处于平衡状态，才能保证系统状态与相图分析一致。若冷却速率比较快，固相析出的速率超过了固相内部扩散的速率，固体将以枝状析出：①先析出的晶体呈枝状，其中含有较多的高熔点组分；②后析出的晶体长在枝间，难熔组分（高熔点）的含量较先析出者有所降低；③最后析出的晶体填充空隙，难熔组分的含量更低。这种现象称为枝晶偏析（dendrite segregation）。这种枝状结构固相其组成是不均匀的，常会影响材料的机械性能。在制备合金时，为了使固相组成能够较为均匀，可将已凝固的合金重新加热到接近于熔化的温度，并在此温度保持一相当长的时间，使固相内部各组分进行扩散，趋于平衡，这种方法称为淬火。

与气-液平衡的温度-组成图类似，有时在生成固溶体的相图中出现最低或最高熔点。此最低或最高熔点处，液相组成和固相组成相同，步冷曲线应出现水平线段。这种类型的相图如图 3-24 所示。具有最低熔点的系统较多，如 $HgBr_2$-HgI_2 的相图；而目前发现的具有最高熔点的相图很少。

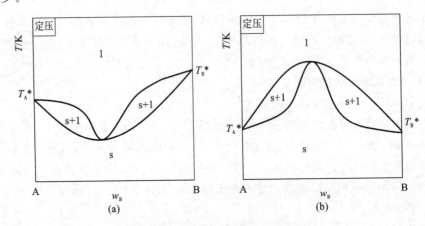

图 3-24　具有最低和最高熔点的相图

2. 固相部分互溶系统的相图

固体部分互溶的现象与液体部分互溶的现象很相似，是两个组分在液态完全互溶，而固态在一定浓度范围内形成互不相溶的两相。两物质的互溶度往往与温度有关。对这种系统来说，系统中可以有三个相（两个固溶体和一个液相）共存。因此，根据相律 $f^* = 2-3+1 = 0$，在步冷曲线上可能出现水平线段，如图 3-25 所示。$TlNO_3$-KNO_3 二组分液-固相图即属于此类型。

图 3-25 中，图中点 A、B 分别代表纯组分 A 和纯组分 B。E、F 分别为组分 A、B 的熔点，EOF 线以上是熔融液单相区，EO、OF 是熔融液组成曲线。$AEMP$ 区域是 B 分散在 A 中形成的 α 固溶体，EM 为 α 固溶体的组成曲线。$BFNQ$ 区域是 A 分散在 B 中形成的 β 固溶体，FN 为 β 固溶体的组成曲线。EOM 为 α 固溶体与熔融液的两相共存区，FON 为 β 固溶体与熔融

NOTE

液的两相共存区。*PMNQ* 为 α 固溶体和 β 固溶体两相共存区,两相互为共轭相,其组成可分别由 *PM* 和 *NQ* 读出。*O* 点就是低共熔点,与之前的简单低共熔点相比,没有"简单"二字,表示不是两纯物质的低共熔点。*MON* 水平线指组成为 *M* 的 α 固溶体、组成为 *N* 的 β 固溶体和组成为 *O* 的熔融液的三相平衡共存线。

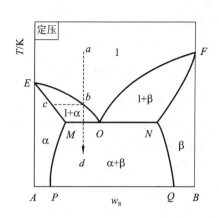

图 3-25　固相部分互溶系统的相图

如果将组成为 *a* 的物系点逐渐冷却,当与 *EO* 点相交于 *b* 点时,有组成为 *c* 的 α 固溶体开始析出,若继续降温,液相组成沿 *bO* 变化,固相组成沿 *EM* 变化。温度降至 *MON* 水平线时,达到低共熔点,β 固溶体也开始析出,此时系统为三相共存,$f^* = 0$,熔融液组成为 *O*,系统温度及各相组成都恒定不变。直到熔融液全部凝固成 α 固溶体和 β 固溶体后,进入两相区,$f^* = 1$,温度可继续下降,最后达到 *d* 点。

知识拓展

低共熔混合物相图在药剂学、制药工艺中的部分应用

改良药物的剂型:难溶性药物与载体材料按形成低共熔混合物的比例混合,将其共熔后迅速冷却固化,可以得到两者超细结晶的物理混合物。如载体是水溶性载体,则此低共熔物与水接触时载体迅速溶解,药物则以极细的晶体释放,由于具有较大的表面积,因而可提高药物的溶出度,改善生物利用度。例如将难溶的氯霉素与尿素共熔,制成低共熔混合物,尿素在胃液中可很快溶解,剩下极细的晶体药物,改善了氯霉素的吸收。

固体药物的配伍:若两种固体药物的低共熔点接近室温或在室温以下,为防止形成糊状物或呈液态,则这两种药物一般不宜配伍。但有时需要利用形成低共熔混合物使复方中的几种药物混合均匀,如制备含有低共熔成分的散剂时,先混合低共熔成分,使其形成低共熔混合物呈液态或者糊状,再加入其他药物混合均匀,这样制得的散剂均匀、质量好。例如制备痱子粉的时候,先研磨一定比例的樟脑和薄荷脑,使其因形成低共熔混合物而呈熔融状,然后再加入其他成分混合均匀。

混合熔点法检测样品纯度:通过测定熔点估计样品纯度是常用方法,熔点降低说明含杂质。如果测得的熔点与标准品一致,仍需混合样品和标准品再测熔点,熔点不变,方可确定二者是同一物质。

制备冷冻剂:实验室中如需要制备冷冻剂,可以利用盐水混合物制得。例如 $NaCl-H_2O$ 混合物,低共熔点温度可以低至 $-21.1\ ℃$。

第四节　三组分系统

依据相律,三组分系统的自由度与系统相数之间的关系可表示为 $f = 3 - \Phi + 2 = 5 - \Phi$。当 $f = 0$ 时,$\Phi = 5$,说明系统最多可以 5 相共存。当 $\Phi = 1$ 时,$f = 4$,这表明三组分系统最多可有 4 个独立变量,即温度、压力和两个浓度变量,故表示这类相图属于四维空间问题;但在实际

NOTE

研究中为了方便,通常固定温度和压力,此时 $f^{**}=3-\Phi=2$,即两个浓度变量(用质量分数 w 表示),其相图可用平面图表示。

一、等边三角形组成表示法

三组分系统的组成常用等边三角形来表示,见图 3-26。图中三角形的三个顶点 A、B、C 分别表示纯组分 A、B 和 C 的组成;三角形的三条边分别代表相应两个组分形成的二组分系统 A-B、B-C、A-C 的组成,其刻度为相应组分的质量分数;三角形中任意一点表示三组分系统 A-B-C 的组成。通过三角形内任意一点 D,作平行于三角形三条边的直线交于 a、b、c 三点,根据平面几何原理,$Da+Db+Dc=AB=BC=CA$,或 $Ba+Ac+Cb=AB=BC=CA$。每条边分为 100 等分,则 $Da=Cb$(A 组分的含量),$Db=Ac$(B 组分的含量),$Dc=Ba$(C 组分的含量)。也可用各边上的截距 Cb、Ac、Ba 分别代表 A、B、C 组分的含量。

应用等边三角形表示三组分系统的组成,具有下列几个特点。

1. 等含量规则

如果某几个三组分系统,其组成正好在平行于底边的任意一条线上,它们所含顶点组分的量相等。如图 3-27 中,DE 线上任意一点,如 O、P、Q 代表的三组分系统,因为 $DE\parallel BC$,DE 线上所有点,组分 A 的含量相等。

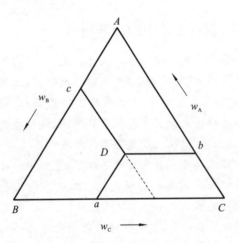

图 3-26 等边三角形表示组成图

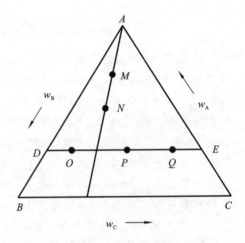

图 3-27 等边三角形组成表示法规则

2. 等比例规则

过顶点的任一条线上的物系点离顶点越近,含顶点组分的量越多,并且其他两个顶点组分的含量比都相等。例如,图 3-27 中 M 点比 N 点离顶点 A 近,则 M 点中组分 A 的含量比 N 点多,且组分 B 与 C 的含量之比相等。

3. 杠杆规则

图 3-28(a)中,如将两个物系点分别为 S_1、S_2 的两个三组分系统混合,则新物系点 K 一定在 S_1、S_2 的连线上,并靠近量多的物系点,可用杠杆规则求算其具体位置。

4. 重心规则

由三个物系混合成的新物系就是这三点组成的三角形重心。例如,图 3-28(b)中 D、E 和 F 三个物系点混合后的新物系点 H 为三角形 DEF 的重心。也可通过应用两次杠杆规则求算其位置,即用杠杆规则先求出 D、E 两个物系点混合后的位置 G,再用同法求出 G 与 F 混合后的物系点 H 的位置。

NOTE

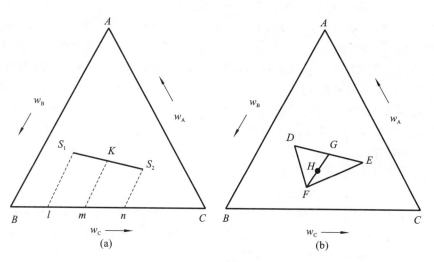

图 3-28　三组分系统的杠杆规则、重心规则

二、三组分系统的液-液平衡相图

（一）部分互溶的三液系统

由等边三角形三顶点 A、B、C 分别代表 A、B、C 三组分组成的溶液中,可两两组成三个液对:A-B、B-C 和 A-C,它们中可分为三种情况:一对液体部分互溶、两对液体部分互溶和三对液体部分互溶。图 3-29 和图 3-30 分别是它们的典型相图。

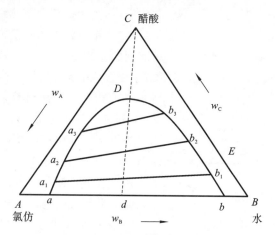

图 3-29　一对液体部分互溶的相图

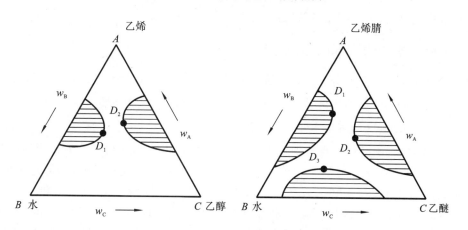

图 3-30　两对、三对液体部分互溶的相图

图 3-29 是由醋酸、氯仿和水三种液体组成的三组分系统,氯仿与水只能部分互溶,而氯仿与醋酸、水与醋酸可以完全互溶。三角坐标图的底边代表氯仿-水二组分系统。当氯仿中含少量水或水中含少量氯仿时均为单相溶液。a 代表水在氯仿中的饱和溶液,b 代表氯仿在水中的饱和溶液,两液层溶液称为共轭溶液。如果物系点处于 a、b 两点之间,系统就会分成相点为 a 和 b 的两个液层平衡共存。向物系点为 d 的共轭溶液中逐渐加入醋酸,物系点将由 d 沿虚线向 D 点移动,共轭溶液的两液层组成也逐渐发生变化。每加入一定量的醋酸,测定一次两液层的组成,依次确定相点 a_1 和 b_1、a_2 和 b_2、a_3 和 b_3……。依次连接相点可得到一条平滑的帽形曲线。帽形线外为单相区,帽形线内为两相共存区。实验结果表明,随着醋酸的加入,氯仿在水中的溶解度和水在氯仿中的溶解度都逐渐有所增加。也就是说,两液层的组成逐渐接近,最终合并成为单相点 D 点。又由于平衡共存的两层溶液中醋酸的溶解度并不一样,所以各对共轭溶液对应相点的连线(a_1b_1、a_2b_2、a_3b_3)与三角形的底边不平行,这与二组分系统不同。

同理也可以通过实验绘制三组分系统的两对或三对液体的部分互溶相图,如图 3-30 所示,图中所有的帽形区外的区域皆为单相区。这对药剂配药具有指导意义:欲配制透明的药液,物系点需要落在帽形区外的区域。所有的帽形区内皆为两相共存,物系点落在帽形区内的系统都能分层,可通过萃取分离。

（二）萃取

图 3-31 是萃取过程的示意图。A 是原溶剂,其中溶解了 B,欲用萃取剂 M 萃取出 B。A 与 B、B 与 M 可以完全相互溶解,原溶剂 A 和萃取剂 M 相互溶解度很小。

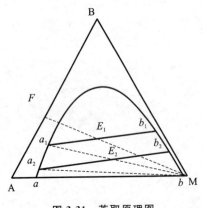

图 3-31　萃取原理图

将初始组成为 F 的 A、B 混合原料液装入分液漏斗中,加入适量萃取剂 M 后充分振摇,根据等比例规则,物系点将沿 FM 移动。如混合原料溶液与萃取剂的总组成为 E_1 点,静置分层,得到两相液层:主要含原溶剂 A 的萃余相 a_1 和主要含萃取剂 M 的萃取相 b_1。分离出萃余相 a_1 后再次加入萃取剂 M,新的物系点为 E_2,静置分层分离出萃余相 a_2 和萃取相 b_2。如此多次萃取,萃余相将只含有很少的 B;合并各次萃取相,B 几乎都萃取到萃取相中。

在一些中药提取液分离时,有些三组分系统相互之间沸点相差不大,并有共沸现象,用蒸馏的方法很难将其分开,所以常采用萃取法对其进行提取。制药工业上萃取操作是在萃取塔中连续进行,塔内有多层筛板,萃取剂从塔顶加入,混合原料在塔下部输入。依靠密度不同,在上升与下降的过程中充分混合,达到反复萃取的目的。

三、三组分系统的液-固平衡相图

两种盐和水构成的三组分系统在实际生产过程中常常遇到,此类系统相图类型很多,这里只介绍含一相同离子的两种盐和水组成的三组分系统,此类相图研究得比较多。

（一）固相是纯盐的系统

若 A 点代表水,B 点和 C 点分别代表两种固体盐 B 和 C,则这类系统的相图如图 3-32 所示。图中的 D 和 E 点分别代表在该温度时纯 B 盐和纯 C 盐在水中的溶解度,即盐在水中的饱和溶液的组成。若在已经饱和了 B 的水溶液中加入 C 盐,则饱和溶液的浓度沿 DF 线变化,因此 DF 线是 B 在含有不同量 C 盐的水溶液中的溶解度曲线。同样在已经饱和了 C 的水溶液中加入纯 B,则饱和溶液的浓度沿 EF 线变化,EF 线是 C 在含有不同量 B 盐的水溶液中的溶解度曲线。F 点是 DF 线和 EF 线的交点,此组成的溶液中同时饱和了 B 盐与 C 盐,称为共饱和溶液。DFEA 是不饱和的单相区。在 BDF 区域内是 B 盐与其饱和溶液的二相平衡区,设物系点为 O,作 BO 连线交 DF 于 G,G 表示与固体 B 相平衡的饱和溶液组成,按杠杆规则纯固体 B 与溶液 G 量比为 OG:OB。同理,CEF 区是 C 盐与其饱和溶液的二相平衡区。在 BFC 区域内是 B 盐、C 盐和组成为 F 的共饱和溶液三相共存区域,所以此区域内系统的自由度为零。

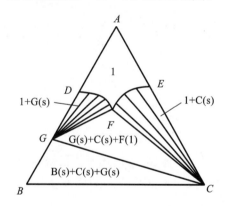

图 3-32　三组分水-二盐系统

$H_2O(A)$-$NaCl(B)$-$KCl(C)$、$H_2O(A)$-NH_4Cl (B)-$NH_4NO_3(C)$ 系统即为此类型相图。

(二)生成水合物的系统

若组分 B 与水可生成 $B·nH_2O(s)$,该水合物的组成在图 3-33 中用 G 表示,因此 D 点是水合物 G 在纯水中的溶解度,而 DF 线是水合物 G 在含有盐 C 的水溶液中的溶解度曲线。F 为三相点,此时溶液同时被 G 和 C 饱和。其他情况与图 3-32 相似,各相区的相态如图。

$H_2O(A)$-$Na_2SO_4(B)$-$NaCl(C)$ 系统即为此类型相图,水合物 G 为 $Na_2SO_4·10H_2O$。

(三)生成复盐的系统

如果 B 和 C 能生成复盐 B_mC_n,其相图如图 3-34 所示,图中 M 点为复盐。曲线 FG 为复盐的溶解度曲线,F 点为同时饱和了 B 盐和复盐 M 的溶液组成,G 点为同时饱和了 C 盐和复盐 M 的溶液组成,G 和 F 点均为三相点。

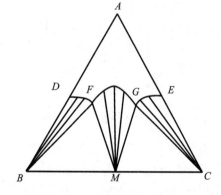

图 3-33　有水合物生成的系统　　　　图 3-34　有复盐生成的系统

FBM 为 B 盐、复盐和组成为 F 的溶液的三相区,GMC 为 C 盐、复盐和组成为 G 的溶液的三相区,FMG 是饱和溶液与复盐成平衡的两相区。其他曲线、区域的含义与前述相同。

$H_2O(A)$-$NH_4NO_3(B)$-$AgNO_3(C)$ 系统即为此类型相图。

四、三组分具有低共熔点系统的相图

A、B、C 三组分中,如每一对都有低共熔点,形成三组分系统后,一般都有一个最低共熔点,在此点上三种纯固体或固态溶液将以最低共熔混合物的形式同时析出。

图 3-35 是 Bi-Sn-Pb 的三组分系统的立体相图,图中纵坐标为温度。该棱柱体的三个竖直面,各代表一个二组分的简单低共熔系统的相图,如左前方代表 Bi-Sn 的二组分相图,它有一个低共熔点 l_1;右前方代表 Sn-Pb 的二组分相图,它有一个低共熔点 l_2;后面代表 Bi-Pb 的二

NOTE

115

组分相图,它有一个低共熔点 l_3。

若开始时 Sn-Pb 系统在 l_2 点,当加入第三组分 Bi 后,l_2 点将沿 l_2l_4 线下降,达到 l_4 点时开始有固态 Bi 析出。同理,在 Bi-Pb 二组分系统的 l_3 点,加入 Sn 后,l_3 点将沿 l_3l_4 线下降,到达 l_4 点时,开始有固体 Sn 析出。在 Bi-Sn 的二组分系统的 l_1 点,加入 Pb 后,l_1 点将沿 l_1l_4 线下降。l_2l_4、l_3l_4、l_1l_4 三条线汇聚于 l_4 点,在此点四相共存,即 Sn(s)-Pb(s)-Bi(s)-熔融液四相同时平衡,l_4 点又称为三组分低共熔。三组分低共熔点是该系统最低的液-固平衡温度。

l_1l_4、l_2l_4、l_3l_4 是饱和溶液与两种固体平衡曲线,它们和三条纵轴在空间中构成三个曲面:Bi-$l_3l_4l_1$、Pb-$l_2l_4l_3$ 和 Sn-$l_1l_4l_2$,这三个曲面称为液相面。在曲面 Bi-$l_3l_4l_1$ 上,熔融液和 Bi(s) 平衡;在曲面 Pb-$l_2l_4l_3$ 上,熔融液和 Pb(s) 平衡;在曲面 Sn-$l_1l_4l_2$ 上,熔融液和 Sn(s) 平衡。

如果将立体图中的曲线 l_1l_4、l_2l_4、l_3l_4 投影到底面上,就得到了等温截面的投影图,如图 3-36 所示。利用此类相图可以方便地描述熔融液的冷却过程,例如,将组成为 O 的熔融液从高温冷却时,最先析出 Bi 的晶体,而随着 Bi 不断析出,熔融液的组成将发生变化,但它所含的 Sn 和 Pb 的相对比例不变,液相组成将沿着 Bi-O 延长线移动。当液相到达 D 点时,开始析出 Sn,继续冷却,固态 Bi 和固态 Sn 将同时析出,熔融液的组成沿 DE 线移动。当移动到 E 点时,到达三组分低共熔点,Pb 也将析出,此时系统是四相平衡,$f^* = 0$。当熔融液全部凝固时,系统变成 Bi(s)、Sn(s)、Pb(s) 三相共存,温度将继续下降。

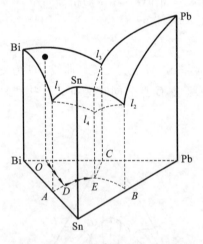

图 3-35　Bi-Sn-Pb 三组分低共熔相图

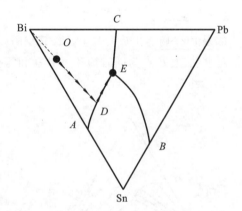

图 3-36　Bi-Sn-Pb 三组分系统的等温截面投影图

相图是根据实验数据绘制而成的,它的优点是直观性与整体性,目前还不能根据理论来绘制多组分系统相图。多组分系统的相图比较复杂,但任何复杂的相图都可以看成是由若干个简单相图按照一定规律组合而成的,相图分析方法都是类似的。

知识拓展

三组分系统相图在药剂学中的应用

三组分系统相图在药剂学中有很重要的用途。

表面活性剂是液体制剂中使用较多的附加剂,增溶剂就是其中一种,增溶体系就是由溶剂、溶质和增溶剂组成的三组分系统。如薄荷油-吐温 20-水三体系的最佳配比,就常采用实验制备三组分相图来确定。

药剂学中的微粒分散系作为新型药物载体,越来越受到药学界的关注。微粒分散系中的纳米乳的形成通常需要较大量的乳化剂,其潜在的毒性使纳米乳的使用受到限制,因此在处方筛选中尽量减少乳化剂用量是处方研究中关注的重点。可通过三组分系统相图分析选择适宜的乳化剂用量,有效降低纳米乳的毒性。

　　微粒分散系中的微囊是近几十年来应用于药物的载体。相分离法工艺现已成为药物微囊化的主要工艺之一,其采用的单凝聚法、复凝聚法都常采用三组分相图来寻找系统中产生凝聚的组成范围。

本章小结

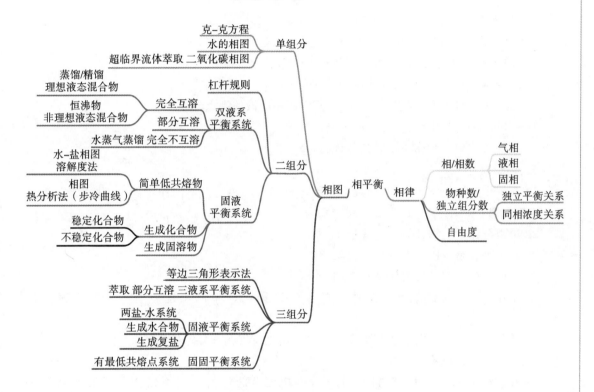

目标检测与习题

一、选择题

1. 相律的表达式为 $f = K - \Phi + 2$,下列说法正确的是(　　)。

A. 自由度数等于体系的物种数加 2,再减去体系的相数

B. 相数就是指体系中平衡共存的各相数之和

C. 自由度数与体系数之和,等于体系独立组分数加 2

D. 相律表达式中的 2,是指温度和浓度这两个可变因素

2. NaCl 过饱和水溶液中,平衡体系的独立组分数 K 为(　　)。

A. 2　　　　　　　　B. 3　　　　　　　　C. 4　　　　　　　　D. 6

3. $FeCl_3$ 与 H_2O 可形成 $FeCl_3 \cdot 6H_2O$、$2FeCl_3 \cdot 3H_2O$、$2FeCl_3 \cdot 5H_2O$、$FeCl_3 \cdot 2H_2O$ 四种水合物,在定压条件下体系最多共存的相数为(　　)。

A. 6 相　　　　　　　B. 5 相　　　　　　　C. 4 相　　　　　　　D. 3 相

4. A、B 两液体混合物在 T-x 图上有最高点,该系统对拉乌尔定律产生(　　)。

目标检测与
习题答案

A. 正偏差　　　　　B. 负偏差　　　　　C. 无偏差　　　　　D. 无法确定

5. 1 mol 物质 A 与 1 mol 物质 B 形成的理想液态混合物,在压力 p 下达气-液两相平衡,已知 $p_A^* > p_B^*$,则(　　)。

A. $x_A = y_A$　　　　B. $y_A = y_B$　　　　C. $x_A < y_A$　　　　D. $x_A > y_A$

二、填空题

1. 填入下列系统的自由度值:

(1) 在 410 K 时,$Ag_2O(s)$ 部分分解成 $Ag(s)$ 和 $O_2(g)$ 的平衡系统,$f=$ _____。

(2) 由 $CaCO_3$(s)、CaO(s)、$BaCO_3$(s)、BaO(s) 及 CO_2(g) 构成的平衡系统,$f=$ _____。

(3) 二元合金处于低共熔温度时的系统,$f=$ _____。

(4) 在标准压力下,$NaOH$ 与 H_3PO_4 的水溶液达平衡系统,$f=$ _____。

(5) 系统中有任意量的 $HCl(g)$ 和 $NH_3(g)$,反应达平衡后,$f=$ _____。

2. 随着海拔升高,大气压力下降,液体的沸点 _____。

3. 蒸气压大的液体沸点 _____,蒸气压小的液体沸点 _____。

4. Gibbs 相律适用于 _____ 系统。

5. 当外压改变时,恒沸混合物的组成 _____。

三、判断题

1. 在一个给定的体系中,物种数可以因分析问题的角度的不同而不同,但独立组分数是一个确定的数。(　　)

2. 单组分体系的物种数一定等于 1。(　　)

3. 自由度就是可以独立变化的变量。(　　)

4. 相图中的点都是代表体系状态的点。(　　)

5. 定压下,根据相律得出某体系的 $f=1$,则该体系的温度就有一个唯一确定的值。(　　)

6. 单组分体系的相图中两相平衡线都可以用克拉贝龙方程定量描述。(　　)

7. 恒沸物的组成不变。(　　)

8. 在二组分简单低共熔物的相图中,三相线上的任何一个系统点的液相组成都相同。(　　)

9. 对于单组分体系,三相点和临界点的自由度 $f=0$。(　　)

10. 水的三相点和凝固点,温度、压力都是 273.15 K、101325 Pa。(　　)

四、简答题

1. 水的三相点和水的凝固点是否相同? 有何区别?

2. 水-乙醇二组分系统相图如题 2 图所示,在 101.325 kPa 下最低恒沸点为 351.3 K,其恒沸物中乙醇质量分数为 0.96。如将质量分数为 0.75 的工业酒精进行精馏,能得到无水乙醇吗? 若想得到无水乙醇,应如何操作?

3. 定压下,氯霉素-尿素的固-液平衡相图如题 3 图所示。

(1) 指出 Ⅰ、Ⅱ、Ⅲ 及 K 点的自由度 f 各为多少? 各有哪些相共存?

(2) 将物系点为 F 的熔融混合液降温分离,能获得哪种纯药物?

4. 药物 A 与 B 的固-液平衡相图如题 4 图所示,问:

(1) Ⅰ、Ⅱ、Ⅲ 区内各有哪些相共存?

(2) 在室温 25 ℃时,能否把粉状的 A 和 B 混合配制复方制剂?

5. 已知 A、B 两种药物可形成药效更高的稳定化合物 C,其相图如题 5 图所示。

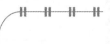

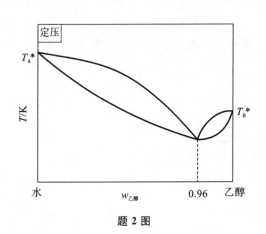

题 2 图

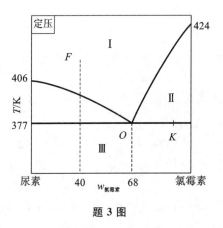

题 3 图

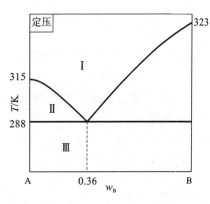

题 4 图

（1）据该系统的 $T\text{-}x$ 图，找出形成化合物 C 的组成，确定该化合物的分子简式。

（2）写出区域 Ⅰ、Ⅱ 及物系点 E_1 的自由度数各为多少？各有哪些相共存？

（3）物系点为 O 的 12 mol 熔融混合液采用降温分离法，能否得到稳定化合物 C？所得到的最高产量为多少？

6．二组分 A、B 组成的相图如题 6 图所示。

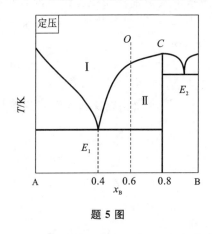

题 5 图

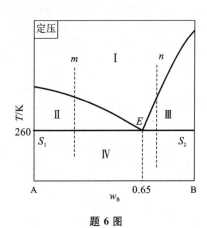

题 6 图

（1）指出各区所在的相和自由度数；

（2）图中最低共熔温度为 260 K，低共熔混合物含 B 的质量分数为 0.65，如将 m 和 n 点溶液（B 质量分数分别为 0.20 和 0.70），冷却到 260 K 时，相是如何变化的？

7．已知二组分系统的相图如题 7 图所示：

（1）绘出 a、b、c 表示的三个系统的步冷曲线。

（2）A、B 生成的化合物 AB₂ 是否稳定？

8. 指出题 8 图中二组分凝聚系统相图各部分中的相。

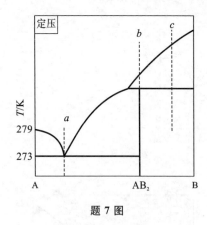

题 7 图

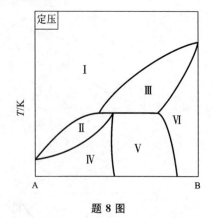

题 8 图

9. 实验室中常用到冷冻剂,可用冰盐混合物制得。以低共熔混合物相图解释制备冷冻剂的原理,降温程度是否有限制？为什么？

10. 冷冻干燥法是制药工业中常用的干燥方法,试述其原理。

五、计算题

1. 今把一批装有注射液的安瓿放入高压消毒锅内加热消毒,若用 151.99 kPa 的水蒸气进行加热,问锅内的温度有多少度？（已知 $\Delta_{vap}H_m = 40.67\ kJ \cdot mol^{-1}$）

[385 K]

2. 已知苯胺的正常沸点为 458.15 K,请依据 Trouton 规则求算苯胺在 2666 Pa 时的沸点。

[341 K]

3. 30 ℃时,以 60 g 水、40 g 苯酚混合,此时系统分两层,酚层含酚 70%,水层含水 92%,求酚层、水层分别为多少克？

[51.61 g;48.39 g]

4. 一种不溶于水的有机物,在高温时易分解,因此用水蒸气蒸馏法予以提纯。混合物的馏出温度为 95.0 ℃,实验室内气压为 99.175 kPa。馏出物中水的质量分数为 0.45,试估算此化合物的摩尔质量。已知水的蒸发热 $\Delta_{vap}H_m = 40.67\ kJ \cdot mol^{-1}$。

[130.3 g·mol⁻¹]

（山西医科大学　吕俊杰）

第四章 电化学基础

本章PPT

学习目标

1. 记忆、理解:迁移数、电导率、摩尔电导率、可逆电池等电化学基本概念;电解质溶液的导电机制,法拉第定律。
2. 计算、分析、应用:用外推法求得强电解质的 Λ_m^∞,用科尔劳施离子独立移动定律计算弱电解质的 Λ_m^∞;电导测定的应用;进行可逆电池热力学的相关计算。

电化学(electrochemistry)是研究化学现象与电现象之间的相互关系以及化学能与电能相互转化规律的学科。生产上的需要推动着电化学的发展,在两个多世纪的发展过程中,电化学内容不断得到扩展和丰富,与其他学科进行相互交叉和渗透,形成了诸如生物电化学、环境电化学、纳米与材料电化学、能源电化学和光电化学等新的分支,并且已经成为国民经济中的重要组成部分。电化学分析手段在医药卫生、环境保护和工农业等方面都有着重要的应用。

本章主要从电解质溶液、电导测定及应用和可逆电池热力学等三个方面阐述电化学领域的基础知识。

知识拓展

药物分子电化学研究

生命现象的许多过程都伴随着电子传递反应,因此电化学方法是研究生物系统中电子传递及揭示生命过程本质的优良方法。在药物研究中,专门的电化学策略被用来确定药物的安全性和有效性。科研工作者开发了一种生物激发凝胶用于细胞的固定和电化学研究,采用电化学方法,当细胞附着在纳米金修饰的碳糊电极上时,可以检测到K562白血病细胞的氧化峰。此研究工作通过细胞黏附、增殖和凋亡的测定,为电化学研究抗肿瘤药物敏感性提供了新的途径。在医学研究中,电化学为药物代谢产物对生物分子反应性的检测提供了一种高效、快速、清洁的方法。例如,甲基乙二醛是人血浆中的生物标志物,其测定方法有多种。将单壁碳纳米管修饰在玻碳电极上用于对甲基乙二醛定量分析是一种简单快捷的方法,修饰后的电化学传感器具有更高的灵敏度,因此,这个有效的传感器系统有助于实验室检测甲基乙二醛,并有效分析了其在糖尿病相关并发症中的作用。

第一节 电解质溶液的导电性

一、电解质溶液的导电机制

能够导电的物质称为导电体(conductor),简称导体。根据导体导电机制的不同,导体大

NOTE

体上可分为两类:第一类导体是电子导体(electronic conductor),例如金属、石墨及一些金属化合物等,靠自由电子的定向运动而导电,在导电过程中自身不发生化学变化,随着温度的升高,导电物质内部质点的热运动加剧,阻碍自由电子的定向运动,导致电阻增大,导电能力降低。第二类导体是离子导体(ionic conductor),这类导体依靠离子的定向迁移(运动)而导电,例如电解质溶液、熔融的电解质或固体电解质,其特点是连续导电的过程必须在电化学装置中实现,而且总是伴随电化学反应和化学能与电能的相互转化;当温度升高时,由于溶液黏度降低,离子运动速度加快,在水溶液中离子水化作用减弱等原因,导电能力随温度升高而增强。

为了使电流流过电解质溶液,必须将两个第一类电子导体作为电极(electrode)浸入溶液中,使电极与溶液直接接触。当电流通过溶液时,正、负离子分别向两极迁移,同时在电极上有氧化-还原反应发生。用第一类电子导体连接两个电极,使得电流在两极间通过,构成外电路,这种装置被称为电池(cell)。如果在外电路中并联一个有一定电压的外加电源,将电流输入电池,迫使电池发生化学变化,将电能转化为化学能,这种电池被称为电解池(electrolytic cell),如图 4-1(a)所示。如果电池能够自发地在两电极上发生化学反应,并产生电流,此时将化学能转化为电能,则该电池被称为原电池(primary cell),如图 4-1(b)所示。

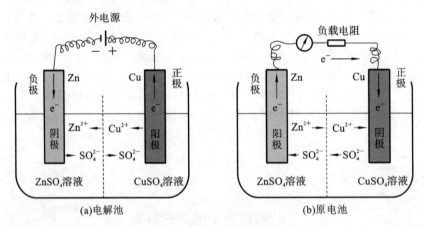

图 4-1   电化学装置示意图

在原电池和电解池中,人们总是把电势较低的电极称为负极(negative electrode),把电势较高的电极称为正极(positive electrode)。电流总是由正极流向负极,电子的流向与电流的方向相反。按电化学惯例,总是把在其上面放出电子发生氧化反应的电极称为阳极(anode),而获得电子发生还原反应的电极称为阴极(cathode)。因此,在电解池中与外加电源负极相接的电极接收电子,电势较低,发生还原反应,所以该电极是负极,也是阴极;与外加电源正极相接的电极电势较高,发生氧化反应,所以该电极是正极也是阳极。而在原电池中,情况则不同:正极为阴极,负极为阳极。图 4-1 和表 4-1 可以说明这些关系,在原电池(丹尼尔电池)中,Zn 极发生氧化反应是阳极,但它输出多余的电子,电势较低,所以 Zn 极也是负极;而 Cu 极发生还原反应是阴极,它接收电子,电势较高,所以 Cu 极是正极。两电极上发生的氧化或还原反应称为电极反应(reaction of electrode),两电极反应的总结果称为电池反应(reaction of cell)。

表 4-1   电解池和原电池电极名称对照

电化学装置	电 解 池	原 电 池
正极	阳极(氧化作用)	阴极(还原作用)
负极	阴极(还原作用)	阳极(氧化作用)

当电池(原电池和电解池)中有电流通过时,电极中的电子和电解质溶液中的离子在电场的作用下均做定向运动。在电解质溶液中的电流传导是通过离子的定向移动而完成的,阴离

子(anion)总是移向阳极,阳离子(cation)总是移向阴极。当阴、阳离子分别接近相反电极时,在电极与溶液接触的界面上分别发生电子的交换,离子或电极本身发生氧化或还原反应。整个电流在溶液中的传导是由阴、阳离子的迁移而共同承担。例如,用惰性电极施加一定外电压电解 $CuCl_2$ 溶液,阴极(还原作用):$Cu^{2+}(aq)+2e^- \longrightarrow Cu(s)$,阳极(氧化作用):$2Cl^-(aq) \longrightarrow Cl_2(g)+2e^-$。

综上所述,可以归纳出以下两点结论。

(1)借助电化学装置可以实现电能与化学能的相互转化。在电解池中,电能转化为化学能;在原电池中,化学能转化为电能。

(2)电解质溶液的导电机制如下。

①电流通过溶液是由正、负离子的定向迁移来实现的;

②电流在电极与溶液界面处得以连续,是由于两极上分别发生氧化、还原作用时导致电子得失而实现的。

应强调指出,借助电化学装置实现电能与化学能的相互转化时,必须既有电解质溶液中的离子定向迁移,又有电极上发生的电化学反应,二者缺一不可。

二、法拉第电解定律

法拉第(Faraday)在总结了大量实验结果的基础上,于 1833 年归纳出了一条基本规律:当电流通过电解质溶液时,①在任一电极上发生化学变化的物质的物质的量与通入的电量成正比;②在几个串联的电解池中通入一定的电量后,在各个电解池的电极上发生反应的物质其物质的量相同。

电化学中,以含有单位元电荷 e(即一个质子的电荷或一个电子的电荷绝对值)的物质作为物质的量的基本单元,如 H^+、$\frac{1}{2}Cu^{2+}$、$\frac{1}{2}SO_4^{2-}$ 等。

1 mol 元电荷的电量称为法拉第常数,用 F 表示

$$F=N_Ae=6.0221\times10^{23}\times1.6022\times10^{-19}=96500(\text{C}\cdot\text{mol}^{-1})$$

式中,N_A 为阿伏加德罗常数;e 是元电荷的电量。当电解时通过的电量为 Q 时,电极上参加反应的物质 B 的物质的量 n 为

$$n=\frac{Q}{zF} \quad 或 \quad Q=nzF \tag{4-1}$$

式(4-1)为法拉第电解定律的数学表达式,其中 z 为电极反应中电子转移的计量数。

法拉第电解定律没有使用条件的限制,在任何温度和压力下均可使用。法拉第电解定律是自然界中较准确的定律之一,实验越精确,所得结果与法拉第电解定律吻合得越好,因此,人们常常从电解过程中电极上析出或溶解的物质的量来精确推算所通过的电量,所用装置称为电量计或库仑计。常用的有银电量计、铜电量计和气体电量计等。

例 4-1 在一含有 $CuSO_4$ 溶液的电解池中通入 2.0 A 直流电 482 s,问:在阴极析出 Cu 的质量为多少?

解:通入的电量 Q 为

$$Q=tI=482\times2.0=964.0(\text{C})$$

阴极电极反应:$Cu^{2+}+2e^- \longrightarrow Cu$,根据式(4-1)可求出阴极上析出 Cu 物质的量 n 为

$$n=\frac{Q}{zF}=\frac{964.0}{2\times96500}=0.0050(\text{mol})$$

因此,沉积在电极上的铜的质量 m 为

$$m=n\times M=0.0050\times63.5=0.32(\text{g})$$

NOTE

例 4-2 通电于 $Au(NO_3)_3$ 溶液,电流强度 $I = 0.025$ A,析出 $Au(s) = 1.20$ g。已知 $M(Au) = 197.0$ g·mol^{-1}。求:(1)通入的电量 Q;(2)通电时间 t;(3)阳极上放出 O_2 的物质的量。

解:

$$\frac{1}{3}Au^{3+} + e^- \longrightarrow \frac{1}{3}Au \qquad OH^- \longrightarrow \frac{1}{4}O_2 + \frac{1}{2}H_2O + e^-$$

(1) $Q = nzF = \dfrac{1.20}{197.0/3} \times 1 \times 96500 = 1763$(C)

(2) $t = \dfrac{Q}{I} = \dfrac{1763}{0.025} = 7.05 \times 10^4$(s)

(3) $n(O_2) = \dfrac{1}{4} \times n\left(\dfrac{1}{3}Au\right) = \dfrac{1}{4} \times \dfrac{1.20}{197.0/3} = 4.57 \times 10^{-3}$(mol)

三、离子的电迁移和迁移数

(一)离子的电迁移与电迁移率

电解质溶液中通入电流以后,溶液中承担导电任务的正、负离子将分别向阴极和阳极做定向移动,离子的这种在外电场作用下发生的定向移动称为离子的**电迁移**(electromigration);在相应的两极界面上分别发生氧化或者还原作用,由于离子迁移速率的差异,电迁移的结果使得两极旁电解质溶液的浓度也发生变化。这个过程可用图 4-2 来描述。

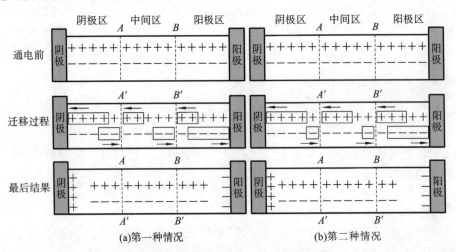

图 4-2 离子的电迁移现象示意图

设想在两个惰性电极之间有两个假想的截面 AA' 和 BB',将电解池分为阴极区、中间区和阳极区三个区。假定在通电前,各区均含有一价正、负离子各 5 mol,分别用 +、- 号的数量来代表正、负离子的物质的量。当接通电源并通入 4 mol 电子的电量后,在阴极上有 4 mol 正离子发生还原反应,同时在阳极上有 4 mol 负离子发生氧化反应。与此同时,在溶液中的正、负离子也分别做定向移动。电解质溶液的整个导电任务是由正、负离子共同分担完成的,正、负离子所迁移的电量随着它们的迁移速率不同而不同。假设有下述两种情况。

(1)正、负离子的迁移速率相等,则导电任务各承担一半。在 AA' 截面上,各有 2 mol 正、负离子相向通过,在 BB' 截面上亦是如此,见图 4-2(a)。断电后,中间区溶液的浓度没有变化,而阴、阳极区的溶液浓度发生了相同变化,与原溶液相比各减少了 2 mol 正、负离子。

(2)正离子的迁移速率是负离子的 3 倍,即在任一截面上每有 3 mol 正离子通过的同时,仅有 1 mol 负离子相向通过,见图 4-2(b)。通电结束后,中间区溶液的浓度仍保持不变,但阴、阳极两区的溶液浓度比原溶液均有所下降,下降程度不同,阴极区正、负离子各减少了 1 mol,阳极区正、负离子各减少了 3 mol。

由上述两种假设可归纳出如下规律。

(1)通过溶液的总电量 Q 等于正离子迁移的电荷量 Q_+ 和负离子迁移的电荷量 Q_- 之和。

$$Q = Q_+ + Q_- \tag{4-2}$$

(2)若 n_+ 和 n_- 分别为阳极区和阴极区减少的物质的量,r_+ 和 r_- 分别为正离子和负离子的电迁移速率,则

$$\frac{n_+}{n_-} = \frac{Q_+}{Q_-} = \frac{r_+}{r_-} \tag{4-3}$$

上述讨论的是惰性电极的情况,如果电极本身也参与反应,则阴、阳极两区溶液的浓度变化情况更复杂,但仍然满足以上两条规律。

离子在电场中的电迁移速率不仅与离子的本性(离子所带电荷、离子半径和离子水化程度等)和溶剂的性质(黏度)有关,而且还与电场的电位梯度 dE/dl(电场强度)有关,电位梯度越大,推动离子发生电迁移的电场力就越大,因此离子的电迁移速率可表示为

$$r_+ = U_+ \frac{dE}{dl}, \quad r_- = U_- \frac{dE}{dl} \tag{4-4}$$

式中的比例系数 U_+ 和 U_- 相当于单位电位梯度($1\ V \cdot m^{-1}$)时离子的迁移速率,称为离子的**电迁移率**(electric mobility)或淌度,单位为 $m^2 \cdot s^{-1} \cdot V^{-1}$;电迁移率的大小与温度、浓度等因素有关,包含了除电位梯度以外的其他影响离子运动速率的因素。在无限稀释溶液中,H^+ 和 OH^- 的电迁移率比一般离子大得多。

(二)离子迁移数

当电流流经电解质溶液时,由于正、负离子的电迁移速率不同,所带电荷不等,因此它们在迁移电量时所分担的分数也不同,把某种离子所迁移的电量与通过溶液的总电量的比称为离子的**迁移数**(transference number),用符号 t 表示。对于最简单的,即只含有一种正离子和一种负离子的电解质溶液来说,正、负离子的迁移数分别为

$$t_+ = \frac{Q_+}{Q}, \quad t_- = \frac{Q_-}{Q} \tag{4-5}$$

$$t_+ + t_- = 1 \tag{4-6}$$

$$\frac{t_+}{t_-} = \frac{r_+}{r_-} = \frac{U_+}{U_-} \tag{4-7}$$

因此,离子的迁移数与溶液中正、负离子的迁移速率有关。影响离子迁移速率的因素,例如,电解质溶液的种类、浓度、温度等,均可影响离子的迁移数。表 4-2 列出了一些电解质在 298.15 K 时不同浓度下正离子的迁移数 t_+ 的实验测定值。

表 4-2　298.15 K 时,一些正离子在不同浓度和不同电解质溶液中的迁移数 t_+

电解质	$c/(mol \cdot dm^{-3})$				
	0.01	0.02	0.05	0.10	0.20
HCl	0.825	0.827	0.829	0.831	0.834
LiCl	0.329	0.326	0.321	0.317	0.311
NaCl	0.392	0.390	0.388	0.385	0.382
KCl	0.490	0.490	0.490	0.490	0.489
KBr	0.483	0.483	0.483	0.483	0.484
KI	0.488	0.488	0.488	0.488	0.489

NOTE

续表

电解质	$c/(mol \cdot dm^{-3})$				
	0.01	0.02	0.05	0.10	0.20
$AgNO_3$	0.465	0.465	0.466	0.468	—
$BaCl_2$	0.440	0.437	0.432	0.425	0.419
$CaCl_2$	0.426	0.422	0.414	0.406	0.395
$LaCl_3$	0.463	—	0.448	0.438	—

由表 4-2 可知：①同一种离子在不同电解质溶液中的迁移数不同。②当负离子相同时,同价正离子在水溶液中,随离子半径的减小,水化离子半径逐渐增大,在溶液中的运动阻力增大,则迁移数随之下降,如 $t(Li^+) < t(Na^+) < t(K^+)$。③浓度对高价离子的迁移数影响较为显著。在较浓的溶液中,离子间相互引力较大,正、负离子的迁移速率均减慢;如果正、负离子的价数相同,则所受影响也大致相同,迁移数的变化不大;如果价数不同,则价数高的离子的迁移数减小比较明显。

此外,温度对离子的迁移数也有影响,主要是影响离子的水合程度,一般当温度升高时,正、负离子的迁移速率均加快,两者的迁移数趋于相等。外加电压的大小,一般不影响迁移数,因为外加电压增加时,正、负离子的速率成正比例地增加,而迁移数则基本不变。

离子的迁移数可由希托夫(Hittorf)法、界面移动法和电动势法测得。

第二节　电解质溶液的电导

一、电导、电导率和摩尔电导率

电解质溶液的导电能力用**电导**(conductance)表示。电导是电阻 R(resistance)的倒数

$$G = \frac{1}{R} \tag{4-8}$$

式中,G 为电导,单位是 S(西门子,siemens)或 Ω^{-1}。

已知均匀导体的电阻与其长度 l 成正比、与导体的截面积 A 成反比,故电导与导体的长度和截面积 A 之间存在如下关系

$$G = \kappa \frac{A}{l} = \frac{\kappa}{K_{cell}} \tag{4-9}$$

式中,$K_{cell} = l/A$ 称为**电导池常数**(constant of conductivity cell),单位是 m^{-1};κ 为比例系数,称为**电导率**(conductivity),单位为 $S \cdot m^{-1}$。电导率 κ 是电阻率的倒数,由式(4-9)可知,电导率为单位截面积和单位长度导体的电导。对电解质溶液而言,电导率是指相距 1 m、截面积(有效面积)为 $1 \, m^2$ 的两平行电极间放置 $1 \, m^3$ 电解质溶液时所具有的电导。

电导率的数值与电解质的种类和溶液的浓度等因素有关。因此,用电导率比较不同电解质的导电能力大小是不够的,需要引入摩尔电导率概念。

在相距为 1 m 的两个平行电极间充入含有 1 mol 电解质的溶液时所具有的电导,称为该溶液的**摩尔电导率**(molar conductivity),用 Λ_m 表示,如图 4-3 所示。

因规定了电解质的量为 1 mol,溶液的体积 V_m 与浓度 c 的关系为 $V_m = 1/c$,V_m 的单位为 $m^3 \cdot mol^{-1}$,c 的单位为 $mol \cdot m^{-3}$。摩尔电导率 Λ_m 与电导率 κ 的关系为

$$\Lambda_m = \kappa V_m = \frac{\kappa}{c} \qquad (4\text{-}10)$$

Λ_m 的单位为 $S \cdot m^2 \cdot mol^{-1}$。引入摩尔电导率的概念是很有用的,因为这样不但规定了溶液中电解质有相同的量 1 mol,而且电极间距离也都是单位距离,所以可以用摩尔电导率的数值对不同类型的电解质进行导电能力的比较。这里需要注意的是,对不同类型的电解质,比较时必须将荷电量规定在同一标准下。例如,1 mol $\left[\frac{1}{3} La(NO_3)_3\right]$、1 mol $\left(\frac{1}{2} H_2SO_4\right)$ 和 1 mol KCl 所荷电量相同,它们的导电能力就可以由相应的 Λ_m 值的大小进行比较;再如,$\Lambda_m (H_2SO_4)$ 和 $\Lambda_m \left(\frac{1}{2} H_2SO_4\right)$ 指定的物质的基本单元不同,二者的关系为 $\Lambda_m (H_2SO_4) = 2\Lambda_m \left(\frac{1}{2} H_2SO_4\right)$。

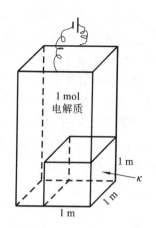

图 4-3 Λ_m 与 κ 的关系示意图

二、电导率和摩尔电导率与浓度的关系

电解质溶液的电导率和摩尔电导率均随溶液的浓度而变化,但强、弱电解质的变化规律却不尽相同。图 4-4 为 298.15 K 时,几种不同强、弱电解质的电导率 κ 随浓度 c 的变化关系曲线。由图 4-4 可以看出,对于强电解质,κ 随浓度的增加而明显增大,几乎成正比,这是因为随着浓度的增加,单位体积溶液中的导电离子数不断增多。但当浓度超过一定范围之后,κ 反而下降,这是因为溶液中的离子已相当密集,正、负离子间的引力增大,使得离子的运动速度降低,限制了离子的导电能力。所以在电导率与浓度的关系曲线上出现最高点。

对弱电解质来说,电导率 κ 随浓度的增大变化不显著,因为浓度增加,虽然单位体积溶液中电解质分子数增加了,但电离度却随之减小,所以溶液中导电离子数目变化不大。

与电导率不同,强电解质溶液的摩尔电导率 Λ_m 随浓度的降低略有增大,如图 4-5 所示。对强电解质来说,在溶液中完全电离,稀释并没有减少溶液中离子的数目,但离子间的吸引力和离子对的静电作用随距离的增加而减弱,使得离子迁移速率略有增加,导致 Λ_m 略有增加,并在浓度极稀时接近一极限值。科尔劳施(Kohlrausch)根据实验结果发现,如以 $\sqrt{c}$ 的值为横坐标,以 Λ_m 的值为纵坐标作图,则在浓度极稀时,强电解质的 Λ_m 与 $\sqrt{c}$ 几乎呈线性关系。

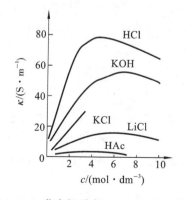

图 4-4 一些电解质电导率随浓度的变化

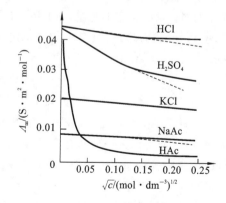

图 4-5 摩尔电导率与浓度的关系

通常当浓度小于 0.001 mol · dm^{-3} 时,Λ_m 与 c 之间有下列经验关系

$$\Lambda_m = \Lambda_m^\infty (1 - \beta\sqrt{c}) \qquad (4\text{-}11)$$

式中,在一定温度下,对于一定的电解质和溶剂来说,β 是一个常数。Λ_m^∞ 是在无限稀释时电解质溶液的摩尔电导率,又称为**极限摩尔电导率**(limiting molar conductivity),将直线外推至与纵坐标相交处即可得到。

但对弱电解质来说,在溶液稀释过程中,其电离度增大,溶液中的导电离子数目增加,浓度越低,Λ_m 上升越显著。在极稀的溶液中,Λ_m 与 c 之间不存在如式(4-11)所示的简单关系。在极稀浓度范围内,浓度稍微改变一点,Λ_m 的值变动很大,即实验上的少许误差对外推法求得的 Λ_m^∞ 值影响很大,所以从实验值直接求弱电解质的 Λ_m^∞ 遇到了困难。科尔劳施的离子独立移动定律解决了这个问题。

三、离子独立移动定律

科尔劳施根据大量的实验数据发现了一个规律,即在无限稀释的溶液中,所有电解质都全部电离,而且离子间一切相互作用均可忽略,每一种离子是独立移动的,不受其他离子的影响。因此离子在一定电场作用下的迁移速率只取决于该种离子的本性,而与共存的其他离子的性质无关。表 4-3 列出了一些强电解质在 298.15 K 时的无限稀释摩尔电导率。

表 4-3　在 298.15 K 时一些强电解质的无限稀释摩尔电导率 Λ_m^∞

电解质	Λ_m^∞ / S·m²·mol⁻¹	差值	电解质	Λ_m^∞ / S·m²·mol⁻¹	差值
KCl	0.01499	3.49×10^{-3}	HCl	0.04262	4.9×10^{-4}
LiCl	0.01150		HNO₃	0.04213	
KClO₄	0.01400	3.40×10^{-3}	KCl	0.01499	4.9×10^{-4}
LiClO₄	0.01060		KNO₃	0.01450	
KNO₃	0.01450	3.49×10^{-3}	LiCl	0.01150	4.9×10^{-4}
LiNO₃	0.01101		LiNO₃	0.01101	

从表中数值可知,HCl 与 HNO₃,KCl 与 KNO₃,LiCl 与 LiNO₃ 三对电解质的 Λ_m^∞ 的差值均为 4.9×10^{-4} S·m²·mol⁻¹,而与正离子的本性无关,即正离子不论是 H⁺、K⁺ 还是 Li⁺ 都是一样的。同样,具有相同负离子的三组电解质的 Λ_m^∞ 的差值也是相等的,与负离子本性无关。

科尔劳施认为在无限稀释时,每一种离子是独立移动的,不受其他共存离子的影响,每一种离子对 Λ_m^∞ 都有恒定的贡献。由于溶液通电后,电流的传递由正、负离子共同承担,因此电解质的 Λ_m^∞ 可认为是正、负离子的摩尔电导率的简单加和,这就是**离子独立移动定律**(law of independent migration of ions),即

$$\Lambda_m^\infty = \lambda_{m,+}^\infty + \lambda_{m,-}^\infty \tag{4-12}$$

式中,$\lambda_{m,+}^\infty$ 和 $\lambda_{m,-}^\infty$ 分别表示正、负离子在无限稀释时的摩尔电导率。

根据离子独立移动定律,在一定溶剂和一定温度下,只要是极稀溶液,任何一种离子的 λ_m^∞ 均为一定值,而不论另一种共存离子是何种离子。如在极稀的 HCl 溶液和极稀的 HAc 溶液中,H⁺ 的无限稀释摩尔电导率 $\lambda_m^\infty(H^+)$ 是相同的。表 4-4 列出了一些离子在 298.15 K 时的无限稀释摩尔电导率。

综上所述不难看出,利用离子独立移动定律,可由已知各种离子的无限稀释摩尔电导率求得任意强、弱电解质的无限稀释摩尔电导率;或者利用有关强电解质的 Λ_m^∞ 值可求出一弱电解质的 Λ_m^∞。例如,醋酸的 $\Lambda_m^\infty(HAc)$ 可由强电解质 HCl、NaAc 和 NaCl 的极限摩尔电导率的数据来求得,即

NOTE

$$\Lambda_m^\infty(HAc) = \lambda_m^\infty(H^+) + \lambda_m^\infty(Ac^-)$$
$$= [\lambda_m^\infty(H^+) + \lambda_m^\infty(Cl^-)] + [\lambda_m^\infty(Na^+) + \lambda_m^\infty(Ac^-)] - [\lambda_m^\infty(Na^+) + \lambda_m^\infty(Cl^-)]$$
$$= \Lambda_m^\infty(HCl) + \Lambda_m^\infty(NaAc) - \Lambda_m^\infty(NaCl)$$

表 4-4　在 298.15 K 时一些离子的无限稀释摩尔电导率 λ_m^∞

正离子	$\lambda_{m,+}^\infty \times 10^3$ $S \cdot m^2 \cdot mol^{-1}$	负离子	$\lambda_{m,-}^\infty \times 10^3$ $S \cdot m^2 \cdot mol^{-1}$
H^+	34.982	OH^-	19.800
Li^+	3.869	F^-	5.540
Na^+	5.011	Cl^-	7.634
K^+	7.352	Br^-	7.840
NH_4^+	7.340	I^-	7.680
Ag^+	6.192	NO_3^-	7.144
$\frac{1}{2}Cu^{2+}$	5.400	CH_3COO^-	4.090
$\frac{1}{2}Ca^{2+}$	5.950	ClO_4^-	6.800
$\frac{1}{2}Zn^{2+}$	5.400	$\frac{1}{2}CO_3^{2-}$	8.300
$\frac{1}{2}Mg^{2+}$	5.306	$\frac{1}{2}SO_4^{2-}$	7.980
$\frac{1}{3}La^{3+}$	6.960	$\frac{1}{3}[Fe(CN)_6]^{3-}$	10.100

　　电解质的摩尔电导率是正、负离子的离子摩尔电导率贡献的总和,所以离子的迁移数也可以看作某种离子的离子摩尔电导率占电解质的摩尔电导率的分数。对于 1-1 价型的电解质,在无限稀释时有

$$\Lambda_m^\infty = \lambda_{m,+}^\infty + \lambda_{m,-}^\infty$$
$$t_+ = \frac{\lambda_{m,+}^\infty}{\Lambda_m^\infty}, \quad t_- = \frac{\lambda_{m,-}^\infty}{\Lambda_m^\infty} \tag{4-13}$$

第三节　电导测定及应用

一、电导测定

　　电解质溶液的电导或电导率都是通过电导仪或电导率仪直接测定的,它们的特点是操作简单,数据可直接读取,测量范围广,若与数据采集装置连接,可获得连续的数据。

　　电导仪或电导率仪的测量原理基本相同,多数是根据电阻分压法设计的,图 4-6 是其测量原理图。电导电极、高频交流电源、分压电阻 R_m、放大器和指示器组成了测量回路。E 为高频交流电源工作时设定的电压,E_m 为分压电阻两端的电位降。电导电极的等效电阻 R_x(待测液电阻)与 E_m 的关系式为

NOTE

$$E_{\mathrm{m}} = \frac{ER_{\mathrm{m}}}{R_{\mathrm{m}} + R_x} = \frac{ER_{\mathrm{m}}}{R_{\mathrm{m}} + K_{\mathrm{cell}}/\kappa}$$

当 E、R_{m}、K_{cell} 均为常数时,电导率 κ 的变化将引起 E_{m} 的相应变化。E_{m} 值经放大器放大后,换算成电导率,直接由指示器给出。实际操作时只需按仪器使用要求,将电导电极插入待测溶液中,即可读出溶液的电导或电导率值。

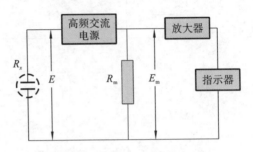

图 4-6 电导率测量原理示意图

实验室中常用的电导电极有光亮铂电极和铂黑电极,铂黑电极是在光亮铂电极上镀了一层疏松的铂黑。一般而言,电导电极在出厂时已标明电导池常数 K_{cell},但由于电极的有效面积 A 在运输、储存等过程中受多种因素的影响可能发生改变,所以测定前应先测电导池常数。

测定电导池常数 K_{cell},可将一已知精确电导率值的标准溶液(通常用 KCl 溶液)充入待用电导池中,在指定温度下测定其电阻(或电导),然后按照式(4-9)算出电导池常数 (l/A) 的值。常用的 KCl 标准溶液的电导率列于表 4-5。

表 4-5 在 298.15 K 及 $p^{\ominus}$ 下不同浓度 KCl 水溶液的 κ 和 Λ_{m}

$c/(\mathrm{mol \cdot dm^{-3}})$	0.001	0.01	0.1	1.0
$\kappa/(\mathrm{S \cdot m^{-1}})$	0.01469	0.1411	1.289	11.17
$\Lambda_{\mathrm{m}}/(\mathrm{S \cdot m^2 \cdot mol^{-1}})$	0.01469	0.01411	0.01289	0.01117

例 4-3 298.15 K 时,用同一电导池测出 0.01 mol·dm^{-3} KCl 溶液和 0.001 mol·dm^{-3} K$_2$SO$_4$ 溶液的电阻分别为 125.00 Ω 和 695.20 Ω。试求算:(1)电导池常数;(2)0.001 mol·dm^{-3} K$_2$SO$_4$ 溶液的摩尔电导率。

解:(1) 0.01 mol·dm^{-3} KCl 溶液,$\kappa = 0.1411$ S·m^{-1},$R = 125.00$ Ω,因此电导池常数为

$$K_{\mathrm{cell}} = \frac{\kappa}{G} = \kappa \cdot R = 0.1411 \times 125.00 = 17.64(\mathrm{m^{-1}})$$

(2) $\Lambda_{\mathrm{m}} = \dfrac{\kappa}{c} = G \cdot \dfrac{K_{\mathrm{cell}}}{c} = \dfrac{K_{\mathrm{cell}}}{c \cdot R} = \dfrac{17.64}{0.001 \times 10^3 \times 695.20} = 0.02537(\mathrm{S \cdot m^2 \cdot mol^{-1}})$

二、测定水的纯度

水中的主要杂质是溶解于水中的电解质,测定水的电导率 κ 是评价水的纯度的有效方法,只要测定水的电导率 κ 就可知道其纯度是否符合要求。水的电导率值越小,所含杂质离子越少,水的纯度越高。自来水的 κ 值约为 1.0×10^{-1} S·m^{-1},普通蒸馏水的 κ 值约为 1.0×10^{-3} S·m^{-1},重蒸馏水和去离子水的 κ 值可小于 1.0×10^{-4} S·m^{-1}。由于水本身可微弱离解出 H$^+$ 和 OH$^-$,因此经反复蒸馏后,仍会有一定的电导,理论计算纯水的 κ 应为 5.5×10^{-6} S·m^{-1}。

医药行业对水的纯度有较高的要求,药用去离子水要求的电导率为 1.0×10^{-4} S·m^{-1}。精密电子工业或精密科学实验常需要高纯度的水,即所谓电导水,要求水的 κ 值在 1.0×10^{-4} S·m^{-1} 以下。

NOTE

三、计算弱电解质的电离度、电离平衡常数

一定浓度下,弱电解质的电离度较小,溶液中参与导电的离子浓度较低,这时测定的摩尔电导率 Λ_m 只与电离的部分有关;当溶液无限稀释时,弱电解质全部电离,所有离子都参与导电,这时的电导率为无限稀释时的摩尔电导率 Λ_m^∞。由于两种情况下离子间的相互作用都可以忽略不计,因此弱电解质在某一浓度下的摩尔电导率 Λ_m 与无限稀释时的摩尔电导率 Λ_m^∞ 之间的差别,主要是由部分电离与全部电离产生的离子数目不同所致。弱电解质的电离度 α 可表示为

$$\alpha = \frac{\Lambda_m}{\Lambda_m^\infty} \tag{4-14}$$

由 α 可进一步求得弱电解质的电离平衡常数 K_c。

若电解质为 AB 型,即 1-1 价型或 2-2 价型,c 为电解质的起始浓度,则

$$AB \longrightarrow A^+ + B^-$$

起始时 c 0   0

平衡时 $c(1-\alpha)$ $c\alpha$ $c\alpha$

$$K_c = \frac{\dfrac{c}{c^\ominus}\alpha^2}{1-\alpha}$$

将式(4-14)代入后得

$$K_c = \frac{\dfrac{c}{c^\ominus}\left(\dfrac{\Lambda_m}{\Lambda_m^\infty}\right)^2}{1-\dfrac{\Lambda_m}{\Lambda_m^\infty}} = \frac{\dfrac{c}{c^\ominus}\Lambda_m^2}{\Lambda_m^\infty(\Lambda_m^\infty - \Lambda_m)} \tag{4-15}$$

若测得某一浓度下的 Λ_m,可利用上式计算电离平衡常数 K_c。若将上式变换为倒数形式,$\dfrac{1}{\Lambda_m}$ 与 $c\Lambda_m$ 呈线性关系

$$\frac{1}{\Lambda_m} = \frac{\Lambda_m \dfrac{c}{c^\ominus}}{K_c(\Lambda_m^\infty)^2} + \frac{1}{\Lambda_m^\infty} \tag{4-16}$$

测定一系列浓度的 Λ_m 后,以 $\dfrac{1}{\Lambda_m}$ 对 $c\Lambda_m$ 作图,截距即为 $\dfrac{1}{\Lambda_m^\infty}$,根据直线的斜率可求得 K_c 值。式(4-15)和式(4-16)均称为奥斯特瓦尔德稀释定律(Ostwald's dilution law),实验证明,弱电解质的电离度 α 越小,该式越准确。奥斯特瓦尔德稀释定律是在阿伦尼乌斯(Arrhenius)提出电离理论以前就得出的,在电离理论确立过程中起了重要作用。

例 4-4   291.15 K 时,实验测得 0.05 mol·dm^{-3} HAc 的电导率是 0.044 S·m^{-1}。在相同温度下,H$^+$ 和 Ac$^-$ 的离子无限稀释摩尔电导率分别为 0.0310 S·m^2·mol^{-1} 和 0.0077 S·m^2·mol^{-1},试求 HAc 的电离平衡常数。

解:

$$\Lambda_m^\infty(\text{HAc}) = \lambda_m^\infty(\text{H}^+) + \lambda_m^\infty(\text{Ac}^-)$$
$$= 0.0310 + 0.0077 = 0.0387(\text{S·m}^2·\text{mol}^{-1})$$

$$\Lambda_m(\text{HAc}) = \frac{\kappa}{c} = \frac{0.044}{0.05 \times 10^3} = 8.80 \times 10^{-4}(\text{S·m}^2·\text{mol}^{-1})$$

$$\alpha = \frac{\Lambda_m}{\Lambda_m^\infty} = \frac{8.80 \times 10^{-4}}{0.0387} = 0.02274$$

$$K_c = \frac{\frac{c}{c^{\ominus}}\alpha^2}{1-\alpha} = \frac{0.05 \times 0.02274^2}{1-0.02274} = 2.65 \times 10^{-5}$$

四、计算难溶盐的溶解度、溶度积

一些难溶盐如 $AgCl$、$BaSO_4$、$AgIO_3$ 等在水中的溶解度很小,其浓度不能用普通的滴定方法直接测定,但利用电导测定方法却能方便地求出其溶解度。步骤大致如下:用一已知电导率 $\kappa(H_2O)$ 的高纯水,配制待测难溶盐的饱和溶液,然后测定其饱和溶液的电导率 $\kappa(溶液)$,由于溶液极稀,水对溶液电导率的影响不可忽略,所以必须将其减去才是难溶盐的电导率

$$\kappa(盐) = \kappa(溶液) - \kappa(H_2O)$$

由于难溶盐的溶解度很小,溶液极稀,所以其饱和溶液的摩尔电导率可以用无限稀释摩尔电导率代替,即 $\Lambda_m \approx \Lambda_m^{\infty}$,$\Lambda_m^{\infty}$ 的值可由离子摩尔电导率相加而得。故根据式(4-10),难溶盐的饱和溶液浓度的计算公式为

$$c(饱和) = \frac{\kappa(盐)}{\Lambda_m^{\infty}} = \frac{\kappa(溶液) - \kappa(H_2O)}{\Lambda_m^{\infty}} \tag{4-17}$$

进而可计算难溶盐的溶解度 S 及溶度积 K_{sp}。需要注意的是,计算非 1-1 型难溶盐的溶解度时,Λ_m 与 c 所取的基本单元要一致。

例 4-5 298.15 K 时,测出 $AgCl$ 饱和溶液及配制此溶液的高纯水的电导率 κ 分别是 3.41×10^{-4} 和 1.60×10^{-4} S·m^{-1},试求该温度下 $AgCl$ 饱和溶液的浓度、溶解度及溶度积。

解: $\kappa(AgCl) = \kappa(溶液) - \kappa(H_2O) = (3.41 - 1.60) \times 10^{-4} = 1.81 \times 10^{-4}$(S·m^{-1})

查表得:

$$\lambda_{m,Ag^+}^{\infty} = 6.19 \times 10^{-3} \text{ S·m}^2\text{·mol}^{-1}, \quad \lambda_{m,Cl^-}^{\infty} = 7.63 \times 10^{-3} \text{ S·m}^2\text{·mol}^{-1}$$

$$\Lambda_m(AgCl) \approx \Lambda_m^{\infty}(AgCl) = (6.19 + 7.63) \times 10^{-3} = 1.382 \times 10^{-2} \text{(S·m}^2\text{·mol}^{-1})$$

根据式(4-17)得

$$c(饱和) = \frac{\kappa(AgCl)}{\Lambda_m(AgCl)} = \frac{1.81 \times 10^{-4}}{1.382 \times 10^{-2}}$$
$$= 1.31 \times 10^{-2} \text{(mol·m}^{-3}) = 1.31 \times 10^{-5} \text{ mol·dm}^{-3}$$

若溶解度以 S 表示,以 g·dm^{-3} 为单位。$AgCl$ 的摩尔质量 $M(AgCl) = 143.4$ g·mol^{-1},则

$$S = c(饱和) \cdot M(AgCl) = 1.31 \times 10^{-5} \times 143.4 = 1.88 \times 10^{-3} \text{(g·dm}^{-3})$$

$AgCl$ 的溶度积 $K_{sp} = c(Ag^+) \cdot c(Cl^-) = (1.31 \times 10^{-5})^2 = 1.72 \times 10^{-10}$

五、电导滴定

分析化学中用容量滴定法测定溶液中某物质的浓度时,常用指示剂的变色来指示滴定终点。如果将滴定与电导测定相结合,利用滴定过程中溶液电导变化的转折来指示滴定终点的方法称为电导滴定(conductimetric titration)。许多酸碱滴定、氧化还原滴定、配位滴定和沉淀滴定等均可用电导法指示终点,尤其当溶液颜色深或出现混浊,指示剂指示滴定终点不灵敏时,电导滴定的方法就显得更加方便、有效。

滴定时,由于溶液中离子浓度的变化,溶液的电导率将随之发生改变。以强碱 $NaOH$ 溶液滴定强酸 HCl 为例,溶液电导对滴定消耗的碱体积作图所得的滴定曲线如图 4-7 中的 ABC。滴定前,溶液中只有 HCl 一种电解质,因 H^+ 有较大的 $\lambda_{m,+}^{\infty}$ 而表现出较高的电导率。当逐渐滴入 $NaOH$ 后,溶液中 H^+ 与加入的 OH^- 结合生成 H_2O,这个过程可以看作是电导率较小的 Na^+ 取代了电导率很大的 H^+,因此整个溶液的电导率逐渐降低,见图中 AB 段。当加

入的 NaOH 与 HCl 的物质的量相等时,溶液的电导率最小,图中 B 点,即为滴定终点。继续滴加 NaOH,越过终点后,溶液中 Na^+ 和 OH^- 的浓度不断增大,其中 OH^- 的 $\lambda_{m,-}^\infty$ 较大,所以溶液的电导率又急剧增高,见图中 BC 段。根据 B 点所对应的横坐标上所用 NaOH 溶液的体积就可以计算未知溶液的浓度。

若以强碱 NaOH 滴定弱酸 HAc 时,则滴定曲线如图 4-7 中的 $A'B'C'$。因 HAc 是弱酸,解离度很小,滴定开始时溶液电导率很低。加入 NaOH 后,弱酸逐渐由完全电离的盐 NaAc 所代替,因此溶液的电导率沿 $A'B'$ 逐渐增加。当超过了滴定终点,由于 Na^+ 和电导率较大的 OH^- 的增加,溶液的电导率沿 $B'C'$ 迅速增大。转折点 B' 即为滴定终点。

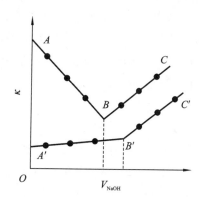

图 4-7 强碱滴定酸的电导滴定曲线

电导滴定时,溶液的体积应相对大一些,以求尽量减少滴定过程中由于体积增大而引起的电导率变化。电导滴定方法简便,结果准确,一般精度可达 $0.5\% \sim 1.0\%$。

第四节 可逆电池热力学

一、可逆电池

原电池是可将化学能转化为电能的装置,若此转化是以热力学可逆的方式进行的,则称为**可逆电池**(reversible cell)。根据吉布斯自由能的定义得知,在等温、等压条件下,当体系发生变化时,体系吉布斯自由能的降低等于对外所做的最大非体积功,即

$$(\Delta_r G_m)_{T,p} = W'_{max}$$

在电池中,非体积功只有电功,则上式可写为

$$(\Delta_r G_m)_{T,p} = -zEF \tag{4-18}$$

式中,z 为电极的氧化或还原反应式中电子的计量数,是无量纲量;E 为可逆电池的电动势,单位为 V(伏特);F 是法拉第常数。

式(4-18)是电化学中一个十分重要的关系式,是联系热力学和电化学的主要桥梁,人们既可以通过可逆电池电动势的测定等电化学方法来解决热力学问题,也可以用热力学的知识计算化学能转变为电能的最高限度,为改善电池性能和研制新的化学电源提供理论依据。

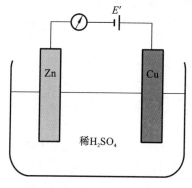

图 4-8 与外电源并联的铜锌单液电池

将化学反应转变为一个能够产生电流的电池,首要条件是该化学反应是一个氧化还原反应;其次必须有一定的装置,使化学反应通过电极上的反应来完成。组成电池必须有两个电极以及能与电极建立化学反应平衡的电解质溶液,此外还有其他附属设备。如果两个电极插在同一种电解质溶液中,则为单液电池,见图 4-8。如果两个电极插入不同的电解质溶液中,则为双液电池,两种电解质溶液之间可用膜或素烧瓷分隔,见图 4-9(a);也可将两个电解质溶液放在不同的容器中,用盐桥(salt bridge)相连,见图 4-9(b)。

在电池中,当两个不同浓度或不同性质的电解质

NOTE

溶液直接接触时,由于正、负离子扩散速率不同将产生电势差,称为液体接界电势。盐桥是一U形管,其中装满用琼脂固定的,正、负离子电迁移率相近的电解质溶液,一般为 KCl 或 KNO₃ 的饱和溶液,在常温下呈冻胶状。当盐桥与两个浓度不太大的溶液接触时,由于浓度差的缘故,KCl 将向两边电极溶液中扩散。而 K⁺ 与 Cl⁻ 的电迁移率非常接近,在单位时间内,通过 U 形管的两个端面向外扩散的 K⁺ 与 Cl⁻ 的数目几乎相等,在两个接触面上所产生的液体接界电势很小,且符号相反,其代数和一般为 1～2 mV,把液体接界电势降低到可以忽略不计。

(一)可逆电池必须具备的条件

因为只有可逆电池的电动势才符合式(4-18)的关系,才有热力学上的价值,按照热力学上的"可逆"概念,可逆电池必须同时具备以下条件。

(1)电池中进行的化学反应必须是可逆的,即充电反应和放电反应互为逆反应。

(2)能量的转换过程必须可逆,即无论放电或充电,通过电池的电流应为无穷小,使电池反应在无限接近平衡状态的条件下进行。电池中所进行的其他过程(如离子的迁移等)也必须可逆。

(3)电池中进行的其他过程,如离子迁移等,也必须是可逆过程。

例如,以 Zn 棒和 Cu 棒为电极,分别插到 ZnSO₄ 和 CuSO₄ 溶液中,用导线连接两极,则将有电子自 Zn 极经导线流向 Cu 极,从而产生电流,这是典型的原电池。设该电池的电动势为 E,将其与一电动势为 E' 的电源并联,如图 4-9 所示。

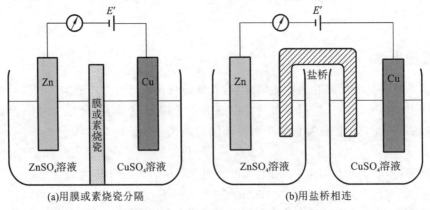

(a)用膜或素烧瓷分隔   (b)用盐桥相连

图 4-9　与外电源并联的铜锌双液电池

当 $E > E'$,电池将放电,电极反应和电池反应为

负极(Zn 电极) $Zn \longrightarrow Zn^{2+} + 2e^-$

正极(Cu 电极) $Cu^{2+} + 2e^- \longrightarrow Cu$

电池反应(1) $Zn + CuSO_4 \longrightarrow Cu + ZnSO_4$

当 $E < E'$,电池将充电,电极反应和电池反应则为

阴极 $Zn^{2+} + 2e^- \longrightarrow Zn$

阳极 $Cu \longrightarrow Cu^{2+} + 2e^-$

电池反应(2) $Cu + ZnSO_4 \longrightarrow Zn + CuSO_4$

由电池反应(1)、(2)可见,该电池的充、放电反应互为逆反应,当通过的电流无限小时,能量转化也可逆,则此电池是一个可逆电池。但并不是所有反应可逆的电池都是可逆电池,如上述电池,在充电时施以较大的外加电压,虽然电池中的反应仍可按(2)式进行,但就能量转换而言却是不可逆的,所以不是可逆电池。也有一些电池,充、放电时的反应不同,反应不能逆转,则这种电池一定不是可逆电池,如将 Cu 棒和 Zn 棒插入稀 H_2SO_4 溶液中所构成的电池,见图 4-8。

放电时电池反应 $Zn + 2H^+ \longrightarrow Zn + H_2$

NOTE

充电时电池反应 $2H^+ + Cu \longrightarrow H_2 + Cu^{2+}$

总之,可逆电池必须同时具备上述三个条件,缺一不可。电化学中主要研究的是可逆电池。

（二）可逆电池的书写方法

为了使电池的书写有统一的标准,1953 年,国际纯粹和应用化学联合会（IUPAC, International Union of Pure and Applied Chemistry）规定,电池必须用电池图式来表示,具体书写规则如下。

（1）按电流流动的方向,由左至右排列。发生氧化反应的阳极（负极）写在左边,发生还原反应的阴极（正极）写在右边。

（2）用单垂线"｜"表示不同物相的相界面（可混溶的两种液体之间的接界面可用逗号","表示）,有**接界电势**（junction potential）存在。界面包括电极与溶液的界面,一种溶液与另一种溶液的界面,或同一种溶液但不同浓度之间的界面,气体与固体的界面,气体与液体的界面等。

（3）用双垂线"‖"表示盐桥,表示溶液与溶液之间的接界电势通过盐桥已经降低至最低,可忽略不计。

（4）要注明电池中各物质所处的状态（g、l、s）,气体要表明压力,所用的电解质溶液要表明浓度或活度,因为这些因素都会影响电池的电动势。

（5）不能直接作为电极的气体和液体,如 $H_2(g)$、$O_2(g)$、$Br_2(l)$ 等,应表明其依附的惰性金属,如 Pt、Au 等。

（6）注明电池工作的温度和压力。如不写明,则通常指 298.15 K 和 $p^{\ominus}$（100 kPa）。

根据上述规定,可以写出一个电池表达式所对应的电极反应和电池反应;也可将化学反应设计成电池。例如图 4-9 中的铜锌电池可表示为

$$Zn(s) \mid ZnSO_4(a_1) \parallel CuSO_4(a_2) \mid Cu(s)$$

例 4-6 写出下列电池的电极反应和电池反应。

（1）$Zn(s) \mid Zn^{2+}(a_1) \parallel HCl(a_2) \mid Cl_2(p) \mid Pt$

（2）$Pt \mid H_2(p) \mid HBr(a) \mid AgBr(s) \mid Ag(s)$

解：（1）左侧负极（氧化反应）$Zn(s) \longrightarrow Zn^{2+}(a_1) + 2e^-$

右侧正极（还原反应） $Cl_2(p) + 2e^- \longrightarrow 2Cl^-(a_2)$

电池反应 $Zn(s) + Cl_2(p) \longrightarrow Zn^{2+}(a_1) + 2Cl^-(a_2)$

（2）左侧负极（氧化反应） $H_2(p) \longrightarrow 2H^+(a) + 2e^-$

右侧正极（还原反应） $2AgBr(s) + 2e^- \longrightarrow 2Ag(s) + 2Br^-(a)$

电池反应 $H_2(p) + 2AgBr(s) \longrightarrow 2Ag(s) + 2HBr(a)$

例 4-7 将下列化学反应设计成电池,并写出电池表示式。

（1）$Zn(s) + Cd^{2+}(a_1) \longrightarrow Zn^{2+}(a_2) + Cd(s)$

（2）$Fe^{2+}(a_1) + Ag^+(a_3) \longrightarrow Fe^{3+}(a_2) + Ag(s)$

（3）$Ag^+(a_1) + Cl^-(a_2) \longrightarrow AgCl(s)$

解：首先根据氧化还原反应确定正、负极,由电极反应的性质确定电极组成,按负极在左、正极在右的顺序书写电池,需要时用盐桥将正、负极隔开。

（1）该反应中既有离子又有相应的金属,因此电解质溶液和电极的确定都很直观,而且反应中 Zn 被氧化成 Zn^{2+},Cd^{2+} 被还原成 Cd,因此 Zn 极为负极,Cd 极为正极,设计电池为

$$Zn(s) \mid Zn^{2+}(a_2) \parallel Cd^{2+}(a_1) \mid Cd(s)$$

根据化学反应设计完电池后,可写出电池表达式对应的电极反应和电池反应,以复核是否与题中给定的反应一致。

NOTE

（2）负极（氧化反应）　　　　$Fe^{2+}(a_1) \longrightarrow Fe^{3+}(a_2) + e^-$

正极（还原反应）　　　　　$Ag^+(a_3) + e^- \longrightarrow Ag(s)$

电池反应　　　　　$Fe^{2+}(a_1) + Ag^+(a_3) \longrightarrow Fe^{3+}(a_2) + Ag(s)$

负极为氧化还原电极，电极组成为 $Fe^{2+}(a_1)$，$Fe^{3+}(a_2)|Pt$；正极为金属 Ag 电极，电极组成为 $Ag^+(a_3)|Ag(s)$。由于两电极的电解质溶液不同，须用盐桥隔开，则设计的电池表达式为

$$Pt|Fe^{2+}(a_1), Fe^{3+}(a_2) \parallel Ag^+(a_3)|Ag(s)$$

（3）虽然该反应中有关元素的氧化态没有变化，但只要两极上发生的是氧化和还原反应，同样可以设计成电池。可根据反应物和产物确定其中一个电极的类型，再用总反应减去该电极反应来确定另一个电极。

本题中由于反应物和产物中涉及 Cl^- 和 AgCl，可以判定该电池设计时需使用 Ag-AgCl 电极，且用作负极，电极反应为

氧化反应（负极）　　　　$Cl^-(a_2) + Ag(s) \longrightarrow AgCl(s) + e^-$

已知总反应　　　　　$Ag^+(a_1) + Cl^-(a_2) \longrightarrow AgCl(s)$

用已知总反应减去上述负极反应，得

还原反应（正极）　　　　　$Ag^+(a_1) + e^- \longrightarrow Ag(s)$

由此可以判断正极为金属 Ag 电极，故设计的电池为

$$Ag(s)|AgCl(s)|Cl^-(a_2) \parallel Ag^+(a_1)|Ag(s)$$

（三）可逆电极的类型

构成可逆电池的电极必须是可逆电极，可逆电极主要有以下三种类型。

1. 第一类电极

第一类电极包括金属电极（metal electrode）、气体电极（gas electrode）和汞齐电极（amalgam electrode）等。

金属电极是由金属浸在含有该金属离子的溶液中构成的。如 Zn(s) 插在 $ZnSO_4$ 溶液中构成 Zn 电极，当作为正极或负极时，Zn 电极组成和电极反应分别如下。

当电极作为正极时，发生还原反应

　　　　$ZnSO_4(aq)|Zn(s)$　　　$Zn^{2+}(aq) + 2e^- \longrightarrow Zn(s)$

当电极作为负极时，发生氧化反应

　　　　$Zn(s)|ZnSO_4(aq)$　　　$Zn(s) \longrightarrow Zn^{2+}(aq) + 2e^-$

电极上的氧化和还原反应恰好互为逆反应。

特别活泼的金属，如 Na、K 等不能直接插入水中，但可以把这类金属制成汞齐电极，如钠汞齐电极

$$Na^+(a_+)|Na(Hg)(a)$$

$$Na^+(a_+) + Hg(l) + e^- \longrightarrow Na(Hg)(a)$$

气体电极是由吸附某种气体达平衡的惰性金属片置于含有该种气体元素的离子溶液中构成的。金属片在这里不仅起导电作用，还有吸附作用，使用最多的是金属 Pt。常见的气体电极有氢电极、氧电极和卤素电极等。例如，它们作为正极时的电极组成和电极反应分别如下。

氢电极　　　　$H^+(a_+)|H_2(g)|Pt$　　　$2H^+(a_+) + 2e^- \longrightarrow H_2(g)$

氧电极　　$OH^-(a_-)|O_2(g)|Pt$　　　$O_2(g) + 2H_2O + 4e^- \longrightarrow 4OH^-(a_-)$

氯电极　　　$Cl^-(a_-)|Cl_2(g)|Pt$　　　$Cl_2(g) + 2e^- \longrightarrow 2Cl^-(a_-)$

氢电极也可在碱性介质中，氧电极也可在酸性介质中，在不同介质中的电极反应是不同的，它们的电势也不同。例如，氢电极在碱性条件下为

$$OH^-(a_-)\,|\,H_2(g)\,|\,Pt$$
$$2H_2O+2e^-\longrightarrow H_2(g)+2OH^-(a_-)$$

2. 第二类电极

第二类电极包括金属-难溶盐电极(metal-insoluble metal salt electrode)和金属-难溶氧化物电极(metal-insoluble metal oxide electrode),这类电极是将难溶盐或难溶氧化物覆盖在金属表面,然后浸入含有该难溶盐的负离子的溶液中。这类电极易制备,电极电势较稳定,常被用作标准电极(standard electrode)或参比电极(reference electrode)。

常用的甘汞电极(calomel electrode)和 Ag-AgCl 电极(silver-silver chloride electrode),它们作为正极时的电极组成和相应的电极反应分别如下。

$$Cl^-(a_-)\,|\,Hg_2Cl_2(s)+Hg(l)$$
$$Hg_2Cl_2(s)+2e^-\longrightarrow 2Hg(l)+2Cl^-(a_-)$$
$$Cl^-(a_-)\,|\,AgCl(s)+Ag(s)$$
$$AgCl(s)+e^-\longrightarrow Ag(s)+Cl^-(a_-)$$

金属-难溶氧化物电极是在金属表面覆盖一层该金属的氧化物,然后浸在含有 H^+ 或 OH^- 的溶液中构成。例如,在酸性和碱性介质中的 Ag-Ag_2O 电极,电极组成和相应的电极反应分别如下。

$$H^+(a_+)\,|\,Ag(s)+Ag_2O(s)$$
$$Ag_2O(s)+2H^+(a_+)+2e^-\longrightarrow 2Ag(s)+H_2O$$
$$OH^-(a_-)\,|\,Ag(s)+Ag_2O(s)$$
$$Ag_2O(s)+H_2O+2e^-\longrightarrow 2Ag(s)+2OH^-(a_-)$$

3. 第三类电极

第三类电极又称氧化还原电极(oxidation-reduction electrode),这类电极同样需借助惰性金属(如铂片)起导电作用,插入含有某种离子的两种不同氧化态的溶液中,电极反应仅涉及溶液中离子间的氧化还原反应。如 Fe^{2+} 与 Fe^{3+} 构成的电极

电极组成 $\qquad\qquad\qquad Fe^{3+}(a_1),Fe^{2+}(a_2)\,|\,Pt(s)$

作为正极时的电极反应 $\qquad Fe^{3+}(a_1)+e^-\longrightarrow Fe^{2+}(a_2)$

类似的还有 Sn^{4+} 与 Sn^{2+}、$[Fe(CN)_6]^{3-}$ 与 $[Fe(CN)_6]^{4-}$ 等构成的电极。

二、可逆电池热力学

式(4-18)提示人们可以通过电池电动势的测定来研究吉布斯自由能的变化。如果研究不同温度下可逆电池的电动势,并结合其他热力学公式,可求得相应反应的各热力学函数的变化。因此,研究可逆电池热力学十分有意义。

(一)由可逆电池电动势计算电池反应的 $\Delta_r G_m$,判断化学反应的方向

$$(\Delta_r G_m)_{T,p}=W'_{max}=-zEF$$

上式说明可逆电池的电能来源于化学反应的吉布斯自由能的变化,只要测得电池的电动势,即可求出在等温、等压、可逆条件下,当电池中发生了反应进度 $\xi=1$ mol 的反应时,体系的吉布斯自由能的变化值 $\Delta_r G_m$,也可求出体系在该条件下所做的最大电功。

此外,还可以根据电池电动势 E 的正、负号判断电池反应的方向。按化学反应方向设计电池,若电池的电动势 $E>0$,则 $\Delta_r G_m<0$,表明化学反应能正向自发进行;若电池的电动势 $E<0$,则 $\Delta_r G_m>0$,表明化学反应不能正向自发进行,但逆向可自发进行。

(二)电池反应的能斯特方程——可逆电池电动势与电池反应中各物质活度的关系

若反应温度为 T,电池总反应为

$$cC + dD \longrightarrow gG + hH$$

根据化学反应等温式

$$\Delta_r G_m = \Delta_r G_m^\ominus + RT\ln\frac{a_G^g \cdot a_H^h}{a_C^c \cdot a_D^d} \tag{4-19}$$

$\Delta_r G_m = -zEF$,当参加电池反应的各组分均处于标准态时

$$\Delta_r G_m^\ominus = -zE^\ominus F \tag{4-20}$$

式中,$E^\ominus$为电池的标准电动势,它是温度的函数。

则式(4-19)可表示为

$$E = E^\ominus - \frac{RT}{zF}\ln\frac{a_G^g \cdot a_H^h}{a_C^c \cdot a_D^d} \tag{4-21}$$

上式称为电池反应的**能斯特方程**(Nernst equation),是可逆电池的基本关系式。它表示在等温条件下,电池电动势 E 与参加电池反应的各组分活度之间的定量关系。

例 4-8 计算下列电池在 298.15 K 时的电动势 E。已知 298.15 K 时,电池的标准电动势 $E^\ominus$ 为 0.2224 V,0.1 mol $\cdot$ kg^{-1} HCl 的 $a_{H^+} \cdot a_{Cl^-} = 6.336 \times 10^{-3}$。

$$Pt \mid H_2(g, 100\ kPa) \mid HCl(0.1\ mol \cdot kg^{-1}) \mid AgCl(s) \mid Ag(s)$$

解:电极反应:负极(氧化反应)

$$\frac{1}{2}H_2(p) \longrightarrow H^+(a_{H^+}) + e^-$$

正极(还原反应) $\qquad AgCl(s) + e^- \longrightarrow Ag(s) + Cl^-(a_{Cl^-})$

电池反应:$\frac{1}{2}H_2(p) + AgCl(s) \longrightarrow H^+(a_{H^+}) + Cl^-(a_{Cl^-}) + Ag(s)$

根据式(4-21),可得

$$E = E^\ominus - \frac{RT}{zF}\ln\frac{a_{H^+} \cdot a_{Cl^-} \cdot a_{Ag}}{[p_{H_2}/p^\ominus]^{1/2} \cdot a_{AgCl}}$$

$p_{H_2} = 100$ kPa,$p_{H_2}/p^\ominus = 1$;Ag(s)和 AgCl(s)为纯固体,活度视为 1;$z=1$,故上式可写为

$$E = E^\ominus - \frac{RT}{F}\ln(a_{H^+} \cdot a_{Cl^-})$$

$$= 0.2224 - \frac{8.314 \times 298.15}{96500} \times \ln(6.336 \times 10^{-3}) = 0.3524(V)$$

（三）由电动势 E 及其温度系数求反应的 $\Delta_r S_m$

根据吉布斯-亥姆霍兹公式

$$\left[\frac{\partial(\Delta_r G_m)}{\partial T}\right]_p = -\Delta_r S_m$$

将 $\Delta_r G_m = -zEF$ 代入上式,得到

$$\Delta_r S_m = zF\left(\frac{\partial E}{\partial T}\right)_p \tag{4-22}$$

式中,$\left(\frac{\partial E}{\partial T}\right)_p$ 称为电池电动势的温度系数,从实验测得不同温度下的电池电动势即可得到电动势与温度的关系曲线,进而得到电池电动势的温度系数。若已知电池电动势的温度系数,即可通过上式求得电池反应的 $\Delta_r S_m$ 值。

（四）由电动势 E 及温度系数求电池反应的焓变 $\Delta_r H_m$ 及电池的可逆放电热 Q_R

已知等温条件下 $\qquad\qquad \Delta_r G_m = \Delta_r H_m - T\Delta_r S_m$

将 $\Delta_r G_m = -zEF$ 和式(4-22)代入,则

$$\Delta_r H_m = -zEF + zFT\left(\frac{\partial E}{\partial T}\right)_p \qquad (4\text{-}23)$$

当温度一定时，$Q_R = T\Delta_r S_m$，将式(4-22)代入，得电池反应的可逆热效应为

$$Q_R = zFT\left(\frac{\partial E}{\partial T}\right)_p \qquad (4\text{-}24)$$

由式(4-24)可知：

(1) 当 $\left(\dfrac{\partial E}{\partial T}\right)_p > 0$，$Q_R > 0$，电池工作时从环境吸热；

(2) 当 $\left(\dfrac{\partial E}{\partial T}\right)_p < 0$，$Q_R < 0$，电池工作时向环境放热；

(3) 当 $\left(\dfrac{\partial E}{\partial T}\right)_p = 0$，$Q_R = 0$，电池工作时不吸热也不放热。

将式(4-24)代入式(4-23)，可以得出电池反应的焓变 $\Delta_r H_m$ 与其可逆热效应 Q_R 之间的关系：

$$\Delta_r H_m = -zEF + Q_R \qquad (4\text{-}25)$$

可见，Q_R 与 $\Delta_r H_m$ 并不相等。

例 4-9 电池 $Pt|H_2(g, p^\ominus)|H_2SO_4(0.01\ mol \cdot kg^{-1})|O_2(g, p^\ominus)|Pt$

298.15 K 时，电动势 $E = 1.228$ V，$\left(\dfrac{\partial E}{\partial T}\right)_p = -8.49 \times 10^{-4}\ V \cdot K^{-1}$。写出该电池的电池反应，并计算该温度下电池反应的 $\Delta_r G_m$、$\Delta_r H_m$、$\Delta_r S_m$ 及可逆放电时与环境交换的热量 Q_R。

解：电极反应：负极（氧化反应）

$$H_2(p^\ominus) \longrightarrow 2H^+(a_{H^+}) + 2e^-$$

正极（还原反应）　　$\dfrac{1}{2}O_2(p^\ominus) + 2H^+(a_{H^+}) + 2e^- \longrightarrow H_2O(l)$

电池反应：　　　　　$H_2(p^\ominus) + \dfrac{1}{2}O_2(p^\ominus) \longrightarrow H_2O(l)$

$$\Delta_r G_m = -zEF = -2 \times 96500 \times 1.228 = -237.0\ (kJ \cdot mol^{-1})$$

$$\Delta_r S_m = zF\left(\frac{\partial E}{\partial T}\right)_p = 2 \times 96500 \times (-8.49 \times 10^{-4}) = -163.9\ (J \cdot K^{-1} \cdot mol^{-1})$$

$$\Delta_r H_m = \Delta_r G_m + T\Delta_r S_m = -285.9\ (kJ \cdot mol^{-1})$$

$$Q_R = T\Delta_r S_m = 298.15 \times (-163.9) = -48.9\ (kJ \cdot mol^{-1})$$

（五）由电池的标准电动势 $E^\ominus$ 求反应的标准平衡常数 $K_a^\ominus$

已知 $\Delta_r G_m^\ominus$ 与反应的标准平衡常数 $K_a^\ominus$ 之间的关系式

$$\Delta_r G_m^\ominus = -RT\ln K_a^\ominus$$

将 $\Delta_r G_m^\ominus = -zE^\ominus F$ 代入，可得电池的标准电动势 $E^\ominus$ 与反应的标准平衡常数的关系式

$$E^\ominus = \frac{RT}{zF}\ln K_a^\ominus \qquad (4\text{-}26)$$

由实验测得各物质均处于标准态时的电池电动势，或由标准电极电势值计算出电动势，就可以计算化学反应的平衡常数。

例 4-10 试计算 298.15 K 时，反应 $Ce^{4+} + Fe^{2+} \longrightarrow Fe^{3+} + Ce^{3+}$ 的 $\Delta_r G_m^\ominus$ 和 $K_a^\ominus$。

已知电池 $Pt|Fe^{2+}(a=1), Fe^{3+}(a=1) \| Ce^{4+}(a=1), Ce^{3+}(a=1)|Pt$ 的 $E^\ominus = 0.84$ V。

解：由式(4-26)，得

$$\ln K_a^\ominus = \frac{zE^\ominus F}{RT} = \frac{1 \times 0.84 \times 96500}{8.314 \times 298.15}$$

$$K_a^\ominus = 1.6 \times 10^{14}$$

$$\Delta_r G_m^{\ominus} = -zE^{\ominus}F = 1 \times 0.84 \times 96500 = 81.1(\text{kJ})$$

知识拓展

血 糖 仪

早先对糖尿病人进行血糖含量的检测要通过大型生化分析仪进行,成本高且耗时较长。近年来患有糖尿病的人数逐年增加,为方便检测血糖,科学工作者研发了一种简便、快速的检测仪器,即便携式血糖仪(personal glucose meter,PGM)。PGM 操作简单,需样量少,检测结果准确。早在 1962 年 Clark 和 Lyons 首先提出了葡萄糖生物传感器原理,通过氧电极检测溶液中溶解氧的消耗量可以间接测定葡萄糖的含量。1967 年 Updike 和 Hikes 根据这个葡萄糖生物传感器原理研制了第一个葡萄糖生物传感器,但是灵敏度较差。后来科研工作者研发出电子媒介的电流型葡萄糖生物传感器,将电子媒介体物理吸附在电极上,可在酶氧化还原活性中心和电极间有效地传递电子,大大提高了葡萄糖传感器的响应速度、检测灵敏度和抗干扰能力。

血糖试纸的基片是 PET 聚酯材料,试纸的工作电极是石墨,试纸上的试剂主要有以下成分:氧化还原酶如葡萄糖氧化酶、葡萄糖-NAD-脱氢酶、葡萄糖-PQQ-脱氢酶和葡萄糖-FAD-脱氢酶等,各种导电介质如苯醌、铁氰化钾、二茂铁、钌化合物等。

PGM 可在 5 s 内检测出溶液中葡萄糖的含量,其工作原理如下:

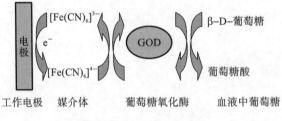

图 4-10 PGM 的工作原理

电极型血糖仪采用电化学分析中的三电极系统,即工作电极、参比电极和辅助电极。其中,参比电极的作用是定位电势零点,工作电极和辅助电极构成一个通电的体系,用来测量通过工作电极的电流。当血样中的血糖可以经过葡萄糖酸内酯被葡萄糖氧化酶(GOD)氧化为葡萄糖酸,同时产生氧化电流,被三电极系统测量,其电流值大小与血样中的葡萄糖浓度成正比,因此根据电流强度的大小可换算出血样中葡萄糖的浓度并由仪器直接读出。在此过程中铁氰化钾的作用是作为电子转移媒介体。

第五节 生物电化学

一、生物电化学研究

生命现象最基本的过程是电荷运动。人或其他动物的肌肉运动、大脑的信息传递以及细胞膜的结构与功能机制等无不涉及电化学过程的作用。细胞的代谢作用可以借用电化学中的燃料电池的氧化和还原过程来模拟,生物电池是利用电化学方法模拟细胞功能。

生物电化学(bioelectrochemistry)是电化学、生物化学和生理学等多门学科的交叉学科，它应用电化学的基本原理和实验方法，在生物体和有机组织的整体以及分子和细胞两个不同水平上研究或模拟研究电荷在生物体系中的分布、传输和转移的规律。生物电化学包括生物膜及模拟生物膜上电荷与物质的分配和转移功能、生物电现象及其电动力学科学实验、生物电化学传感器等电分析方法在活体和非活体中生物物质检测及医药分析、仿生电化学(如仿生燃料电池、仿生计算机等)等方面的研究。

(一) 生物电现象

肌电、心电、脑电等都属于生物电现象。1791年伽伐尼(Galvani)发现，将两根不同金属丝插入青蛙腿中，然后连接这两根金属丝，结果青蛙的肌肉产生了收缩现象，实验表明动物的机体组织与电之间存在着相互作用。一切生物体，无论是处于静止状态还是活动状态都存在电现象，即生物电现象。生物电一般都很微弱，如心电约为 1 mV，脑电仅为 0.1 mV。因此，测定心电、脑电和肌电时均需选用面积大的电极，同时电极的电阻和极化要小，能够在生物体表面被固定，如 Ag-AgCl 电极。

电化学为电生理学，例如脑电图、心电图、肌动电流图、兴奋细胞的刺激、离子电渗疗法的研究提供了基础，可作为判断各组织活动的生理或病理状态的重要指标。

(二) 膜电势

生物电现象主要来源于生物体细胞膜内、外的电势差，即膜电势(membrane potential)。一般生物细胞膜内的 K^+ 浓度远大于细胞膜外的 K^+ 浓度，而 Na^+ 浓度小于细胞膜外 Na^+ 浓度。细胞膜内、外浓度差的存在，导致 K^+ 由浓度高的膜内向浓度低的膜外扩散，Na^+ 由膜外向膜内扩散；而膜内带负电荷的蛋白质大分子不能通过细胞膜，使膜内带有净的负电荷，膜外带有净的正电荷。膜内、外形成的电势差即膜电势。膜电势的大小由膜内、外两侧 K^+ 的起始浓度差的大小决定。细胞内、外液体组成的电池可表示为

$$Ag(s) | AgCl(s) | KCl(aq) | 内液 | 细胞膜 | 外液 | KCl(aq) | AgCl(s) | Ag(s)$$

二、生物电化学传感器

传感器是指能感受特定的检测对象，并按照一定的规律转换成可输出的电信号、光信号或气体信号的器件或装置。电化学传感器(electrochemical sensor)的组成通常分为两部分：识别系统即感应器和转换系统即转换器，如图 4-11 所示。其中感应器的主要作用：选择性地与待测物质发生作用，将系统内化学参数的变化以反应信号的方式传导给转换器。转换器的主要作用：识别系统的反应信号，然后通过电极、光纤或各种敏感元件将反应信号转换为电压、电流或者光强度等形式，而后进行信号放大输出或直接输出，从而使最终的输出信号转变为可分析的信号。电化学传感器表面的微结构可以提供许多的可以利用的势场，这样就可以使待测的物质进行有效的分离、富集，凭借控制电极电位还能进一步提高选择性，并且可以把测定方法的灵敏性和表面物质化学反应的选择性相结合，即电化学传感器是把分离、富集和选择性测定三者合为一体的理想体系，在提高灵敏度和选择性方面具有独特的优越性。

图 4-11 电化学传感器原理简易示意图

　　生物电化学传感器是将酶、抗体、抗原、细胞、微生物等生物体分子或生物体本身作为敏感元件，以固体电极、离子选择性电极等作为转换元件，以电位或电流为特征检测信号的传感器。生物电化学传感器可以模拟生物分子在生命活动过程的作用和变化。生物体内进行的化学反应绝大部分是氧化还原反应，它们本身的电子传递机制及它们所构成的物质和能量代谢链的电子传递机制，正在利用电化学理论和研究技术有效地进行研究。这类传感器具有高选择性、高灵敏度，可快速、直接获取复杂体系组成信息的理想分析工具，为临床检验、环境分析以及食品、医药等工业生产过程的监控提供了新的工具。

　　根据敏感生物材料的不同，生物电化学传感器分为酶电极传感器、微生物传感器、电化学免疫传感器、电化学 DNA 传感器等，其中酶电极传感器的研究和应用最为广泛。

　　以酶作为敏感元件的电化学生物传感器也称为酶电极，它具有选择性好、灵敏度高、分析速度快、操作简便和价格低廉等优点，近年来已成为电分析化学中一个重要的研究方向和研究热点。酶是由生物体内活细胞产生的具有特异催化功能的一类特殊的生物活性蛋白质，生命体新陈代谢过程中的所有生化反应都是在酶的催化作用下完成的，并以极高的速度和明确的方向性维持生命的代谢活动，可以说，没有酶生命体将不复存在。酶的高选择性和高效催化性能使酶的研究受到了人们的广泛关注。氧化还原酶在生命体内参与完成的许多生理过程中都要发生电子转移，在其氧化型与还原型之间互相转化。生命体内许多氧化还原酶的电子转移反应都发生在带电荷的生物膜上或者其附近，其电子传递必然受到电场的作用和影响，这与电化学研究中工作电极的影响情况十分相似，因此近年来用电化学手段研究氧化还原酶的电子传递过程引起化学家和生物化学家的广泛关注。电化学反应可以在体外模拟酶在体内进行的电子转移，因此采用电极作为电子的给予体或接受体，研究氧化还原酶在电极上的氧化还原过程，可以为研究其在体内的电子交换提供理论模型。而在电极上所获得的酶的热力学和动力学性质也有助于我们深入理解和认识它们在生物体中真实的电子转移机制，这对理解生命体内的能量转换和物质代谢，理解生物分子的结构和各种物理化学性质，探索氧化还原酶在生命体内的生理作用及作用机制等均具有重要的意义。

　　研究酶对生物体系中电化学反应催化作用，其研究内容主要有：酶的结构和性能，酶促反应机制，酶固定化方法，在电极-电解质界面酶的电化学行为和氧化还原反应机制，酶促反应同电化学反应的关联方法（尤其是酶在固定化电子递体或促进剂的电极上的电催化作用），酶催化的应用（尤其是酶作为专一性电化学传感器——酶在能源转换和存储中的应用）。

　　氧化还原酶在电极上的电化学研究也为开发新型的生物传感器、生物医学器件和生物反应器等提供了重要基础，并且有的已经实现了商品化。如 1967 年 Updike 和 Hicks 报道了在氧电极表面采用聚丙烯酰胺凝胶固定葡萄糖氧化酶（GOD），这是世界上第一支葡萄糖生物传感器。经过几十年的努力，基于 GOD 电化学的葡萄糖生物传感器目前已成功地推向市场，并已成为临床糖尿病诊断和患者血糖水平监测的重要工具。酶电化学生物传感器研究的一个核心问题是酶与基体电极之间的电子传递。根据电子传递方式的不同可以将酶电极分为间接与直接两类，间接方式是以电活性的媒介体作为酶的氧化还原活性中心与电极之间进行电子交换的桥梁；而直接方式则不需要媒介体，酶直接与电极进行电子转移。长期以来，研究氧化还原酶与电极之间的间接或直接的电子传递已成为研究与开发新型的酶电化学生物传感器的重要基础。由于酶容易失去生物活性，因此酶传感器的稳定性较差，使用寿命相对较短。

　　随着生物技术、生物材料科学及其他相关学科的不断发展和相互结合，生物电化学传感器不断得到发展和改进。如纳米生物传感器，它们在生理过程的模拟、跟踪、活体检测、在线分析，生物芯片及生物燃料电池等方面具有十分广阔的前景。

纳米金在电化学生物传感器中的应用

纳米金在电化学生物传感器中属于应用最为广泛的一种纳米颗粒,其主要的应用包括以下几个方面。

纳米金颗粒不仅具有良好的表面效应,而且还拥有优良的导电性能,所以比其他的非金属纳米颗粒的增强作用更显著。另外纳米金是常用的标记生物分子的纳米颗粒,它有这项功能的主要原因是纳米金颗粒可以与巯基之间发生很强的共价键结合,这样就可以使巯基标记的生物活性分子和胶体金结合而构成探针,此体系非常有益于生物体系的检测和诊断。生物条形码(bio-bar code)这个技术在纳米金颗粒诊断技术中是一个很典型的例子。它在DNA检测方面与原来技术相比具有较多优点,如高灵敏度、没有酶参与反应,对储存、运输和实验操作要求较低,易于推广、操作简单,对工作人员的专业背景要求不高。研究人员利用DNA的杂交技术将CdTe量子点和Pbs量子点组装到纳米金颗粒上制成生物条形码,利用此生物条形码探针实现对多种DNA相关分析物的检测。他们还利用辅助DNA将Pbs量子点修饰到金纳米颗粒上制成生物条形码探针对目标DNA和DNA相关物进行检测。

在纳米金的表面也可以通过疏水作用来结合蛋白质分子,由此形成的固载复合物可以使它的生物活性保持很长时间。纳米金还可以作为媒介体,研究者在氮掺杂的石墨烯纳米片层上复合纳米金颗粒,将此用来固定抗体,用该纳米复合材料构建了检测金属蛋白酶的电化学免疫传感法。该复合材料通过在氮掺杂的石墨烯纳米碳层上利用柠檬酸钠原位还原氯金酸,来得到具有良好的生物相容性的、均一的金-石墨烯纳米复合材料,因为纳米金颗粒的作用,其表面可以牢固地结合抗体分子,并且纳米复合材料具有氮掺杂的石墨烯,使得其具有优良的导电性,促进电极表面电子的传递,有利于提高此传感器的灵敏度。

纳米金粒子有良好的生物相容性和电子传导能力,可以在电极的表面提供一个温和的不受限制的微环境,促进表面生物分子和电极之间的电子传递,从而提高电化学传感器的检测灵敏度。纳米金簇也具有这个性质,所以它可以作为一种良好的电子媒介体来构建DNA电化学传感器。有研究者利用硼氢化钠还原氯金酸,以树枝状的大分子聚酰胺-胺类作为模板来合成出一种含有多个纳米金簇的树形纳米材料。将两段不同的DNA片段和树形的纳米材料连接形成探针后,把它修饰到电极表面上,其中的一段DNA链可以和葡萄糖脱氢酶标记的DNA分子进行杂交,形成DNA串联体,之后利用纳米金簇和葡萄糖脱氢酶的级联反应去催化烟酰胺腺嘌呤二核苷酸还原性辅酶的氧化还原反应,从而产生电化学信号,以此来完成对目标凝血酶分子的超灵敏检测。

NOTE

本章小结

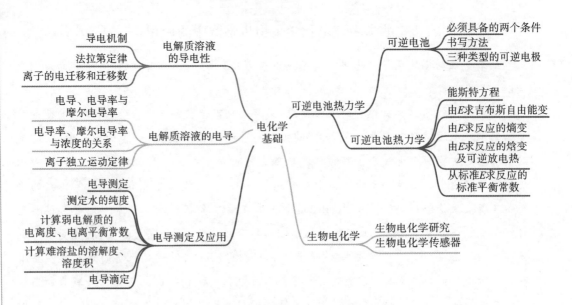

目标检测与习题

目标检测与
习题答案

一、选择题

1. 下列何者的运动属于电解质导电的机制?（　　）

A. 电子　　　　　　B. 离子　　　　　　C. 原子　　　　　　D. 电子和离子

2. 设某浓度时,$CuSO_4$ 的摩尔电导率为 $1.4×10^{-2}$ S·m²·mol⁻¹,若在该溶液中加入 1 m³ 的纯水,这时 $CuSO_4$ 的摩尔电导率将（　　）。

A. 降低　　　　　　B. 增高　　　　　　C. 不变　　　　　　D. 无法确定

3. 下列电导率最大的 NaCl 溶液的浓度是（　　）。

A. 0.001 mol·dm⁻³　　　　　　　　　　B. 0.01 mol·dm⁻³

C. 0.1 mol·dm⁻³　　　　　　　　　　　D. 1.0 mol·dm⁻³

4. 一电解质溶液在稀释过程中（　　）。

A. 电导率减少,摩尔电导率增加　　　　　B. 电导率增加

C. 电导率与摩尔电导率均增加　　　　　　D. 摩尔电导率减少

5. 用 $Λ_m$ 对 $\sqrt{c}$ 作图外推至 $c→0$,可以求得下列（　　）溶液的无限稀释摩尔电导率。

A. HAc　　　　　　B. NaCl　　　　　　C. $CuSO_4$　　　　　　D. $NH_3·H_2O$

6. 在 298.15 K 下,含下列离子的无限稀释的溶液中,离子摩尔电导率最大的是（　　）。

A. Al^{3+}　　　　　B. Mg^{2+}　　　　　C. H^+　　　　　D. K^+

7. 电解质溶液的摩尔电导率可以看作正、负离子的摩尔电导率之和,这一规律适用于（　　）。

A. 强电解质　　　　　　　　　　　　　　B. 弱电解质

C. 无限稀溶液　　　　　　　　　　　　　D. 1 mol·dm⁻³ 的溶液

8. 电解质溶液中的正、负离子的迁移数之和（　　）。

A. 等于 1　　　　　B. 大于 1　　　　　C. 小于 1　　　　　D. 不确定

NOTE

9. 某电池在 298.15 K、标准压力下,可逆放电的热效应为 $Q_R = -100$ J,则该电池反应的 $\Delta_r H_m$ 值应为(   )。

    A. 等于 -100 J   B. 等于 100 J   C. 大于 100 J   D. 小于 100 J

10. 当电池的电动势 $E = 0$ 时,(   )。

    A. 阴、阳极的电极电势均为零

    B. 反应体系中各物质都处于标准态

    C. 阴、阳极的电极电势相等

    D. 电池反应中,反应物的活度与产物的活度相等

11. 可逆电池中盐桥的作用是(   )。

    A. 消除电池中的所有扩散现象   B. 完全消除液体接界电势

    C. 使电池变成完全无液体接界的电池   D. 最大限度地降低电池中的液接电势

12. 电池在等温、等压及可逆条件下放电,则系统与环境间的热交换 Q_R 值是(   )。

    A. $\Delta_r H_m$ B. $T\Delta_r S_m$ C. $\Delta_r H_m - \Delta_r S_m$ D. 0

13. 有电池 $Zn(s)|Zn^{2+}(a_1)\|Cu^{2+}(a_2)|Cu(s)$,该电池的电动势 E(   )。

    A. 当 a_2 为常数时,a_1 增加,E 也增加   B. 当 a_1 为常数时,a_2 增加,E 减小

    C. 当 a_2 增加,a_1 减小时,E 增加   D. 当 a_2 增加,a_1 减小时,E 减小

二、填空题

1. 现有电池 $Zn(s)|ZnCl_2(a)|AgCl(s)|Ag(s)$,作为原电池时,Zn 电极是_____极、_____极;作为电解池时,Zn 电极是_____极、_____极。(填写"阴、阳、正、负")。

2. 描述电流通过电解质溶液时,电极上发生反应的物质的量 n 与通过的电量 Q 之间的关系是_____定律。

3. $Pt|Cu^{2+}, Cu^+$,电极上的反应为 $Cu^{2+} + e^- \longrightarrow Cu^+$,当有 $1 F$ 的电量通过电池时,发生反应的 Cu^{2+} 的物质的量为_____ mol。

4. 在实验中测定离子迁移数的常用方法有_____、_____和_____。

5. 若要比较各种电解质的导电能力的大小,更为合理应该选_____。

6. 在 298.15 K 时,当 H_2SO_4 溶液的浓度从 0.01 mol·kg^{-1} 增加到 0.1 mol·kg^{-1} 时,其电导率将_____,摩尔电导率将_____(填写"增加"或"减小")。

7. 用同一电导池测得浓度为 0.01 mol·dm^{-3} 的 A 溶液和浓度为 0.1 mol·dm^{-3} 的 B 溶液的电阻分别为 1000 Ω 和 500 Ω,则它们的摩尔电导率之比 $\Lambda_m(A)/\Lambda_m(B)$ 等于_____。

8. 溶液中 KCl、KOH 和 HCl 的浓度均为 0.001 mol·dm^{-3},它们的摩尔电导率 Λ_m 大小顺序为 $\Lambda_m(KCl)$_____$\Lambda_m(KOH)$_____$\Lambda_m(HCl)$。

9. $CaCl_2$ 的摩尔电导率与其离子的摩尔电导率的关系是_____。

10. 将反应 $cC + dD \Longrightarrow gG + hH$ 设计成电池,其电池电动势的表达式为_____。

11. 甘汞电极的组成为_____。

12. 电池 $Ag(s)|AgCl(s)|Cl^-(a_1)\|Ag^+(a_2)|Ag(s)$ 应该用_____作为盐桥。

13. 对电池反应 $AgCl(s) + I^-(aq) \longrightarrow AgI(s) + Cl^-(aq)$,所设计的原电池为_____。

14. 电池 $Pt|H_2(g, 100\ kPa)|HCl(a)|Cl_2(g, 100\ kPa)|Pt$ 的电池反应可写作_____。

三、判断题

1. 在原电池中,正极是阴极,电池放电时,溶液中带负电荷的离子向阴极迁移。(   )

NOTE

2. 温度越高,电解质溶液的电阻越大。(　　)

3. 电解质溶液中,各离子迁移数之和为1。(　　)

4. 一无限稀释电解质溶液,其正、负离子的摩尔电导率彼此独立。(　　)

5. 一定温度下对同一电解质的水溶液,当其浓度逐渐增加时,摩尔电导率随之增加。(　　)

6. 可逆电池反应的 ΔH 与反应热 Q 不相等。(　　)

7. 若一电池的电动势为正值,表示给定方向上的反应为自发过程。(　　)

8. 某电池反应为 $2Hg(l)+O_2+2H_2O(l)\Longrightarrow 2Hg^{2+}+4OH^-$,当电池反应达平衡时,电池的 E 必然是大于零。(　　)

四、简答题

1. 电解质溶液的导电能力和哪些因素有关? 在表示溶液的导电能力方面,已经有了电导率的概念,为什么还要提出摩尔电导率的概念?

2. 试述电导率、摩尔电导率与浓度的关系并解释原因。

3. 实验中,如何测出强电解质、弱电解质的无限稀释摩尔电导率? 为什么?

4. 无限稀释时,HCl、KCl 和 NaCl 三种溶液在相同温度、相同浓度、相同电位梯度下,三种溶液中 Cl^- 的运动速率是否相同? 三种溶液中 Cl^- 的迁移数是否相同?

5. 因为电导率 $\kappa=\dfrac{K_{cell}}{R}$,所以电导率 κ 与电导池常数 K_{cell} 成正比,这种说法对吗? 为什么?

6. 为什么用 $Zn(s)$ 和 $Ag(s)$ 插在 HCl 溶液中所构成的原电池是不可逆电池?

7. 盐桥有何作用? 为什么它不能完全消除液体接界电势,而只是把液体接界电势降低到可以忽略不计的程度?

8. 一般认为当电池的标准电动势为 $0.2\ V$ 时,该电池反应将能自发、完全地进行。为什么?

9. 可用什么实验方法测定反应 $\dfrac{1}{2}H_2(g)+AgCl(s)\longrightarrow Ag(s)+HCl(aq)$ 的摩尔反应焓,并说明理论依据。(不考虑用光谱或波谱方法)

10. 试分析弱碱 $NH_3\cdot H_2O$ 滴定弱酸 HAc 时,溶液电导率的变化情况,并作出电导滴定曲线示意图。

11. 写出下列电池中各电极上的反应和电池反应。

(1) $Pt,H_2(p_{H_2})\mid HCl(a)\mid Cl_2(p_{Cl_2}),Pt$

(2) $Pb(s)\mid PbSO_4(s)\mid SO_4^{2-}(a_{SO_4^{2-}})\parallel Cu^{2+}(a_{Cu^{2+}})\mid Cu(s)$

(3) $Cu(s)\mid CuSO_4(a_1)\parallel AgNO_3(a_2)\mid Ag(s)$

(4) $Pt,H_2(p_{H_2})\mid NaOH(a)\mid HgO(s)+Hg(l)$

12. 试将下列化学反应设计成电池。

(1) $AgCl(s)\longrightarrow Ag^+(a_1)+Cl^-(a_2)$

(2) $AgCl(s)+I^-(a_1)\longrightarrow AgI(s)+Cl^-(a_2)$

(3) $Zn(s)+H_2SO_4(a_1)\longrightarrow ZnSO_4(a_2)+H_2(p)$

(4) $Pb(s)+Hg_2Cl_2(s)\longrightarrow PbCl_2(s)+2Hg(l)$

五、计算题

1. 当 $CuSO_4$ 溶液中通过 1930 C 电量后,在阴极上有 0.009 mol 的 Cu 沉积出来,试求在阴极上还可以析出 $H_2(g)$ 的物质的量。

2. 以 Pt 为电极,当 0.10 A 的电流通过 $AgNO_3$ 溶液时,在阴极有 Ag 析出,同时阳极放出 O_2。试计算通电 10 min 后(1)阴极析出 Ag 的质量;(2)温度为 298.15 K,压力为 100 kPa 时,放出 O_2 的体积。

$$[(1)\ 0.0671\ g;(2)\ 3.85\times10^{-3}\ dm^3]$$

3. 在 298.15 K 时,用铂电极电解盐酸。已知电解前阴极区含有 0.177 g Cl^-,通电一段时间后,经分析知道含有 0.163 g Cl^-,同时与电解池串接的银库仑计中析出 0.2508 g Ag。分别计算 H^+ 和 Cl^- 的迁移数。

$$[0.830;0.170]$$

4. 在 298.15 K 时,一电导池中盛以 0.01 $mol\cdot dm^{-3}$ 的 KCl 溶液,电阻为 150.00 Ω;盛以 0.01 $mol\cdot dm^{-3}$ 的 HCl 溶液,电阻为 51.40 Ω。求 0.01 $mol\cdot dm^{-3}$ HCl 溶液的电导率和摩尔电导率。

$$[0.4119\ S\cdot m^{-1};4.119\times10^{-2}\ S\cdot m^2\cdot mol^{-1}]$$

5. 在 298.15 K 时,0.010 $mol\cdot dm^{-3}$ KCl 水溶液的电导率为 0.14114 $S\cdot m^{-1}$,将此溶液充满电导池,测得其电阻为 112.3 Ω。若将该电导池改充以同浓度的某待测溶液,测得其电阻为 2184 Ω,计算(1)电导池常数;(2)待测液的电导率;(3)待测液的摩尔电导率。

$$[(1)\ 15.85\ m^{-1};(2)\ 7.257\times10^{-3}\ S\cdot m^{-1};(3)\ 7.257\times10^{-4}\ S\cdot m^2\cdot mol^{-1}]$$

6. 在 298.15 K 时,浓度为 10 $mol\cdot m^{-3}$ 的 $CuSO_4$ 溶液的电导率为 0.1434 $S\cdot m^{-1}$,试求 $CuSO_4$ 的摩尔电导率 $\Lambda_m(CuSO_4)$ 和 $1/2(CuSO_4)$ 的摩尔电导率 $\Lambda_m(1/2CuSO_4)$。

$$[1.434\times10^{-2}\ S\cdot m^2\cdot mol^{-1};7.17\times10^{-3}\ S\cdot m^2\cdot mol^{-1}]$$

7. 在 298.15 K 时,一电导池充以 0.01 $mol\cdot dm^{-3}$ KCl,测得电阻 R 为 484.0 Ω;在同一电导池中充以不同浓度的 NaCl 水溶液,测得下表所列数据。已知 298.15 K 时 0.01 $mol\cdot dm^{-3}$ 的 KCl 水溶液的电导率为 0.1411 $S\cdot m^{-1}$。(1)求算各浓度时 NaCl 的摩尔电导率;(2)以 Λ_m 对 $\sqrt{c}$ 作图,用外推法求出 Λ_m^∞。

$c/(mol\cdot dm^{-3})$	0.0005	0.0010	0.0020	0.0050	0.0080
R/Ω	10910	5494	2772	1129	715

$$[(1)\ 0.01253,0.01244,0.01233,0.01211,0.01195;(2)\ 0.01270(单位均为\ S\cdot m^2\cdot mol^{-1})]$$

8. 在 298.15 K 时,0.01 $mol\cdot dm^{-3}$ KCl 的 κ 为 0.1411 $S\cdot m^{-1}$,一电导池充以 0.01 $mol\cdot dm^{-3}$ KCl 和 0.1 $mol\cdot dm^{-3}$ $NH_3\cdot H_2O$ 溶液,测出的电阻分别为 525 Ω 和 2030 Ω,计算此时 $NH_3\cdot H_2O$ 的解离度。已知 $\lambda_m^\infty(NH_4^+)=7.34\times10^{-3}\ S\cdot m^2\cdot mol^{-1}$,$\lambda_m^\infty(OH^-)=1.98\times10^{-2}\ S\cdot m^2\cdot mol^{-1}$。

$$[0.0134]$$

9. 在 298.15 K 时,0.01 $mol\cdot dm^{-3}$ HAc 溶液在一电导池常数为 36.7 m^{-1} 的电导池中测得的电阻为 2220 Ω。计算此 HAc 溶液的无限稀释摩尔电导率、电离度和电离平衡常数。已知:$\lambda_m^\infty(H^+)=3.498\times10^{-2}\ S\cdot m^2\cdot mol^{-1}$,$\lambda_m^\infty(Ac^-)=4.09\times10^{-3}\ S\cdot m^2\cdot mol^{-1}$。

$$[3.907\times10^{-2}\ S\cdot m^2\cdot mol^{-1};0.0423;1.87\times10^{-5}]$$

10. 在 298.15 K 时,AgBr 的饱和水溶液的电导率减去纯水的电导率等于 1.174×10^{-5} $S\cdot m^{-1}$,试求 AgBr 的溶解度。已知 $\lambda_m^\infty(Ag^+)=6.192\times10^{-3}\ S\cdot m^2\cdot mol^{-1}$,$\lambda_m^\infty(Br^-)=7.84\times10^{-3}\ S\cdot m^2\cdot mol^{-1}$。

$$[1.57\times10^{-4}\ g\cdot dm^{-3}]$$

11. 在 298.15 K 时,$SrSO_4$ 饱和水溶液及纯水的电导率分别为 1.482×10^{-2} $S\cdot m^{-1}$ 及 1.5×10^{-4} $S\cdot m^{-1}$,求 $SrSO_4$ 的溶解度。已知 $\lambda_m^\infty(Sr^{2+})=1.189\times10^{-2}\ S\cdot m^2\cdot mol^{-1}$,

$\lambda_m^\infty(SO_4^{2-})=1.596\times10^{-2}$ S $\cdot$ m^2 $\cdot$ mol^{-1}。

$[9.67\times10^{-2}$ g $\cdot$ dm$^{-3}]$

12. 在 298.15 K 时,测得 $BaSO_4$ 饱和水溶液的电导率为 4.58×10^{-4} S $\cdot$ m^{-1},求算该温度下 $BaSO_4$ 的标准溶度积常数。已知:该浓度时所用纯水的电导率为 1.52×10^{-4} S $\cdot$ m^{-1},$\Lambda_m^\infty\left[\frac{1}{2}Ba(NO_3)_2\right]=1.351\times10^{-2}$ S $\cdot$ m^2 $\cdot$ mol^{-1},$\Lambda_m^\infty\left(\frac{1}{2}H_2SO_4\right)=4.295\times10^{-2}$ S $\cdot$ m^2 $\cdot$ mol^{-1},$\Lambda_m^\infty(HNO_3)=4.211\times10^{-2}$ S $\cdot$ m^2 $\cdot$ mol^{-1}。

$[1.14\times10^{-10}]$

13. 电池　　　　　　$Zn|Zn^{2+}(a=0.0004)\parallel Cd^{2+}(a=0.2)|Cd$

在 298.15 K 时的标准电动势 $E^\ominus=0.360$ V,试写出该电池的电极反应和电池反应,并计算电池的电动势 E 值。

$[0.440$ V$]$

14. 电池　　$Fe(s)|Fe^{2+}(a=0.05)\parallel H^+(a=0.1)|H_2(100$ kPa$)|Pt$

写出电极反应和电池反应,并计算 298.15 K 时电池的电动势。已知电池的标准电动势为 0.4402 V。

$[0.4195$ V$]$

15. 298.15 K 时,电池的电动势 $E=0.0455$ V,温度系数 $\left(\frac{\partial E}{\partial T}\right)_p=3.38\times10^{-4}$ V $\cdot$ K^{-1},

$$Ag(s)|AgCl(s)|KCl(a)|Hg_2Cl_2(s)|Hg(l)$$

写出电池反应,并求出该温度下的 Δ_rG_m、Δ_rS_m、Δ_rH_m 及可逆放电时的热效应 Q_R。

$[-4391$ J $\cdot$ mol^{-1};32.62 J $\cdot$ K^{-1} $\cdot$ mol^{-1};5329 J $\cdot$ mol^{-1};9720 J $\cdot$ mol$^{-1}]$

16. 298.15 K 时,将某可逆电池短路使其放出 1 mol 电子的电量,此时放电的热量恰好等于该电池可逆操作时所吸收热量的 40 倍,试计算此电池的电动势。已知此电池电动势的温度系数 $\left(\frac{\partial E}{\partial T}\right)_p=1.40\times10^{-4}$ V $\cdot$ K^{-1},$z=1$。

$[1.711$ V$]$

17. 已知 298.15 K 时,$AgCl$ 的标准摩尔生成焓是 -127.04 kJ $\cdot$ mol^{-1},Ag、$AgCl$ 和 $Cl_2(g)$ 的标准摩尔熵分别是 42.702 J $\cdot$ K^{-1} $\cdot$ mol^{-1}、96.11 J $\cdot$ K^{-1} $\cdot$ mol^{-1} 和 222.95 J $\cdot$ K^{-1} $\cdot$ mol^{-1}。电池

$$Pt|Cl_2(p^\ominus)|HCl(0.1\ mol\cdot dm^{-3})|AgCl(s)|Ag(s)$$

计算(1)电池的电动势;(2)电池可逆放电时的热效应;(3)电池电动势的温度系数。

$[(1)\ -1.137$ V;(2) 17.30 kJ $\cdot$ mol^{-1};(3) 6.02×10^{-4}V $\cdot$ K$^{-1}]$

(宁夏医科大学　　姚惠琴)

NOTE

第五章　化学动力学

 学习目标

本章PPT

　　1. 记忆、理解:化学反应速率的表示方法,反应级数、反应分子数、基元反应、速率常数、反应机制、质量作用定律、活化能等基本概念;一级、二级、零级反应动力学方程及其特征;三种典型复杂反应的动力学方程及其特征;碰撞理论、过渡状态理论等反应速率理论大意;催化反应的基本特征;光化反应及其特征。

　　2. 计算、分析、应用:会进行一级、二级、零级等反应的相关动力学计算,预测药物有效期;会应用阿伦尼乌斯公式计算温度对反应速率的影响;会判断介质以及酸碱催化和酶催化等因素对反应速率的影响。

　　化学反应主要涉及两个基本问题:一是反应进行的方向和限度;二是反应进行的速率和反应机制(历程)。前者由化学热力学解决,后者属化学动力学的研究范畴。与经典热力学的相对成熟不同,化学动力学仍然是一个非常活跃的研究领域。

　　化学动力学(chemical kinetics)的基本任务之一是研究浓度、温度、压力、催化剂等各种因素对反应速率的影响;基本任务之二是研究反应进行时反应物生成产物所经历的具体历程,即反应机制,找出控制反应速率的关键步骤;基本任务之三是建立基元反应的速率理论,并研究物质的结构和反应性能之间的关系,以期预测各种反应的速率。所以,化学动力学是研究化学反应速率和反应机制的科学。

　　对于化学反应的研究,动力学和热力学是相辅相成的。例如工业合成氨的反应

$$N_2(g) + 3H_2(g) \Longrightarrow 2NH_3(g)$$

$$\Delta_r G_m^\ominus = -32.9 \text{ kJ} \cdot \text{mol}^{-1} \qquad \Delta_r H_m^\ominus = -92.2 \text{ kJ} \cdot \text{mol}^{-1}$$

　　根据化学热力学数据 $\Delta_r G_m^\ominus$ 和 $\Delta_r H_m^\ominus$ 可知,该反应是可以自发进行的,且是一个放热反应。一般认为,对于放热反应,温度低,反应的平衡常数大。那么,是否可以认为温度越低对 NH_3 的合成越有利? 其实不然。温度很低时该反应进行得很慢,到达平衡的时间很长,无法实现工业化生产。经化学动力学研究,要适当提高反应温度和压力,实际生产在 3×10^7 Pa 和 773 K 左右且有催化剂作用下可快速完成。由此可见,化学热力学只解决了反应的可能性问题,反应的现实性问题还需化学动力学来解决。但应注意到,若化学热力学研究表明某热化学反应在所在条件下不可能发生,则动力学的研究是徒劳的,不可能违背热力学的研究结论。

　　通过化学动力学的研究,可以控制化学反应条件,提高主反应速率,增加主产品产率;可以抑制或减慢副反应速率,减少原料消耗,减轻分离操作负担,并提高产品质量。化学动力学还可为避免产品的老化或变质、材料的腐蚀、危险品的爆炸等问题提供理论依据和指导。此外,化学动力学广泛应用于药物研究的相关领域,如药物合成路线的设计,溶剂、温度等各种因素对药物生产速率和效率的影响,药物的储藏和保管,药物在体内的吸收、分布、代谢与排泄等,这些研究都需要应用化学动力学的相关知识和方法。本章主要从化学反应的基本概念、化学反应速率的影响因素和化学反应理论等方面阐述化学动力学基础知识。

 NOTE

第一节 基 本 概 念

一、化学反应速率的表示方法

在描述化学反应快慢时,可以采用反应物或生成物的浓度随时间的变化率来表示,即用反应物浓度随时间的消耗率,或用生成物浓度随时间的增加率表示;也可以采用参与反应的各物质的反应进度随时间的变化率表示。第一种表示方法中,由于化学反应式中生成物和反应物的化学计量数往往不同,因此选用不同物质表示的化学反应速率数值也就不同。而第二种表示方法无论选用参与反应的哪种物质表示化学反应速率,其数值都是一样的,是一种"等值等效"的表示方法。

对于如下反应,根据反应进度 ξ 的定义,有

$$a\text{A} + d\text{D} \rightleftharpoons g\text{G} + h\text{H}$$

| $t=0$ | $n_{\text{A},0}$ | $n_{\text{D},0}$ | $n_{\text{G},0}$ | $n_{\text{H},0}$ |
| t | $n_{\text{A},t}$ | $n_{\text{D},t}$ | $n_{\text{G},t}$ | $n_{\text{H},t}$ |

$$\xi = \frac{n_{\text{A},t} - n_{\text{A},0}}{-a} = \frac{n_{\text{D},t} - n_{\text{D},0}}{-d} = \frac{n_{\text{G},t} - n_{\text{G},0}}{g} = \frac{n_{\text{H},t} - n_{\text{H},0}}{h} = \frac{\mathrm{d}n_{\text{B}}}{\nu_{\text{B}}}$$

式中,B 表示参与反应的任意物质;ν_{B} 表示参与反应的各物质的计量数,反应物的计量数取负值,生成物的计量数取正值。该等式对时间 t 微分即可得到某时刻反应进度随时间的变化率

$$J \stackrel{\text{def}}{=} \frac{\mathrm{d}\xi}{\mathrm{d}t} = -\frac{1}{a}\frac{\mathrm{d}n_{\text{A}}(t)}{\mathrm{d}t} = -\frac{1}{d}\frac{\mathrm{d}n_{\text{D}}(t)}{\mathrm{d}t} = \frac{1}{g}\frac{\mathrm{d}n_{\text{G}}(t)}{\mathrm{d}t} = \frac{1}{h}\frac{\mathrm{d}n_{\text{H}}(t)}{\mathrm{d}t} = \frac{1}{\nu_{\text{B}}}\frac{\mathrm{d}n_{\text{B}}(t)}{\mathrm{d}t} \tag{5-1}$$

化学反应速率 r 定义为单位体积内反应进度随时间的变化率

$$r = \frac{J}{V} = \frac{\mathrm{d}\xi}{V\mathrm{d}t} \tag{5-2}$$

V 是反应体系的体积。上述反应如果是等容反应,则

$$r = -\frac{1}{a}\frac{\mathrm{d}c_{\text{A}}}{\mathrm{d}t} = -\frac{1}{d}\frac{\mathrm{d}c_{\text{D}}}{\mathrm{d}t} = \frac{1}{g}\frac{\mathrm{d}c_{\text{G}}}{\mathrm{d}t} = \frac{1}{h}\frac{\mathrm{d}c_{\text{H}}}{\mathrm{d}t} = \frac{1}{\nu_{\text{B}}}\frac{\mathrm{d}c_{\text{B}}}{\mathrm{d}t} \tag{5-3}$$

例如,对于反应

$$2\text{H}_2\text{O}_2 \rightleftharpoons 2\text{H}_2\text{O} + \text{O}_2$$

在等容条件下,其反应速率可表示为

$$r = -\frac{1}{2}\frac{\mathrm{d}c_{\text{H}_2\text{O}_2}}{\mathrm{d}t} = \frac{1}{2}\frac{\mathrm{d}c_{\text{H}_2\text{O}}}{\mathrm{d}t} = \frac{\mathrm{d}c_{\text{O}_2}}{\mathrm{d}t}$$

二、反应机制的含义

反应机制(reaction mechanism)是指反应物生成产物所经历的途径,又称为反应历程。例如反应

$$2\text{HI} \longrightarrow \text{H}_2 + \text{I}_2$$

该反应由下列三个步骤构成:

$$(1)\ \text{HI} \xrightarrow{h\nu} \text{H} \cdot + \text{I} \cdot$$

$$(2)\ \text{HI} + \text{H} \cdot \longrightarrow \text{H}_2 + \text{I} \cdot$$

$$(3)\ 2\text{I} \cdot + \text{M}_{\text{低能}} \longrightarrow \text{I}_2 + \text{M}_{\text{高能}}$$

NOTE

M 是反应体系中的惰性物质,既可以是任意的反应物分子,也可以是不发生反应的第三方物质(如反应器壁),在反应历程中只起能量传递作用。在上述反应历程中,每一步反应都是由反应物分子在一次碰撞中直接作用生成产物分子,这种反应称为**基元反应**(elementary reaction)。仅由一个基元反应组成的反应称为简单反应,由两个或两个以上基元反应组成的反应称为复杂反应,也称为总(包)反应,上述 HI 的分解反应就是一个复杂反应。绝大多数宏观反应都是复杂反应,因此通常所写的化学方程式绝大多数只是化学反应计量式,并不代表反应的真正历程,只代表反应的总结果。

在基元反应中,参加反应的分子数目之和称为**反应分子数**(molecularity)。这是一个微观的概念,这里的"分子"指广义的微观粒子,可以是分子、原子、离子、自由基等。多个分子在一次化学行为中同时碰撞的概率很小,反应分子数一般为 1、2 或 3,其相应的反应称为单分子、双分子或三分子反应,最常见的是双分子反应,三分子反应较为罕见,多于三分子的反应至今没有发现。

三、反应速率方程

(一)反应级数

化学反应的速率往往可以表示成反应体系中各组分浓度的某种函数关系式,称为速率方程,可表示为

$$r = kc_A^\alpha c_B^\beta \cdots$$

式中,物质 A、B 的浓度项的幂指数 α、β 分别称为反应对各物质 A、B 的分级数,所有浓度项幂指数的代数和称为该反应的**总级数**(reaction order),用字母 n 表示,即 $n=\alpha+\beta+\cdots$。反应级数的大小表示物质的浓度对速率影响的程度,级数的绝对值越大,表示该物质的浓度对反应速率的影响越大。反应级数由实验确定,其数值可以是整数、分数或零,也可以是正数、负数。

例如,反应 $H_2+I_2 \longrightarrow 2HI$,其速率方程为 $r=kc_{H_2}c_{I_2}$,此反应为二级反应,对 H_2 和 I_2 来说均为一级。对于反应 $H_2+Cl_2 \longrightarrow 2HCl$,其速率方程为 $r=kc_{H_2}c_{Cl_2}^{1/2}$,此反应对 H_2 为一级,对 Cl_2 为 0.5 级,总反应级数为 1.5 级。

反应 $H_2+Br_2 \longrightarrow 2HBr$,速率方程为 $\dfrac{dc_{HBr}}{dt}=\dfrac{k_{HBr}c_{H_2}c_{HBr}^{1/2}}{1+k'c_{HBr}/c_{Br_2}}$,该速率方程不符合 $r=kc_A^\alpha c_B^\beta \cdots$ 这种形式,各物质的浓度项幂指数无法简单地进行加和,该反应的总级数无简单的数值。

(二)反应速率常数

在速率方程 $r=kc_A^\alpha c_B^\beta \cdots$ 中,比例系数 k 称为**反应速率常数**(reaction rate constant),其数值相当于参加反应的物质都是单位浓度时的反应速率。不同反应有不同的速率常数,即使是同一反应采用参与反应的不同物质浓度的变化表示反应速率时,其速率常数也可能不同。

例如,有一基元反应

$$aA + dD \rightleftharpoons gG + hH$$

用参与反应的任意物质表示的反应速率为

$$r_B = \frac{dc_B}{dt} = k_B c_A^a c_D^d$$

B 表示参与反应的任意物质,k_B 表示用不同的物质表示反应速率时,速率常数不一样。即

$$r_A = -\frac{dc_A}{dt} = k_A c_A^a c_D^d$$

NOTE

151

$$r_D = -\frac{dc_D}{dt} = k_D c_A^a c_D^d$$

$$r_G = \frac{dc_G}{dt} = k_G c_A^a c_D^d$$

$$r_H = \frac{dc_H}{dt} = k_H c_A^a c_D^d$$

因为

$$\frac{r_A}{a} = \frac{r_D}{d} = \frac{r_G}{g} = \frac{r_H}{h}$$

所以各速率常数之间的关系为

$$\frac{k_A}{a} = \frac{k_D}{d} = \frac{k_G}{g} = \frac{k_H}{h} \tag{5-4}$$

速率常数 k 是化学动力学中一个重要的物理量,它的大小直接表征了反应的快慢,它不受浓度的影响,与反应温度有关,体现了反应体系的速率特征。此外,速率常数与反应介质(溶剂)、催化剂等有关,甚至随反应器的材料、表面状态及表面积而异。

四、质量作用定律

1879 年挪威化学家古德贝格(Guldberg)和瓦格(Waage)在大量实验基础上,归纳提出:在一定温度下,基元反应的反应速率与各反应物浓度幂的乘积成正比,其中各反应物浓度的幂指数就是基元反应中各反应物的反应分子数,这就是**质量作用定律**(mass action law)。例如,设一基元反应

$$aA + dD \Longleftrightarrow gG + hH$$

根据质量作用定律,其反应速率方程表示为

$$r_B = k_B c_A^a c_D^d \tag{5-5}$$

式中,B 表示参与反应的任意物质。质量作用定律是经验定律,仅适用于基元反应(简单反应),因为只有基元反应方程式才体现出反应物分子直接作用的关系。反应物浓度不是太大,且反应速率由化学过程决定,而不是由其他过程(如扩散过程)所控制的基元反应系统才适用质量作用定律。

五、反应级数和反应分子数的区别

反应级数与反应分子数是属于两个不同范畴的概念。两者的区别如下。

(1)反应级数是根据实验测定的总反应速率对浓度的依赖关系而得到的实验数值,属于宏观概念;而反应分子数是根据反应机制说明基元反应中经碰撞而发生反应的分子数目的理论数值,属于微观概念。

(2)反应级数在总反应和基元反应中都可以存在,而反应分子数只在基元反应中存在,在复杂反应中没有反应分子数的概念。复杂反应的反应级数可以为整数、分数、零或负数;反应分子数只可能是正整数,目前只发现了一、二、三分子的基元反应。若反应级数为分数时,该反应肯定是复杂反应,但正整数级数的反应,却不一定是简单反应,也可能是复杂反应。

(3)在基元反应中,反应级数和反应分子数都存在,依据质量作用定律,二者在一般情况下是相同的,即单分子反应就是一级反应,双分子反应就是二级反应,但两者意义不同。

第二节　简单级数反应

本节主要讨论具有简单级数反应的速率方程的微分式、动力学方程的积分式、速率常数的

量纲、半衰期与反应物初始浓度的关系等特征。

速率方程的微分式,只能反映出浓度对反应速率的影响,不能表示在指定的时间内反应中各物质的浓度,也不能表明反应达到一定转化率所需的时间。对于实际反应体系,总希望能获知浓度随时间的变化规律,因此,可将速率方程的微分式转化为动力学方程的积分式,从而获得浓度与时间的函数关系式。

一、一级反应

反应速率与反应物浓度的一次方成正比的反应称为一级反应(first-order reaction)。

设某一级反应

$$A \xrightarrow{\ k\ } P$$

$$
\begin{array}{lll}
t=0 & c_0 & 0 \\
t & c & x
\end{array}
$$

其速率方程可表示为

$$-\frac{dc}{dt} = k_A c \tag{5-6}$$

式中,k_A 为以反应物 A 表示速率时的速率常数(当只有一种反应物时,下标 A 常常省略)。将速率方程进行定积分,得

$$-\int_{c_0}^{c} \frac{dc}{c} = \int_{0}^{t} k_A dt$$

$$\ln \frac{c_0}{c} = k_A t \tag{5-7}$$

$$\ln c = \ln c_0 - k_A t \tag{5-8}$$

$$c = c_0 e^{-k_A t} \tag{5-9}$$

$c = c_0 - x$,式(5-7)也可写成

$$\ln \frac{c_0}{c_0 - x} = k_A t \tag{5-10}$$

一级反应有以下特征:

(1) 速率常数 k_A 的量纲为[时间]$^{-1}$,其单位可为 s^{-1}、min^{-1}、h^{-1} 等。

(2) 以 $\ln c$ 对 t 作图得一直线,其斜率为 $-k_A$,截距为 $\ln c_0$。

(3) 反应物浓度消耗一半,即 $c = 0.5c_0$ 所需的时间,称为反应的半衰期(half life),以 $t_{1/2}$ 表示,即

$$t_{1/2} = \frac{1}{k_A} \ln \frac{c_0}{0.5c_0} = \frac{\ln 2}{k_A} = \frac{0.693}{k_A}$$

当温度一定时,k_A 值一定,$t_{1/2}$ 也就一定,即半衰期与反应物的初始浓度 c_0 无关。

一级反应是一类常见反应,下列反应属于一级反应。

(1) 放射性元素的衰变,如 $^{226}_{88}Ra \longrightarrow {}^{222}_{86}Rn + {}^{4}_{2}He$。

(2) 大多数热分解反应,如 $N_2O_5 \rightleftharpoons N_2O_4 + \frac{1}{2}O_2$。

(3) 某些分子的重排反应及异构化反应。

(4) 药物在体内的吸收、分布、代谢和排除过程常近似看作一级反应。

(5) 某些药物(如蔗糖)的水解反应。水解反应本是二级反应,但由于反应体系中水量大,把水的量视为基本不变时,可以作为准一级反应处理。

例 5-1 某放射性同位素进行 α 衰变,经 12 d 后,同位素的活性降低 48.5%,试求此同位素的衰变常数和半衰期;若衰变 80.0%,需经多长时间完成?

解：放射性同位素的 α 衰变过程属于一级反应,因此设反应物初始浓度为 100％,12 d 后的浓度为 100％－48.5％,衰变常数 k 为

$$k=\frac{1}{t}\ln\frac{c_0}{c}=\frac{1}{12}\ln\frac{100\%}{100\%-48.5\%}=0.055(\mathrm{d}^{-1})$$

半衰期

$$t_{1/2}=\frac{0.693}{k}=\frac{0.693}{0.055}=12.6(\mathrm{d})$$

衰变 80.0％需时间为

$$t=\frac{1}{k}\ln\frac{c_0}{c}=\frac{1}{0.055}\ln\frac{100\%}{100\%-80.0\%}=29.3(\mathrm{d})$$

许多药物注射后血药浓度随时间的变化规律符合一级反应,可以利用一级反应确定说明书中药品的用法用量以及药品的有效期。

1. 药物有效期的预测

一般药物制剂含量损失掉原含量的 10％即告失效,故将药物 A 含量降低到原含量 90％的时间称为有效期。由式(5-7)可得

$$t_{0.9}=\frac{1}{k_A}\ln\frac{c_0}{c}=\frac{1}{k_A}\ln\frac{c_0}{0.9c_0}=\frac{0.1054}{k_A} \tag{5-11}$$

若已知 k_A 值,即可求得药物的有效期。

例 5-2 某药物 A 有效成分分解 10％失效,现测得室温条件下其分解速率常数为 $5.3\times10^{-2}\mathrm{a}^{-1}$,试求该药物的有效期。

解：由速率常数的单位可看出,该药物分解反应属于一级反应,有效期为

$$t_{0.9}=\frac{0.1054}{k_A}=\frac{0.1054}{5.3\times10^{-2}}=2(\mathrm{a})$$

2. 制订合理的给药方案

给药后在不同时刻测定其在血液中的浓度,以 $\ln c$ 对 t 作图得一直线,确定速率常数,再根据一级反应动力学方程,求出达最低浓度所需的时间,即得给药间隔时间。同时也可通过一级反应动力学方程,推算经过 n 次注射后血药浓度在体内的最高含量和最低含量。

由式(5-9)可知,当 t 为定值时,$\mathrm{e}^{-kt}=$ 常数(γ),因此在相同的时间间隔 t 内,注射相同剂量 c_0,$\dfrac{c_i}{c_{0,i}}=\gamma$。

注射次数	初始浓度 $c_{0,i}$	t 时间后浓度 c_i
1	$c_{0,1}=c_0$	$c_1=c_0\gamma$
2	$c_{0,2}=c_0+c_0\gamma$	$c_2=(c_0+c_0\gamma)\gamma$
3	$c_{0,3}=c_0+c_0\gamma+c_0\gamma^2$	$c_3=(c_0+c_0\gamma+c_0\gamma^2)\gamma$

在进行第 n 次注射(每次注射相同剂量 c_0)后,血药浓度为

$$c_{0,n}=c_0+c_0\gamma+c_0\gamma^2+\cdots+c_0\gamma^{n-1}=c_0(1+\gamma+\gamma^2+\cdots+\gamma^{n-1}) \tag{5-12}$$

第 n 次注射经 t 时间后,血药浓度为

$$c_n=c_{0,n}\gamma=c_0(\gamma+\gamma^2+\gamma^3+\cdots+\gamma^n) \tag{5-13}$$

式(5-12)减去式(5-13),得

$$c_{0,n}-c_{0,n}\gamma=c_0-c_0\gamma^n$$

或

$$c_{0,n}=\frac{c_0-c_0\gamma^n}{1-\gamma}$$

$\gamma<1$,当 $n\to\infty$,$\gamma^n\to0$,即可求得 n 次注射后血药的最高含量 c_{max} 为

$$c_{max}=\frac{c_0}{1-\gamma} \tag{5-14}$$

n 次注射后,血药的最低含量为

$$c_{\min} = c_{\max}\gamma = \frac{c_0\gamma}{1-\gamma} \tag{5-15}$$

例 5-3 药物注射入人体后,在血液中与体液建立平衡并由肾排出。达平衡时药物由血液排出的速率可用一级反应速率方程表示。某病人注射了 0.5 g 四环素后,在不同时刻测定药物在血液中浓度,得如下数据。求:(1)四环素在血液中的半衰期;(2)若血液中四环素浓度不低于 4.0×10^{-6} kg·dm^{-3},需间隔几小时注射第二次?

$t/$h	4	8	12	16	20
$c \times 10^6/(\text{kg} \cdot \text{dm}^{-3})$	4.8	3.4	2.4	1.7	1.2
ln$c$	-14.55	-14.90	-15.25	-15.59	-15.93

解:(1) 以 ln$c$ 对 t 作图,得一直线,如图 5-1 所示。

其斜率为 -0.0863,$k = 0.0863$ h^{-1}

$$t_{1/2} = \frac{0.693}{0.0863} \approx 8(\text{h})$$

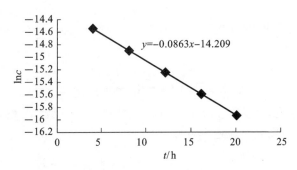

图 5-1 ln$c$-t 图

(2) 由题目知半衰期浓度为 3.4×10^{-7} kg·0.1 dm^{-3},则初始浓度应为 6.8×10^{-7} kg·0.1 dm^{-3}

$$t = \frac{1}{0.0863}\ln\frac{6.8 \times 10^{-7}}{4.0 \times 10^{-7}} \approx 6(\text{h})$$

即欲使血液中该药物浓度不低于 4.0×10^{-7} kg·0.1 dm^{-3},需在 6 h 后注射第二次。

例 5-4 利用例 5-3 数据,若每隔 6 h 注射一次四环素。试求:经过 n 次注射后,血液中四环素的最高含量和最低含量各为多少?

解:每隔 6 h 注射一次,所以

$$\gamma = \frac{4.0 \times 10^{-7}}{6.8 \times 10^{-7}} = 0.6$$

$$c_{\max} = \frac{6.8 \times 10^{-7}}{1-0.6} = 1.7 \times 10^{-6}(\text{kg} \cdot 0.1 \text{ dm}^{-3})$$

$$c_{\min} = c_{\max}\gamma = 1.7 \times 10^{-6} \times 0.6 = 1.0 \times 10^{-6}(\text{kg} \cdot 0.1 \text{ dm}^{-3})$$

知识拓展

药物动力学

药物动力学(pharmacokinetics)也称药动学,是应用化学动力学(kinetics)原理与数学模型,定量地描述与概括药物通过各种途径,如静脉注射、静脉滴注、口服给药等进入体

NOTE

内的吸收(absorption)、分布(distribution)、代谢(metabolism)和排泄(elimination),即吸收、分布、代谢、排泄(ADME)过程的"量-时间"变化或"血药浓度-时间"变化的动态规律的一门科学。药物动力学研究各种体液、组织和排泄物中药物的代谢产物水平与时间过程关系,并研究为提出解释这些数据的模型所需要的数学关系式。药物动力学已成为生物药剂学、药理学、毒理学等学科的最主要和最密切的基础,推动着这些学科的蓬勃发展。它还与基础学科如数学、化学动力学、分析化学也有着紧密的联系。近二十年来,其研究成果已经对指导新药设计、优选给药方案、改进药物剂型,提供高效、速效、长效、低毒、副作用小的药剂,发挥了重要作用。

药物动力学已成为一种新的有用的工具,被广泛地应用于药学领域及其他各个学科,成为医药研究人员和广大医药工作者都需要了解和掌握的学科。联合国世界卫生组织的一份技术报告中曾强调指出:"对评价药物疗效与毒性来说,药物动力学的研究,不仅在临床前药理研究阶段,而且在新药研究的每个阶段都很重要。"

二、二级反应

反应速率与反应物浓度的二次方成正比的反应称为二级反应(second-order reaction)。一般而言,二级反应有两种类型

$$A+B \longrightarrow 产物 \quad (混合二级反应)$$
$$2A \longrightarrow 产物 \quad (纯二级反应)$$

对第一种类型的反应来说,如果设 $c_{A,0}$ 和 $c_{B,0}$ 分别代表反应物 A 和 B 的起始浓度,x 为 t 时刻反应物消耗的浓度,则其反应速率方程可写成

$$-\frac{dc_A}{dt} = \frac{dx}{dt} = k_A(c_{A,0}-x)(c_{B,0}-x) \tag{5-16}$$

将式(5-16)变量分离后积分得

$$k_A = \frac{1}{t(c_{A,0}-c_{B,0})}\ln\frac{c_{B,0}(c_{A,0}-x)}{c_{A,0}(c_{B,0}-x)} \tag{5-17}$$

若 A 和 B 的初始浓度相同,即 $c_{A,0}=c_{B,0}$,式(5-16)变为

$$\frac{dx}{dt} = k_A(c_{A,0}-x)^2$$

对第二种类型的反应来说,其反应速率方程与上式相同,将其积分得

$$\frac{1}{c_{A,0}-x} - \frac{1}{c_{A,0}} = k_A t \quad 或 \quad \frac{1}{c} - \frac{1}{c_{A,0}} = k_A t \tag{5-18}$$

二级反应有以下特征:

(1) 速率常数 k_A 的量纲为[浓度]$^{-1}$·[时间]$^{-1}$,当浓度单位用 mol·dm^{-3},时间单位用 s 时,k_A 的单位为 dm^3·mol^{-1}·s^{-1}。

(2) 以 $\frac{1}{c_{A,0}-x}$ 或 $\frac{1}{c}$ 对 t 作图得一直线,其斜率为速率常数 k_A。

(3) 若 A 和 B 的初始浓度相同,二级反应的半衰期与反应物初始浓度成反比,即

$$t_{1/2} = \frac{0.5c_{A,0}}{k_A c_{A,0}(c_{A,0}-0.5c_{A,0})} = \frac{1}{k_A c_{A,0}}$$

A、B 初始浓度不等时,A 和 B 的半衰期也不等,整个反应的半衰期难以确定。

二级反应最为常见,如氯酸钠的分解,碘化氢、甲醛的热分解,乙烯和丙烯的二聚反应以及乙酸乙酯的皂化反应等都是二级反应。

例 5-5 在 298.15 K 时,乙酸乙酯(A)和 NaOH(B)皂化反应的 k_A=6.36 dm^3·mol^{-1}·min^{-1}。

NOTE

(1) 乙酸乙酯和 NaOH 的初始浓度相同,均为 0.02 mol·dm^{-3},求反应的半衰期和反应进行 100 min 的反应速率。

(2) 若乙酸乙酯的初始浓度为 0.03 mol·dm^{-3},NaOH 的初始浓度为 0.04 mol·dm^{-3},试求乙酸乙酯消耗 50% 所需要的时间。

解: 从速率常数单位可知此反应为二级反应。

(1) 两物质初始浓度相同,半衰期为

$$t_{1/2} = \frac{1}{k_A c_{A,0}} = \frac{1}{6.36 \times 0.02} = 7.86 (\text{min})$$

根据式(5-18)可求得反应进行到 100 min 时乙酸乙酯的浓度 c

$$\frac{1}{c} = \frac{1}{c_{A,0}} + k_A t = \frac{1}{0.02} + 6.36 \times 100$$

$$c = 1.46 \times 10^{-3} (\text{mol} \cdot \text{dm}^{-3})$$

二级反应的速率与反应物浓度的二次方成正比,则

$$r = k_A c^2 = 6.36 \times (1.46 \times 10^{-3})^2 = 1.35 \times 10^{-5} (\text{mol} \cdot \text{dm}^{-3} \cdot \text{min}^{-1})$$

(2) $x = 0.015$ mol·dm^{-3}。两物质初始浓度不同时,根据式(5-17),得

$$t = \frac{1}{k_A(c_{A,0} - c_{B,0})} \ln \frac{c_{B,0}(c_{A,0} - x)}{c_{A,0}(c_{B,0} - x)}$$

$$= \frac{1}{6.36(0.03 - 0.04)} \ln \frac{0.04(0.03 - 0.015)}{0.03(0.04 - 0.015)} = 3.51 (\text{min})$$

乙酸乙酯和 NaOH 的初始浓度均为 0.02 mol·dm^{-3} 时,半衰期为 7.86 min;当乙酸乙酯的浓度增大到 0.03 mol·dm^{-3},NaOH 的浓度增大到 0.04 mol·dm^{-3} 时,乙酸乙酯转化达 50% 所需的时间可缩短至 3.51 min。该计算结果提示我们:由于二级反应的半衰期与反应物初始浓度成反比,所以可以通过增加反应物初始浓度缩短半衰期;为降低成本,可以增加廉价反应物初始浓度以达到缩短反应时间的目的。

三、零级反应

反应速率与反应物浓度的零次方成正比的反应称为零级反应(zero-order reaction)。反应物为 A,其速率方程可表示为

$$-\frac{dc_A}{dt} = \frac{dx}{dt} = k_A \qquad (5-19)$$

上式积分,得

$$x = k_A t \quad \text{或} \quad c_0 - c = k_A t \qquad (5-20)$$

零级反应有以下特征:

(1) 速率常数 k_A 的量纲为 [浓度]·[时间]$^{-1}$,当浓度单位用 mol·dm^{-3},时间单位用 s 时,k_A 的单位是 mol·dm^{-3}·s^{-1}。

(2) 若以 x 对 t 作图,可得一直线,其斜率为 k_A。或以 c 对 t 作图,得一直线,其斜率为 $-k_A$。

(3) 半衰期 $t_{1/2} = \frac{0.5c_0}{k_A} = \frac{c_0}{2k_A}$,说明零级反应的半衰期与反应物初始浓度成正比。

常见的零级反应主要有以下三种:①电解反应,反应速率与电流有关。②金属表面催化反应和酶催化反应,由于反应物多数过量,反应速率与催化剂的有效表面活性位或酶的浓度有关。③光化反应,反应速率与光照强度有关。

通过对一级、二级、零级反应的处理可以看出,对于一个反应,首先确定其反应级数,写出微分速率方程,然后将其转换成积分动力学方程,进而得到速率常数 k、半衰期 $t_{1/2}$ 等需要的动

力学参数。反应级数虽不同,但处理方法相似,应学会举一反三处理各种级数的反应。

对于只有一种反应物或各反应物初始浓度相同的 n 级($n \neq 1$)反应,其动力学方程为

$$\frac{1}{n-1}\left[\frac{1}{(c_0-x)^{n-1}} - \frac{1}{c_0^{n-1}}\right] = kt \tag{5-21}$$

四、反应级数的测定

在速率方程中,反应速率与反应物浓度的依赖关系取决于速率常数 k 和反应级数 n 两个动力学参数,而在动力学方程中,k 是方程中的一个常数,浓度随时间的变化关系只取决于 n,所以确定反应级数 n 很重要。在一般动力学的研究中,通常并不能直接测得反应的瞬时速率,而只能以某种直接或间接的方法测得不同时刻反应物或产物的浓度。如何根据不同时刻的浓度求算反应的级数对建立速率方程是至关重要的一步。

测定反应级数的常用方法有积分法(integration method)和微分法(differential method)两种。

(一)积分法

所谓积分法就是利用速率方程的积分形式来确定反应级数的方法,可分为以下三种。

1. 尝试法

将各组时刻 t 和浓度 c(或 x)的实验数据分别代入某级数的反应动力学方程,计算速率常数 k 值。如若计算出的 k 值相同,则该反应即为该级数的反应;如若不同,再代入其他级数的积分方程中求算 k 值。这种方法的缺点是不够灵敏,只能运用于简单级数的反应,且样本数据需要足够大,才能接近真实情况,否则很难判断究竟是几级反应。

2. 图解法

利用各级反应特有的线性关系来确定反应级数,将各组时刻 t 和浓度 c(或 x)的实验数据按线性关系作图,如果有一种图呈直线,则该图代表的级数即为反应的级数,实际上这种方法也是一种尝试的过程,同样有第一种尝试法的缺点。

3. 半衰期法

从半衰期与浓度的关系可知,若反应物起始浓度都相同,则

$$t_{1/2} = \beta \cdot \frac{1}{c_0^{n-1}} \tag{5-22}$$

n 为反应级数,β 为常数,如果以两个不同的起始浓度 c_0 和 c_0' 进行实验,则

$$\frac{t_{1/2}}{t_{1/2}'} = \left(\frac{c_0'}{c_0}\right)^{n-1} \quad \text{或} \quad n = 1 + \frac{\lg\dfrac{t_{1/2}}{t_{1/2}'}}{\lg\dfrac{c_0'}{c_0}} \tag{5-23}$$

由两组数据可以求出 n。也可以用作图法,将式(5-22)取对数

$$\lg t_{1/2} = (1-n)\lg c_0 + \lg\beta \tag{5-24}$$

以 $\lg t_{1/2}$ 对 $\lg c_0$ 作图,从斜率可求出 n。

利用半衰期法求反应级数比前两种方法可靠性会高一些。半衰期法并不限于半衰期 $t_{1/2}$,也可用反应物消耗了 $\dfrac{1}{3}$、$\dfrac{2}{3}$、$\dfrac{3}{4}$… 的时间代替半衰期求算。半衰期法的缺点是当有几种反应物且起始浓度不同时,求算较为复杂。

(二)微分法

微分法就是利用速率方程的微分形式来确定反应级数的方法。如果各反应物浓度相同或只有一种反应物时,其反应速率方程为

$$r = -\frac{dc}{dt} = kc^n \tag{5-25}$$

取对数得
$$\lg r = \lg\left(-\frac{dc}{dt}\right) = \lg k + n\lg c \tag{5-26}$$

以 $\lg r$ 对 $\lg c$ 作图,若所设速率方程式是对的,则应得一直线,该直线的斜率 n 即为反应级数。用此法求反应级数,不仅可处理级数为整数的反应,也可处理级数为分数的反应。

求速率 r,可将浓度 c 对时间 t 作图,求出曲线上不同浓度 c_1、c_2…处的斜率即为 r_1、r_2…。最好使用起始时的反应速率值,即用一系列不同的初始浓度 c_0,作不同时刻 t 对应浓度 c 的曲线,然后在各不同的初始浓度 c_0 处求相应的斜率得到初速率。采用初浓度法的优点是可以避免反应产物的干扰。

如果有两种或两种以上的物质参加反应,而各反应物的初始浓度又不相同,其速率方程为
$$r = kc_A^{\alpha} c_B^{\beta}\cdots \tag{5-27}$$

可采用过量浓度法(或称孤立法),即在一组实验中保持除 A 以外的其他物质远远过量,则可近似认为反应过程中只有 A 的浓度有变化,而其他物质的浓度基本保持不变;或者在各次实验中始终保持其他物质的初始浓度相同,而只改变 A 的初始浓度,则速率方程转化为
$$r = k'c_A^{\alpha} \tag{5-28}$$
然后按上述方法确定 α。

再在另一组实验中保持除 B 以外的其他物质过量;或除 B 以外的其他物质初始浓度均相同,而只改变 B 的初始浓度,从而确定 β。以此类推,最后得出总反应级数
$$n = \alpha + \beta + \cdots \tag{5-29}$$

知识拓展

曲线上作切线的方法

微分法确定反应级数时,需要在曲线上作切线。手动作切线通常采用以下两种方法:

(1)镜像法。若需在曲线上任一点 Q 作切线,可取一平面方镜垂直放于图纸上,使镜边和曲线的交线通过 Q 点,并以 Q 点为轴移动平面镜,待镜外的曲线和镜中曲线的像成为一光滑曲线时,沿镜边作直线 AB,这就是法线。通过 Q 点作 AB 的垂线 CD,CD 线即为切线,如下图(a)。

(2)平行线法。在所选择的曲线段上作两条平行线 AB、CD,然后作该两线段的中点连线 EF,EF 与曲线相交于 Q 点,过 Q 点作 AB、CD 的平行线 GH,GH 即为此曲线在 Q 点的切线,如下图(b)。

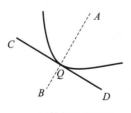
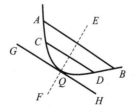

(a)镜像法作切线   (b)平行线法作切线

第三节 典型复杂反应

本节只讨论几种典型的复杂反应,即由两个或三个基元反应通过简单组合形成的对峙反应、平行反应和连续反应。

一、对峙反应

反应物转变为产物,同时发生产物转变为反应物的逆反应,这一类反应称为对峙反应(opposing reaction),又称可逆反应。严格地说,任何反应都不能进行到底,都是对峙反应。最简单的对峙反应,其正、逆反应都是一级反应,称为 1-1 级对峙反应。

$$A \underset{k_{-1}}{\overset{k_1}{\rightleftharpoons}} B$$

$$t=0 \qquad c_0 \qquad 0$$

$$t \qquad c_0-x \qquad x$$

总的反应速率取决于正向及逆向反应速率的总结果,即

$$r = \frac{\mathrm{d}x}{\mathrm{d}t} = r_{正} - r_{逆} = k_1(c_0-x) - k_{-1}x \tag{5-30}$$

移项可得

$$\frac{\mathrm{d}x}{k_1(c_0-x) - k_{-1}x} = \mathrm{d}t \tag{5-31}$$

上式积分后得

$$\ln \frac{c_0}{c_0 - \frac{k_1+k_{-1}}{k_1}x} = (k_1+k_{-1})t \tag{5-32}$$

此式即为正、逆反应都是一级的对峙反应速率方程。

当反应达到平衡时,若物质 B 的浓度为 x_e,则

$$k_1(c_0-x_e) = k_{-1}x_e \tag{5-33}$$

$$K = \frac{k_1}{k_{-1}} = \frac{x_e}{c_0-x_e} \tag{5-34}$$

式中,K 就是对峙反应的平衡常数。

$$k_{-1} = k_1 \frac{c_0-x_e}{x_e} \tag{5-35}$$

$$\frac{\mathrm{d}x}{\mathrm{d}t} = k_1(c_0-x) - k_1 \frac{c_0-x_e}{x_e} \cdot x = k_1 c_0 \frac{x_e-x}{x_e} \tag{5-36}$$

积分上式得

$$k_1 = \frac{x_e}{tc_0} \ln \frac{x_e}{x_e-x} \tag{5-37}$$

代入式(5-35)得

$$k_{-1} = \frac{c_0-x_e}{tc_0} \ln \frac{x_e}{x_e-x} \tag{5-38}$$

由式(5-37)和式(5-38)看出,只要确定了反应物起始浓度 c_0 和平衡时产物浓度 x_e,并由实验测出不同时刻 t 所消耗的浓度 x,即可分别求算正、逆向反应的速率常数 k_1 和 k_{-1} 的值。

如果将 A 和 B 的浓度对时间作图,可得到如图 5-2 所示的曲线。从曲线可看出,随着反应的进行,反应物 A 的浓度不可能降低到零,生成物 B 的浓度亦不可能达到 A 的起始浓度 c_0;

反应达平衡时 $K = \dfrac{k_1}{k_{-1}}$。这是对峙反应的动力学特征。

最简单的对峙反应有分子重排和异构化反应等。对于比较复杂的对峙反应,其速率方程的求解可参照上述方法具体处理。

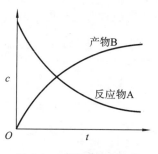

图 5-2 对峙反应中浓度与时间的关系

二、平行反应

同样的反应物同时进行不同的反应称为平行反应(parallel reaction),也称为竞争反应。平行进行的几个反应中,生成需要产物的反应或速率较快的反应称为主反应,其他的反应称为副反应。

平行反应中最简单的一种是两个平行反应均为一级反应,其一般式为

$$A \begin{array}{c} \xrightarrow{\ k_1\ } B \\ \xrightarrow{\ k_2\ } C \end{array}$$

式中,k_1 和 k_2 分别为生成 B 和 C 的速率常数。设反应开始时,反应物 A 的初始浓度为 $c_{A,0}$,反应进行到 t 时刻,各物质浓度分别为 c_A、c_B、c_C。

t 时刻,上述两反应的速率之和即为反应物消耗速率,即

$$-\frac{dc_A}{dt} = \frac{dc_B}{dt} + \frac{dc_C}{dt} = k_1 c_A + k_2 c_A = (k_1 + k_2)c_A \tag{5-39}$$

积分上式,可得

$$\ln \frac{c_{A,0}}{c_A} = (k_1 + k_2)t \tag{5-40}$$

或写成

$$c_A = c_{A,0} \cdot e^{-(k_1+k_2)t} \tag{5-41}$$

此式表示物质 A 的浓度随时间变化的关系。同理可求得物质 B、C 的浓度随时间变化的关系

$$c_B = \frac{k_1 c_{A,0}}{k_1 + k_2} \left[1 - e^{-(k_1+k_2)t}\right] \tag{5-42}$$

$$c_C = \frac{k_2 c_{A,0}}{k_1 + k_2} \left[1 - e^{-(k_1+k_2)t}\right] \tag{5-43}$$

将式(5-41)、式(5-42)、式(5-43)绘成浓度-时间曲线,可得图 5-3。将式(5-42)与式(5-43)相除,即得

$$\frac{c_B}{c_C} = \frac{k_1}{k_2} \tag{5-44}$$

该式表明:在这一类平行反应中,产物浓度之比等于其速率常数之比,即在一定温度下,反应过程中各产物浓度之比保持恒定,这是平行反应的特征。如果希望多获得某一种产品,就要设法改变 $\dfrac{k_1}{k_2}$ 的值,一种方法是选择适当的催化剂,利用催化剂对某一反应的选择性改变 $\dfrac{k_1}{k_2}$ 的值;另一

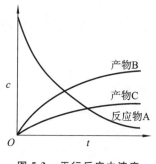

图 5-3 平行反应中浓度与时间的关系

NOTE

种方法是通过改变温度来改变 $\dfrac{k_1}{k_2}$ 的值。

平行反应是一类常见反应,如丙烷的裂解

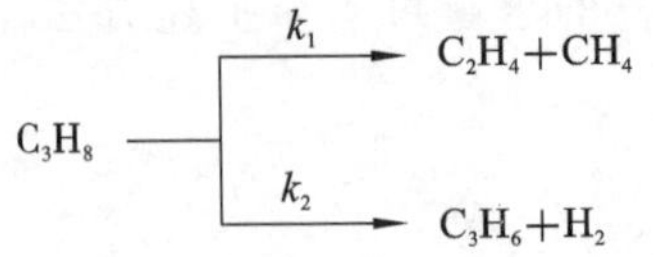

$$C_3H_8 \begin{cases} \xrightarrow{k_1} C_2H_4+CH_4 \\ \xrightarrow{k_2} C_3H_6+H_2 \end{cases}$$

三、连续反应

凡是反应所生成的物质,能再起反应而生成其他物质的反应,称为连续反应(consecutive reaction),又称为连串反应。

最简单的连续反应是由两个单向连续的一级反应构成,可表示为

$$A \xrightarrow{k_1} B \xrightarrow{k_2} C$$

| $t=0$ | $c_{A,0}$ | 0 | 0 |
| t | c_A | c_B | c_C |

A、B、C 三种物质的反应速率方程如下

$$-\frac{dc_A}{dt} = k_1 c_A \tag{5-45}$$

$$\frac{dc_B}{dt} = k_1 c_A - k_2 c_B \tag{5-46}$$

$$\frac{dc_C}{dt} = k_2 c_B \tag{5-47}$$

积分式(5-45)可得到

$$c_A = c_{A,0} \cdot e^{-k_1 t} \tag{5-48}$$

将式(5-48)代入式(5-46),得到

$$\frac{dc_B}{dt} = k_1 c_{A,0} \cdot e^{-k_1 t} - k_2 c_B \tag{5-49}$$

解此微分方程,得

$$c_B = \frac{k_1 c_{A,0}}{k_2 - k_1}(e^{-k_1 t} - e^{-k_2 t}) \tag{5-50}$$

由化学反应式,可得 $c_C = c_{A,0} - c_A - c_B$,将式(5-48)和式(5-50)代入,得到

$$c_C = c_{A,0}\left(1 - \frac{k_2}{k_2 - k_1}e^{-k_1 t} + \frac{k_1}{k_2 - k_1}e^{-k_2 t}\right) \tag{5-51}$$

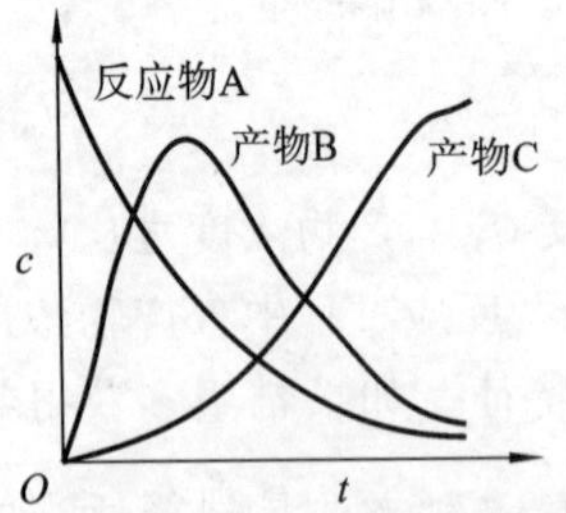

根据式(5-48)、式(5-50)和式(5-51)作浓度-时间曲线,如图 5-4 所示。

物质 A 的浓度随着反应进行而降低,物质 C 的浓度随反应进行而增大,而中间产物 B 的浓度先增大,经一极大值后随时间增加而降低。原因在于反应前期反应物 A 的浓度较大,因而生成 B 的速率较快,B 的浓度不断增加。但是随着反应继续进行,A 的浓度逐渐减少,相应地生成 B 的速率减慢;而另一方面,由于 B 的浓度增大,进一步生成最终产物 C 的速率不断加快,使 B 大量消耗,因此 B 的浓度反而下降。当生成 B

图 5-4 连续反应中浓度与时间的关系

的速率与消耗 B 的速率相等时,就出现极大值,这是连续反应中间产物的特征。

对一般反应来说,达平衡前反应时间长些,得到的最终产物总会多一些。但对连续反应来

 NOTE

说,由于中间产物 B 有一个浓度最大的反应时间点,超过该时间点,反而会引起该中间产物浓度的降低和副产物的增加。因此,如果这种中间产物是目标产物,就需要在生产上控制反应时间以得到更多产物。从图 5-4 可知,B 的浓度处于极大值的时间,就是生成 B 最多的适宜时间 $t_{B,max}$。求 $t_{B,max}$ 时可用数学上求极值的方法,将式(5-50)对时间求导,并令其等于零,即 $\dfrac{dc_B}{dt}=0$,则

$$\frac{dc_B}{dt} = \frac{d\left[\dfrac{k_1 c_{A,0}}{k_2-k_1}(e^{-k_1 t}-e^{-k_2 t})\right]}{dt} = 0$$

$$t_{B,max} = \ln\frac{k_1/k_2}{k_1-k_2} \tag{5-52}$$

如果把药物在体内的吸收和代谢过程看作两个连续的一级反应,k_1 表示吸收速率常数,k_2 表示代谢速率常数,可以用式(5-52)求得达到最大血药浓度的时间,再由式(5-50)算出最大血药浓度。

常见的连续反应如苯的氯化,生成物氯苯能进一步与氯气作用生成二氯苯、三氯苯等。

第四节 温度对反应速率的影响

温度是化学反应速率的重要影响因素,温度变化会改变速率常数 k。温度对反应速率的影响很复杂,图 5-5 列出了五种类型。最常见的情况如图 5-5(a)所示,即温度升高,反应速率以指数形式递增,符合阿伦尼乌斯(Arrhenius)公式,故也被称为阿伦尼乌斯型,本节只讨论这种情况。本节主要介绍两个经验式:范特霍夫(van't Hoff)经验规则和阿伦尼乌斯公式。

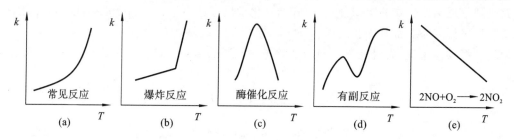

图 5-5 反应速率常数与温度关系的五种类型

一、范特霍夫经验规则

在进行了大量实验的基础上,范特霍夫归纳出一条近似规律:温度每升高 10 K,反应速率增大到原来的 2~4 倍,即

$$\frac{k_{T+n\cdot 10K}}{k_T} = \gamma^n \tag{5-53}$$

式中,k_T 为 T K 时的反应速率常数;$k_{(T+n\cdot 10)K}$ 为 $(T+n\cdot 10)$ K 时的反应速率常数;γ 的值在 2~4 之间。范特霍夫规则可以用来粗略地估算温度对反应速率的影响。

二、阿伦尼乌斯公式

范特霍夫经验式所描述的温度对反应速率的影响只在较窄的温度范围内才有意义。1889年,阿伦尼乌斯研究了气相反应的速率,提出了活化能的概念,并定量地揭示了速率常数 k 与反应温度 T 之间的函数关系,即

$$k = Ae^{-E/RT} \tag{5-54}$$

 NOTE

式中,E 为活化能(activation energy),单位为 $J \cdot mol^{-1}$,指每摩尔普通分子变为活化分子所需的能量。因为每个分子的能量并不完全相同,所以活化能仅仅指每摩尔活化分子的平均能量与每摩尔普通分子的平均能量之差,一般可将其看作与温度无关的常数。A 为一常数,通常称为指前因子或表观频率因子。在阿伦尼乌斯公式中,指数项上的温度对反应速率的影响很大,比浓度的影响大得多。阿伦尼乌斯公式的适用范围很广,不仅适用于气相反应,也适用于液相反应和复相催化反应。

将式(5-54)两边取对数,得

$$\ln k = -\frac{E}{R} \cdot \frac{1}{T} + \ln A \tag{5-55}$$

若以 $\ln k$ 对 $\frac{1}{T}$ 作图,应得一直线,由直线的斜率可求活化能,由截距可求指前因子 A。该式表明:速率常数随温度的变化率主要取决于活化能 E 的大小,活化能越大,反应速率随温度的升高增加得越快,或反应速率随温度的降低减小得越快,即活化能大的反应对温度敏感。因此,以相同的反应物为原料同时进行的平行反应中,升高温度对活化能高的反应有利,而降低温度对活化能低的反应有利。在工业生产中,可以利用这个原理控制合适的反应温度,以提高目标主产物的产率。

将式(5-55)进行微分,可得

$$\frac{d\ln k}{dT} = \frac{E}{RT^2} \tag{5-56}$$

将式(5-56)变量分离后由 T_1 到 T_2 进行定积分,有

$$\ln \frac{k_2}{k_1} = -\frac{E}{R}\left(\frac{1}{T_2} - \frac{1}{T_1}\right) \tag{5-57}$$

这是阿伦尼乌斯公式的定积分式,该式结合化学反应动力学方程,在解题、测定活化能、确定反应的适宜温度时非常有用。

对于一级反应来说,为研究浓度和温度对同一反应的影响,可将式(5-10)和式(5-54)结合得到

$$\ln \frac{c_0}{c_0 - x} = Ae^{-E/RT}t \tag{5-58}$$

对于 n 级($n \neq 1$)反应,浓度和温度对同一反应的影响,可将式(5-21)和式(5-54)结合得到

$$\frac{1}{n-1}\left[\frac{1}{(c_0 - x)^{n-1}} - \frac{1}{c_0^{n-1}}\right] = Ae^{-E/RT}t \tag{5-59}$$

例 5-6 某一级反应,在 T_1 为 300.15 K 时反应物转化 30% 需要 14.20 min,在 T_2 为 340.15 K 时反应物转化 30% 需要 5.40 min。试计算反应的活化能 E、指前因子 A 和 k_1、k_2。

解: 两个不同温度下,转化率相同,即 $\frac{c_0}{c} = \frac{100}{30}$。由 $k = \frac{1}{t}\ln \frac{c_0}{c}$,得

$$\frac{k_2}{k_1} = \frac{t_1}{t_2} = \frac{14.20}{5.40} = 2.63$$

由阿伦尼乌斯公式,得

$$\ln 2.63 = -\frac{E}{8.314}\left(\frac{1}{340.15} - \frac{1}{300.15}\right)$$

解得:$E = 20.52 \text{ kJ} \cdot \text{mol}^{-1}$

将已知数值代入式(5-58),得

$$\ln \frac{1}{1 - 0.30} = Ae^{-20.52\times10^3/(8.314\times340.15)} \times 5.40$$

解得:$A = 93.57 \text{ min}^{-1}$

NOTE

$$k_1 = \frac{1}{14.20} \ln \frac{1}{1-0.30} = 2.51 \times 10^{-2} (\text{min}^{-1})$$

$$k_2 = \frac{1}{5.40} \ln \frac{1}{1-0.30} = 6.61 \times 10^{-2} (\text{min}^{-1})$$

或 $\qquad k_2 = 2.63 k_1 = 2.63 \times 2.51 \times 10^{-2} = 6.61 \times 10^{-2} (\text{min}^{-1})$

例 5-7 氧化乙烯的热分解反应是一级反应,在 651 K 时,分解 50% 所需时间为 220 min,活化能 $E = 217.6 \text{ kJ} \cdot \text{mol}^{-1}$,试问如果在 120 min 内分解 75%,温度应控制在多少?

解: 对一级反应: $k_1 = \frac{0.693}{220} = 3.15 \times 10^{-3} (\text{min}^{-1})$

由 $\ln \frac{c_0}{c} = kt$,可得

$$k_2 = \frac{1}{120} \times \ln \frac{1}{1-0.75} = 1.16 \times 10^{-2} (\text{min}^{-1})$$

已知 $T_1 = 651$ K,代入阿伦尼乌斯方程求算 T_2,得

$$\ln \frac{1.16 \times 10^{-2}}{3.15 \times 10^{-3}} = -\frac{217600}{8.314} \left(\frac{1}{T_2} - \frac{1}{651} \right)$$

解得:$T_2 = 673$(K)

即温度应控制在 673 K。

例 5-8 环氧乙烷分解反应为一级反应,反应的活化能为 217.57 kJ·mol^{-1}。在 653.15 K 时分解 50% 所需时间为 363 min,试求 723.15 K 时环氧乙烷分解 90% 所需的时间 t。

解: 对一级反应

$$k_1 = \frac{0.693}{t_{1/2}} = \frac{0.693}{363} = 1.91 \times 10^{-3} (\text{min}^{-1})$$

$$\ln \frac{k_2}{1.91 \times 10^{-3}} = \frac{217.57 \times 10^3}{8.314} \times \frac{723.15 - 653.15}{723.15 \times 653.15} = 3.88$$

解得:$k_2 = 9.25 \times 10^{-2} (\text{min}^{-1})$

$$t = \frac{1}{9.25 \times 10^{-2}} \ln \frac{1}{1-0.90} = 25 (\text{min})$$

三、活化能

1. 活化分子和活化能的概念

对于基元反应,阿伦尼乌斯认为分子间要发生反应必须彼此接触、碰撞,但并不是反应物分子之间的任何一次直接作用都能发生反应,只有那些能量较高的、结构相互匹配的分子之间的直接作用才能发生反应。在直接作用中能发生反应的、能量较高的分子称为**活化分子**,活化分子的平均能量比普通分子的平均能量高。后来,托尔曼用统计力学证明:对于基元反应,活化能是活化分子的平均能量与所有分子平均能量之差,可表示为

$$E = \overline{E}^* - \overline{E} \qquad (5-60)$$

式中,$\overline{E}^*$ 表示活化分子的平均能量;$\overline{E}$ 表示反应物分子的平均能量。

活化能可以看作化学反应进程中所必须越过的能峰,旧键断裂和新键形成需要克服的作用力越大,则消耗的能量越大,能峰就越高,反应速率也就越慢,反之亦然。活化能的大小代表了能峰的高低。图 5-6 表示了下列对峙反应的反应进程。

$$\text{A} + \text{B} \underset{k_2}{\overset{k_1}{\rightleftharpoons}} \text{C} + \text{D}$$

活化能的大小可以通过实验测定。对于基元反应,活化能具有比较明确的物理意义,而对于复杂反应,其意义不很明确,复杂反应的活化能是这个总包反应的表观活化能或实验活化

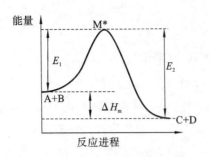

图 5-6　活化能与反应热的关系示意图

能。自从阿伦尼乌斯提出活化能概念后,有关活化能的理论处于不断完善中。

2. 活化能和反应热的关系

在图 5-6 中,反应物 A+B 只有越过 E_1 的能峰才能达到活化状态,变成产物 C+D,E_1 为正反应的活化能。如果产物 C+D 要变成反应物 A+B,就必须越过 E_2 能峰,E_2 称为逆反应的活化能。

由阿伦尼乌斯公式可知

$$\frac{\mathrm{d}\ln k_1}{\mathrm{d}T} - \frac{\mathrm{d}\ln k_2}{\mathrm{d}T} = \frac{E_1}{RT^2} - \frac{E_2}{RT^2} \tag{5-61}$$

即

$$\frac{\mathrm{d}\ln k_1/k_2}{\mathrm{d}T} = \frac{E_1 - E_2}{RT^2} \tag{5-62}$$

反应平衡时,平衡常数 $K = \dfrac{k_1}{k_2}$,式(5-62)写成

$$\frac{\mathrm{d}\ln K}{\mathrm{d}T} = \frac{E_1 - E_2}{RT^2} \tag{5-63}$$

而化学平衡的等压方程为

$$\frac{\mathrm{d}\ln K}{\mathrm{d}T} = \frac{\Delta H_\mathrm{m}}{RT^2}$$

比较两式得

$$\Delta H_\mathrm{m} = E_1 - E_2 \tag{5-64}$$

即正、逆反应活化能之差为反应的等压反应热。若 $E_1 > E_2$,则 ΔH_m 为正,反应为吸热反应,升高温度,平衡常数 K 增大,也就是 k_1/k_2 的值增大,说明升高温度有利于正向反应的进行;若 $E_1 < E_2$,则 ΔH_m 为负,反应为放热反应,适当降低温度有利于正向反应进行。

在工业生产中,需从热力学和动力学两个角度综合考虑反应条件,既要保证较高的反应速率,又要保证较大的平衡转化率。例如,合成氨反应属于放热反应,升高温度对反应不利,使平衡左移、产率降低;但常温下反应速率太慢,不利于工业化生产,因此应适当升高反应温度,以保证单位时间的产量。反应进行一段时间后,还可以将产物分离,使平衡不断向右移动,提高转化率。

四、药物储存期的预测

药物生产出来后,在储存过程中会发生分解、水解、氧化等反应而使药物有效成分含量降低,或者生成一些有害物质,导致药物失效。留样观察法可以准确得出药物有效期,但耗时太长,实际中采用加速试验法(accelerated testing)预测药物储存期。加速试验法是应用化学动力学原理,在较高的温度下加速药物降解反应,经数学处理后外推得出药物在室温下的储存期。加速试验法可采用恒温法和变温法两类。

1. 恒温法(isothermal prediction)

在经典恒温法中,根据药物的稳定程度不同选取几个较高的试验温度,测定各温度下药物浓度随时间的变化。首先确定药物降解反应级数,并得出各试验温度下的反应速率常数 k,再依据阿伦尼乌斯公式,以 $\ln k$ 对 $\dfrac{1}{T}$ 作图(或作线性回归),外推求得药物在室温下的速率常数 k,并由此计算出室温下药物含量降至合格限所需的时间,即为药物的储存期。

经典恒温法虽然结果较准确,但由于试验工作量和药品消耗量大、试验周期长、计算较麻烦等,实际中可采取一些简化计算方法,如初均数法、$\tau_{0.9}$法等。

2. 变温法(nonisothermal prediction)

变温法是在一定温度范围内连续改变试验温度,通过一次试验即可获得所需的动力学参数(活化能、速率常数及储存期等)的方法。与经典恒温法相比,变温法可节省试验样品,并在较短时间内完成。变温法可分为程序升温法和自由升温法两大类,前者按一定的升温程序连续改变温度,可采用倒数升温、线性升温和对数升温;后者则没有固定的升温规律,而是用计算机自动记录试验温度代替恒温法和程序升温法来控制温度。

早期的变温法预测结果不够准确。20世纪90年代以来,采用指数程序升温法,并改进了变温法的控温装置、升温规律及计算方法,从而提高了预测结果的准确性。同时在控制温度时也自动记录温度,将程序升温法和自由升温法相结合,以充分发挥变温法的优势。

例5-9 某注射液的降解为一级反应。为了预测其在室温下的储存期,分别在328.15 K、338.15 K、348.15 K、358.15 K和368.15 K五个温度下进行了稳定性加速试验,并得出各试验温度下的降解速率常数 k,数据列于表中。若药物含量降至90%即可视为失效,试求该注射液在室温(298.15 K)下的储存期。

T/K	328.15	338.15	348.15	358.15	368.15
$10^3 k/\mathrm{h^{-1}}$	0.7174	1.723	4.077	8.714	18.79

解:依据所给数据得出下表

T/K	328.15	338.15	348.15	358.15	368.15
$10^3 (1/T)/\mathrm{K^{-1}}$	3.047	2.957	2.872	2.792	2.716
$10^3 k/\mathrm{h^{-1}}$	0.7174	1.723	4.077	8.714	18.79
$\ln k$	−7.24	−6.36	−5.50	−4.74	−3.97

以 $\ln k$ 对 $1/T$ 作图,得一直线,直线方程为

$$\ln k = -9866/T + 22.82 \quad (相关系数为0.9995)$$

当 $T=298.15$ K 时,由图得出对应的 k 值;或由直线方程求得 $k=3.463\times10^{-5}$ $\mathrm{h^{-1}}$,将此 k 值代入一级反应动力学方程可得

$$\tau_{0.9} = \frac{1}{k}\ln\frac{10}{9} = \frac{1}{3.463\times10^{-5}}\ln\frac{10}{9} = \frac{0.1054}{3.463\times10^{-5}} = 3042(\mathrm{h}) \approx 127(\mathrm{d})$$

即该注射液在室温下的储存期约为127 d。

第五节 反应速率理论简介

化学反应速率受温度、浓度、溶剂、催化剂等多种因素影响,反应速率理论还处于不断发展和完善中。动力学的速率理论发展在很大程度上还依赖于计算机技术、微观反应动力学实验技术的发展,是一个非常活跃的研究领域。本节简要介绍碰撞理论和过渡状态理论。

一、碰撞理论

1918年,在气体分子运动论和阿伦尼乌斯活化能概念基础上,路易斯(Lewis)提出了碰撞理论(collision theory),该理论采用硬球分子模型(molecular model of hard sphere),其基本假设如下。

（1）分子必须经过碰撞才能发生反应，但并不是每一次碰撞都能发生反应。

（2）相互碰撞的一对分子所具有的平均动能必须足够高，并超过某一临界值，才能发生反应，该碰撞称为有效碰撞。

（3）单位时间、单位体积内发生的有效碰撞次数就是化学反应的速率。

（4）分子为简单的刚性球体；在碰撞的瞬间，两个分子的中心距离为它们的半径之和；除了在碰撞的瞬间以外，分子之间没有其他作用力。

以双分子基元反应为例

$$A+B \longrightarrow 产物$$

碰撞理论可概括为：反应分子 A 和 B 必须经过碰撞才能发生反应。因此，反应速率即单位时间、单位体积内发生反应的分子数，正比于单位时间、单位体积内分子 A 与 B 的碰撞次数。

1. 碰撞频率

单位时间、单位体积内分子 A 和 B 的碰撞次数称为碰撞频率。根据分子运动论可知，假设分子为刚性球体，两种不同物质分子 A、B 之间的碰撞频率 Z_{AB} 可表示如下：

$$Z_{AB} = (r_A + r_B)^2 \left(\frac{8\pi RT}{\mu}\right)^{1/2} n_A n_B \tag{5-65}$$

式中，r_A、r_B 分别为 A、B 分子的半径；μ 为 A、B 分子的折合摩尔质量，$\mu = \dfrac{M_A M_B}{M_A + M_B}$，其中 M_A、M_B 分别表示 A、B 分子的摩尔质量；n_A、n_B 分别表示单位体积中 A、B 分子的个数。

如果是同一种物质分子，则 $M_A = M_B$。同一种物质分子之间的碰撞频率为

$$Z_{AB} = 16 r_A^2 \left(\frac{\pi RT}{M_A}\right)^{1/2} n_A^2 \tag{5-66}$$

2. 有效碰撞分数

碰撞动能 ε 大于某临界能 ε_0（阈能），并能翻越能峰的分子称为活化分子，活化分子之间的碰撞称为有效碰撞，分子之间进行有效碰撞才能发生反应。有效碰撞次数与总碰撞次数之比称为有效碰撞分数，用 q 表示。根据玻尔兹曼（Boltzmann）能量分布定律可知，有效碰撞分数为

$$q = e^{-E_C/RT} \tag{5-67}$$

式中，$E_C = N_A \varepsilon_0$，称为临界（活化）能，N_A 为阿伏加德罗常数。

3. 碰撞理论基本公式

碰撞理论认为反应速率就是有效碰撞频率，即

$$-\frac{dn}{dt} = Z_{AB} q \tag{5-68}$$

将式(5-65)和式(5-67)代入式(5-68)得到异种双分子反应的速率方程，得

$$-\frac{dn}{dt} = (r_A + r_B)^2 \left(\frac{8\pi RT}{\mu}\right)^{1/2} n_A n_B e^{-E_C/RT} \tag{5-69}$$

式(5-69)就是由碰撞理论推导出的双分子反应速率方程。

令

$$k' = (r_A + r_B)^2 \left(\frac{8\pi RT}{\mu}\right)^{1/2} e^{-E_C/RT} \tag{5-70}$$

则式(5-69)可简化为

$$-\frac{dn}{dt} = k' n_A n_B \tag{5-71}$$

式(5-71)和质量作用定律 $-\dfrac{dc}{dt} = k c_A c_B$ 相似。当上述公式中体积为单位体积时，则 $c =$

$\dfrac{n}{N_A}, k = N_A k', -\dfrac{\mathrm{d}n}{N_A \mathrm{d}t} = k\dfrac{n_A}{N_A}\dfrac{n_B}{N_A}; -\dfrac{\mathrm{d}n}{\mathrm{d}t} = \dfrac{k}{N_A}n_A n_B,$ 令

$$A = N_A (r_A + r_B)^2 \left(\dfrac{8\pi RT}{\mu}\right)^{1/2} \tag{5-72}$$

则

$$k = A e^{-E_C/RT} \tag{5-73}$$

该式与阿伦尼乌斯公式相似,称为碰撞理论基本公式。

令

$$k_0 = N_A (r_A + r_B)^2 \left(\dfrac{8\pi R}{\mu}\right)^{1/2} \tag{5-74}$$

则有

$$A = k_0 T^{1/2} \tag{5-75}$$

式(5-73)可改写成

$$k = k_0 T^{1/2} e^{-E_C/RT} \tag{5-76}$$

将式(5-76)两边取对数后,得

$$\ln k = \ln k_0 + \dfrac{1}{2}\ln T - \dfrac{E_C}{RT}$$

$$\ln\dfrac{k}{T^{1/2}} = \ln k_0 - \dfrac{E_C}{RT} \tag{5-77}$$

再对 T 求导,得

$$\dfrac{\mathrm{d}\ln k}{\mathrm{d}T} = \dfrac{E_C + RT/2}{RT^2} \tag{5-78}$$

与式(5-73)对照,得

$$E = E_C + \dfrac{1}{2}RT \tag{5-79}$$

式中,E_C 为临界能。活化能 E 与 T 有关,但大多数反应的温度不太高时,$E_C \gg \dfrac{1}{2}RT$,故 $\dfrac{1}{2}RT$ 项可忽略,则

$$E = E_C$$

所以一般认为 E 与 T 无关。碰撞理论不但成功解释了 $\ln k$ 对 $\dfrac{1}{T}$ 作图的直线关系,同时也指出了较高温度时可能出现偏差的原因。

碰撞理论说明了反应过程中分子必须进行有效碰撞,能量必须足够高以克服能峰;能够解释基元反应的速率方程和阿伦尼乌斯公式;对于一些分子结构简单的反应,理论上求算的 k 值与实验测得的 k 值较为符合。

碰撞理论的不足之处在于以下两点。

(1)该理论是一个半经验性的理论,原因在于求反应速率常数用到的活化能需要通过实验求得,即无法从碰撞理论本身求算 k 值。

(2)该理论假设分子是刚性球碰撞,未考虑分子结构。这种设想对于反应物分子结构比较简单的反应来说,指前因子的计算值与实验值较为符合,但对大多数结构复杂分子的反应却偏差较大。

因此有人提出在碰撞理论的速率方程前面乘以校正因子 P,即

$$k = PA e^{-E_C/RT} \tag{5-80}$$

式中,P 称为方位因子或概率因子,P 值变化范围很大,一般为 $10^{-9} \sim 1$,表示碰撞理论与实验值的差异程度。碰撞理论本身不能求出 P 值的大小,P 值只能从实验得到,P 是一个经验性

的校正系数。

二、过渡态理论

1935 年，在统计力学和量子力学理论基础上，艾林(Eyring)和波拉尼(Polanyi)等人提出了过渡态理论(transition state theory，TST)，又称活化配合物理论。该理论采用势能面作为理论计算模型，认为化学反应不是只通过分子之间的简单碰撞直接完成，而是必须经过一个具有高能量活化配合物的过渡状态，并且达到这个过渡态需要一定的活化能，再生成产物。其基本假设如下。

(1) 反应系统的势能是原子间相对位置的函数。

(2) 在由反应物生成产物的过程中，分子要经历一个价键重排的过渡阶段。处于这一过渡阶段的分子称为活化配合物(activated complex)或过渡态(transition state)。

(3) 活化配合物的势能高于反应物或产物的势能，是反应进行时必须克服的势垒，但比其他任何可能的中间态的势能低。

(4) 活化配合物与反应物分子处于某种平衡状态。总反应速率取决于活化配合物的分解速率。

下面以双分子基元反应为例加以说明。对于反应 $A+B-C \longrightarrow A-B+C$，则有

$$A+B-C \underset{}{\overset{K_{\neq}}{\rightleftharpoons}} [A \cdots B \cdots C]_{\neq} \overset{k}{\longrightarrow} A-B+C$$

1. 活化配合物

当原子 A 接近 B—C 分子时，B—C 键拉长而减弱；当 A 与 B 逐渐靠近时，将成键而未成键，B—C 键变得更长，将断裂而未断裂，这样就形成了中间过渡态 $[A \cdots B \cdots C]_{\neq}$，称为活化配合物。这种活化配合物极不稳定，一方面它可能分解为反应物 A 和 B—C，另一方面又可能分解为产物 A—B 和 C。相对来说，活化配合物分解为产物的过程为慢步骤，反应物 A 和 B—C 与活化配合物之间存在快速平衡。根据热力学理论，则有

$$K_{\neq} = \frac{c_{\neq}}{c_A c_{BC}} \tag{5-81}$$

式中，$K_{\neq}$ 表示反应物和活化配合物之间反应的平衡常数；$c_{\neq}$、c_A 和 c_{BC} 分别表示活化配合物、反应物 A 和 B—C 的浓度。

2. 势能面与过渡态理论活化能

过渡态理论的物理模型是势能面。对于由 A、B、C 三个原子组成的反应体系，其势能 E 是三个原子间距离的函数：

$$E = f(r_{AB}, r_{BC}, r_{AC}) \tag{5-82}$$

或者说 E 是 r_{AB}、r_{BC} 及其夹角 θ 的函数：

$$E = f(r_{AB}, r_{BC}, \theta) \tag{5-83}$$

如果以 E 对 r_{AB}、r_{BC}、θ 作图，则要绘制成四维图形，这不易绘制。一般规定 θ 为常数，则

$$E = f(r_{AB}, r_{BC}) \tag{5-84}$$

这样 E 与 r_{AB}、r_{BC} 之间的关系就可以用一个三维立体图来表示。

对于上述双分子反应，A 原子沿双原子分子 B—C 连心线方向从 B 原子侧(即 $\theta = \pi$)与 B—C 分子碰撞时，对反应最为有利。图 5-7 为此过程中体系的势能 E 与原子间距离 r_{AB}、r_{BC} 之间的关系。体系处于 r_{AB}、r_{BC} 平面上的某一位置时所具有的势能，由这一点的高度表示，r_{AB}、r_{BC} 平面上所有各点的高度汇集成一个马鞍形的曲面，称为势能面。势能面上相同的势能用曲线连接起来，称为等势线。图中 a 点表示反应体系始态(A+B—C)的势能，b 点表示反应体系终态(A—B+C)的势能，c 点表示活化配合物的势能。c 点称为鞍点(saddle point)，因为 c 点

周围的势能面看起来就像是一个马鞍。从图 5-7 可看出,反应体系沿 $a \to c \to b$ 途径是所需翻过的势能峰最低的,说明它是可能性最大的途径,因此 $a \to c \to b$ 称为反应坐标(reaction coordinate)或反应途径。过渡态理论活化能的物理意义:其为活化配合物的势能与普通反应物分子的势能之差。多于三个原子的反应体系的势能图非常复杂,不易绘制。但上面得出的反应坐标、鞍点、活化能等概念仍然适用。

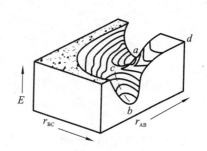

图 5-7 势能面立体示意图

3. 过渡态理论基本公式

活化配合物分子沿反应途径方向每振动一次,就有一个活化配合物分子分解成为产物分子。反应总速率取决于慢步骤的速率,即

$$-\frac{dc}{dt} = k_1 c_{\neq} \tag{5-85}$$

假定活化配合物沿反应途径方向每振动一次,就有一个活化配合物分子分解,每秒振动 ν 次,则

$$k_1 = \nu$$

上式变为

$$-\frac{dc}{dt} = \nu c_{\neq} \tag{5-86}$$

因反应物与活化配合物之间存在快速平衡,即 $c_{\neq} = K_{\neq} c_A c_{BC}$,代入上式,得

$$-\frac{dc}{dt} = \nu K_{\neq} c_A c_{BC} \tag{5-87}$$

根据量子理论,一个振动自由度的能量为 $h\nu$,h 为普朗克常数;再根据能量均分原理,一个振动自由度的能量为 $\frac{R}{N_A}T$,因此

$$h\nu = \frac{R}{N_A}T$$

$$\nu = \frac{RT}{hN_A}$$

将此式代入式(5-87)得

$$-\frac{dc}{dt} = \frac{RT}{hN_A}K_{\neq} c_A c_{BC} \tag{5-88}$$

根据质量作用定律,上述双分子反应的速率方程为

$$-\frac{dc}{dt} = kc_A c_{BC} \tag{5-89}$$

将式(5-88)与式(5-89)对照,得

$$k = \frac{RT}{hN_A}K_{\neq} \tag{5-90}$$

这就是过渡态理论的基本公式。$\frac{RT}{hN_A}$ 在一定温度下为一常数,根据统计力学和量子力学的结果可以计算出 $K_{\neq}$。原则上,只要知道有关分子的结构,就可求得 $K_{\neq}$,算出速率常数 k,而不必进行动力学实验测定。所以过渡态理论又称为绝对反应速率理论。

为了比较过渡态理论和碰撞理论,令 $\Delta G_{\neq}$、$\Delta H_{\neq}$ 和 $\Delta S_{\neq}$ 分别代表活化配合物的标准吉布斯自由能变、标准焓变和标准熵变,分别简称为活化吉布斯自由能、活化焓和活化熵。根据热力学的结论可知

NOTE

$$\Delta G_{\neq} = \Delta H_{\neq} - T\Delta S_{\neq} = -RT\ln K_{\neq}$$

或

$$K_{\neq} = e^{-\Delta G_{\neq}/RT} = e^{-\Delta H_{\neq}/RT} e^{\Delta S_{\neq}/R}$$

对一般化学反应来说，$\Delta H_{\neq} = E$，式(5-90)可改写为

$$k = \frac{RT}{hN_A} e^{\Delta S_{\neq}/R} e^{-E/RT} \tag{5-91}$$

与碰撞理论中的式(5-80)比较得

$$PA = \frac{RT}{hN_A} e^{\Delta S_{\neq}/R} \tag{5-92}$$

上式中，由于 $\frac{RT}{hN_A}$ 与 A 在数量级上相近，约为 10^{12}，因此 P 与 $e^{\Delta S_{\neq}/R}$ 相当。这样，碰撞理论中发生偏差的方位因子 P 可用活化熵 $\Delta S_{\neq}$ 来解释。在反应物形成活化配合物时，由几个分子合成一个分子，混乱程度减少，$\Delta S_{\neq}$ 应为负值，$e^{\Delta S_{\neq}/R}$ 应小于 1。由于速率常数 k 与 $\Delta S_{\neq}$ 呈指数关系，所以活化熵的数值只要有较小的改变，就会对 k 产生显著影响。这样，过渡态理论比较合理地解释了方位因子的意义。另外，过渡态理论原则上可以根据统计力学来计算 $\Delta S_{\neq}$，从而能大致预测方位因子 P 的大小。从原则上讲，只要知道活化配合物的结构，就可由统计学原理或热力学公式近似地计算 $\Delta S_{\neq}$，从键能资料计算 $\Delta H_{\neq}$，由此可计算速率常数。实际上，由于受实验技术的限制，活化配合物的测定很困难。

第六节 溶剂对反应速率的影响

溶液中的反应会受到溶剂分子的影响，因此需考虑溶剂分子对反应速率的影响。溶液中的离子反应常常是瞬间完成的，观测其动力学数据非常困难。本节仅简要介绍溶剂作为介质对反应速率的影响。

在溶液中反应物分子要通过扩散穿过周围的溶剂分子之后，才能彼此接近而发生接触，反应后生成物分子也要穿过周围的溶剂分子通过扩散而离开。从微观的角度看，周围溶剂分子形成一个笼，则反应分子处于笼中。溶液中分子在笼中的持续时间比气体分子互相碰撞的持续时间长 10～100 倍，相当于它们在笼中可以经过反复的多次碰撞。所谓**笼效应**（cage effect）就是指反应分子在溶剂分子形成的笼中多次碰撞（或振动）。这种连续重复碰撞称为一次遭遇，一直持续到反应分子从笼中挤出。溶剂分子的存在虽然限制了反应分子做长距离的移动，减少了与远距离分子的碰撞机会，但却增加了近距离反应分子的重复碰撞，总的碰撞频率并未减少。据粗略估计，在水溶液中，一对无相互作用的分子经历一次遭遇或在笼中的时间为 $10^{-12}\sim10^{-11}$ s，在这段时间内要进行 100～1000 次的碰撞。然后可能有机会跃出这个笼子，扩散到别处，又进入另一个笼中。

若溶剂分子与反应分子没有显著的作用，碰撞理论对溶液中的反应也是适用的，并且对于同一反应无论在气相中还是在溶液中进行，反应速率大致相同。但也有一些反应，溶剂对反应有显著的影响，如某些平行反应，常可借助溶剂先把其中一种反应的速率变得较快，而使某种产品的数量增多。

溶剂对反应速率的影响比较复杂，其机制至今尚不清楚，下面只做一些定性介绍。

一、溶剂极性和溶剂化的影响

溶剂的极性对反应速率的影响因反应而异。如果反应物的极性比生成物极性大，则在极

性溶剂中反应速率变小；反之，如果生成物的极性比反应物的大，则在极性溶剂中反应速率增大。例如，下列反应

$$(CH_3CO)_2O + C_2H_5OH \longrightarrow CH_3COOC_2H_5 + CH_3COOH$$

$$C_2H_5I + (C_2H_5)_3N \longrightarrow (C_2H_5)_4NI$$

溶剂极性对反应速率的影响，见表 5-1。

表 5-1　溶剂极性对反应速率的影响

溶　剂	乙酸酐和乙醇反应的 k(323.15 K)	三乙基胺和碘化乙烷反应的 k(373.15 K)
正己烷	1.19×10^{-2}	1.8×10^{-4}
苯	4.62×10^{-3}	5.8×10^{-3}
氯苯	4.33×10^{-3}	2.3×10^{-2}
对甲氧基苯	2.93×10^{-3}	4.0×10^{-2}
硝基苯	2.45×10^{-3}	70.1

这种影响可以通过溶剂化作用来解释。一般说来，反应物与生成物在溶液中都能或多或少地形成溶剂化物。若溶剂分子与反应物生成比较稳定的溶剂化物，则使活化能增高而反应速率减慢，如图 5-8 所示。第一个反应即属于这种情况，随着溶剂极性增加，溶剂化作用增强，反应速率减慢。

若溶剂分子与任一种反应分子生成不稳定的中间配合物而使活化能降低，则可以使反应速率加快，如图 5-9 所示。因为活化配合物溶剂化后的能量降低，因而降低了活化能，从而使反应速率加快，即第二个反应的情况。随着溶剂极性增加，溶剂化作用增强，活化能降低更多，反应速率加快。

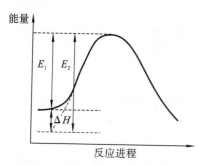

图 5-8　反应物溶剂化使活化能升高

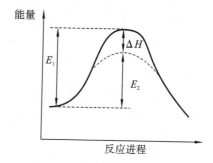

图 5-9　活化配合物溶剂化使活化能降低

二、溶剂介电常数的影响

介电常数(dielectric constant)是溶剂的一个重要性质，它表征溶剂对溶质分子溶剂化以及将相反电荷离子在溶液中分开的能力，可以反映溶剂分子的极性大小，介电常数越大，溶剂的极性越大。对于离子或极性分子之间的反应，溶剂介电常数的大小将影响离子或极性分子之间的引力或斥力，从而影响反应速率。溶剂介电常数越大，异种电荷离子间的作用力越小，因此，对于异种电荷离子之间、离子与极性分子之间的反应，溶剂的介电常数越大，反应速率越小。对于同种电荷离子之间的反应，溶剂的介电常数越大，反应速率也越大，因为异种电荷离子间的作用力小，同种电荷离子相遇机会增大。

例如，对于苄基溴的水解，OH^- 有催化作用，这是一个正、负离子间的反应：

$$C_6H_5CH_2^+ + H_2O \xrightarrow{OH^-} C_6H_5CH_2OH + H^+$$

该反应在介电常数较小的溶剂中进行，异种电荷离子容易相互吸引，故反应速率较大。加

入介电常数比水小的物质如甘油、乙醇、丙二醇等,能加快该反应的进行。

又如,OH^-催化巴比妥类药物在水溶液中的水解反应,是同种电荷离子间的反应,由于水的介电常数大,在水溶液中反应速率大;如果加入甘油、乙醇等介电常数小的溶剂,将使反应速率减小。

$$Na^+ \quad {}^-O \overset{N}{\underset{HN}{\bigcirc}} \overset{O}{\underset{O}{\bigcirc}} {R \atop R'} + H_2O \xrightarrow{OH^-} \overset{R \quad CHONHCONH_2}{\underset{R' \quad H}{C}} + NaHCO_3$$

巴比妥钠   乙酰脲

三、溶液离子强度的影响

离子之间的反应速率受溶液离子强度的影响,称为原盐效应。在稀溶液中,离子反应的速率与溶液离子强度之间的关系为

$$\lg \frac{k}{k_0} = 2Z_A Z_B A \sqrt{I} \qquad (5\text{-}93)$$

式中,Z_A、Z_B 分别为反应物 A、B 的离子电荷数;k_0 为离子强度为零时(无限稀释时)的速率常数;k 为离子强度为 I 时的速率常数;A 为与溶剂和温度有关的常数,对 298.15 K 的水溶液而言,$A=0.509$。

由式(5-93)可知,对于同种电荷离子之间的反应,溶液的离子强度越大,反应速率也越大;对于异种电荷离子之间的反应,溶液的离子强度越大,反应速率越小;当有一个反应物不带电荷时,反应速率不受离子强度的影响。

第七节 催化作用

加入反应体系后能显著改变反应速率,而本身的数量、组成和化学性质在反应前后均不变的物质称为催化剂(catalyst),有催化剂参加的反应称为催化反应,因催化剂的存在而明显改变反应速率的现象称为催化作用(catalysis)。

加入后使反应速率加快的物质称正催化剂,使反应速率减慢的物质称负催化剂(或阻化剂),如不特别说明,通常均指正催化剂。催化剂也可以是反应过程中自动产生的一种(或几种)反应产物或中间产物,称为自催化剂,这种现象称为自动催化作用。如 $KMnO_4$ 和草酸反应时生成的 Mn^{2+} 就是该反应的自催化剂,随着反应的进行,自催化剂生成的量增多,反应速率会加快。有些物质加入少量能使催化剂的活性、选择性、稳定性增强,这些物质称为助催化剂或促进剂。

按催化剂与反应物是否处于同一相,可将催化反应分为两类:①单相催化或均相催化:催化剂与反应物处于同一相,如酸、碱催化作用。②多相催化或非均相催化:催化剂在反应体系中自成一相,尤其以固体催化剂应用最广,如表面催化作用,附着在载体上的金属催化剂与反应体系处于不同相。

催化剂广泛应用于化工、医药等行业,80%以上的化工、制药等生产过程中都用到催化剂。

一、催化作用的基本特征

(1)催化剂的组成、数量和化学性质在化学反应前后均不变,但催化剂的物理性质发生了

变化,例如外观、晶形等可能改变。

(2)催化剂参与反应后,改变反应的机制,改变反应的活化能,这是催化剂起作用的根本原因。

例如,某一反应 $A+B \longrightarrow AB$,活化能为 E。加入催化剂 K 后,设反应机制为

$$A+K \longrightarrow (A \cdot K)^* \quad (活化能为 E_1,且 E_1 < E)$$

$$(A \cdot K)^* + B \longrightarrow AB + K \quad (活化能为 E_2,且 E_2 < E)$$

催化剂 K 与反应物有一定的亲和力,并与之生成不稳定的中间化合物 $(A \cdot K)^*$,由于 $E_1 < E$ 及 $E_2 < E$,并且 $E_1 + E_2 < E$,降低了反应的活化能,从而加快了反应速率。图 5-10 是上述反应机制中活化能的改变示意图。

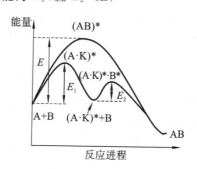

图 5-10 活化能与反应途径示意图

例如,反应 $2HI \longrightarrow H_2 + I_2$ 在温度 503 K 下进行,未使用催化剂时活化能为 184.1 $kJ \cdot mol^{-1}$,用催化剂 Au 参与反应后活化能降到 104.6 $kJ \cdot mol^{-1}$,由 Arrhenius 方程可计算出活化能下降使反应速率增加的倍数

$$\frac{k_2}{k_1} = \frac{e^{-104600/RT}}{e^{-184100/RT}} = 1.8 \times 10^8 (倍)$$

k_2 和 k_1 分别是有催化剂和没有催化剂时的速率常数。从计算结果可以看出活化能对反应速率的影响比温度对反应速率的影响大得多。

(3)催化剂不能启动反应,不能改变反应的平衡状态。催化剂不能改变体系的状态函数,故不能改变反应的吉布斯自由能变 ΔG_m。从热力学可知,一个反应的平衡常数取决于该反应的标准摩尔吉布斯自由能变 $\Delta_r G_m^{\ominus}$,即

$$\Delta_r G_m^{\ominus} = -RT \ln K_a^{\ominus}$$

所以催化剂不能改变化学平衡状态,也不能启动反应,即不能使热力学上认为不可能发生的反应发生,如果一个反应 $\Delta G_m > 0$,试图通过寻找催化剂使其发生将是徒劳的。对于一个对峙反应,催化剂同时使正反应和逆反应加速,且增加倍数相同,并未改变化学平衡,只是缩短了到达平衡的时间。

(4)催化剂具有选择性。从相同反应物出发,选择不同的催化剂时,可得到不同的产物。选择适当的催化剂可使反应朝着所需的方向进行,从而得到所需的产物。

此外,催化剂对杂质很敏感,有时少量的杂质就能显著影响催化剂的效能,可能严重阻碍催化反应的进行,这些物质称为催化剂毒物,这种现象称为催化剂中毒,"多位吸附学说"较好地解释了催化剂中毒现象。

二、酸碱催化

酸碱催化是普遍存在的一类催化反应,在酸性条件下反应速率快即是酸催化反应,在碱性条件下反应速率快即是碱催化反应。酸碱催化反应通常是离子型反应,其本质在于质子的转移,是液相催化中研究最多、应用最广的一类催化反应。

H^+ 和 OH^- 的催化作用称为专属酸碱催化,如蔗糖的水解以 H^+ 为催化剂。将布朗斯特(Brönsted)质子酸碱催化作用称为广义酸碱催化。下面介绍质子酸碱催化。

1. 质子酸碱理论

凡能给出质子的分子或离子都是酸,也称为质子酸;凡能与质子结合的分子或离子都是碱,也称为质子碱。例如

$$NH_3 + H_3O^+ \longrightarrow NH_4^+ + H_2O$$
碱　　酸　　　酸　　碱

NH_4^+ 和 NH_3、H_3O^+ 和 H_2O 是共轭酸碱对。

2. 质子酸碱催化的特点

质子酸碱催化是通过离子型机制进行的,反应速率很快,不需要很长的活化时间,以"质子转移"为特征。

酸催化反应是反应物 S 与酸中的质子 H^+ 作用,生成质子化物 SH^+,然后质子从质子化物 SH^+ 中转移,最后得到产物,同时催化剂酸复原。如以 HA 代表酸,其反应机制如下:

$$S + HA \longrightarrow SH^+ + A^-$$
$$SH^+ + A^- \longrightarrow 产物 + HA$$

碱催化反应是反应物 HS 将质子给碱(催化剂),生成中间产物 S^-,然后进一步反应得到产物,同时催化剂碱复原。如以 B 表示碱,其反应机制如下:

$$HS + B \longrightarrow S^- + HB^+$$
$$S^- + HB^+ \longrightarrow 产物 + B$$

质子不带电子且半径很小,因此转移很快,易极化接近它的分子,有利于新键的形成,显示出较大的活性,这可能是质子酸碱催化加快反应的主要原因。若酸是催化剂,则反应物必须含有易于接受质子的原子或基团;若碱是催化剂,则反应物必须是易于给出质子的原子或基团。

例如,硝基胺的水解可被 OH^- 所催化,也可被 Ac^- 所催化

OH^- 催化时的反应为

$$NH_2NO_2 + OH^- \longrightarrow H_2O + NHNO_2^-$$
$$NHNO_2^- \longrightarrow N_2O + OH^-$$

Ac^- 催化时的反应为

$$NH_2NO_2 + Ac^- \longrightarrow HAc + NHNO_2^-$$
$$NHNO_2^- \longrightarrow N_2O + OH^-$$
$$HAc + OH^- \longrightarrow H_2O + Ac^-$$

这两种碱催化作用结果相同,产物都是 N_2O 和 H_2O,催化剂 OH^- 或 Ac^- 复原。

3. 酸碱催化常数 k 与 pH 值的关系

若反应既可被酸催化,又可被碱催化,或者自发进行,在除 H^+ 和 OH^- 以外的其他离子、分子参与下也能进行,总速率可表示为

$$r = k_0 c_S + k_{H^+} c_{H^+} c_S + k_{OH^-} c_{OH^-} c_S$$

式中,k_0 代表除 H^+ 和 OH^- 以外的其他离子、分子参与下的反应速率常数;k_{H^+} 和 k_{OH^-} 分别代表酸催化常数和碱催化常数;c_S 代表反应物的浓度,c_{H^+} 和 c_{OH^-} 分别代表 H^+ 和 OH^- 的浓度。

$$k = \frac{r}{c_S} = k_0 + k_{H^+} c_{H^+} + k_{OH^-} c_{OH^-} \tag{5-94}$$

因 $K_W = c_{H^+} c_{OH^-}$,即 $c_{OH^-} = \dfrac{K_W}{c_{H^+}}$,代入式(5-94)得

$$k = k_0 + k_{H^+} c_{H^+} + \frac{k_{OH^-} K_W}{c_{H^+}} \tag{5-95}$$

如果在 $0.1\ mol \cdot dm^{-3}$ 的酸性溶液中,式(5-95)右边第二项为 $k_{H^+} \times 10^{-1}$,第三项为 $k_{OH^-} \times 10^{-13}$,两相比较可略去第三项(除非 k_{OH^-} 比 k_{H^+} 大很多倍)。当酸溶液的浓度足够高时,第一项也可略去,故式(5-95)可简化为

$$k = k_{H^+} c_{H^+} \tag{5-96}$$

 NOTE

两边取对数,得

$$\lg k = \lg k_{H^+} + \lg c_{H^+} = \lg k_{H^+} - pH \tag{5-97}$$

即 $\lg k$ 与 pH 值呈线性关系,且斜率为 -1,即表示速率常数的对数随 pH 值增加而呈直线下降。如图 5-11 所示的 a、b、d 线的左半部分。进行类似处理,在碱溶液中,可忽略第一、二项,得

$$\lg k = \lg k_{OH^+} + \lg K_W + pH \tag{5-98}$$

$\lg k$ 与 pH 值也呈线性关系,但斜率为 $+1$,$\lg k$ 随 pH 值增加而呈直线增加,如图 5-11 所示的 a、b、c 线的右半部分。此外,还可以存在这样一个区域,即图 5-11 中 a、c、d 线的水平段,在这段区域内,H^+ 和 OH^- 对反应速率影响很小,k_0 相对较大,k 与 pH 值无关。

图 5-12 中的曲线表示阿托品水解时速率常数 $\lg k$ 与溶液 pH 的关系。在 pH 值为 3.7 时 k 值最小,此值为阿托品最稳定的 pH 值,以 $(pH)_{st}$ 表示。$(pH)_{st}$ 是一个很重要的参数,保存液体药物的缓冲液,其 pH 值应等于或接近 $(pH)_{st}$。寻找药物溶液最稳定的 pH 值,一种是实验测定法,即配制不同 pH 值的药物溶液,测定其 k 值,以 k(或 $\lg k$)对 pH 值作图,从图中找出 k 值最小时的 pH 值,见图 5-12 中曲线的最低点。另一种方法是计算法,将式(5-95)对 c_{H^+} 进行微分,得

$$\frac{dk}{dc_{H^+}} = k_{H^+} - \frac{k_{OH^-} K_W}{c_{H^+}^2} \tag{5-99}$$

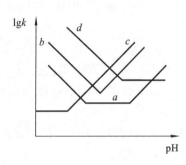

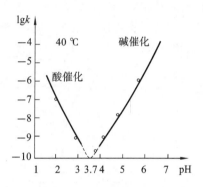

图 5-11 pH 值与反应速率常数的关系

图 5-12 阿托品水解反应 k 与 pH 值的关系

在 $(pH)_{st}$ 时,即曲线的最低点,$\dfrac{dk}{dc_{H^+}} = 0$

得

$$k_{H^+} = \frac{k_{OH^-} K_W}{c_{H^+}^2}$$

$$c_{H^+} = \left(\frac{k_{OH^-} K_W}{k_{H^+}} \right)^{\frac{1}{2}} \tag{5-100}$$

两边取负对数,得

$$(pH)_{st} = -\frac{1}{2}(\lg k_{OH^-} + \lg K_W - \lg k_{H^+}) \tag{5-101}$$

若已知某药物溶液的酸催化常数和碱催化常数,便可计算出该药物的 $(pH)_{st}$。

4. 酸、碱催化常数与电离常数的关系

在均相酸碱催化反应中,酸、碱催化常数的大小是催化剂活性的度量,催化常数的大小主要取决于催化剂本身的性质,与酸或碱的电离常数有关。从实验得知,酸催化常数与酸在水中的电离常数 K_a 有关,碱催化常数与碱在水中的电离常数 K_b 有关,有如下经验规则:

$$k_{H^+} = G_a K_a^\alpha \tag{5-102}$$

$$k_{OH^-} = G_b K_b^\beta \tag{5-103}$$

式中,G_a、G_b、α 和 β 是与反应种类、溶剂种类、反应温度有关的经验常数,α 和 β 的值在 $0 \sim 1$

NOTE

之间。

三、酶催化

酶是一种由动植物或微生物产生的具有催化能力的蛋白质,是一类极为重要的生物催化剂,以酶为催化剂的反应称为酶催化反应。生物体内所发生的化学反应几乎都依赖于酶的催化,可以说,没有酶的催化作用就没有生命现象。此外,酶催化反应在日常生活和药品生产中也广泛应用,如用淀粉发酵酿酒,用微生物发酵法生产抗生素等。目前有约 150 种类型的酶以晶体的形式被分离出来。

酶是蛋白质,其摩尔质量一般在 $10 \sim 10^3$ kg·mol^{-1} 之间,分子大小在 $10 \sim 100$ nm 范围内,因此可以认为酶催化反应介于单相和多相催化反应之间。

(一)酶催化反应的特点

(1)酶催化效率非常高。例如,在 200 ℃时,以 1 mol Cu 作为催化剂,1 s 内仅有 $0.1 \sim 1$ mol 乙醇变为乙醛;而采用 1 mol 醇脱氢酶催化,室温下 1 s 内可使 720 mol 乙醇变为乙醛。

(2)酶催化具有高度选择性。研究表明,酶的活性存在于酶分子中的较小区域,此区域称为活性中心,其结构复杂,当酶的化学基团结构排列恰好与反应物的某些反应部位适应并能以氢键或其他形式与之相结合时,酶才表现出催化活性,所以酶催化有高度选择性。一种酶只能催化一种或一类物质的化学反应,如淀粉酶只能催化淀粉的水解,蛋白酶只能催化蛋白质的水解,脂肪酶只能催化脂肪的水解。

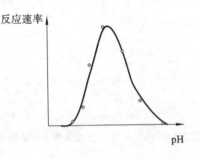

图 5-13 pH 值对酶催化反应速率的影响

(3)酶催化反应条件温和。酶催化反应一般在常温、常压下进行,且具有最适温度,即最大反应速率的温度。酶起催化作用的温度范围很窄,超出这个范围,可使酶发生不可逆失活,见图 5-5(c)。

(4)pH 值对酶催化反应的影响与温度的影响相似,具有最适 pH 值,即在最适 pH 值时反应速率最大,如图 5-13 所示。酶的催化作用只能在一个窄小的 pH 值范围内表现出来,超出这个范围,溶液酸性或碱性太强,都能使酶发生不可逆失活。

此外,酶催化还具有合成过程简单、反应产物无毒等特点,因此在食品工业及医药工业中广泛使用。

(二)酶催化反应的速率方程式——米凯利斯-门吞定律

1. 酶催化反应的速率方程

米凯利斯-门吞(Michaelis-Menten)提出的只有一种底物 S(即被催化的反应物)的酶催化反应机制认为,酶 E 与底物 S 先反应生成不稳定中间配合物 ES,这是一步快反应;ES 再进一步分解生成产物 P,并使酶还原,这是一步慢反应。即

$$E + S \underset{k_2}{\overset{k_1}{\rightleftharpoons}} ES$$

$$ES \overset{k_3}{\longrightarrow} E + P$$

反应速率为

$$\frac{\mathrm{d}c_P}{\mathrm{d}t} = k_3 c_{ES} \tag{5-104}$$

中间配合物 ES 的浓度变化率为

$$\frac{\mathrm{d}c_{ES}}{\mathrm{d}t} = k_1 c_E c_S - k_2 c_{ES} - k_3 c_{ES} \tag{5-105}$$

按稳态近似法处理

$$\frac{dc_{ES}}{dt} = 0$$

即

$$k_1 c_E c_S - k_2 c_{ES} - k_3 c_{ES} = 0$$

若 c_{E_0} 为 E 的初始浓度,则 $c_E = c_{E_0} - c_{ES}$,代入上式,得

$$k_1(c_{E_0} - c_{ES})c_S = (k_2 + k_3)c_{ES} \tag{5-106}$$

展开整理后,得

$$c_{ES} = \frac{k_1 c_{E_0} c_S}{k_1 c_S + k_2 + k_3} = \frac{c_{E_0} c_S}{c_S + \frac{k_2 + k_3}{k_1}} \tag{5-107}$$

将式(5-107)代入式(5-104),得

$$\frac{dc_P}{dt} = \frac{k_3 c_{E_0} c_S}{c_S + \frac{k_2 + k_3}{k_1}}$$

设 $\frac{k_2 + k_3}{k_1} = K_M$,$K_M$ 称为米凯利斯常数(米氏常数)。则上式可写为

$$\frac{dc_P}{dt} = \frac{k_3 c_{E_0} c_S}{c_S + K_M} \tag{5-108}$$

式(5-108)为酶催化反应的速率方程,即米氏方程。将初速率对底物初浓度作图,可得如图 5-14 所示的典型曲线。当底物浓度足够大时,$c_S \gg K_M$,则式(5-108)可简化为

$$\frac{dc_P}{dt} = k_3 c_{E_0}$$

即图 5-14 中曲线接近水平的部分,初速率接近酶最大催化速率 $k_3 c_{E_0}$,表示底物浓度足够大时,酶催化反应速率与底物浓度无关,呈零级反应。

当 $K_M \gg c_S$ 时,则式(5-108)可写为

$$\frac{dc_P}{dt} = \frac{k_3}{K_M} c_{E_0} c_S$$

即图 5-14 中接近直线的部分,表示底物浓度很小时,酶催化反应速率与底物浓度的一次方成正比,表现为一级反应。

2. 米氏常数

(1) $\frac{k_2 + k_3}{k_1} = K_M$,可知,当 $k_2 \gg k_3$ 时,K_M 为 ES 的解离常数。

(2) 对式(5-108)两边取倒数,得

$$\frac{dt}{dc_P} = \frac{1}{k_3 c_{E_0}} + \frac{K_M}{k_3 c_{E_0} c_S} \tag{5-109}$$

$\frac{dt}{dc_P}$ 对 $\frac{1}{c_S}$ 作图,可得一直线,如图 5-15 所示,由直线截距和斜率可求得 K_M。

(3) 由式(5-108)可推知,当 $\frac{dc_P}{dt} = \frac{1}{2} k_3 c_{E_0}$ 时

$$\frac{1}{2} k_3 c_{E_0} = \frac{k_3 c_{E_0} c_S}{c_S + K_M} \tag{5-110}$$

整理后,得

$$K_M = c_S \tag{5-111}$$

由此可知,米氏常数的物理意义是使反应速率达到酶最大催化速率一半时所需反应物的

NOTE

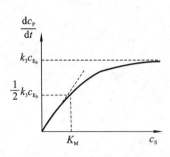

图 5-14 酶催化速率的典型曲线

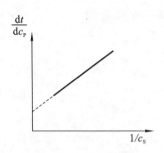

图 5-15 $\dfrac{dt}{dc_P}$ 与 $\dfrac{1}{c_S}$ 的关系

浓度。K_M 是酶催化反应的特性常数,不同酶的 K_M 不同,同一种酶催化不同的反应时 K_M 也不同。

知识拓展

酶抑制机制

酶抑制作用(enzyme inhibition)是指酶的功能基团受到某种物质的影响,而导致酶活力降低或丧失的作用,该物质称为酶抑制剂。酶抑制剂对酶有选择性,是研究酶作用机制的重要工具。研究酶的抑制机制对于了解生理过程和药物作用有很重要的意义。

从酶动力学来看,可将酶抑制作用分为三种类型。

1. 竞争性抑制作用

抑制剂(I)和底物(S)对游离酶(E)的结合有竞争作用,互相排斥,这种抑制剂称为竞争性抑制剂。已结合 S 的 ES 复合体不能再结合 I,已结合 I 的 EI 复合体也不能再结合 S,即不存在 IES 三联复合体。竞争性抑制剂与底物在结构上常有类似之处,可与底物竞争酶的结合位点。例如,琥珀酸脱氢酶的底物琥珀酸是丁二酸,而它的竞争性抑制剂是丙二酸,二者在结构上属同系物。

2. 反竞争性抑制作用

抑制剂不与游离酶结合,而与酶底物复合体结合形成三联复合体,三联复合体不能再分解生成产物。E 和 S 的结合反而促进 E 和 I 的结合。当反应体系中加入抑制剂 I 时,可使 E+S 和 ES 的平衡倾向 ES 的形成。因此 I 的存在反而增加 E 和 S 的亲和力,此情况正与竞争性抑制作用相反,故称为反竞争性抑制作用。L-苯丙氨酸等一些氨基酸对碱性磷酸酶的作用是反竞争性抑制。在多底物反应中,反竞争性抑制作用比较常见。

3. 非竞争性抑制作用

底物和抑制剂与游离酶的结合完全互不相关,既不排斥也不促进,底物与游离酶结合后,不影响抑制剂同游离酶的结合;同样,抑制剂与游离酶结合后,也不影响底物与酶的结合,但三联复合体也不再分解生成产物。当向反应体系中加入抑制剂时,既可使游离酶和复合体 IE 的平衡倾向 IE,又可使 ES 与 IES 的平衡倾向 IES。例如,乌本苷是细胞膜上钠-钾腺苷三磷酸(Na^+-K^+-ATP)酶的非竞争性抑制剂。

第八节 光化学反应

在光的作用下发生的化学反应称为光化学反应,简称光化反应(photochemical reaction)。光是一种电磁波,波长在 100~1000 nm 之间,包括紫外线、可见光和近红外线。超出这个波长范围,由波长更短的电磁辐射或其他高能离子辐射所引起的化学反应称为辐射化学反应,广义的辐射化学反应也包括光化学反应。显然,光化学反应的辐射能量较小,而辐射化学反应的辐射能量相对较大。

光化学反应是自然界中普遍存在的一类反应。植物通过光合作用把 CO_2 和水变成糖类化合物和 O_2,这种叶绿素参与的光化学反应是人类赖以生存的基础。染料在阳光下褪色、药物在光照下分解变质等都是光化学反应。

一、光化学反应的特点

光化学反应与热化学反应不同:①在光的作用下,一些反应往往沿着吉布斯自由能增大的方向进行,如光照下氧转变为臭氧、氨分解、光合作用等。热力学第二定律告诉我们,在等温、等压和非体积功为零的条件下,热化学反应总是向着体系吉布斯自由能降低的方向进行;而在光化学反应中,环境以光的形式对体系做了非体积功,因而光化学反应的方向与体系的吉布斯自由能增减没有必然联系。②热化学反应的活化能来源于分子的热运动,因而反应速率受温度的影响大;而光化学反应的能量来源于光的辐射,反应速率取决于光照度而受温度影响较小。③热化学反应的反应速率大多数与反应物浓度有关,而光化学反应的反应速率取决于光辐射能的强度,因此光化学反应为零级反应。此外,光化学反应通常比热化学反应有更高的选择性。

二、光化当量定律

光化学反应一般分为两个阶段,第一阶段为初级反应,第二阶段为次级反应,这两个阶段连续进行且难以区分。

第一阶段:反应物吸收光子直接引起的反应,即初级反应。例如 HI 的分解反应,在波长为 250 nm 的光照下吸收了光能,分解形成自由基等高能量的质点。

$$HI \xrightarrow{h\nu} H \cdot + I \cdot$$

第二阶段:由初级反应中产生的活性中间体引发的其他反应,即次级反应。次级反应不需要光能,而是很快进行的热化学反应。

$$HI + H \cdot \longrightarrow H_2 + I \cdot$$
$$2I \cdot + M_{低能} \longrightarrow I_2 + M_{高能}$$

在极短的时间内(10^{-8} s),高能量的质点与一般分子发生反应。温度对光化学反应仍有一定影响,原因就在于次级反应是热化学反应。

分子或原子对光的吸收或发射都是量子化的。根据量子学说,光子的能量 ε 与光的频率 ν 成正比,即

$$\varepsilon = h\nu = \frac{hc}{\lambda}$$

式中,h 为普朗克常数;c 为真空中的光速;λ 为真空中光的波长。分子或原子吸收一个具有特定能量的光子后,就由低能级跃迁到高能级而成为活化分子。这一过程就是光化学反应的初

NOTE

级阶段,初级反应必须在光的照射下才能进行。当光照射入物体时,一部分透射,一部分反射,一部分被物体吸收。19 世纪,格罗杜斯(Grotthus)和德拉波(Draper)提出了光化学第一定律:在初级反应中,只有被物体吸收的光才能引起光化学反应。

20 世纪初,斯塔克(Stark)和爱因斯坦(Einstein)提出了光化学第二定律:在初级反应中,物质的分子每吸收一个光子,就能变成一个活化分子,即被活化的分子或原子数等于吸收的光子数。活化 1 mol 分子或原子需要吸收 1 mol 光子,1 mol 光子所具有的能量称为爱因斯坦值,用符号 E 表示,其值与光的频率或波长有关。

$$E = N_A h\nu = N_A h \frac{c}{\lambda} = 6.022 \times 10^{23} \times 6.626 \times 10^{-34} \times \frac{2.998 \times 10^8}{\lambda} = \frac{0.1196}{\lambda} (\text{J} \cdot \text{mol}^{-1})$$

式中,λ 的单位为 m。

有些物质吸收光子后,将光能传递给反应物,使反应物发生反应,而其本身在反应前后不发生变化,这样的物质称为光敏剂(photosensitizer)或感光剂;受光敏剂作用而发生的光化学反应称为光敏反应(photosensitized reaction)或感光反应。如光合作用中,叶绿素就是光敏剂,CO_2 和 H_2O 分子本身都不能吸收阳光,依靠叶绿素把光能传递给 CO_2 和 H_2O 分子而发生反应,生成葡萄糖。

$$6CO_2 + 6H_2O \xrightarrow[h\nu]{\text{叶绿素}} C_6H_{12}O_6 + 6O_2$$

三、量子效率

在光化学反应中,没有被吸收的光不会引发化学反应,但被吸收的光也不一定都能引发化学反应;吸收一个光子,能活化一个分子,但并不一定就发生一分子的反应。如有的原子、分子吸收光子后,又以光的形式将其能量释放,而不发生化学反应;而有的原子、分子吸收一个光子可引发一个或多个分子发生反应。因此发生反应的分子数和被吸收的光子数往往不相等。

发生反应的分子数与被吸收的光子数之比称为量子效率(quantum yield),用符号 Φ 表示。

$$\Phi = \frac{\text{发生反应的分子数}}{\text{被吸收的光子数}} \tag{5-112}$$

根据光化学第二定律,对于初级反应,吸收一个光子能活化一个分子;但若考虑到整个光化学反应,则还包括次级反应,Φ 很少等于 1。如上述 HI 的光分解反应,$\Phi = 2$。

两种情况可能导致量子效率 Φ 小于 1:①活化分子分解或与其他分子化合之前,活化分子发生较低频率的辐射或与一个普通分子碰撞,把一部分能量转移给普通分子,因而变成非活化分子;②分子吸收光子后虽然形成了自由原子或自由基,但由于下一步反应不易立即进行,自由原子或自由基又化合为原来的分子。

相反,量子效率 Φ 大于 1 是由于次级反应进行得很快,使初级反应中的活化分子有机会立即与反应物分子发生反应;或者是分子吸收光子后,离解成自由原子或自由基,后者又与其他分子作用,产生自由原子或自由基。如果反应这样连续下去,就是光化链反应。

光化链反应由链的引发、链的传递和链的终止三个步骤组成。例如,H_2 和 Cl_2 生成 HCl 的反应,在黑暗中反应速率很小,但光照条件下反应却非常快。在其光合成反应机制中,反应(1)为链的引发;反应(2)和(3)交替进行,可连续不断地进行下去,为链的传递;反应(4)是自由基本身相互结合成稳定分子而使反应链终止。

(1) $Cl_2 \xrightarrow{h\nu} 2Cl \cdot$ (链的引发)

(2) $Cl \cdot + H_2 \longrightarrow HCl + H \cdot$ (链的传递)

(3) $H \cdot + Cl_2 \longrightarrow HCl + Cl \cdot$ (链的传递)

（4）$2Cl\cdot + M_{低能} \longrightarrow Cl_2 + M_{高能}$　（链的终止）

实验表明,此反应吸收一个光子生成的 HCl 分子可达 10^6 个。

例 5-10　光化学反应 $H_2 + Cl_2 \longrightarrow 2HCl$,用 480 nm 的光照射,若每吸收 4.184 J 辐射能将产生 33.6 mol HCl 气体,量子效率为多少?

解:由反应式可知,发生反应的反应物为 $\dfrac{33.6}{2} = 16.8$(mol)

$$E = \frac{0.1196}{480 \times 10^{-9}} = 2.492 \times 10^5 (\text{J} \cdot \text{mol}^{-1})$$

被吸收的光子数为

$$\frac{4.184}{2.492 \times 10^5} = 1.68 \times 10^{-5} (\text{mol})$$

根据式(5-112),量子效率为

$$\Phi = \frac{16.8}{1.68 \times 10^{-5}} = 1 \times 10^6$$

知识拓展

微观化学反应动力学及其实验方法简介

微观化学反应动力学是在分子水平上研究分子之间的一次碰撞(单次碰撞)行为中的动态性质,也称为分子反应动态学。其主要研究分子如何碰撞、如何进行能量交换;在碰撞过程中,旧键如何被破坏,新键如何生成;分子碰撞的角度对反应速率的影响以及反应产物分子的角分布等一系列过程的动态性质,也就是研究基元反应的微观机制。

当前研究微观化学反应动力学的实验方法主要有交叉分子束、红外化学发光和激光诱导荧光三种。

(1)交叉分子束技术。分子束是指分子间无碰撞的定向定速分子流。必须在平均自由程大于 1 m,也就是压力小于 10^{-6} kPa 时才能近似地实现分子束中无分子间相互碰撞。实验时须将反应物分子激发,处于特定的能态,并使两股分子束在高真空的反应室内交叉,以期望分子间发生一次性碰撞。交叉分子束技术是在单次碰撞的条件下研究单个分子间发生的化学反应,并测量反应产物的角分布、速度分布和能量分布来取得反应动态学信息的技术。美籍华裔科学家李远哲博士在赫施巴赫教授的指导下创建了该研究方法,并成功地建立了第一台检测器转动式交叉分子束实验装置,使其成为研究分子反应碰撞的最强有力的工具。交叉分子束的方法提供了一个"真正分子水平上的一次碰撞行为"实现的可能途径,对化学反应的基本原理研究做出了重要突破,被称为分子反应动力学发展中的里程碑。李远哲博士为此获得了 1986 年诺贝尔化学奖。

(2)红外化学发光。当处于振动、转动激发态的产物向低能态跃迁时所发出的辐射即称为红外化学发光。记录分析这些光谱,可以得到初生产物在振动、转动能态上的分布。这一点可以弥补分子束实验只能确定反应释放能量在产物平动能与内能之间的分配,而无法确定分子内部能量间的分布。该方法是由加拿大的波拉尼教授研发的,他在 1986 年也获得了诺贝尔化学奖。

(3)激光诱导荧光。该方法是由扎尔发展起来的,用一束可调激光,将处于电子基态上振动态的初生产物激发到高电子态的某一振动能级,并检测高电子态发出的荧光。让激光束在电子基态上扫描,由测得的荧光强度以及两电子态间的跃迁情况,确定产物分子在振动能级上的初始分布情况。

 NOTE

本章小结

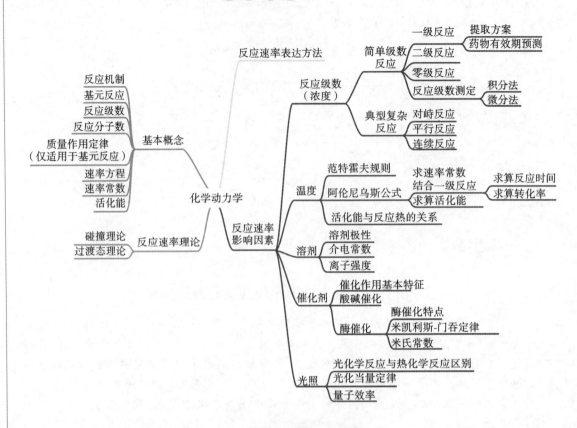

目标检测与习题

目标检测与
习题答案

一、选择题

1. 在描述一级反应的特征时,下面哪一项是不正确的?(　　)

　A. $\ln c$ 对时间 t 作图将为一直线　　　　B. 半衰期与反应物的起始浓度成反比

　C. 速率常数的量纲为[时间]$^{-1}$　　　　　D. 半衰期 $t_{1/2}$ 与起始浓度无关

2. 某化学反应的反应物消耗 3/4 所需的时间是它消耗掉 1/2 所需时间的 2 倍,则反应的级数为(　　)。

　A. 零级　　　　　　B. 一级　　　　　　C. 二级　　　　　　D. 三级

3. 从化学动力学来看,一个零级反应的反应物浓度下降的速率被认为是(　　)。

　A. 与反应物起始浓度呈相反的变化　　　B. 随反应物浓度的平方而变化

　C. 随反应物起始浓度而变化　　　　　　D. 不受反应物起始浓度的影响

4. 某反应在 48 ℃时,速率常数 $k=0.0193\ \text{min}^{-1}$,则该反应级数为(　　)。

　A. 一级　　　　　　B. 二级　　　　　　C. 三级　　　　　　D. 零级

5. 放射性物质 A 的 $t_{1/2}=8\ \text{h}$,一定量的 A 经 24 h 后还剩(　　)。

　A. 1/8　　　　　　B. 1/4　　　　　　C. 1/3　　　　　　D. 1/2

6. 连续反应中,中间物的浓度随时间的变化(　　)。

　A. 为零　　　　　　B. 不变　　　　　　C. 有一极小值　　　D. 有一极大值

7. 光化学反应受温度的影响(　　)。

NOTE

A.小 B.大 C.不确定 D.不影响

8. 溶剂对溶液中反应速率的影响,以下说法中正确的是( )。

A.介电常数较大的溶剂有利于离子间的化合反应

B.生成物的极性比反应物大,在极性溶剂中反应速率较大

C.溶剂与反应物生成稳定的溶剂化物会增加反应速率

D.非极性溶剂对所有溶液的反应速率都有影响

9. 根据光化当量定律,( )。

A.在整个光化过程中,吸收一个光子只能活化一个原子或分子

B.在光化学反应的初级过程中,吸收一个光子活化 1 mol 原子或分子

C.在光化学反应的初级过程中,吸收一个光子活化一个原子或分子

D.在光化学反应的初级过程中,吸收一爱因斯坦能量的光子活化一个原子或分子

10. 催化剂加快反应速率的主要原因是( )。

A.与反应物生成中间化合物 B.使反应分几步完成

C.增加反应的活化能 D.降低反应的活化能

11. 某反应的反应物浓度 c 与时间 t 呈直线关系,该反应级数为( )。

A.一级 B.二级 C.三级 D.零级

12. 在一个连续反应中,如果需要的是中间产物,则为了得到其最高产率应( )。

A.增加反应物浓度 B.增大反应速率

C.控制适当的反应温度 D.控制适当的反应时间

13. 基元反应:$H \cdot + Cl_2 \longrightarrow HCl + Cl \cdot$ 的反应分子数是( )。

A.单分子 B.双分子 C.三分子 D.不确定

14. 阿伦尼乌斯公式的应用条件为( )。

A.气相反应 B.液相反应

C.基元反应 D.包括基元反应在内的总包反应

15. 反应的活化能越高,温度对速率的影响( )。

A.不能确定 B.越大 C.不影响 D.越小

二、填空题

1. 在酶催化反应中,米氏常数的物理意义是使反应速率达到_____时所需反应物的_____。

2. 温度一定时,某反应速率常数 $k = 8.16 \times 10^{-3}$ mol·dm^{-3}·s^{-1},此反应为_____级反应。

3. 光化学反应一般分为_____和_____两个阶段进行,光化当量定律仅适用于_____。

4. 影响反应速率的因素主要是浓度、_____、_____和_____。

5. 同号离子反应,反应速率随离子强度增加而_____。

6. 异号离子反应,反应速率随溶剂介电常数增加而_____。

7. 二级反应(反应物初始浓度相同)的半衰期为_____,k 的单位为_____。

8. 某化学反应的速率常数 k 的单位为 s^{-1},该反应是_____级反应。

9. $2NO + H_2 \longrightarrow N_2O + H_2O$ 为三分子基元反应,则用浓度随时间的变化率表示 NO 的消耗速率方程为_____,k_{H_2} 与 k_{NO} 之比为_____。

10. 热化学反应沿着吉布斯自由能_____的方向自发进行,光化学反应可以沿着吉布斯自由能_____的方向自发进行。

NOTE

三、判断题

1. 如产物的极性大于反应物的极性,则在极性溶剂中反应速率会加快。(   )

2. 在一定温度下,反应的活化能越大,反应速率越慢。(   )

3. 光化学反应的量子效率一定不会大于 1。(   )

4. 催化剂可提高正反应的速率,同时降低逆反应的速率,因而加速总反应。(   )

5. 同一种反应的反应速率,不管用哪一种反应物(或生成物)浓度随时间的变化率来表示,速率的大小都一样。(   )

6. 简单反应的反应级数和反应分子数也不总是相等的。(   )

7. 质量作用定律可以用于任何反应,包括简单反应和复杂反应。(   )

8. 任何一个化学反应进行完全所需的时间是半衰期的两倍。(   )

9. 催化剂可以改变化学反应的方向及其反应速率。(   )

10. 若 A $\longrightarrow$ Z 反应速率为 $-\dfrac{\mathrm{d}c_A}{\mathrm{d}t}=k_A c_A$,则反应是一级反应,也是单分子反应。(   )

四、简答题

1. 能否说一级反应是单分子反应,二级反应是双分子反应? 为什么有时反应级数与反应分子数一致?

2. 反应速率常数 k 的意义是什么? 它与哪些因素有关?

3. 活化能不同的反应,受温度的影响如何? 对于一个平行反应,如何通过改变温度控制产物比例?

4. 对于一个一级反应,如何用加速试验的经典恒温法预测其有效期?

5. 催化剂不能启动反应,为什么?

6. 如何由实验确定保存药物最稳定的 pH 值?

7. 光化学反应的温度系数小,为什么有些光化学反应速率受温度影响较大?

五、计算题

1. 在 290.15 K 时,阿司匹林水解速率常数为 0.043 d^{-1},求:(1) 该反应的半衰期;(2) 阿司匹林水解 80% 所需要的时间。

[(1) 16.1 d;(2) 37.4 d]

2. 已知某药物在水溶液中分解,反应速率常数在 333.15 K 和 283.15 K 时分别为 5.484 $\times10^{-2}$ s^{-1} 和 1.080$\times10^{-4}$ s^{-1},求该反应的活化能;该反应在 303.15 K 时进行 1000 s,转化率为多少?

[97.7 kJ·mol^{-1};81.2%]

3. 在 298.15 K 时,某药物的有效成分若分解掉 20% 即为失效,该药物保质期为 2 年。如果将该药物在 308.15 K 时放置了 30 d,试通过计算说明此药物是否失效? 已知:分解反应的活化能 $E=150$ kJ·mol^{-1},并且药物分解的百分数与浓度无关,仅与时间有关。

[有效]

4. 环氧乙烷的分解是一级反应。653 K 时的半衰期为 363 min,反应的活化能为 217.57 kJ·mol^{-1}。求该反应在 753 K 下完成 80% 所需的时间。

[4.1 min]

5. 溴乙烷分解反应的活化能为 229.3 kJ·mol^{-1},在 650 K 时的速率常数 $k=2.14\times10^{-4}$ s^{-1}。要使该反应在 10 min 内完成 90%,反应温度应控制在多少?

[697 K]

6. 某药物分解,在 323.15 K 时其反应速率常数为 1.7×10^{-2} min^{-1},343.15 K 时 3 min

分解了 20%,若该药物分解 10% 即无效:(1) 计算反应的活化能;(2) 在 0 ℃ 冷藏库中保存该药物,有效期为多长?

$$[(1)\ 68.0\ kJ \cdot mol^{-1};(2)\ 10.6\ h]$$

7. 某化合物的分解为一级反应,现测得 50 ℃ 和 60 ℃ 时分解反应速率常数分别为 $7.08 \times 10^{-4}\ h^{-1}$ 与 $1.7 \times 10^{-3}\ h^{-1}$,试计算该反应的活化能;若此化合物分解 10% 则失效,求温度为 25 ℃ 时此化合物的有效期。

$$[78.4\ kJ \cdot mol^{-1};71.6\ d]$$

8. 设将 100 个细菌放入 $1\ dm^3$ 的烧杯中,瓶中有适宜细菌生长的介质,温度为 40 ℃,得到下列结果:

时间 t/min	0	30	60	90	120
细菌数目/个	100	200	400	800	1600

试求:(1) 预计 3 h 后细菌的数目;(2) 此动力学过程的级数;(3) 要得到 10^6 个细菌,需要多长时间;(4) 细菌繁殖的速率常数。

$$[(1)\ 6400\ 个;(2)\ 一级;(3)\ 399\ min;(4)\ 0.0231\ min^{-1}]$$

9. 农药的水解速率常数及半衰期是考察其杀虫效果的重要指标。常用农药敌敌畏的水解为一级反应,当温度为 20 ℃ 时,它在酸性介质中的半衰期为 61.5 d,试求 20 ℃ 时敌敌畏在酸性介质中的水解速率常数。若温度为 60 ℃ 时,水解速率常数为 $0.173\ h^{-1}$,求水解反应的活化能。

$$[1.13 \times 10^{-2}\ d^{-1};119.9\ kJ \cdot mol^{-1}]$$

10. 对二级反应:

$$CH_3CH_2NO_2 + OH^- \longrightarrow H_2O + CH_3CHNO_2^-$$

0 ℃ 时,$k_A = 39.1\ dm^3 \cdot mol^{-1} \cdot min^{-1}$,现有硝基乙烷(A)$3.0 \times 10^{-3}\ mol \cdot dm^{-3}$ 及 NaOH $4.0 \times 10^{-3}\ mol \cdot dm^{-3}$ 的水溶液,求硝基乙烷转化率为 80% 时所需的时间。

$$[17.7\ min]$$

11. 若某反应对 A 来说是零级反应,在该化学反应中随时检测物质 A 的质量,1 h 后,发现 A 已转化了 75%,求 A 反应完所需的时间(浓度单位为 $mol \cdot dm^{-3}$)。

$$[1.33\ h]$$

12. 已知某药物在体内排出的反应速率常数 $k_A = 0.199\ h^{-1}$,进针后血液中其浓度转化掉 70% 即达到 $3.0 \times 10^{-7}\ kg \cdot dm^{-3}$ 时需进第二针,问:(1) 进针需间隔多长时间?(2) 进针 n 次后,血液中最高和最低浓度各为多少?

$$[(1)\ 6\ h;(2)\ 1.41 \times 10^{-6}\ kg \cdot dm^{-3};4.23 \times 10^{-7}\ kg \cdot dm^{-3}]$$

13. 在 H_2 和 Cl_2 的光化学反应中,波长为 480 nm 时的量子效率为 10^6,试估算每吸收 5.274 J 辐射能将产生 HCl(g) 的物质的量。

$$[42.4\ mol]$$

14. 在 $100\ cm^3$ 水溶液中含有 0.03 mol 蔗糖和 0.1 mol HCl,用旋光计测得在 28 ℃ 下经 20 min 有 30% 的蔗糖发生水解。已知其水解为一级反应,求:(1) 反应速率常数;(2) 反应开始时和反应至 20 min 时的反应速率;(3) 反应 50 min 时蔗糖的转化率。

$$[(1)\ 1.78 \times 10^{-2}\ min^{-1};(2)\ 5.34 \times 10^{-3}\ mol \cdot dm^{-3} \cdot min^{-1},$$
$$3.74 \times 10^{-3}\ mol \cdot dm^{-3} \cdot min^{-1};(3)\ 58.9\%]$$

15. 温度为 313.15 K 时,N_2O_5 在 CCl_4 溶液中发生分解反应,测得初速率为 $1.00 \times 10^{-5}\ mol \cdot dm^{-3} \cdot s^{-1}$,1 h 的瞬时速率为 $3.26 \times 10^{-6}\ mol \cdot dm^{-3} \cdot s^{-1}$,若此反应为一级反应,试求

反应速率常数 k 和半衰期 $t_{1/2}$。

$$[3.11\times10^{-4}\ \mathrm{s^{-1}};2.23\times10^{3}\ \mathrm{s}]$$

16. 连续反应 A $\longrightarrow$ B $\longrightarrow$ C,某温度时,其反应速率常数 $k_1=2.0\times10^{-3}\ \mathrm{s^{-1}}$,$k_2=3.5\times10^{-3}\ \mathrm{s^{-1}}$,设反应开始时仅有 A,且 $c_{A,0}=2.5\ \mathrm{mol\cdot dm^{-3}}$。反应多长时间后 B 的浓度可达最大值? 并求出此时 B 的浓度。

$$[373.1\ \mathrm{s};0.6774\ \mathrm{mol\cdot dm^{-3}}]$$

(辽宁中医药大学　张　旭)

(云南中医药大学　谢小燕)

NOTE

第六章　表 面 现 象

学习目标

1. 记忆、理解：比表面吉布斯自由能及与表面张力的异同，处理表面现象的热力学准则；铺展系数、润湿角的概念及意义；弯曲表面的附加压力；溶液表面的吸附；表面活性剂的结构特点及分类，HLB 值、CMC 值及其意义；物理吸附和化学吸附的不同；朗格茂单分子层吸附理论。

2. 计算、分析、应用：会判断表面现象变化的方向；表面活性剂在实际中的应用；高分散度对物理性质的影响并解释亚稳态、新相难成；会应用吉布斯吸附等温式进行计算。

本章 PPT

表面现象（surface phenomenon）讨论的是表面物理化学的内容，是研究相界面上发生的物理化学过程的科学。表面物理化学是物理化学的一个重要前沿分支学科，对生命科学、材料科学等学科的发展有重要支撑作用，涉及制药、催化、建材、环保等日常生活、生产和科学研究诸多领域。例如，生命科学中的生物膜模拟，材料科学中的纳米材料制备，膜科学中的 L-B 膜、BLM 和自组装膜，制药工业中的微胶囊技术等。表面现象在药剂学中有广泛的应用，例如乳剂、混悬剂、脂质体等的制备与稳定性，药物的铺展、润湿与溶解，药物的经皮吸收以及在胃肠道的吸收等，都与表面现象密切相关。因此，了解表面现象的产生原因、规律及其应用，有助于我们从不同的层面分析、解决药学中遇到的相关问题。

第一节　表面现象及其本质

紧密接触的两相之间的过渡区称为界面（interface），根据两相物相不同，界面可以分为不同的类型。习惯上，将其中有一相为气相的界面称为表面（surface），例如水和空气的接触面称为水的表面，油和水的接触面称为界面。两相之间的界面并非几何上的平面，而是有几个分子厚度的薄层。物质的性质会受到表面层特性的影响，对一定量的物质而言，随着分散程度增加，粒径越小，表面现象就越明显。

一、比表面

比表面（specific surface area）可以衡量物质的分散程度，其定义：单位体积物质所具有的表面积或单位质量物质所具有的表面积，可用公式表示如下：

$$a = \frac{A}{V} \quad 或 \quad a = \frac{A}{m} \tag{6-1}$$

式中，a 为比表面，单位分别为 m^{-1} 或 $m^2 \cdot kg^{-1}$；A 为物质的总表面积；V 为物质的总体积；m 为物质的质量。

 NOTE

比表面越大,粒径越小,表示物质的分散程度越大。例如,将一个半径 $r=10^{-2}$ m 的球形水滴分散,至 $r=10^{-9}$ m 的球形水滴时,其表面积可以增加一千万倍,如表 6-1 所示。

表 6-1 球形水滴分散时总表面积和比表面积的变化

r/m	液 滴 数	A/m^2	a/m^{-1}
10^{-2}	1	1.256×10^{-3}	3×10^{2}
10^{-3}	10^{3}	1.256×10^{-2}	3×10^{3}
10^{-4}	10^{6}	1.256×10^{-1}	3×10^{4}
10^{-5}	10^{9}	1.256×10^{0}	3×10^{5}
10^{-6}	10^{12}	1.256×10^{1}	3×10^{6}
10^{-7}	10^{15}	1.256×10^{2}	3×10^{7}
10^{-8}	10^{18}	1.256×10^{3}	3×10^{8}
10^{-9}	10^{21}	1.256×10^{4}	3×10^{9}

二、比表面吉布斯自由能和表面张力

表面现象产生的本质是由于表面分子与内部分子所处的力场差异造成的,以最简单的单组分液体和其蒸气组成的体系为例,见图 6-1。内部分子受力均匀,合力为零;而处于表面层的分子,由于其与气相分子间作用力小于其与液相分子间作用力,因此,受到一个指向液体内部(本体)并垂直于表面的吸引力,自发地向液体内部运动,即液体都有自动缩小其表面积的趋势。

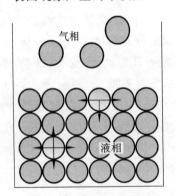

气相

液相

图 6-1 表面分子与液体内部分子受力图

若要增大液体的表面积,环境必须对其做功,把内部分子拉到表面,内部分子获得功(表面功 W')到达表面,表面功则转化为表面能。在等温、等压条件下,如果过程无限缓慢地进行,可认为是可逆过程,则可逆增加表面积 dA 环境所做的表面功等于体系吉布斯自由能的增量 dG。由于新表面形成而产生的吉布斯自由能,称为表面吉布斯自由能。

由于表面积的变化也会影响体系的吉布斯自由能,因而吉布斯自由能 G 可以表示为

$$G=f(T,p,n_1,n_2,\cdots,A)$$

对上式进行全微分,得

$$dG = \left(\frac{\partial G}{\partial T}\right)_{p,n_1,n_2,\cdots,A}dT + \left(\frac{\partial G}{\partial p}\right)_{T,n_1,n_2,\cdots,A}dp + \sum_B \mu_B dn_B + \left(\frac{\partial G}{\partial A}\right)_{T,p,n_1,n_2,\cdots}dA \quad (6\text{-}2)$$

式中,n_B 为系统中任意组分 B 的物质的量。在等温、等压条件下

$$dG = \sum_B \mu_B dn_B + \left(\frac{\partial G}{\partial A}\right)_{T,p,n_1,n_2,\cdots}dA \quad (6\text{-}3)$$

令

$$\sigma = \left(\frac{\partial G}{\partial A}\right)_{T,p,n_1,n_2,\cdots} \quad (6\text{-}4)$$

$$dG = \sum_B \mu_B dn_B + \sigma dA \quad (6\text{-}5)$$

在定组成时

$$dG = \sigma dA \quad (6\text{-}6)$$

σ称为**比表面吉布斯自由能或比表面能**,其物理意义是在等温、等压和定组成的条件下,增加单位表面积引起的体系吉布斯自由能的增加量,其单位为 $J \cdot m^{-2}$。

如果体系处在等温、等压条件下,表面吉布斯自由能为

$$G_{T,p}(表面) = \sigma A$$

$$dG_{T,p}(表面) = d(\sigma A) = \sigma dA + A d\sigma < 0 \tag{6-7}$$

式(6-7)称为处理表面现象的热力学准则。在等温、等压条件下,对于单组分体系,因 σ 为定值,自发进行的过程 $dA < 0$,即只能向表面积缩小的方向进行,如常见的水滴、汞滴近似呈球形;对于多组分体系,σ 随组成的不同而变化,自发进行的过程 $d\sigma < 0$、$dA < 0$,即朝着比表面吉布斯自由能减小、表面积缩小的方向进行;若表面积不变,过程只能向比表面吉布斯自由能减小的方向进行,即通过物质在表面层的浓度变化或吸附来降低体系的表面吉布斯自由能。

从另一个角度考虑,使液体形成液膜,如图 6-2 所示。将一根金属丝制成 U 形框,AB 是能自由移动的金属丝,框内是液膜。由于液体表面有收缩作用,金属丝会自动从 $A'B'$ 向 AB 方向移动,忽略金属丝与 U 形框的摩擦力,使 AB 向右移动 dx 距离,就必须施加一个外力 F 对体系做功 $Fdx = \delta W'$,这个功转化为表面吉布斯自由能增量 σdA,由于金属框的液膜有两个面,即 $dA = 2ldx$,所以

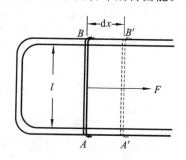

图 6-2 表面张力示意图

$$Fdx = 2l\sigma dx$$

$$\sigma = \frac{F}{2l} \tag{6-8}$$

因此,σ 也可理解为沿液体表面垂直作用于单位长度的紧缩力,即表面张力,单位为 $N \cdot m^{-1}$。平液面表面张力的方向与表面平行,曲液面表面张力方向与界面的切线方向一致。

比表面吉布斯自由能和表面张力数值相等,量纲相同,但物理意义不同,比表面吉布斯自由能是从热力学角度研究采用的物理量,而表面张力是从力学角度研究采用的物理量。考虑界面性质的热力学问题时,通常用比表面吉布斯自由能;而在各种界面相互作用时,采用表面张力较方便,这两个概念也经常交替使用。

三、表面张力的影响因素

表面张力产生于物质内部的分子间引力,因此凡能影响液体性质的因素,都会影响表面张力,现分别阐述如下。

(一)表面张力与物质本性有关

表面张力 σ 是一个强度性质,其值与物质的本性有关,故物质不同,分子间作用力不同,表面张力也不同。分子间作用力越大,σ 也越大。一般来说,极性分子的表面张力大于非极性分子,极性越大,σ 也越大,见表 6-2。

表 6-2 293.15 K 时某些液态物质的表面张力 σ

物　　质	$\sigma/(N \cdot m^{-1})$
苯	2.888×10^{-2}
棉籽油	3.54×10^{-2}
橄榄油	3.58×10^{-2}
蓖麻油	3.98×10^{-2}

NOTE

续表

物　质	$\sigma/(N \cdot m^{-1})$
甘油	6.3×10^{-2}
H_2O	7.275×10^{-2}

不仅液体具有表面张力,固体也有表面张力。由于固体粒子间的作用力远大于液体,所以固体物质的表面张力一般比液体物质大得多。

(二) 表面张力与接触相的性质有关

表面张力是由表面层分子受力引起的,在一定条件下,同一种物质表面层分子所处的环境不同,表面层分子受力不同,表面张力也不同,即表面张力与接触相有关,见表6-3。

表 6-3　293.15 K 时 H_2O 与不同液体接触时的界面张力 σ

与 H_2O 接界液体	$\sigma/(N \cdot m^{-1})$	与 H_2O 接界液体	$\sigma/(N \cdot m^{-1})$
辛醇	8.5×10^{-3}	正辛烷	5.08×10^{-2}
乙醚	1.07×10^{-2}	Hg	3.75×10^{-1}
苯	3.5×10^{-2}	CCl_4	4.5×10^{-2}

(三) 表面张力与温度有关

由于温度的变化,表面层分子受力发生变化,所以表面张力随之改变,通常随着温度升高表面张力逐渐降低,见表6-4。因温度升高时,液体分子间的距离增大,表面层分子受液体内部的吸引力减小;而气相蒸气压升高,密度增加,表面层分子与气相分子作用力增大,两种作用的结果都导致表面层分子受到的合力降低,表面张力减小。当温度达到临界温度 T_c 时,气-液界面消失,密度相等,表面张力趋近于零。许多物质的表面张力 σ 与温度呈线性关系,例如 CCl_4,在 $0 \sim 270$ ℃的温度范围内,表面张力与温度的关系几乎呈线性关系。但少部分物质随着温度升高表面张力增大,出现"反常"现象,如 Cd、Fe、Cu 及其合金等,这一现象目前还没有一致的解释。

表 6-4　不同温度时液体的表面张力 σ　　　　　　单位:$N \cdot m^{-1}$

液体	273.15 K	293.15 K	313.15 K	333.15 K	353.15 K	373.15 K
水	7.564×10^{-2}	7.275×10^{-2}	6.956×10^{-2}	6.618×10^{-2}	6.261×10^{-2}	5.885×10^{-2}
乙醇	2.405×10^{-2}	2.227×10^{-2}	2.06×10^{-2}	1.901×10^{-2}	—	—
丙酮	2.62×10^{-2}	2.37×10^{-2}	2.12×10^{-2}	1.86×10^{-2}	1.62×10^{-2}	—
苯	3.16×10^{-2}	2.89×10^{-2}	2.63×10^{-2}	2.37×10^{-2}	2.13×10^{-2}	—
甲苯	3.074×10^{-2}	2.843×10^{-2}	2.613×10^{-2}	2.381×10^{-2}	2.153×10^{-2}	1.939×10^{-2}

(四) 表面张力与压力

一般情况下,在温度、表面积一定时,高压下液体的表面张力比常压下要大,但压力对液体和固体微粒间作用力的影响很小,所以高压下液体和固体表面张力的变化很小,一般情况下可忽略这种影响。

四、表面热力学基本公式

考虑做非体积功——表面功时,多组分系统的热力学函数基本关系式可以表示为

$$dU = TdS - pdV + \sigma dA + \sum_B \mu_B dn_B \qquad (6-9)$$

$$dH = TdS + Vdp + \sigma dA + \sum_B \mu_B dn_B \tag{6-10}$$

$$dF = -SdT - pdV + \sigma dA + \sum_B \mu_B dn_B \tag{6-11}$$

$$dG = -SdT + Vdp + \sigma dA + \sum_B \mu_B dn_B \tag{6-12}$$

则

$$\sigma = \left(\frac{\partial U}{\partial A}\right)_{S,V,n_i} = \left(\frac{\partial H}{\partial A}\right)_{S,p,n_i} = \left(\frac{\partial F}{\partial A}\right)_{T,V,n_i} = \left(\frac{\partial G}{\partial A}\right)_{T,p,n_i} \tag{6-13}$$

式中，$n_i = n_1, n_2, \cdots$，表示组成系统的各组分。从式(6-13)可以看出，σ 是在指定变量和组分不变的条件下，增加单位表面积时的热力学能 U、焓 H、亥姆霍兹自由能 F、吉布斯自由能 G 的增量。

对于组成不变的等容系统，式(6-9)和式(6-11)可分别表示为

$$dU_{V,n_i} = TdS + \sigma dA \tag{6-14}$$

$$dF_{V,n_i} = -SdT + \sigma dA \tag{6-15}$$

由式(6-15)可知，S 和 σ 也是 T 和 A 的函数，根据全微分的欧拉倒易关系，得

$$\left(\frac{\partial S}{\partial A}\right)_{T,V,n_i} = -\left(\frac{\partial \sigma}{\partial T}\right)_{A,V,n_i} \tag{6-16}$$

由式(6-14)，可得

$$\left(\frac{\partial U}{\partial A}\right)_{T,V,n_i} = \sigma + T\left(\frac{\partial S}{\partial A}\right)_{T,V,n_i} \tag{6-17}$$

将式(6-16)代入式(6-17)可得

$$\left(\frac{\partial U}{\partial A}\right)_{T,V,n_i} = \sigma - T\left(\frac{\partial \sigma}{\partial T}\right)_{A,V,n_i} \tag{6-18}$$

同理，对于组成不变的等压系统，可得

$$\left(\frac{\partial H}{\partial A}\right)_{T,p,n_i} = \sigma - T\left(\frac{\partial \sigma}{\partial T}\right)_{A,p,n_i} \tag{6-19}$$

式(6-18)和式(6-19)称为表面吉布斯-亥姆霍兹公式。

$\left(\frac{\partial U}{\partial A}\right)_{T,V,n_i}$ 为组成不变的等容体系在形成单位表面积时的表面热力学能增量，包括以下两个部分。

(1) 为形成单位表面积，环境对系统所做的功，即 σ；

(2) 由于表面积增加表面熵也增加，即 $\left(\frac{\partial S}{\partial A}\right)_{T,V,n_i} > 0$，所以在等温、等容条件下形成新的表面时，系统从环境吸热，其值为 $T\left(\frac{\partial S}{\partial A}\right)_{T,V,n_i}$。由式(6-16)可知，$\left(\frac{\partial \sigma}{\partial T}\right)_{A,V,n_i} < 0$，表示表面张力随温度升高而减小。

第二节 铺展与润湿

一、铺展

一滴液体在另一不相溶的液体表面自动形成一层薄膜的现象称为**铺展**(spreading)。认识铺展过程的本质可从界面能观点着手。设一滴油滴在水面，水-气界面消失，同时新产生了一个油-水界面与一个油-气界面，若铺展后界面面积为 A，原来油滴的表面很小，可以忽略，过程的吉布斯自由能的变化为

NOTE

$$\Delta G=(\sigma_{油,水}+\sigma_{油}-\sigma_{水})A$$
$$\Delta G/A=\sigma_{油,水}+\sigma_{油}-\sigma_{水}$$

在等温、等压条件下，只有 $\Delta G<0$ 时，油滴才能铺展，即

$$\sigma_{油,水}+\sigma_{油}-\sigma_{水}<0 \quad 或 \quad \sigma_{水}-\sigma_{油}-\sigma_{油,水}>0$$

哈金斯(Harkins)从另一角度来考虑铺展问题。

如图 6-3 所示，设想将截面积为 1 m^2 的纯液体(油)液柱沿某一高度切割成两段，产生两个新界面，则所做的功为

$$W_c=2\sigma_{油} \tag{6-20}$$

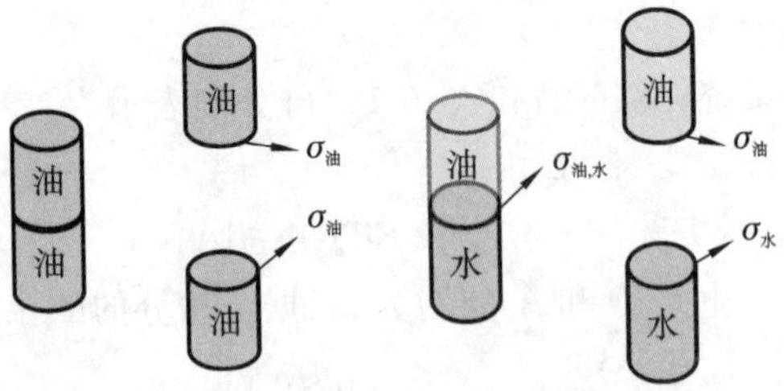

图 6-3　内聚功、黏附功示意图

W_c 称为内聚功，指克服同种液体分子间吸引力所做的可逆功。再设想此液柱为油-水柱，从界面处将其切割成两段，即消失了一个油-水界面，而产生了一个油界面和一个水界面，所做的功为

$$W_a=\sigma_{油}+\sigma_{水}-\sigma_{油,水} \tag{6-21}$$

W_a 称为黏附功，指克服异种液体分子间吸引力所做的可逆功。显然，当 $W_a>W_c$ 时，表明油本身分子间引力小于油-水分子间的引力，结果油能在水面铺展；反之，当 $W_a<W_c$ 时，则油滴不能在水面铺展。

定义铺展系数为

$$S_{油,水}=W_a-W_c=\sigma_{水}-\sigma_{油}-\sigma_{油,水} \tag{6-22}$$

显然，只有当 $S>0$，相应地，$\Delta G<0$ 时，铺展才可以发生，且 S 越大，铺展性能越好。

上面讨论的是两种液体开始接触时的情况，经过一段时间后，两种液体因自发进行部分互溶，最后互相饱和引起表面张力变化，$\sigma_{油}$、$\sigma_{水}$ 变成了 $\sigma'_{油}$、$\sigma'_{水}$，相应地，铺展系数 $S_{油,水}$ 变成了终铺展系数 $S'_{油,水}$。

同理可得 $S_{水,油}=\sigma_{油}-\sigma_{水}-\sigma_{油,水}$。

例 6-1　在 293.15 K 时，一滴油酸落在洁净的水面，已知有关界面张力为 $\sigma_{水}=7.3\times10^{-2}$ $N\cdot m^{-1}$，$\sigma_{油酸}=3.2\times10^{-2}$ $N\cdot m^{-1}$，$\sigma_{油酸,水}=1.2\times10^{-2}$ $N\cdot m^{-1}$；互相饱和后，$\sigma'_{油酸}=\sigma_{油酸}$，$\sigma'_{水}=4.0\times10^{-2}$ $N\cdot m^{-1}$。据此推测，油酸在水面开始与终了的形状；相反，如果把水滴在油酸表面，其形状又如何？

解：$S_{油酸,水}=\sigma_{水}-\sigma_{油酸}-\sigma_{油酸,水}=(7.3-3.2-1.2)\times10^{-2}=2.9\times10^{-2}(N\cdot m^{-1})>0$

$S'_{油酸,水}=\sigma'_{水}-\sigma'_{油酸}-\sigma_{油酸,水}=(4.0-3.2-1.2)\times10^{-2}=-4.0\times10^{-3}(N\cdot m^{-1})<0$

由计算结果可知，开始时油酸在水面自动铺展成膜，但随后相互溶解而饱和，油酸又缩成椭圆球状，不能铺展。

如果将水滴到油酸表面，则

$S_{水,油酸}=\sigma_{油酸}-\sigma_{水}-\sigma_{油酸,水}=(3.2-7.3-1.2)\times10^{-2}=-5.3\times10^{-2}(N\cdot m^{-1})<0$

$S'_{水,油酸}=\sigma'_{油酸}-\sigma'_{水}-\sigma_{油酸,水}=(3.2-4.0-1.2)\times10^{-2}=-2.0\times10^{-2}(N\cdot m^{-1})<0$

所以水在油酸表面始终呈椭圆球状，不能铺展。

NOTE

以上讨论可推广至液体在固体表面的铺展。如果以 $S_{液,固}$ 表示液体在固体表面的铺展系

数,则

$$S_{\text{液},\text{固}} = \sigma_{\text{固}} - \sigma_{\text{液}} - \sigma_{\text{固},\text{液}} \tag{6-23}$$

当 $S_{\text{液},\text{固}} > 0$ 时,表示液滴在固体表面能铺展;当 $S_{\text{液},\text{固}} < 0$ 时,表示液滴在固体表面收缩呈球形。

铺展在药剂学上具有重要实用意义。油脂性软膏中添加适当表面活性剂,可以增加油脂的铺展系数,使它能在皮肤上均匀涂布,尤其是渗出液体较多的皮肤,如为了使眼药膏能在眼结膜上均匀铺展,需要在药膏基质的配方中考虑改善铺展效果,通过添加合适的表面活性剂可以达到此目的。

二、润湿

润湿(wetting)是固体或液体表面气体被液体取代的过程。表面活性剂分子定向地吸附在液-固界面,降低液-固界面张力,可以改善润湿情况。润湿程度可以通过测定固体与液体之间的接触角来衡量。

在一个水平的光滑固体表面滴一滴液体,并达到平衡,如图 6-4 所示,此图为过液滴中心,且垂直于固体表面的剖面图。图中 O 点为气、液、固三相会合点,过此会合点,作液面的切线,则此切线和固-液界面之间的夹角 θ 称为**接触角**或**润湿角**。有三种力同时作用于 O 点处的液体分子上:$\sigma_{\text{固},\text{气}}$ 力图把液体分子拉向左方,以覆盖更多的气-固界面;$\sigma_{\text{气},\text{液}}$ 则力图把 O 点处的液体分子拉向液面的切线方向,以缩小气-液界面;$\sigma_{\text{固},\text{液}}$ 则力图把 O 点处的液体分子拉向右方,以缩小固-液界面。当上述三种力达到平衡时,存在下列关系

$$\sigma_{\text{固},\text{气}} = \sigma_{\text{固},\text{液}} + \sigma_{\text{气},\text{液}} \cos\theta \tag{6-24}$$

或

$$\cos\theta = \frac{\sigma_{\text{固},\text{气}} - \sigma_{\text{固},\text{液}}}{\sigma_{\text{气},\text{液}}} \tag{6-25}$$

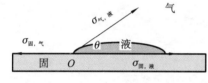 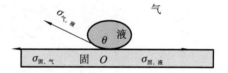

图 6-4 液体在固体表面的润湿

1805 年杨(T. Young)得到上式,故称其为杨氏方程。由上式可知,在一定温度、压力下:

(1) 当 $\theta = 90°$,$\cos\theta = 0$,$\sigma_{\text{固},\text{气}} = \sigma_{\text{固},\text{液}}$,液滴处于润湿与否的分界线;

(2) 当 $\theta > 90°$,$\cos\theta < 0$,$\sigma_{\text{固},\text{气}} < \sigma_{\text{固},\text{液}}$,液滴趋于缩小固-液界面,称为不润湿;

(3) 当 $\theta < 90°$,$\cos\theta > 0$,$\sigma_{\text{固},\text{气}} > \sigma_{\text{固},\text{液}}$,液滴趋于自动扩大固-液界面,称为润湿;

(4) 当 θ 趋近于 $0°$,$\cos\theta$ 趋于 1,$\sigma_{\text{固},\text{气}} \approx \sigma_{\text{固},\text{液}} + \sigma_{\text{气},\text{液}}$,液滴将覆盖更多的固-气界面,称为完全润湿;

(5) 当 θ 趋于 $180°$,$\cos\theta$ 趋于 -1,$\sigma_{\text{固},\text{气}} + \sigma_{\text{气},\text{液}} \approx \sigma_{\text{固},\text{液}}$,称为完全不润湿。

可见,接触角 θ 是衡量液体润湿性能的一个很有用的物理量。例如,水在玻璃板上的接触角接近 $0°$,所以水能润湿玻璃;汞在玻璃板上的接触角约为 $140°$,所以洒落在玻璃板上的汞呈小汞滴状。

与润湿作用相反的是**去润湿**(reversed wetting),如果表面活性剂的极性基团在固体表面有极强的吸附作用,则非极性基团伸向空中,这样水就变得不能润湿固体表面,称为去润湿作用,或憎水化(hydrophobing)。

润湿或去润湿有着广泛应用,如在中药制剂生产中,通过加入表面活性剂提高中药栓剂、片剂的分散润湿能力;一些外用散剂需要有良好的润湿性能才能发挥药效;片剂中的崩解剂要

对水有良好的润湿性；为使安瓿内的注射液较完全地抽入注射器内，要在安瓿内涂上一层去润湿的高聚物。又如农业上，农药喷洒在植物上，若能在叶片上及虫体上润湿，将明显提高杀虫效果。再如生活中，洗涤衣物等去污过程，利用洗衣液增大衣物与油污间的接触角，油污经机械搓揉和水流带动而脱落；受"莲效应"（lotus effect）启发而发明的防水、免洗衣物等，应用了使水、污渍等去润湿的原理。

第三节　高分散度对物理性质的影响

一、弯曲液面的附加压力

将一根粗管子插入水池中，管中的液面呈平面且与管外水面总是处于同一高度，说明除了大气压外，无任何附加压力作用于水的表面，所以对平面液体而言，其附加压力为零。但是，将一根玻璃毛细管插入水池中，毛细管内液面为凹面且高于管外液面；如果将毛细管插入汞中，则毛细管内液面为凸面且低于管外液面，这种现象称为毛细现象（capillary phenomenon），如图 6-5 所示。说明除大气压外，还存在一种额外的力作用于液面，这种力称为附加压力（excess pressure），用 p_s 表示。弯曲液面附加压力的方向总是指向曲面的曲率中心，并且凹面一侧的压力大于凸面。附加压力 $p_s = p_{内} - p_{外}$，对于曲液面，附加压力总是大于零。

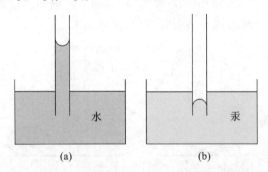

图 6-5　毛细管在水和汞中液面示意图

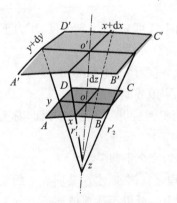

图 6-6　任意曲面的扩展

一般而言，描述一个曲面需要两个曲率半径，只有曲面为球面时，两个曲率半径才相等。如图 6-6 所示，在一个任意曲面上取一个小长方形 $ABCD$，其面积为 xy；在曲面上任意选取两个互相垂直的正截面，它们的交线为 oz。设曲面边缘 AB 和 BC 弧的曲率半径分别为 r_1 和 r_2。假定曲面 $ABCD$ 无限缓慢地移动了 dz 距离，移到 $A'B'C'D'$，面积扩大为 $(x+dx)(y+dy)$。移动后曲面面积的变化 dA 为

$$dA = (x+dx)(y+dy) - xy = xdy + ydx + dxdy$$
$$\approx xdy + ydx$$

由于 $dG = \sigma dA$，所以形成新表面的表面吉布斯自由能增量为

$$dG = \sigma(xdy + ydx)$$

由于弯曲表面上有附加压力 p_s，增加表面积时体系需要克服附加压力对环境做功 $p_s \cdot dV$，dV 是曲面移动时所增大的体积，

$$dV = xy \cdot dz$$

$$\delta W' = p_s \cdot \mathrm{d}V = p_s \cdot xy\mathrm{d}z$$

当表面达到力学平衡时,体系所做的功等于表面吉布斯自由能的增量 $\mathrm{d}G$,可得

$$\sigma(x\mathrm{d}y + y\mathrm{d}x) = p_s \cdot xy\mathrm{d}z \tag{6-26}$$

由相似三角形原理

$$\frac{x+\mathrm{d}x}{r_1+\mathrm{d}z} = \frac{x}{r_1} \quad \text{整理得} \quad \mathrm{d}x = \frac{x}{r_1}\mathrm{d}z$$

$$\frac{y+\mathrm{d}y}{r_2+\mathrm{d}z} = \frac{y}{r_2} \quad \text{整理得} \quad \mathrm{d}y = \frac{y}{r_2}\mathrm{d}z$$

将上两式代入式(6-26),可得

$$p_s = \sigma\left(\frac{1}{r_1} + \frac{1}{r_2}\right) \tag{6-27}$$

这就是著名的**拉普拉斯方程**(Laplace equation),是研究弯曲表面附加压力的基本公式。

对于平液面,r_1、r_2 趋向无穷大,$p_s = 0$,即平液面没有附加压力。

对于球液面,$r_1 = r_2 = r$,$p_s = \dfrac{2\sigma}{r}$。

对于悬浮在空气中的气泡,例如肥皂泡,由于液膜与内、外气相有两个界面,而这两个曲面的曲率半径近似相等,所以气泡内外的压力差 $p_s = \dfrac{4\sigma}{r}$。

由拉普拉斯方程可知:附加压力的大小与曲率半径成反比例关系,曲率半径越小,附加压力越大;附加压力的大小与表面张力成正比例关系,液体的表面张力越大,附加压力越大。

下面利用拉普拉斯方程解释毛细现象。

以凹液面为例,如图 6-7 所示,在附加压力的作用下,管内液面上升,直到上升的液柱所对应的净压力等于附加压力时达到平衡,此时液面上升的高度为 h,凹面的曲率半径为 r_1,毛细管半径为 r_0。

平衡时,有

$$p_s = \frac{2\sigma}{r_1} = \rho g h$$

$$\cos\theta = \frac{r_0}{r_1}$$

$$h = \frac{2\sigma\cos\theta}{\rho g r_0}$$

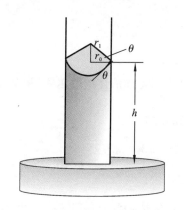

图 6-7 曲率半径与毛细管半径的关系

式中,σ 为液体表面张力;ρ 为液体密度;g 为重力加速度;h 为液面上升的高度。

将玻璃毛细管插入水中,水可以润湿玻璃,$\theta < 90°$(凹液面),$h > 0$,液面上升,此时附加压力方向向上;而将玻璃毛细管插入汞中,汞不能润湿玻璃,$\theta > 90°$(凸液面),$h < 0$,液面下降,此时附加压力方向向下。从公式还可以看出,液面上升(或下降)的高度与毛细管的半径成反比,即毛细管越细,附加压力越大,毛细现象越明显。

毛细现象与日常生活、生产密切相关,例如,干旱季节,地下水能通过土壤中的毛细管源源不断地供给植物的根须吸收。灌溉过的田地,由于土壤被压实了,毛细管与地表相通,增加了水分的蒸发,通过松动地表的土壤,切断地表的毛细管,可以起到保墒的作用。此外,血液在血管中的流动、水压法开采原油等都与毛细现象有关。

二、高分散度对蒸气压的影响

纯液态物质在一定温度和压力下具有一定的饱和蒸气压,这只针对平液面而言,没有考虑

NOTE

液体的分散度对饱和蒸气压的影响。实验表明微小液滴的蒸气压,不仅与物质的本性、温度及外压有关,而且还与液滴的大小有关。

根据气、液两相平衡原理,物质的饱和蒸气压与液滴曲率半径的关系推导如下。

设在一定温度下,纯液体与其蒸气呈两相平衡

$$\mu_l(T,p) = \mu_g(T,p^*) \tag{6-28}$$

式中,p 为液体所受的压力,p^* 为纯液体在温度 T 时的饱和蒸气压,则

$$\mu_l(T,p) = \mu_g(T,p^*) = \mu_g^\ominus(T) + RT\ln\frac{p^*}{p^\ominus} \tag{6-29}$$

在等温、等压条件下,如果液体由平液面分散成半径为 r 的微小液滴,弯曲液面产生附加压力 p_s,相应地,小液滴饱和蒸气压 p^* 也将发生变化,当重新建立平衡时,化学势的变化为

$$d\mu_l(T,p) = d\mu_g(T,p^*) \tag{6-30}$$

式(6-30)左边为等温下由于压力改变而引起的液体化学势的改变,因为是纯液体,所以有

$$d\mu_l(T,p) = dG_{l,m}^* = -S_{l,m}^* dT + V_{l,m}^* dp = V_{l,m}^* dp \tag{6-31}$$

式(6-30)右边为等温下蒸气化学势的变化,将蒸气视为理想气体,得

$$d\mu_g(T,p^*) = V_{g,m}^* dp^* = RT d\ln p^* \tag{6-32}$$

则式(6-30)写为

$$V_{l,m}^* dp = RT d\ln p^* \tag{6-33}$$

当液体由平液面分散成半径为 r 的微小液滴,液滴所受的压力由 p 变为 $p + p_s$,与其成平衡的饱和蒸气压由 p_0^* 变为 p_r^*,积分上式得

$$V_{l,m}^* \int_p^{p+p_s} dp = \int_{p_0^*}^{p_r^*} RT d\ln p^*$$

$$V_{l,m}^* p_s = RT\ln\frac{p_r^*}{p_0^*} \tag{6-34}$$

式中,$V_{l,m}^*$ 为纯液体的摩尔体积,$V_{l,m}^* = \dfrac{M}{\rho}$;$M$ 为摩尔质量;ρ 为液体的密度。

液滴的附加压力
$$p_s = \frac{2\sigma}{r}$$

代入式(6-34),整理得

$$\ln\frac{p_r^*}{p_0^*} = \frac{2\sigma M}{RT\rho r} \tag{6-35}$$

这就是著名的开尔文(Kelvin)公式,表明液滴的半径越小,蒸气压越大。

例 6-2 298.15 K 时,水的饱和蒸气压为 2337.8 Pa,密度为 998.2 kg·m^{-3},表面张力为 7.275×10^{-2} N·m^{-1}。试分别计算圆球形小水滴及在水中的小气泡的饱和蒸气压 p_r^*,小水滴和小气泡的半径为 1.0×10^{-5} m。已知 $M(H_2O) = 1.8015 \times 10^{-2}$ kg·mol^{-1}。

解:圆球形小水滴为凸液面,半径取正值,即有

$$\ln\frac{p_r^*}{p_0^*} = \frac{2\sigma M}{RT\rho r} = \frac{2 \times 7.275 \times 10^{-2} \times 1.8015 \times 10^{-2}}{8.314 \times 298.15 \times 998.2 \times 1.0 \times 10^{-5}} = 1.059 \times 10^{-4}$$

解得 $p_r^* = 2338.0$ (Pa)

水中的小气泡为凹液面,半径取负值,即有

$$\ln\frac{p_r^*}{p_0^*} = \frac{2\sigma M}{RT\rho r} = \frac{2 \times 7.275 \times 10^{-2} \times 1.8015 \times 10^{-2}}{8.314 \times 298.15 \times 998.2 \times (-1.0 \times 10^{-5})} = -1.059 \times 10^{-4}$$

解得 $p_r^* = 2337.6$ (Pa)

298.15 K 时,不同半径的小水滴、小气泡的饱和蒸气压如表 6-5 所示。

NOTE

表6-5　298.15 K 时不同半径的小水滴、小气泡的饱和蒸气压

r/m	1.0×10^{-5}	1.0×10^{-6}	1.0×10^{-7}	1.0×10^{-8}	1.0×10^{-9}
小水滴 p_r^*/Pa	2338.0	2340.1	2363.5	2604.3	6866.1
小水滴 p_r^*/p_0^*	1.0001	1.001	1.011	1.114	2.937
小气泡 p_r^*/Pa	2337.6	2335.2	2313.7	2098.6	796.02
小气泡 p_r^*/p_0^*	0.9999	0.9989	0.9897	0.8977	0.3405

由表中数据可见,在一定温度下,液滴半径越小,其饱和蒸气压越大,当液滴半径减小到 1 nm时,其饱和蒸气压几乎为平液面的三倍,这时相应蒸发速度也越快,这就是制药工业常用的喷雾干燥法(spray drying)的理论依据。例如当云层很厚、云中蒸气达到饱和或过饱和时,喷撒干冰等作为凝结核心(新相种子)减小过饱和程度,使雨滴可以形成。人类第一次实现人工增雨就是在表面化学家朗格茂(Langmuir)的指导下完成的。

水中气泡半径越小,饱和蒸气压越小,水中半径为 1 nm 的小气泡,其饱和蒸气压仅为平液面的1/3,因此,液体加热时常出现过热、暴沸现象。所谓过热液体指的是温度高于沸点还不沸腾的液体,由于温度高很容易发生暴沸。可以通过加入沸石等多孔物质防止暴沸,沸石中的气泡作为新相种子,使体系跃过了产生极微小气泡的困难阶段,从而避免暴沸。又如,当液体在毛细管内形成凹液面时蒸气压小,蒸气会在毛细管内自动凝结成液体,称为毛细管凝结(capillary condensation)。硅胶干燥剂,利用空气中的水分子被硅胶内壁吸附形成凹液面,水蒸气在孔内的凹液面上液化,实现干燥空气的目的。

三、高分散度对熔点的影响

在开尔文公式的推导过程中,将液体的化学势变为固体的化学势,开尔文公式同样成立,因此,式(6-35)也可用于计算微小晶体的饱和蒸气压,即微小晶体的饱和蒸气压大于同温度下一般晶体的饱和蒸气压。对于微小晶粒,随粒径的减小,蒸气压不断升高,与液态蒸气压相等(液-固平衡)的温度也相应下降,即微小晶粒熔点下降,如图 6-8 所示。例如,银的正常熔点是 960.5 ℃,超微银颗粒的熔点小于 100 ℃;金的正常熔点为 1064 ℃,当直径为 4 nm 时,金的熔点降至 727 ℃,而直径减小到 2 nm 时,熔点仅为 327 ℃。

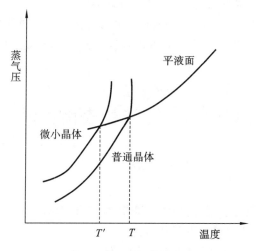

图 6-8　高分散度对熔点的影响

微小晶体的凝固点小于普通晶体是产生过冷现象的主要原因,所谓过冷指的是温度低于凝固点还不析出晶体的现象。对于过冷水,由于微小冰晶凝固点低,难以形成,此时在过冷水

中加入晶种作为新相种子,可以迅速全部结冰。

知识拓展

水的过冷现象

　　小魔术:把纯净水放进冰箱的冷冻室,在−8 ℃下冷冻 3 h 左右,这时水的温度已经低于 0 ℃,但不会结冰。轻轻地将过冷水从冰箱中取出来,用指关节对着瓶子轻轻敲击,就会看到瓶子中透明的水在短短几秒内迅速凝结,变成半透明的冰,如施了魔法一样!

　　原因就是形成了过冷水。我们知道在一个大气压下,水在 0 ℃以下的低温就会凝固结冰,但是水结冰有一个条件,就是其内部有供冰晶生长的凝结核心。如果水非常纯净,不存在凝结核心,那么就可能在低于 0 ℃时不结冰。用手指轻轻一弹,由于振荡,水的稳定状态改变,就会瞬间结冰。

四、高分散度对溶解度的影响

　　根据亨利定律,溶液中溶质的分压与溶解度的关系为

$$p_r = kx_r, \quad p_o = kx_o \tag{6-36}$$

式中,x_r 为小粒子的溶解度;x_o 为大粒子的溶解度;p_r 为小粒子的饱和蒸气压;p_o 为大粒子的饱和蒸气压。将其代入式(6-35),可得到开尔文公式的另外一种形式

$$\ln \frac{x_r}{x_o} = \frac{2\sigma M}{RT\rho r} \tag{6-37}$$

　　由式(6-37)可知,小晶体的溶解度大于一般晶体的溶解度,小晶体的半径越小,溶解度越大。

　　由于微小晶粒的溶解度大,实验中常出现过饱和溶液,即已经达到或超过饱和浓度的溶液仍不析出晶体。结晶实验中,刚得到的晶体不要急于过滤,可放置一段时间,即经过"陈化"后,小的、细碎的晶体溶解,再结晶的时候以已经存在的晶体为晶核,所以小晶粒最终溶解、消失,较大的晶体逐渐长大,这时候再过滤就不会堵塞滤纸。

　　过饱和蒸气、过热液体、过冷液体、过饱和溶液等是热力学不稳定状态,称为亚稳(介稳)态(meta-stable state);亚稳态在一定条件下可以存在,与新相种子生成困难有关,称为"新相难成"。

第四节　溶液的表面吸附

一、溶液的表面吸附现象

　　溶液的表面性质,不但与温度、溶剂的性质等因素有关,还与溶质的种类及浓度有关。例如:在一定温度的纯水中,分别加入不同种类的溶质,溶质的浓度对溶液表面张力的影响大致可分为三种类型,如图 6-9 所示,图中曲线称为吸附等温线。

　　曲线 I 表明,随着溶液浓度的增加,溶液的表面张力稍有升高,这类物质称为非表面活性物质。对于水溶液而言,属于此类的溶质有无机盐类如 NaCl、酸如 H_2SO_4、碱如 KOH 和含有多个羟基的有机化合物,如蔗糖、甘油等物质。

曲线Ⅱ表明随着溶质浓度的增加,水溶液的表面张力缓慢下降,大部分的低级脂肪酸、醇、醛等可溶性有机物质的水溶液皆属此类。如水中加入乙醇后,表面张力会降低。

曲线Ⅲ表明,在水中加入少量溶质即可使表面张力显著下降,降至某一浓度后,溶液的表面张力几乎不再随浓度的增加而变化,属于此类的化合物可以表示为 RX,其中 R 代表含有 10 个或 10 个以上碳原子的烷基;X 则代表极性基团,一般可以是—OH、—COOH、—CN、—CONH$_2$、—COOR 等,也可以是离子基团,如—SO$_3^-$、—NH$_3^+$、—COO$^-$ 等。这类曲线有

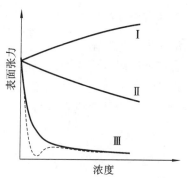

图 6-9　表面张力等温线

时会出现图 6-9 所示的虚线部分,这可能是由于某种杂质的存在而引起的。能降低溶液表面张力的物质称为表面活性物质,但习惯上,只有产生曲线Ⅲ的物质,即溶解少量就会使溶液表面张力显著降低的物质称为**表面活性剂**(surfactant)。

上述实验事实表明,溶液的表面层对溶质产生了吸附作用,使其表面张力发生变化。溶质在溶液表面层的浓度和在溶液本体中不同的现象称为溶液**表面吸附**(surface adsorption)。若溶质在溶液表面层中的浓度大于它在溶液本体中的浓度,即为正吸附;反之,溶质在溶液本体中的浓度大于它在表面层的浓度,则称为负吸附。

溶液的表面吸附现象可用等温、等压条件下溶液的表面吉布斯自由能自动减小的趋势来说明。在等温、等压条件下,一定量的溶液,当其表面积一定时,降低体系表面吉布斯自由能的唯一途径是尽可能减小溶液的表面张力。如果加入的溶质能够使表面张力降低,则溶质会自动地从溶液本体中向溶液表面富集,表面浓度增大,使溶液的表面张力降低得更多,形成的体系更稳定,这样就形成了正吸附,如曲线Ⅱ、Ⅲ的情况。但表面与本体之间的浓度差又必然引起溶质分子由表面向本体扩散,促使浓度趋于均匀,当两种趋势达到平衡时,在表面层就形成了正吸附的平衡浓度。

若加入的溶质会使表面张力增加,则表面的溶质会自动地离开表面层而进入溶液本体中,表面浓度减小,使溶液的表面张力增加幅度减小,这样也会使表面吉布斯自由能降低,这就是负吸附,如曲线Ⅰ的情况。显然由于扩散的影响,表面层中溶质分子不可能全都进入溶液本体中,达到平衡时,在表面层就形成了负吸附的平衡浓度。

表面吸附量的大小,可以用吉布斯吸附等温式来计算。

二、吉布斯吸附等温式及其应用

吉布斯(Gibbs)用热力学方法推导出吉布斯吸附等温式,得出在一定温度下,溶液的浓度、表面张力和吸附量之间的定量关系式

$$\Gamma = -\frac{c}{RT}\left(\frac{\partial \sigma}{\partial c}\right)_T \tag{6-38}$$

式中,c 为达吸附平衡时的溶液浓度;σ 为溶液的表面张力;Γ 为溶质在单位面积表面层中的吸附量,单位为 mol·m^{-2},其定义:在单位面积的表面层中,所含溶质的物质的量与同量溶剂在溶液本体中所含溶质的物质的量的差值,称为溶质的表面吸附量或表面超量(surface excess);$-\left(\frac{\partial \sigma}{\partial c}\right)_T$ 可以表示表面活性的大小,其值越大,表明溶质的浓度对溶液表面张力的影响越大。

由吉布斯吸附等温式可知,在一定温度下,当溶液的表面张力随浓度的增加而减小,即 $\left(\frac{\partial \sigma}{\partial c}\right)_T < 0$ 时,$\Gamma > 0$,表明增加浓度,能使溶液表面张力减小的溶质发生正吸附;当溶液的表

面张力随着浓度的增加而增大，即 $\left(\dfrac{\partial \sigma}{\partial c}\right)_T > 0$ 时，$\Gamma < 0$，表明增加浓度，能使溶液表面张力增大的溶质发生负吸附。

吉布斯吸附等温式的证明过程如下。

设某二组分溶液，在一定温度下，达到吸附平衡后，若体系发生了微小变化，按式(6-12)体系的吉布斯自由能变应表示为

$$dG = -SdT + Vdp + \sigma dA + \sum_B \mu_B dn_B$$

在等温、等压条件下，将上式用于二组分溶液的表面层，则

$$dG_s = \sigma dA + \mu_1^s dn_1^s + \mu_2^s dn_2^s \tag{6-39}$$

式中，μ_1^s 及 μ_2^s 分别为表面层中溶剂及溶质的化学势；n_1^s 及 n_2^s 分别为溶剂及溶质在表面层中的物质的量。在 σ、μ 恒定的情况下，对式(6-39)进行积分，可得

$$G_s = \sigma A + \mu_1^s \cdot n_1^s + \mu_2^s \cdot n_2^s$$

表面吉布斯自由能是状态函数，具有全微分的性质。所以

$$dG_s = \sigma dA + A d\sigma + \mu_1^s dn_1^s + n_1^s d\mu_1^s + \mu_2^s dn_2^s + n_2^s d\mu_2^s \tag{6-40}$$

式(6-39)与式(6-40)相比，可得适用于表面层的吉布斯-杜亥姆方程，即

$$A d\sigma = -(n_1^s d\mu_1^s + n_2^s d\mu_2^s) \tag{6-41}$$

适用于溶液本体的吉布斯-杜亥姆方程应为

$$n_1 d\mu_1 + n_2 d\mu_2 = 0 \tag{6-42}$$

式中，μ_1 及 μ_2 分别为在溶液本体中溶剂及溶质的化学势；n_1 及 n_2 分别为溶剂及溶质在溶液本体中的物质的量。式(6-42)也可写成

$$d\mu_1 = -\frac{n_2}{n_1} d\mu_2 \tag{6-43}$$

当吸附达到平衡后，同一种物质在表面层及溶液本体中的化学势应相等。所以

$$d\mu_1^s = d\mu_1 = -\frac{n_2}{n_1} d\mu_2$$

$$d\mu_2^s = d\mu_2$$

将上述两个等式代入式(6-41)，整理后可得

$$A d\sigma = -\left(n_2^s - \frac{n_1^s}{n_1} n_2\right) d\mu_2 \tag{6-44}$$

按吸附量的定义，$\Gamma_2 A = \left(n_2^s - \dfrac{n_1^s}{n_1} n_2\right)$，将其代入上式可得

$$\Gamma_2 = -\left(\frac{\partial \sigma}{\partial \mu_2}\right)_T \tag{6-45}$$

因为 $d\mu_2 = RT d\ln a_2 = \dfrac{RT}{a_2} da_2$，所以

$$\Gamma_2 = -\frac{a_2}{RT}\left(\frac{\partial \sigma}{\partial a_2}\right)_T \tag{6-46}$$

对于理想溶液或稀溶液，以浓度代替活度，并略去代表溶质的下标"2"，即得到吉布斯吸附等温式

$$\Gamma = -\frac{c}{RT}\left(\frac{\partial \sigma}{\partial c}\right)_T \tag{6-47}$$

利用吉布斯吸附等温式可以得出某溶质的吸附量，方法如下。

(1) 在一定温度下，先测出不同浓度 c 时的表面张力，绘制 $\sigma\text{-}c$ 曲线；

(2) 在曲线上求得各指定浓度 c 的斜率，即为该浓度 c 时的 $\left(\dfrac{\partial \sigma}{\partial c}\right)_T$；

（3）把浓度 c 和相应的 $\left(\dfrac{\partial\sigma}{\partial c}\right)_T$ 值代入吉布斯吸附等温式，即可计算出该浓度 c 时的吸附量 Γ。

例 6-3 在 298.15 K 时，乙醇水溶液的表面张力与乙醇浓度的关系为

$$\sigma = 72.88 - 0.5c + 0.2c^2$$

已知 $c=0.4\ \text{mol}\cdot\text{dm}^{-3}$，求乙醇水溶液的表面层中乙醇的吸附量。

解： $\left(\dfrac{\partial\sigma}{\partial c}\right)_T = -0.5 + 0.4c$

$$\Gamma = -\frac{c}{RT}\left(\frac{\partial\sigma}{\partial c}\right)_T = -\frac{0.4}{8.314\times298.15}\times(-0.5+0.4\times0.4) = 5.5\times10^{-5}\ (\text{mol}\cdot\text{m}^{-2})$$

例 6-4 291.15 K 时，丁酸水溶液的表面张力与浓度的关系可表示为 $\sigma=\sigma_0-a\ln(1+bc)$，式中 σ_0 为纯水的表面张力，a、b 为常数，c 为丁酸的浓度。

（1）试求该溶液中丁酸的表面吸附量 Γ 和浓度 c 之间的关系。

（2）已知 $a=0.0131\ \text{N}\cdot\text{m}^{-1}$，$b=19.62\ \text{dm}^3\cdot\text{mol}^{-1}$，$c=0.10\ \text{mol}\cdot\text{dm}^{-3}$，试计算 Γ。

（3）$bc\gg1$ 时，达到饱和吸附，计算饱和吸附量 Γ_∞。设达到饱和吸附时表面层中丁酸呈单分子层吸附，试计算在液面上丁酸分子的截面积。

解：（1）已知 $\sigma=\sigma_0-a\ln(1+bc)$

对上式进行偏微分得

$$\left(\frac{\partial\sigma}{\partial c}\right)_T = -\frac{ab}{1+bc}$$

将其代入吉布斯吸附等温式，得

$$\Gamma = \frac{abc}{RT(1+bc)}$$

（2）将已知数据代入上式，得

$$\Gamma = \frac{0.0131\times19.62\times0.10}{8.314\times291.15\times(1+19.62\times0.10)} = 3.58\times10^{-6}\ (\text{mol}\cdot\text{m}^{-2})$$

（3）$bc\gg1$ 时，则 $1+bc\approx bc$

$$\Gamma_\infty = \frac{abc}{RT(1+bc)} = \frac{a}{RT} = \frac{0.0131}{8.314\times291.15} = 5.411\times10^{-6}\ (\text{mol}\cdot\text{m}^{-2})$$

Γ_∞ 为吸附达饱和时，1 m^2 表面吸附溶质的物质的量，1 m^2 表面吸附的分子数为 $\Gamma_\infty N_A$（N_A 为阿伏加德罗常数），设每个丁酸分子的截面积为 S，则

$$S = \frac{1}{\Gamma_\infty N_A} = \frac{1}{5.411\times10^{-6}\times6.022\times10^{23}} = 3.07\times10^{-19}\ (\text{m}^2)$$

第五节 表面活性剂

一、表面活性剂的结构特点及分类

表面活性剂（surfactant）指溶解少量即能显著降低溶液表面张力的物质。表面活性剂分子都具有一个共同的特点：分子由非极性的憎水（亲油）基团和极性的亲水基团两部分组成，即常说的"双亲结构"。图 6-10 为硬脂酸钠分子 $C_{17}H_{35}COONa$ 的双亲结构，$—C_{17}H_{35}$ 是憎水基团，$—COO^-$ 是亲水基团。表面活性剂的憎水基团一般由长链烃基构成，以碳氢基团为主，结构差异小；而亲水基团种类繁多，差别较大，可以带电，也可以不带电。通常以"□"表示憎水基团，以"○"表示亲水基团。

NOTE

憎水基团　　　　　亲水基团

图 6-10　硬脂酸钠分子的双亲结构

表面活性剂分为离子型表面活性剂和非离子型表面活性剂。

（一）离子型表面活性剂

能在溶液中电离出大小不同、电性相反的两部分离子的表面活性剂称为离子型表面活性剂。根据电离后起作用的部分，即大离子所带电荷不同，又可分为阴离子型表面活性剂、阳离子型表面活性剂和两性型表面活性剂。

1. 阴离子型表面活性剂

在溶液中起作用的离子是阴离子的表面活性剂称为阴离子型表面活性剂。阴离子型表面活性剂抗硬水性能差，对硬水敏感性一般有如下顺序：羧酸盐＞磷酸盐＞硫酸酯盐＞磺酸盐。

2. 阳离子型表面活性剂

在溶液中起作用的离子是阳离子的表面活性剂称为阳离子型表面活性剂。阳离子型表面活性剂主要为胺盐，因伯、仲、叔胺盐溶解度太小，故以季铵盐为主，如新洁尔灭、杜米芬、苯扎氯铵、苯扎溴铵等。阳离子型表面活性剂有优异的杀菌能力，主要是因为它对细胞的渗透性和对蛋白质的沉淀能力强，但毒性也大；容易吸附于固体表面，改善固体表面的某些特性；不宜与阴离子型表面活性剂配合使用，因可发生相互结合而失效。

$$\left[\bigcirc\!\!-CH_2-\overset{\overset{\displaystyle CH_3}{|}}{\underset{\underset{\displaystyle CH_3}{|}}{N}}-C_{12}H_{25} \right]^{+} Br^{-} \qquad \left[\bigcirc\!\!-OCH_2CH_2-\overset{\overset{\displaystyle CH_3}{|}}{\underset{\underset{\displaystyle CH_3}{|}}{N}}-C_{12}H_{25} \right]^{+} Br^{-}$$

新洁尔灭　　　　　　　　　　　　　杜米芬

3. 两性型表面活性剂

在溶液中起作用的离子既可以是阳离子，也可以是阴离子的表面活性剂称为两性型表面活性剂。如氨基酸型 $RNHCH_2CH_2COOH$ 和甜菜碱型 $RN^{+}(CH_3)_2CH_2COO^{-}$ 等就是两性型表面活性剂。

离子型表面活性剂在水中的溶解度随温度的变化存在明显的转折点，即在较低的温度范围内溶解度随温度的上升非常缓慢，而温度上升到某一定值时，其溶解度随温度升高而迅速增大，这个温度称为克拉夫点（Krafft point），一般离子型表面活性剂都有克拉夫点。

（二）非离子型表面活性剂

在溶液中不电离的表面活性剂称为非离子型表面活性剂。因其在溶液中以非离子状态存在，故稳定性高，不怕硬水，也不受溶液 pH 值、无机盐、酸和碱的影响，并可和离子型表面活性剂配合使用，也不易在一般固体上强烈吸附，所以非离子型表面活性剂在某些方面性能优越，也能与各种药物配合使用，故在药剂学上获得广泛应用，发展很快。

非离子型表面活性剂主要分为两大类：一类含有在水中不电离的羟基—OH，另一类含有醚键—O—，并以它们作为亲水基团。由于—OH 和—O—的亲水性弱，只靠一个羟基或醚键这样的弱亲水基团不能将很大的憎水基溶于水中，必须有多个这样的亲水基团才能发挥出亲水性,这与只有一个亲水基团就能发挥亲水性的阳离子和阴离子型表面活性剂是大不相同的。

非离子型表面活性剂按亲水基团不同可分为两大类:聚氧乙烯型和多元醇型,两者性能和用途有较大的差异,如前者易溶于水,后者大多不溶于水。

1. 聚氧乙烯型非离子型表面活性剂

聚氧乙烯型非离子型表面活性剂是以含活泼氢原子的化合物同环氧乙烷进行加成反应制成的。含活泼氢原子的化合物是指含—OH、—COOH、—NH$_2$ 和—CONH$_2$ 等基团的化合物,这些基团中的氢原子有很强的化学活性,容易与环氧乙烷发生反应,生成聚氧乙烯型表面活性剂,即含有易溶于水的聚氧乙烯基—$(CH_2CH_2O)_n$—长链,如吐温类表面活性剂。

（1）高级脂肪醇与环氧乙烷加成物。

$$ROH + nCH_2{-}CH_2 \ (O) \longrightarrow RO(CH_2CH_2O)_nH$$

所用高级脂肪醇主要有月桂醇、十六醇、油醇、鲸蜡醇等。

（2）烷基酚和环氧乙烷的加成物。

$$R{-}C_6H_4{-}OH + nCH_2{-}CH_2 \ (O) \longrightarrow R{-}C_6H_4{-}O(CH_2CH_2O)_nH$$

所用烷基酚主要有壬基酚、辛基酚和辛基甲酚等。

（3）脂肪酸与环氧乙烷的加成物。

$$RCOOH + nCH_2{-}CH_2 \ (O) \longrightarrow RCOO(CH_2CH_2O)_nH$$

所用脂肪酸可为硬脂酸、月桂酸、油酸等。

（4）高级脂肪胺和环氧乙烷加成物。

$$RNH_2 + (m+n)CH_2{-}CH_2 \ (O) \longrightarrow RN \begin{array}{l}(CH_2CH_2O)_mH \\ (CH_2CH_2O)_nH\end{array}$$

（5）高级脂肪酰胺和环氧乙烷加成物。

$$RCONH_2 + (m+n)CH_2{-}CH_2 \ (O) \longrightarrow RCON \begin{array}{l}(CH_2CH_2O)_mH \\ (CH_2CH_2O)_nH\end{array}$$

另外,可以用环氧丙烷代替环氧乙烷进行加成反应,形成聚氧丙烯链,但因空间阻碍,不易形成氢键,故水溶性很小,适合作为憎水基团原料。

2. 多元醇型非离子型表面活性剂

多元醇型非离子型表面活性剂的主要亲水基团是多元醇类、氨基醇类、糖类等。常用亲水基团原料如表6-6所示,所用的憎水基团原料主要是脂肪酸。

甘油和季戊四醇是常用的多元醇,与脂肪酸等有机酸酯化,生成的非离子型表面活性剂对人体无害,广泛用于食品和化妆品等行业。

蔗糖有8个—OH,是理想的亲水基团原料,与天然油脂中的脂肪酸酯化,产物安全、无毒、无刺激、无污染、可生物降解,是非常理想的非离子型表面活性剂,在食品、医药等工业中有广泛应用。

NOTE

表 6-6　多元醇型非离子型表面活性剂的亲水基团原料

类型	名称	化学式	脂肪酸酯或酰胺的水溶性
多元醇类	甘油 有 3 个—OH	H₂C—OH HC—OH H₂C—OH	不溶,有自乳化性
	季戊四醇 有 4 个—OH	CH₂OH HOH₂C—C—CH₂OH CH₂OH	不溶,有自乳化性
	山梨醇① 有 6 个—OH	CH₂OH HC—OH HO—CH HC—OH HC—OH H₂C—OH	不溶或难溶,自乳化性
	失水山梨醇 有 4 个—OH	(环状结构)	不溶,有自乳化性
氨基醇类	一乙醇胺	H₂NCH₂CH₂OH	不溶
	二乙醇胺	HN(CH₂CH₂OH)₂	1:2 摩尔型可溶② 1:1 摩尔型难溶③
糖类	蔗糖 有 8 个—OH	(环状结构)	可溶至难溶

①从旋光异构体来看,有左旋型和右旋型。市售的山梨醇是由左旋葡萄糖还原而得,都是左旋体。

②1:2 摩尔型 C₁₁H₂₃CON(CH₂CH₂OH)₂ HN(CH₂CH₂OH)₂。

③1:1 摩尔型 C₁₁H₂₃CON(CH₂CH₂OH)₂。

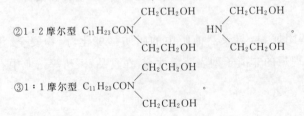

 NOTE

206

山梨醇是葡萄糖加氢制得的六元醇,有 6 个—OH,在适当的条件下,分子内脱去一分子水,成为失水山梨醇,失水山梨醇是各种异构体的混合物。失水山梨醇与高级脂肪酸酯化,得到的非离子型表面活性剂商品名为司盘(Span),根据酯化所用的脂肪酸不同,有不同型号,如表 6-7 所示。司盘类主要用作乳化剂,但因其自身不溶于水,很少单独使用,如与其他水溶性表面活性剂混合使用,可发挥其良好的乳化能力。司盘类的结构式见图 6-11。

表 6-7 失水山梨醇与聚氧乙烯失水山梨醇的酯类

酯化用酸	月桂酸 R=$C_{11}H_{23}$	棕榈酸 R=$C_{15}H_{31}$	硬脂酸 R=$C_{17}H_{35}$	油酸 R=$C_{17}H_{33}$
失水山梨醇	司盘 20	司盘 40	司盘 60	司盘 80
聚氧乙烯失水山梨醇	吐温 20	吐温 40	吐温 60	吐温 80

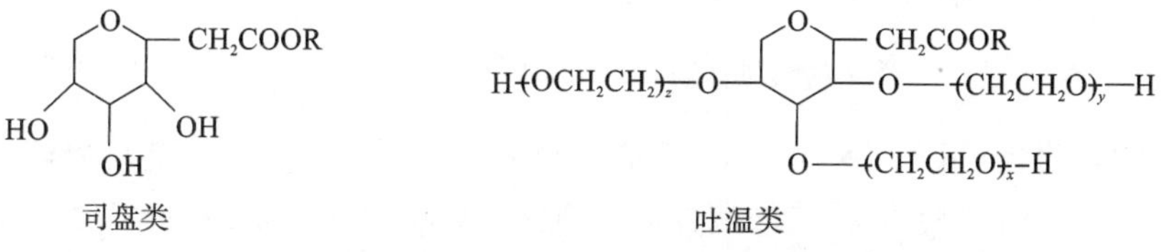

图 6-11 司盘类与吐温类的结构式

吐温(Tween)类是司盘的二级醇基通过醚键与聚氧乙烯基相连的一类化合物(司盘与环氧乙烷加成制得),结构式见图 6-11。和司盘类一样,吐温类也有不同的型号,见表 6-7。

吐温类化合物属于聚氧乙烯型非离子型表面活性剂,亲水性比司盘类强,并随聚氧乙烯基增多亲水性增强。当吐温类溶于水后,亲水基团聚氧乙烯基由锯齿型变为曲折型,憎水性的—CH_2—位于里面,亲水性的氧原子处于链的外侧并与水中的氢结合形成氢键,从而增大了在水中的溶解度。这种结合力对温度极为敏感,温度升高氢键即被断开,起脱水作用。故当温度升高时,非离子型表面活性剂即出现混浊或沉淀,这种由澄清变混浊的现象称为起昙现象,出现混浊时的温度称为昙点(浊点)。起昙现象一般来说是可逆的,当温度降低后,仍可恢复澄清。

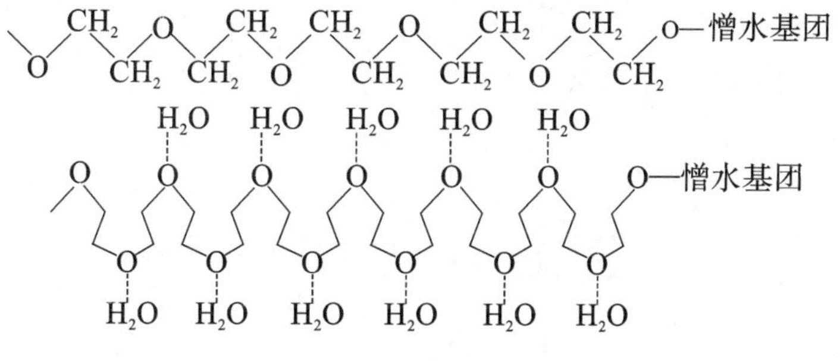

表面活性剂分子若属于高分子化合物,称为高分子表面活性剂,也称为双亲性共聚物。高分子表面活性剂在降低表面张力、渗透性方面较弱,但乳化作用、分散性和稳定性较强。

表面活性剂种类及用量对药物疗效与用药安全有直接的影响,某些表面活性剂的毒性问题也是不可忽视的。一般来说,阳离子型表面活性剂的毒性较大,其次是阴离子型表面活性剂,非离子型表面活性剂的毒性较小。

二、表面活性剂的亲水-亲油平衡值(HLB 值)

表面活性剂既含有亲水基团,又含有亲油基团,亲水基团的亲水性代表溶于水的能力,亲油基团的亲油性代表与油互溶的能力。若亲水性太强,则完全进入水相;若亲油性太强,则完全进入油相,亲水性和亲油性的相对强弱对表面活性剂的表面活性有很大影响。格里芬

NOTE

(Griffn)提出了用**亲水-亲油平衡值**(hydrophile lipophile balance value,HLB 值)来表示表面活性剂的亲水性强弱:HLB 值越大表示表面活性剂的亲水性越强,HLB 值越小表示表面活性剂的亲油性越强,即亲水性越差。

(1)非离子型表面活性剂的亲水性可用亲水基团的质量分数来表示,如聚氧乙烯型非离子型表面活性剂,亲水基团的质量越大,亲水性也越强。

$$非离子型表面活性剂的 HLB=\frac{亲水基团质量}{亲水基团质量+亲油基团质量}\times\frac{100}{5} \qquad (6-48)$$

例如,聚乙二醇的 HLB 值为 20,而石蜡因为没有亲水基团,所以 HLB 值为 0。亲油性与亲油基的质量有关,亲油基越长,质量越大,亲油性越强而水溶性越差,例如,含十八烷基的化合物就比含十二烷基的同类化合物难溶于水。

(2)大多数多元醇脂肪酸酯的 HLB 值,可按下式计算

$$多元醇脂肪酸酯的 HLB=20\times\left(1-\frac{S}{A}\right) \qquad (6-49)$$

式中,S 为酯的皂化价,指 1.0×10^{-3} kg 油脂完全皂化时所需 KOH 的毫克数;A 为脂肪酸的酸价,指中和 1.0×10^{-3} kg 有机物的酸性成分所需 KOH 的毫克数。

(3)离子型表面活性剂的 HLB 值不能用上述方法计算,因为这些物质亲水基团的单位质量的亲水性比起非离子型表面活性剂要大得多,而且随着种类不同而不同。戴维斯(Davies)提出了用官能团 HLB 法来确定离子型表面活性剂的 HLB 值,把表面活性剂看作由不同基团(官能团)组成的,各官能团的 HLB 值见表 6-8。官能团 HLB 法可按下式计算 HLB 值。

表 6-8　各官能团的 HLB 值

亲水官能团	HLB 值	憎水官能团	HLB 值
—OSO_3Na	38.7		
—COOK	21.1		
—COONa	19.1	$\overset{\mid}{-CH-}$	
磺酸盐	11.0	—CH_2—	$\Big\}$ —0.475
—N(叔胺 R_3N)	9.4	—CH_3	
酯(山梨糖醇酐环)	6.8	—CH=	
酯(自由的)	2.4		
—COOH	2.1		
—OH(自由的)	1.9	$-(CH_2CH_2CH_2O)-$	—0.15
—O—	1.3		
—OH(山梨糖醇酐环)	0.5		

$$离子型表面活性剂的 HLB = \sum_i (HLB)_i + 7$$

即组成离子型表面活性剂的各官能团的 HLB 值的代数和加上 7。官能团 HLB 法的优点是它有加和性。

例如,求肥皂硬脂酸钠 $C_{17}H_{35}COONa$ 的 HLB 值:$19.1+17\times(-0.475)+7=18.0$。

(4)为了改善表面活性剂的性能,达到预期效果,常常几种表面活性剂配合使用。对于 A 和 B 两种表面活性剂混合而成的混合表面活性剂,其 HLB 值可用下式求得

$$[HLB]_{混合}=\frac{[HLB]_A\times m_A+[HLB]_B\times m_B}{m_A+m_B} \qquad (6-50)$$

式中,$[HLB]_A$ 表示 A 的 HLB 值,m_A 表示 A 的质量;$[HLB]_B$ 表示 B 的 HLB 值,m_B 表示 B

的质量。例如,以 45% 的司盘 20(HLB 值为 8.6)和 55% 的吐温 60(HLB 值为 14.9)相混合,其混合 $HLB=8.6×0.45+14.9×0.55=12.1$。但是,并不是所有混合表面活性剂都能用式(6-50)计算,必须用实验加以验证。

不同 HLB 值表面活性剂在水中的分散性及应用分别见表 6-9 和表 6-10。

表 6-9 不同 HLB 值表面活性剂在水中的分散性

HLB 值	在水中的分散情况
1~3	不分散
3~6	分散不好
6~8	不稳定乳状分散
8~10	稳定乳状分散
10~13	半透明至透明分散
>13	透明溶液

表 6-10 不同 HLB 值表面活性剂的应用

HLB 值	应　用	实例(HLB 值)
1~3	消泡剂	石蜡(0)、油酸(1)、司盘 65(2.1)
3~6	W/O 型乳化剂	司盘 80(4.7)
7~9	润湿剂	阿拉伯胶(8.0)
8~18	O/W 型乳化剂	阿拉伯胶(8.0)、明胶(9.8)、吐温 80(15)、吐温 20(16.7)
13~15	洗涤剂	油酸三乙醇胺(12)
15~18	增溶剂	吐温 20(16.7)、油酸钠(18)

知识拓展

亲水-亲油平衡值的测定方法

(1)溶度法:在一玻璃试管中装入适量的水,用玻棒蘸取少量待测的表面活性剂放入其中,观察溶解情况,与表 6-9 所示比较,判断其对应的 HLB 值。

(2)分布系数法:将水和油(通常为辛烷)加入待测 HLB 值的表面活性剂中,使其在水、油两相之间达到平衡,然后分别测定表面活性剂在水相和油相中的浓度 c_w 和 c_o,由下式计算该表面活性剂的 HLB 值:

$$HLB=0.36\ln(c_w/c_o)+7$$

(3)色谱法:此法特别适用于非离子型表面活性剂 HLB 值的测定。将表面活性剂作为基质固定在载体上,向色谱柱中注入等体积的乙醇和乙烷的混合物,测定各自在色谱柱上的保留时间,由下式计算该表面活性剂的 HLB 值。

$$HLB=8.55t_e/t_n-6.36$$

式中,t_e、t_n 分别为乙醇、乙烷的保留时间。

三、表面活性剂的作用

表面活性剂在生产、科研和日常生活中得到广泛应用,被誉为"工业味精"。前面已经学习

NOTE

了铺展、润湿作用,这里简要介绍增溶、乳化(破乳)、发泡(消沫)、助磨、助悬作用等与中药生产有关的一些应用。

（一）增溶作用

1. 胶束的形成

表面活性剂加入水中后,由于它的"双亲结构",会在溶液表面和内部发生定向排列而形成一种聚集体,称为**胶束**(micelle),又称为胶团,如图 6-12 所示。这是因为表面活性剂为了减少水与憎水基团的接触面而采取的两种排列方式:一是表面层中的分子尽可能把亲水基团伸向水中,憎水基团伸向空气,这样定向排列,在溶液的表面形成单分子膜,同时也降低了表面张力;二是进入溶液本体的表面活性剂分子憎水基团互相靠在一起,以减小憎水基团与水的接触面积,这样就形成了胶束。

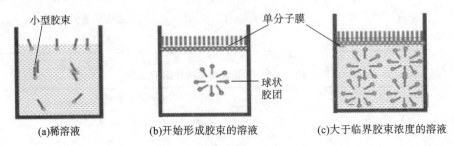

图 6-12　胶束形成与表面活性剂浓度相关

一般胶束由几十个到几百个双亲分子构成,平均半径为几纳米。并且随着表面活性剂浓度的增加,溶液中形成的胶束数目和胶束自身大小也在增加。形成胶束所需的表面活性剂的最低浓度称为**临界胶束浓度**(critical micelle concentration,CMC)。

CMC 值一般有一个极窄的范围,在 CMC 值以下,不能形成胶束,但也可有少数(如 10 个以下)表面活性剂的分子聚集成缔合体,称为小型胶束;当达到 CMC 值时,形成球状胶束;浓度继续增大时,通过 X 射线实验证实得到的胶束是层状结构,亲水基团向外,而非极性的憎水基团则定向地向内排列;浓度再继续增大,通过光散射实验证实得到的胶束是棒状结构,见图 6-13。

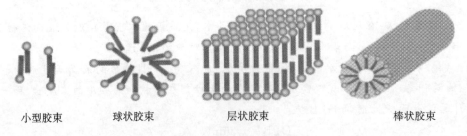

图 6-13　胶束的各种形状

CMC 值与表面活性剂的种类和外部条件有关。若亲油基的碳氢链长而直,则分子间引力大,有利于胶束形成,CMC 值就较小;相反,碳氢链短而支链多,则空间阻力大,不利于胶束形成,CMC 值就大。一般形成胶束的 CMC 值为 $0.001 \sim 0.02$ mol·dm^{-3},如在 298.15 K 的水溶液中,用电导法测得的十二烷基苯磺酸钠的 CMC 值为 1.2×10^{-3} mol·dm^{-3}。

在 CMC 值附近,由于胶束形成前后水中的双亲分子排列情况以及总粒子数目发生了剧烈变化,在宏观上就表现为表面活性剂溶液的理化性质(如表面张力、增溶作用、渗透压、电导率、去污能力等)都发生了很大改变,见图 6-14。利用表面活性剂溶液某些理化性质的突变,可测定 CMC 值。在实际操作中,核磁共振法、表面张力法、染料吸附法、紫外吸收光谱法、电导

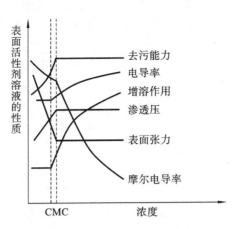

图 6-14 CMC 值与体系性质

法、溶解度法、光散射法等均可用来测定 CMC 值。在中药制剂的生产过程中,考虑到实际效果和仪器设备的普及率,使用较多的是表面张力法、紫外吸收光谱法、电导法及溶解度法等。

2. 增溶机制

将溶解度很小的药物,加入形成胶束的表面活性剂溶液中,药物分子可以钻进胶束内部,分布在胶束的中心和夹缝中,使溶解度明显增加,这种现象称为**增溶作用**(solubilization)。增溶作用与表面活性剂在水溶液中形成胶束有关,只有当表面活性剂的浓度达到或超过 CMC 值,才有增溶作用。下面以非离子型表面活性剂吐温类化合物为例,说明表面活性剂对不同极性物质的增溶情况,见图 6-15。

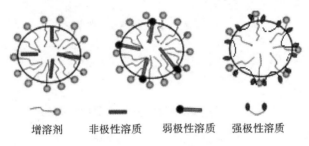

增溶剂　　　非极性溶质　　弱极性溶质　　强极性溶质

图 6-15 增溶机制示意图

若被增溶的物质为非极性分子如苯、甲苯等,则"溶解"在胶束的烃基中心区域;若为弱极性分子,如水杨酸,则"溶解"时在胶束中定向排列;若是强极性分子,如对羟基苯甲酸"溶解"时,则完全分布在栅状层区域,即聚氧乙烯链之间。由此可见,不溶物分子首先被吸附或"溶解"在胶束中,然后再分散到水中,从不溶解的聚集状态变为胶体分散状态而"溶解"。由于胶束的"屏障"作用,阻碍 H^+ 或 OH^- 进入胶束,所以增溶后药物的稳定性提高,但也有例外。

增溶作用不是溶解作用,溶解过程是溶质以分子或离子状态分散在溶剂中,因而溶液的依数性有明显的变化;而增溶过程是多个溶质分子一起进入胶束中,体系的有效质点数变化不大,因而溶液的依数性无明显改变。增溶与乳化也不相同,增溶过程吉布斯自由能降低,形成稳定的体系,而乳化形成的是多相不稳定的乳状液。

增溶作用的应用相当广泛,很多药物的制备需要加入增溶剂,如氯霉素在水中只能溶解 0.25% 左右,加入 20% 的吐温 80 后,溶解度可增大到 50%。薄荷油与水不互溶,但加入吐温 20 后,薄荷油与水的互溶程度逐渐增加,最后完全互溶,见图 6-16。其他如脂溶性维生素、抗生素、磺胺类、甾体激素类及镇静剂、镇痛药等均可通过增溶作用制成较高浓度的澄清液供内服、外用甚至注射用。中药注射剂也常采用增溶的方法提高有效成分的溶解度和注射剂的透明度。

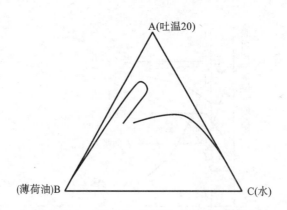

图 6-16　薄荷油-水-吐温 20 增溶相图

（二）乳化作用

一种液体分散在另一种不互溶（或部分互溶）的液体中，形成高度分散体系的过程称为乳化作用（emulsification），得到的分散体系称为乳状液（emulsion）。乳状液是一种高度分散体系，其相界面很大，具有很高的界面吉布斯自由能，属于热力学不稳定体系。乳状液通常可分为两种类型：一类是油（O）分散在水（W）中形成的，称为水包油型，以符号 O/W 表示；另一类是水分散在油中形成的，称为油包水型，以符号 W/O 表示，如图 6-17 所示，"油"泛指不溶于水的液态有机化合物。普通乳状液液滴的直径分布在 $0.1\sim10~\mu m$ 范围内，在普通光学显微镜下可以观察到。

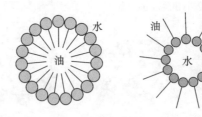

图 6-17　O/W 型乳状液和 W/O 型乳状液示意图

1. 乳状液的制备

制备乳状液，一般采用机械分散法，如机械搅拌、超声波分散等方法。要想制得较稳定的乳状液，必须加入乳化剂。制备乳状液时先将适量的乳化剂加入分散介质中，然后将分散相少量而缓慢地加入介质中，同时不断地强烈搅拌，方可得到乳状液。

乳化剂可分成两类：一类是亲水性乳化剂，它易溶于水而难溶于油，可使 O/W 型乳状液稳定，如水溶性一价金属皂类（Na、K、Li 皂等）、合成皂类（$ROSO_3Na$、RSO_3Na 等）、蛋黄、酪蛋白、植物胶、淀粉等都能使 O/W 型乳状液稳定；另一类是亲油性乳化剂，易溶于油而难溶于水，可使 W/O 型乳状液稳定，如二、三价金属皂类（Ca、Al 皂等）、高级醇、高级酯类、羊毛脂等均可使 W/O 型乳状液稳定。

为什么加入亲水性乳化剂可制得 O/W 型乳状液，而加入亲油性乳化剂可制得 W/O 型乳状液？这是因为一个界面膜有两个界面，乳状液中存在 $\sigma_水$ 和 $\sigma_油$ 两种界面张力，这两种界面张力大小不同，膜总是向着界面张力大的那一面弯曲，因为这样可减小这个面的面积，使体系趋于稳定，结果在界面张力大的一面的液体就被包围起来，成了分散相。亲水性乳化剂能较大地降低水的表面张力，使水相的表面张力小于油相的表面张力，结果膜就向油相这面弯曲，将油包围，油相成了分散相，因而成了 O/W 型乳状液；而亲油性乳化剂使油的表面张力降低更多，使油相的表面张力小于水相的表面张力，结果膜就向水相这面弯曲，将水包围，成为 W/O 型乳状液。

乳化剂使乳状液稳定的原因主要有以下几个方面。

（1）降低表面张力。乳化剂大多是表面活性物质，能吸附在两相的界面上，降低分散相和分散介质的表面张力，减少聚结倾向而使乳状液稳定。

（2）生成坚固的保护膜。保护膜能阻碍液滴的聚集，大大提高了乳状液的稳定性，这是乳状液稳定的最重要原因。保护膜有三种：①表面膜：由于乳化剂的双亲结构在油、水界面定向排列形成的保护膜。②定向楔薄膜：由于外形像楔子，故称为楔薄膜，见图 6-18。③固体粉末粒子膜：小到一定粒径的固体粉末被吸附在油、水界面形成的保护膜；如被水润湿能稳定 O/W 型乳状液，如被油润湿能稳定 W/O 型乳状液，见图 6-19。

图 6-18　定向楔薄膜

图 6-19　固体粉末粒子膜

（3）液滴带有电荷。带电符号可用柯恩（Coehn）规则确定：当两种非导体接触时，介电常数较大的物质带正电，介电常数较小的物质带负电。水的介电常数大于常见的液态有机化合物，故在 O/W 型乳状液中，油滴带负电；而在 W/O 型乳状液中，水滴带正电。由于带电荷后液滴彼此排斥，可防止因碰撞而发生聚结，从而增加了乳状液的稳定性。

对于 O/W 型乳状液，如皂类乳化剂（钠皂 RCOONa 等），亲水一端的羧基会离解成 $RCOO^-$，所以液滴界面被负电荷所包围，异号离子 Na^+ 分布在其周围。

乳化作用在制剂中有广泛的应用。例如，少量非离子型表面活性剂吐温 80 可使中药抗癌药物形成 O/W 型乳剂以提高药物的吸收利用率；对于口服乳剂，一般可以制成 O/W 型乳剂，经矫味甜化后变得可口。又如，W/O 型药膏可以更均匀地涂抹于皮肤表面，促进透皮吸收。

2. 乳状液的鉴别

制得的乳状液属于何种类型，可用下列方法鉴别。

（1）稀释法。加水稀释，如不分层，为 O/W 型乳状液；如分层，则为 W/O 型乳状液。

（2）染色法。将亲水性染料，如 $KMnO_4$ 等，加到乳状液中，如果色素分布是连续的，则为 O/W 型乳状液；如不连续，则是 W/O 型乳状液。如将亲油性染料，如珠红或苏丹Ⅲ等，加入乳状液中，如果色素分布是连续的，则为 W/O 型乳状液；如不连续，则为 O/W 型乳状液。

（3）电导法。在乳状液中插入电极通电，导电性大的为 O/W 型乳状液，导电性小的为 W/O 型乳状液。

3. 破乳

与乳化相反的过程即破乳（emulsion breaking）。在实际生产过程中，常常因形成乳状液而使操作困难，所以需要破乳。破坏乳状液主要是破坏乳化剂的稳定作用，最终使水和油两相分离。常用的破乳方法有物理法和化学法，物理法包括加热、加压、离心、电破乳等方法；化学法即加入一些可以破乳的化学试剂，使乳状液不能稳定存在。

NOTE

知识拓展

微乳与复乳简介

液滴粒径达到纳米级(5~50 nm)的乳状液称为微乳(纳米乳),是热力学稳定体系。它是由水相、油相、表面活性剂与助表面活性剂在适当比例自发形成的一种透明或半透明的体系,通常乳化剂用量特别大,可占到总体积的20%~30%。微乳具有表面张力较低、易于润湿皮肤使角质层的结构发生变化,因而可以促进药物经皮进入体内循环的特点。例如,以吐温80和司盘80为混合表面活性剂,以橄榄油为油相制备了W/O型胰岛素微乳,皮肤试验结果表明药物经皮吸收量分别是该药胶束溶液和水溶液的5倍和15倍。微乳由于生物利用率高、过敏反应低等突出优点,近年来在药物制剂开发中受到广泛关注。

复乳是由普通乳剂进一步乳化而形成的复杂乳剂体系,又称多层乳,复乳具有两层或多层液体乳膜,可有效控制药物的扩散速率,并增加药物在肠道的稳定性,在体内具有淋巴定向作用的优点。如果是O/W型乳剂进一步乳化分散在油中,则形成O/W/O型复乳;W/O型乳剂进一步乳化分散在水中,则形成W/O/W型复乳。例如,用0.2%吐温80和9.8%司盘80制备W/O型初乳,再在外水相以5%吐温80进一步乳化得到W/O/W型复乳。

(三)发泡与消沫

1. 发泡

不溶性气体分散在液体中形成的高度分散体系称为泡沫(foam)。泡沫属于热力学不稳定体系,因此制备泡沫必须加入发泡剂(foaming agent),常用的发泡剂是一些表面活性剂,如皂素类、蛋白质类、合成洗涤剂等。加入的发泡剂分子链越长,其分子间引力也越大,膜的机械强度就越高,泡沫就越稳定。发泡剂分子在液膜表面定向吸附、降低表面张力,形成具有一定机械强度的膜,保护泡沫不因碰撞而破灭;另外,表面活性剂的加入能增加液膜黏度,阻止泡与泡之间的液体流失、液壁变薄导致的气泡破裂。

固体粉末,比如石墨等,由于能形成固体粉末粒子膜,也能使泡沫稳定。

2. 消沫

在工业生产中,往往消沫比发泡重要,特别是发酵、蒸发、中草药提取等过程中大量泡沫产生后存在潜在危险,故须加入消泡剂破坏泡沫,常用的消泡剂有以下几种。

(1)天然油脂类。豆油、玉米油、菜籽油、米糠油、棉籽油等,这类物质亲水性差,在水中难以铺展,消沫活性较低,但因无毒,在医药、食品等工业中广泛应用。

(2)短链醇、醚、酯类。一般指含有5~8个碳原子碳链的醇、醚、酯类,如辛醇、磷酸三丁酯等,由于本身碳链较短,取代原起泡剂后形成的薄膜不牢固,致使泡沫破裂,主要用于小规模快速消沫。

(3)聚醚类。具有无臭、无毒、无刺激性的特点,是一类高效消泡剂,被广泛应用。如聚氧乙烯聚氧丙烯醚,其分子为 $RO \underset{}{\overset{}{(C_3H_6O)}}_m \underset{}{\overset{}{(C_2H_4O)}}_n H$。

该分子中,聚氧乙烯、聚氧丙烯镶嵌形成共聚物,属于高分子表面活性剂。

(四)助磨作用

在固体物料的粉碎过程中,当磨细到粒径几十微米时,由于比表面较大,系统界面吉布斯自由能很大,处于热力学高度不稳定状态;在无表面活性剂存在的条件下,过程会自发向着表面积减小的方向变化,即相互聚集颗粒变大,以降低系统的界面吉布斯自由能。因此,若想提高粉碎效率,得到更细的颗粒,必须加入适量的助磨剂。助磨剂是一些表面活性剂,助磨剂能快速定向排列在固体颗粒的表面,显著降低固体颗粒的表面张力,而且还可自动渗入微细裂缝中并向深处扩展,如同在裂缝中打入一个"楔子",起到劈裂作用,如图 6-20(a)所示,在外力的作用下加大裂缝或分裂成更小的颗粒。还有一些表面活性剂分子会很快地吸附在新产生的表面,以防止新裂缝的愈合或颗粒相互间的聚集。另外,由于表面活性剂在颗粒表面的定向排列,非极性的碳氢基朝外,使颗粒不易接触、表面光滑、易于滚动,这些因素都有助于粉碎效率的提高,如图 6-20(b)所示。

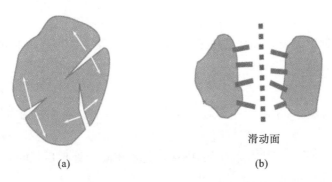

图 6-20　表面活性剂的助磨作用

（五）助悬作用

不溶性的固体粒子(粒径大于 100 nm)分散在液体中形成的系统称为混悬液。混悬液和乳状液一样,由于界面吉布斯自由能高,属于热力学不稳定体系,固体粒子有自动聚结及因自身重力作用而迅速沉降的倾向,加入稳定剂可得到较稳定的混悬液,稳定剂主要是表面活性剂和大分子化合物。表面活性剂主要是通过降低界面张力形成水化膜,使混悬液稳定,例如,一般磺胺类药物等疏水性物质,接触角 $\theta > 90°$,不易被水润湿,并且接触角 θ 越大,疏水性越强,加入表面活性剂后,可使疏水性物质转变为亲水性物质,从而增加混悬液的稳定性。大分子化合物,例如蛋白质、淀粉、琼脂等加入混悬液中后,大分子会吸附在悬浮粒子的周围,形成稳定的弹性水化膜而阻止它们相互聚结。

第六节　固体的表面吸附

一、固体吸附剂

固体吸附剂是一类广泛应用的试剂。下面简要介绍几种常用的固体吸附剂。

（一）活性炭

活性炭是一种具有多孔结构并对气体等有很强吸附能力的炭。几乎所有含碳物质都可制成活性炭,包括植物炭、动物炭和矿物炭三类,药用以植物炭为主。一般以竹屑、木屑、稻壳在600 ℃左右高温炭化,即可制得植物炭,有时在炭化之前加入少量 SiO_2 或 ZnO 等物质作为炭粉沉积的多孔骨架。炭活化的目的在于净化表面、去除杂质、畅通孔隙、增加比表面等,并使固体表面晶格产生缺陷、错位,以增加晶格的不完整性;活化的最常用方法是加热活化,温度一般控制在 500~1000 ℃,例如 1 kg 木炭经活化后,298.15 K 时吸附 CCl_4 的量可从 0.011 kg 增加到 1.48 kg。

如果活性炭的含水量增加,吸附能力会下降。活性炭是非极性吸附剂,优先吸附非极性溶质,在药物生产中常用于脱色、精制、提取某些药理活性成分等。一般来说,溶解度小的溶质容易被吸附。

(二)硅胶

硅胶又称硅胶凝胶,是透明或乳白色固体,是多孔性极性吸附剂,分子式可表示为 $x\mathrm{SiO_2} \cdot y\mathrm{H_2O}$。硅胶表面有很多硅羟基,将适量的水玻璃 $\mathrm{Na_2SiO_3}$ 溶液与 $\mathrm{H_2SO_4}$ 溶液混合,经喷嘴喷出,成小球状,凝固成型后进行老化,使网状结构坚固,并洗去所含的盐,升温加热至 300 ℃经 4 h 干燥,即得小球状的硅胶。使用时,再在 120 ℃下加热 24 h 进行活化。根据含水量的多少硅胶可分为 Ⅰ～Ⅴ 级,含水量越高,吸附能力越小。

在中药研究中常用硅胶来提取强心苷、生物碱、甾体类药物等。硅胶也是一种常用干燥剂,随着吸湿量增加颜色由蓝变红。

(三)氧化铝

氧化铝也称活性矾土,是吸附能力较强的多孔性吸附剂。制备时先制得 $\mathrm{Al(OH)_3}$,再将 $\mathrm{Al(OH)_3}$ 加热至 400 ℃脱水即可得碱性氧化铝;用两倍量的 5%盐酸处理碱性氧化铝,煮沸,用水洗至中性,加热活化可得中性氧化铝;中性氧化铝用醋酸处理后,加热活化即得酸性氧化铝。按含水量的不同可将氧化铝的活性分为 Ⅰ～Ⅴ 级。

氧化铝和硅胶一样是极性吸附剂,常用作干燥剂、催化剂或催化剂的载体、色谱分析中的吸附剂等,常用于层析分离中药的某些有效成分。氧化铝随着吸附水量增加,吸附活性下降,吸附饱和后,可加热至 275～315 ℃去水复活。

(四)分子筛

分子筛是世界上最小的"筛子",具有微孔结构,这些微孔尺寸与被吸附分子直径大小差不多,具备筛分不同大小分子的性能,故称为分子筛。分子筛是以 $\mathrm{SiO_2}$ 和 $\mathrm{Al_2O_3}$ 为主要成分的结晶硅铝酸盐,其化学组成经验式:$\mathrm{M} \cdot \mathrm{Al_2O_3} \cdot x\mathrm{SiO_2} \cdot y\mathrm{H_2O}$(M 为金属)。分子筛中 $\mathrm{SiO_2}$ 和 $\mathrm{Al_2O_3}$ 的物质的量之比称为硅铝比,其数值越大,耐酸性和热稳定性就越好。

分子筛的种类很多,其基本结构单元为硅氧四面体和铝氧四面体,根据硅、铝的含量以及合成条件的不同,两种四面体按不同的方式排列,形成分布均匀但大小、形状不同的孔穴和孔道,从而得到不同型号的分子筛。因为在铝氧四面体中铝与氧的价态不平衡,于是在结构中又存在平衡价态的阳离子,如 $\mathrm{Na^+}$、$\mathrm{K^+}$、$\mathrm{Ca^{2+}}$ 等,这样同一型号的分子筛又可以细分出若干不同的种类。对于同一型号的分子筛,其孔腔大小是均匀的,可以吸附与孔径匹配的或更小的分子,而直径大于孔径的分子不可能被该分子筛吸附,从而起到筛分分子的作用。

分子筛有天然和合成两种,人工合成的分子筛常用的有 A 型、X 型、Y 型、M 型和 ZSM 型等;天然分子筛如泡沸石是铝硅酸盐的多水化合物,具有蜂窝状结构,孔穴占总体积 50%以上。

分子筛与其他吸附剂相比,具有一些显著的优点,如在低浓度、高温下仍具有较强的吸附能力,选择性好等。

(五)大孔吸附树脂

大孔吸附树脂是一类不含交换基团的大孔结构高分子吸附剂,理化性质稳定,不溶于酸、碱及有机溶剂,分为非极性、弱极性与极性吸附树脂三类。大孔吸附树脂主要以苯乙烯、二乙烯苯为原料,在 0.5%的明胶水混悬液中,加入一定比例的致孔剂聚合而成。大孔吸附树脂有苯乙烯型、2-甲基丙烯酸酯型、丙烯腈及二乙烯苯等多种结构类型。一般为白色球形颗粒,粒度多为 20～60 目,孔径为 5～300 nm,由于孔度、孔径、比表面及构成类型不同而被分为不同

型号。

　　大孔吸附树脂有吸附性和筛选性,具有快速、高效、方便、灵敏、选择性好等优点。近年来由于大孔吸附树脂新技术的引进,中草药有效单体成分或复方中某一单体成分的提取指标大为提高。

二、固-气表面吸附

　　当气体与固体表面接触时,固体表面能自动捕集气体分子,使气体自动富集在固体表面的现象,称为固-气表面吸附。被吸附的气体称为吸附质,具有吸附作用的固体物质称为吸附剂。如在充满溴蒸气的玻璃瓶中,加入一些活性炭,可看到瓶中的红棕色逐渐变淡、消失,这就是溴蒸气的分子被活性炭吸附的结果。防毒面具就是利用固体对气体的吸附作用制造的。

　　由于固体表面的分子处于力的不平衡状态,具有很大的比表面吉布斯自由能,又由于固体不具有流动性,不能自动减小表面积来降低体系的比表面吉布斯自由能,因而固体只能通过吸附气体分子降低表面分子受力不均的程度,使气体分子在固体表面发生相对聚集,从而降低固体的比表面吉布斯自由能,使体系变得比较稳定。

　　显然,吸附是发生在固体表面的,在一定的温度和压力下,当吸附剂和吸附质的种类一定时,被吸附气体的量将随吸附剂表面积的增加而加大。因此,为提高吸附剂的吸附能力,必须尽可能增大吸附剂的表面积。常用的吸附剂如硅胶、活性炭、分子筛等,因为具有很大的比表面,都是良好的吸附剂。

　　吸附按作用力的性质不同可分为物理吸附和化学吸附两类。

(一)物理吸附和化学吸附

　　物理吸附是由于分子间作用力引起的,作用力较弱,吸附速度和解吸速度都较快,易达到平衡,在低温下进行的吸附多为物理吸附;物理吸附无选择性,被吸附的分子可形成单分子层,也可形成多分子层吸附。一般来说,易液化的气体容易被吸附,如同气体被冷凝于固体表面一样,吸附放出的热与气体的液化热相近,为 $20 \sim 40 \text{ kJ} \cdot \text{mol}^{-1}$。

　　化学吸附中,吸附剂和吸附质之间产生了化学键力,往往伴随有电子的转移、原子的重排、化学键的破坏与形成等,因此吸附具有选择性,即某一吸附剂只对某些吸附质发生化学吸附,且只能是单分子层吸附,如 H_2 能在 W 或 Ni 的表面发生单分子层化学吸附,但与 Al 或 Cu 则不能发生化学吸附;化学吸附常在较高温度下进行,生成化学键,作用力较强,不易吸附和解吸,平衡慢,如吸附时生成表面化合物,就不可能解吸。化学吸附放出的热很大,为 $40 \sim 400 \text{ kJ} \cdot \text{mol}^{-1}$,接近化学反应热。

　　物理吸附和化学吸附并非不相容,在特定条件下二者可同时发生,例如 O_2 在金属 W 上的吸附有三种情况:有些以原子状态被吸附,有些以分子状态被吸附,还有一些 O_2 分子被吸附在已吸附的 O_2 分子上面,形成多分子层吸附。

(二)固-气表面吸附等温线

　　吸附量是指在吸附达平衡时,单位质量固体吸附剂所吸附气体物质的量(mol)或标准态下(STP)的体积。如质量为 m 的吸附剂,吸附气体物质的量为 x 或体积为 V(STP),则吸附量为 $\Gamma = \dfrac{x}{m}$ 或 $\Gamma = \dfrac{V}{m}$。

　　对一定量的固体吸附剂,吸附达到平衡时,其吸附量与温度及气体的压力有关,$\Gamma = f(T, p)$,实际上往往固定一个变数,求出其他两个变数之间的关系:在吸附量恒定的条件下,绘制温度与压力的变化曲线称为吸附等量线;在等压条件下,测定不同温度下的吸附量,得到的曲线称为吸附等压线;等温条件下,测定不同压力下的吸附量所得的曲线称为吸附等温线。如图6-21

所示即为 NH_3 在木炭上的吸附等温线,由图可知,在低压部分,压力的影响很显著,吸附量与气体压力成直线关系;当压力升高时,吸附量的增加渐趋缓慢,当压力足够高时,曲线接近于一条平行于横轴的直线,图中 $-23.5\ ℃$ 的吸附等温线最为典型。由图可知,当压力一定时,温度升高吸附量下降。

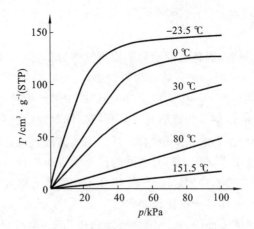

图 6-21　NH_3 在木炭上的吸附等温线

从实验测定的大量吸附等温线中,可归纳出五种类型的曲线。如图 6-22 所示,其中(a)类较常见。

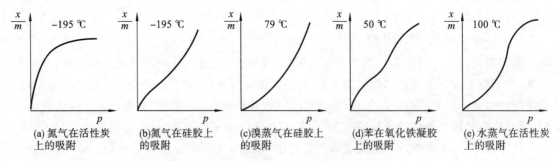

图 6-22　五种类型的吸附等温线

1. 弗劳因特立希(Freundlish)经验式

由于固体表面情况的复杂性,目前处理固体表面吸附的多为一些经验公式。比较常用的弗劳因特立希经验式,只适用于中等压力范围,其等温式为

$$\frac{x}{m} = kp^{1/n} \tag{6-51}$$

式中:p 为吸附平衡时气体的压力;k 和 n 是与吸附剂、吸附质种类以及温度等有关的经验常数;k 值随温度升高而减小。

将上式取对数,得

$$\lg \frac{x}{m} = \lg k + \frac{1}{n} \lg p \tag{6-52}$$

以 $\lg \frac{x}{m}$ 对 $\lg p$ 作图,可得一直线,由直线的截距与斜率可分别求出 k 和 n 的值;斜率 $\frac{1}{n}$ 的值在 $0\sim1$ 之间,其值越大,吸附量随压力变化也越大。

2. 单分子层吸附理论——朗格茂(Langmuir)吸附等温式

朗格茂在研究低压下气体在金属上的吸附时,根据实验数据发现了一些规律,并从动力学观点提出了朗格茂单分子层吸附理论。这一理论的基本假设如下。

(1) 固体具有吸附能力是因为吸附剂表面的分子存在剩余力场,气体分子只有碰撞到尚未被吸附的空白表面才能发生吸附作用并放出吸附热。当固体表面已覆盖满一层吸附分子之后,剩余力场得到饱和不再发生吸附作用,因此吸附是单分子层的。

(2)在一定温度下,吸附为动态平衡。达到吸附平衡时,吸附质在吸附剂表面的吸附速率等于解吸速率。

(3)吸附剂固体表面是均匀的,即吸附剂各个部分的吸附能力是相同的,且已被吸附的分子之间无作用力。

设某一瞬间,固体表面已被吸附分子占据的面积分数为 θ,则未被吸附分子占据的面积分数应为 $1-\theta$。按气体分子运动论,每秒碰撞到单位面积的气体分子数与气体压力 p 成正比,因此气体在固体表面的吸附速率 r_2 为

$$r_2 = k_2 p(1-\theta) \tag{6-53}$$

式中,k_2 为比例常数。另一方面,气体从表面的解吸速率 r_1 应为

$$r_1 = k_1 \theta \tag{6-54}$$

式中,k_1 为比例常数。当吸附达动态平衡时

$$k_2 p(1-\theta) = k_1 \theta \tag{6-55}$$

$$\theta = \frac{k_2 p}{k_1 + k_2 p} \tag{6-56}$$

令 $K = \dfrac{k_2}{k_1}$,上式可写为

$$\theta = \frac{Kp}{1+Kp} \tag{6-57}$$

式中,K 为吸附系数,即吸附作用平衡常数,其大小与吸附剂、吸附质的本性及温度的高低有关,K 值越大,表示吸附能力越强。一般情况下,高温不利于吸附,K 值较小。

等温条件下,设 Γ 表示一定量吸附剂在压力 p 时的吸附量;以 Γ_∞ 表示最大吸附量,即当吸附剂表面全部被一层吸附质分子覆盖时的饱和吸附量,则

$$\theta = \frac{\Gamma}{\Gamma_\infty} \tag{6-58}$$

$$\frac{\Gamma}{\Gamma_\infty} = \frac{Kp}{1+Kp} \tag{6-59}$$

此式即为朗格茂吸附等温式,它能较好地说明图 6-23 所示的吸附等温线:①在低压、高温情况下,$Kp \ll 1$,$1+Kp \approx 1$,$\Gamma = \Gamma_\infty Kp$,因 $\Gamma_\infty K$ 为常数,故吸附量 Γ 与 p 成正比;②在中压范围符合式(6-59),保持曲线形式;③在高压、低温情况下,$Kp \gg 1$,$1+Kp \approx Kp$,则 $\Gamma = \Gamma_\infty$,相当于吸附剂表面已全部被单分子层的吸附质分子覆盖,所以压力增加时,吸附量不再增加。

式(6-59)两边取倒数,再乘以 p/Γ_∞,整理后得

$$\frac{p}{\Gamma} = \frac{1}{\Gamma_\infty K} + \frac{p}{\Gamma_\infty} \tag{6-60}$$

以 $\dfrac{p}{\Gamma}$ 对 p 作图,可得一条直线,斜率为 $\dfrac{1}{\Gamma_\infty}$,截距为 $\dfrac{1}{\Gamma_\infty K}$,故可由斜率及截距求得 Γ_∞ 及 K。

朗格茂吸附等温式只适用于单分子层吸附情况,并能较好地解释图 6-22 中(a)类吸附等温线,对多分子层吸附的(b)~(e)类吸附等温线则不能解释。

朗格茂最先研究了固体表面的吸附机制,为吸附理论的发展奠定了基础。

3. 多分子层吸附理论——BET 吸附等温式

1938 年,布鲁瑙尔(Brunauer)、埃米特(Emmett)和特勒(Teller)三人提出了多分子层吸附理论,该理论认为分子吸附主要靠范德华力,不仅是吸附剂与气体分子之间,而且气体分子之间均有范德华力,因此气体分子若碰撞在一个已被吸附的分子上也有可能被吸附,也就是说,吸附是多分子层的。各相邻吸附层之间存在动态平衡,并不一定等一层完全吸附满后才开始下一层吸附,即吸附平衡可在各层分别建立。第一层吸附是靠固体表面分子与吸附质分子

NOTE

之间的分子间引力,第二层及以上的吸附则靠吸附质分子间的引力,由于两者作用力不同,所以吸附热也不同。

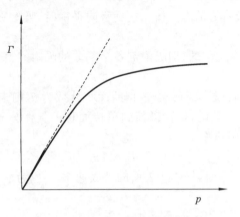

图 6-23　朗格茂吸附等温式示意图

图 6-24 所示为 BET 多分子层吸附模型,设裸露的固体表面积为 S_0,吸附了单分子层的表面积为 S_1,第二层表面积为 S_2,以此类推。S_0 吸附了气体分子则成为单分子层 S_1,S_1 吸附的气体分子脱附则又成为裸露表面,平衡时裸露表面的吸附速率和单分子层的脱附速率相等;同样,单分子层再吸附气体分子形成双分子层,双分子层脱附形成单分子层,平衡时单分子层的吸附速率与双分子层的脱附速率相等,以此类推……假定吸附层为无限层,经数学处理后可得到如下的 BET 吸附等温式

$$\frac{p}{\Gamma(p_0 - p)} = \frac{1}{\Gamma_\infty C} + \frac{C - 1}{\Gamma_\infty C} \cdot \frac{p}{p_0} \tag{6-61}$$

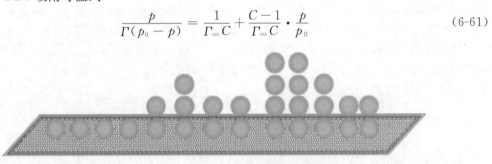

图 6-24　BET 多分子层吸附模型

式中,p 表示被吸附气体的气相平衡分压;p_0 表示被吸附气体在该温度下的饱和蒸气压;C 表示与温度及性质有关的常数;Γ 表示每千克固体吸附剂表面在压力 p 时的吸附量;Γ_∞ 表示每千克固体吸附剂表面全部被一单分子层吸附质分子覆盖时的吸附量。

由上式可知,以 $p/\Gamma(p_0 - p)$ 对 p/p_0 作图,可得一直线,其斜率为 $(C-1)/\Gamma_\infty C$,截距为 $1/\Gamma_\infty C$。从斜率和截距的值可求出 Γ_∞,即 $\Gamma_\infty = 1/$(斜率+截距)。

C 和 Γ_∞ 为常数,故将式(6-61)称为二常数式。此式适用于相对压力(p/p_0)在 0.05~0.35 范围内的体系,超出此范围则误差较大,其原因主要是没有考虑表面的不均匀性,以及同一层被吸附分子之间的相互作用力。也有人认为误差主要是未考虑毛细管凝结作用,由于被吸附的气体在多孔性吸附剂的孔隙中凝结为液体,这样,吸附量将随压力增加而迅速增加,这就是图 6-22 中(b)类吸附等温线在 p/p_0 达 0.4 以上时曲线向上弯曲的原因。用 BET 吸附等温式可以对各类吸附等温线做出解释。

三、固-液界面吸附

固体对溶液的吸附是常见的吸附现象之一,固-液界面上的吸附作用不同于固-气吸附。首先,吸附剂既可吸附溶质又可吸附溶剂,也就是说,在固体表面溶质分子和溶剂分子互相制约;其次,固体吸附剂大多数是多孔性物质,孔洞有大有小,表面结构较复杂,溶质分子进入较难、速度慢,故达平衡所需时间较长;再次,被吸附的物质既可以是中性分子,也可以是离子,所以固-液界面的吸附,可以是分子吸附,也可以是离子吸附。

（一）分子吸附

在非电解质及弱电解质溶液中,被吸附的物质是分子,故为分子吸附。将一定量的吸附剂 $m(\mathrm{kg})$ 与一定体积 $V(\mathrm{dm}^3)$、已知质量浓度 $c_1(\mathrm{kg \cdot dm}^{-3})$ 的溶液放在锥形瓶内充分振摇,达吸附平衡后过滤,分析滤液的浓度 c_2,即可计算得到表观吸附量 $\Gamma_{表观}$,即每千克吸附剂所吸附溶质的质量。

$$\Gamma_{表观} = V\frac{c_1 - c_2}{m} \tag{6-62}$$

由于在计算中未考虑吸附剂对溶剂的吸附,因此依据式(6-62)计算的结果吸附量值偏低。

固体在稀溶液中的吸附等温线有四种主要类型,如图 6-25 所示,最常见的是 S 型和 L 型(朗格茂型),Ln 型(直线型)和 HA 型(强吸附型)则比较少见。S 型等温线表示溶质在低浓度时不易吸附,到一定浓度后吸附明显;L 型吸附等温线表明溶质被吸附的能力较强,并易于取代吸附剂表面所吸附的溶剂;当溶质进入吸附剂结构,并使之膨胀时发生的吸附属于 Ln 型;HA 型吸附等温线表示,如对溶质的吸附能力很强而对溶剂的吸附能力很弱,即便在稀溶液中溶质几乎也能被完全吸附。

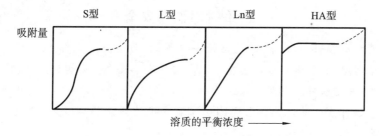

图 6-25 固体在稀溶液中的吸附等温线

固-液界面吸附等温式,也可分别用弗劳因特立希经验式、朗格茂吸附等温式、BET 吸附等温式来表示,但需用溶液的浓度 c 代替压力 p。从式(6-51)可得

$$\frac{x}{m} = kc^{1/n} \tag{6-63}$$

从式(6-59)可得

$$\Gamma = \Gamma_\infty \frac{Kc}{1 + Kc} \tag{6-64}$$

但应指出,这是纯经验性的,各项常数并无明确的含义。

由于固-液吸附比较复杂,影响固-液吸附的因素较多,其吸附机制尚不清楚。以下是一些经验规律。

（1）使固体表面吉布斯自由能降低较多的物质吸附量较大。

（2）极性吸附剂容易吸附极性物质,非极性吸附剂容易吸附非极性物质,即"相似相吸"。例如:非极性的活性炭吸水能力差,极性的硅胶吸水能力强,故在水溶液中活性炭是吸附有机物的良好吸附剂,而硅胶适宜吸附有机溶剂中的极性溶质。

（3）溶解度小的溶质易被吸附。

（4）吸附为放热过程,温度高,吸附量低。

（二）离子吸附

在强电解质溶液中,被吸附的是离子,故为离子吸附。离子吸附包括专属吸附和离子交换

NOTE

吸附。

1. 专属吸附

离子吸附有选择性,吸附剂往往能优先吸附溶液中的某种正离子或负离子,被吸附的离子因静电引力作用,吸引一部分带相反电荷的离子,形成了紧密层;大部分带相反电荷的离子以扩散的形式包围在紧密层的周围,形成了扩散层。这种吸附现象称为专属吸附。

2. 离子交换吸附

如果吸附一种离子的同时,吸附剂本身又释放出另一种带相同电荷的离子到溶液中,进行同号离子的交换,这种吸附称为离子交换吸附。常用的离子交换剂是人工合成的树脂,称为离子交换树脂。制备离子交换树脂时,在合成树脂的母体中引进极性基团,如$-SO_3H$、$-COOH$、$-CH_2N(CH_3)_2$等,成为离子交换树脂结构的一部分,作为带极性基团的固体骨架;另一部分是可活动的带有相反电荷的一般离子,如H^+等。

离子交换树脂使用到一定时候需活化处理,所以选用离子交换树脂时,既要有一定的吸附性又要在活化时能解吸。一般来说,强碱性溶质应选用弱酸性树脂,若用强酸性树脂,则解吸困难;弱碱性溶质应选用强酸性树脂,若用弱酸性树脂,则不易吸附。

知识拓展

纳米药物与安全

纳米药物有颗粒小、比表面大、活性中心多、表面反应活性高、吸附能力强等特点,而且有多种给药途径,能够增强药物在体内的溶解速率及口服生物利用度,对组织或细胞具有靶向作用,并延长其在作用部位的作用时间,有常规制剂无法比拟的优点,因而也越来越受到药学工作者的关注。在已被FDA批准或正在进行临床研究的纳米药物中,大多数是利用纳米载体来递送的。

然而,对于纳米药物制剂的生物安全性评价标准和评价方法,目前来说国际上还没有一个统一、完善的实施办法。在纳米药物制剂进入药物非临床安全性评价时,应考虑多方面的问题。

(1)纳米药物制剂的长期毒性试验。粒径越小、比表面越大的颗粒对肺部组织的损害越大;经口服给药后,在胃肠道的纳米制剂由于颗粒微小,有可能影响生物膜的生物效应而影响肠胃蠕动、膜吸收以及胃肠道内酶及激素的分泌;同时,吸收的颗粒还可经淋巴管进入血液循环到达肝及脾,纳米药物对这类二次转移的器官是否具有不良影响是应该注意的问题。

(2)剂量设计应根据纳米药物制剂的特性。纳米药物由于生物利用度高,因此给药方案应当仔细谨慎地设计。研究发现,普通雄黄含有As_2O_3,在极低浓度下仅具有很小的毒性,且能表现出与毒性无关的生物活性;如果单纯进行中药雄黄的纳米化,根据超微粉化中药的特点,可能加速或增加砷的释放,是否能够造成砷蓄积或产生砷毒性需要进行相关的试验研究。

(3)由于纳米制剂的特性,必须考虑该给药途径下,纳米材料本身可能带来的毒性,要与药物本身可能带来的毒性予以区分。超微颗粒的静脉注射除沉积在血管壁上影响细胞通透外,还可能通过血脑屏障,影响中枢神经系统。

因此,对纳米药物制剂进行系统、全面的安全性评估,是纳米药物发展需解决的问题。

本章小结

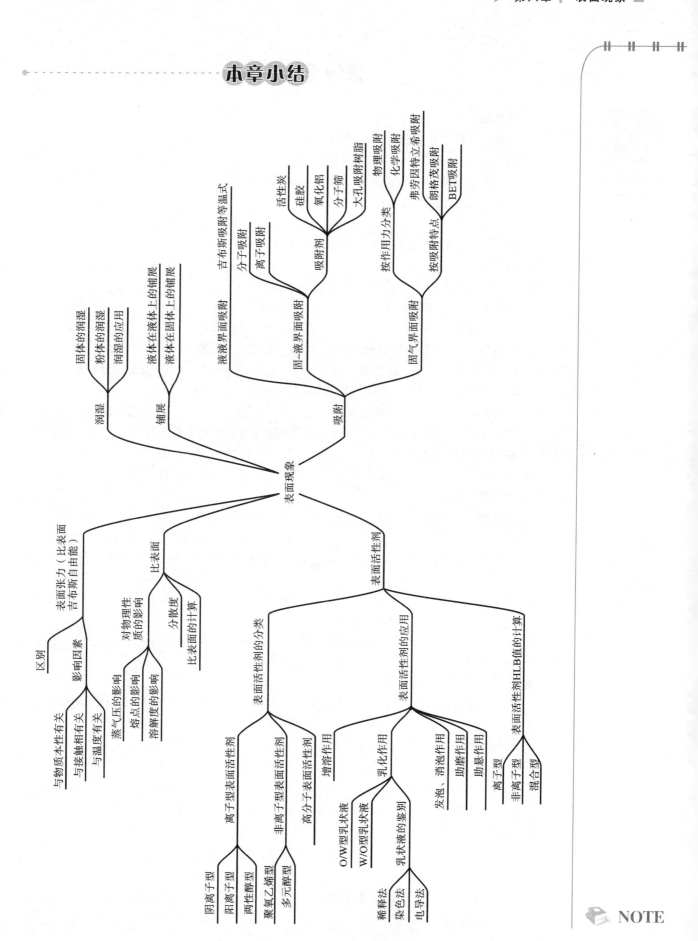

目标检测与习题答案

目标检测与习题

一、选择题

1. 下列表面张力和液面的关系,叙述正确的是(　　)。

A. 平液面,表面张力的方向垂直于液面

B. 曲液面,表面张力的方向垂直于液面,指向液体外部

C. 平液面,表面张力的方向与液面平行

D. 对于曲液面,难以判断

2. 如液体能在固体表面完全润湿,其接触角 θ 应有(　　)。

A. $\theta=180°$　　　　　B. $\theta=0°$　　　　　C. $90°>\theta>0°$　　　　　D. $90°<\theta<180°$

3. 对于化学吸附的描述,下列哪一项是不正确的?(　　)

A. 吸附力来源于范德华力　　　　　B. 吸附有选择性

C. 吸附热较大　　　　　D. 吸附速率较小

4. 在多相体系中,随分散相的分散度增大,下列说法中正确的是(　　)。

A. 表面能不变　　　B. 比表面能增大　　　C. 总表面积不变　　　D. 表面张力不变

5. 同一固体,大块颗粒和粉状颗粒,其熔点哪个高?(　　)

A. 大块的高　　　B. 粉状的高　　　C. 一样高　　　D. 无法比较

6. 在潮湿的空气中放有三支粗细不等的毛细管,其半径大小顺序为 $r_1>r_2>r_3$,则毛细管内水蒸气凝结的先后顺序为(　　)。

A. 1,2,3　　　B. 2,3,1　　　C. 3,2,1　　　D. 3,1,2

7. 朗格茂吸附等温式(　　)。

A. 只适用于化学吸附　　　　　B. 对单分子层物理吸附及化学吸附皆适用

C. 只适用于物理吸附　　　　　D. 对单分子层及多分子层吸附皆适用

8. 在 298.15 K、101325 Pa 下,玻璃罩内有许多大小不等的小水珠,经一段时间后(　　)。

A. 小水珠变大,大水珠变小　　　　　B. 大、小水珠变得一样大

C. 大水珠变得更大,小水珠变得更小　　　　　D. 均无变化

9. 在两块紧贴着的玻璃板之间放一点水,要想把两玻璃板分开,则所用力比无水时(　　)。

A. 大　　　B. 小　　　C. 没区别　　　D. 不确定

10. 在相同温度及压力下,把一定体积的水分散成小水滴的过程,下列哪一项保持不变?(　　)

A. 附加压力　　　B. 比表面能　　　C. 总表面能　　　D. 比表面

二、填空题

1. 298.15 K 时,水-空气的表面张力 $\sigma=7.17\times10^{-2}$ N·m^{-1},若 298.15 K、101325 Pa 下可逆地增加水的表面积 2 cm^2 时,体系所做的功 $W=$_____ J。

2. 比表面吉布斯自由能与表面张力的_____相同,_____不同。

3. 朗格茂推导等温吸附方程所依据的基本假设是 _____,_____,_____,_____。

4. 一定条件下,对二组分体系而言,表面变化过程总是自动的朝着_____和_____减小的方向进行。

NOTE

5. 将一物质分割得越小,所得总表面积越_____,表面张力_____。

6. 影响表面张力的因素有_____、_____、_____。

三、判断题

1. 体系的表面能是体系能量的构成部分,所以在温度、压力不变的情况下,表面能只与体系的数量有关,与体系存在形式无关。( )

2. 加沸石防止暴沸的原理是沸石多孔内有较多气泡,加热时不致形成过热液体。( )

3. 由"性质相似易相溶"的原理知,表面活性物质的增溶作用即溶解作用。( )

4. 无论是物理吸附还是化学吸附,吸附过程中皆放出热量。( )

5. 喷雾干燥法依据的原理是小液滴的蒸气压小。( )

6. 小晶体的溶解度大,所以"陈化"过程中,小晶体越来越小,大晶体越来越大。( )

四、简答题

1. 比表面吉布斯自由能的定义是什么?它与表面张力有何区别与联系?

2. 纯液体、溶液和固体,它们各采用什么方法来降低表面能以达到稳定状态?

3. 一个表面现象是否发生应如何判断?举例说明。

4. 表面活性剂的结构特征是什么?解释增溶现象。

5. HLB、CMC 分别表示什么?简述其含义。

6. 为什么泉水、井水都有比较大的表面张力?将泉水小心地注入干燥的杯子,泉水会高出杯面,这时加一滴肥皂液将会发生什么现象?

7. 人工增雨的原理是什么?为什么会发生毛细凝聚现象?为什么有机蒸馏时要加沸石?定量分析中的"陈化"过程的目的是什么?

8. 产生毛细现象的原因是什么?农业上进行中耕除草为什么可以保墒?

9. 在装有部分液体的毛细管中,如下图。当在一端加热时,润湿性液体向毛细管哪一端移动?不润湿液体向哪一端移动?并说明理由。

10. 有一杀虫剂粉末,使其分散在一适当的液体中以制成悬浮喷洒剂。今有三种液体 A、B、C,测得它们与药粉及虫体表皮之间的界面张力关系如下:

(1) $\sigma_粉 > \sigma_{液A-粉}$ $\sigma_{表皮} < (\sigma_{表皮-液A} + \sigma_{液A})$

(2) $\sigma_粉 < \sigma_{液B-粉}$ $\sigma_{表皮} > (\sigma_{表皮-液B} + \sigma_{液B})$

(3) $\sigma_粉 > \sigma_{液C-粉}$ $\sigma_{表皮} > (\sigma_{表皮-液C} + \sigma_{液C})$

选择哪一种液体最合适?为什么?

五、计算题

1. 已知 293.15 K 时水的表面张力为 7.28×10^{-2} N·m^{-1},汞的表面张力为 4.83×10^{-1} N·m^{-1},汞-水表面张力为 3.75×10^{-1} N·m^{-1},试判断水能否在汞的表面铺展。

$[3.52 \times 10^{-2}$ N·m^{-1};能铺展$]$

2. 氧化铝瓷件上需覆盖银,当烧至 1273 K 时,液态银能否润湿氧化铝瓷表面?已知在 1273 K 时的界面张力数据如下:

$\sigma_{气-Al_2O_3(s)} = 1.0$ N·m^{-1},$\sigma_{气-Ag(l)} = 0.923$ N·m^{-1},$\sigma_{Ag(l)-Al_2O_3(s)} = 1.77$ N·m^{-1}。

$[\theta = 146.5°$,不能润湿$]$

3. 以玻璃管蘸肥皂水吹一个半径为 1 cm 大的肥皂泡,计算泡内外的压力差。已知肥皂

NOTE

水的 σ 为 $0.040 \ N \cdot m^{-1}$。

[16.0 Pa]

4. 在 300.15 K 时,已知大颗粒 $CaSO_4$ 在水中的溶解度为 $1.533 \times 10^{-2} \ mol \cdot dm^{-3}$, $r = 3.0 \times 10^{-7} \ m$ 的 $CaSO_4$ 微粒的溶解度为 $1.82 \times 10^{-2} \ mol \cdot dm^{-3}$,固体 $CaSO_4$ 的密度为 $2.96 \times 10^3 \ kg \cdot m^{-3}$,试求固体 $CaSO_4$ 与水的界面张力。

[1.40 N·m^{-1}]

5. 溶液中某物质在硅胶上的吸附作用服从弗劳因特立希经验式,式中 $k = 6.8, 1/n = 0.5$,吸附量的单位为 $mol \cdot kg^{-1}$,浓度单位为 $mol \cdot dm^{-3}$。试问:若把 0.01 kg 硅胶加入 $0.1 \ dm^3$ 浓度为 $0.1 \ mol \cdot dm^{-3}$ 的该溶液中,在吸附达平衡后溶液的浓度为多少?

[$1.546 \times 10^{-2} \ mol \cdot dm^{-3}$]

6. 用活性炭吸附 $CHCl_3$ 时,在 273.15 K 时的饱和吸附量为 $9.38 \times 10^{-2} \ m^3 \cdot kg^{-1}$。已知 $CHCl_3$ 的分压为 13374.9 Pa 时的平衡吸附量为 $8.25 \times 10^{-2} \ m^3 \cdot kg^{-1}$。求:(1) 朗格茂公式中的 K 值;(2) $CHCl_3$ 的分压为 6667.2 Pa 时的平衡吸附量为多少?

[(1) $5.459 \times 10^{-4} \ Pa^{-1}$;(2) $7.36 \times 10^{-2} \ m^3 \cdot kg^{-1}$]

7. 棕榈酸($M = 256 \times 10^{-3} \ kg \cdot mol^{-1}$)在苯溶液中的浓度为 $4.24 \times 10^{-3} \ kg \cdot dm^{-3}$。将此溶液滴在水面上,苯蒸发后在水面形成一连续的单分子薄膜。已知每一酸分子所占面积为 $0.21 \ nm^2$,若欲以单分子层遮盖 $0.05 \ m^2$ 的水面,该用棕榈酸苯溶液的体积为多少?

[$2.387 \times 10^{-5} \ dm^3$]

(陕西中医药大学　张光辉)

第七章 溶 胶

本章 PPT

学习目标 ┃...

1. 记忆、理解:分散系的分类及相应的性质;溶胶的基本特征及溶胶的稳定性;溶胶的制备和净化;溶胶的动力学性质、光学性质、电学性质。

2. 分析、应用:溶胶的光散射现象及与入射光波长的关系;溶胶的电动现象,溶胶的带电原因,胶团的结构及双电层理论,ζ 电势及其意义;电解质及其他因素对溶胶的聚沉作用,大分子化合物对溶胶的保护、絮凝作用。

"胶体"这一概念是 1861 年英国化学家格雷哈姆(T. Graham)研究不同物质在水中的扩散能力时提出来的。他把物质分为两类:扩散速率慢、不易结晶、易成黏稠状的一类物质称为胶体(colloid);扩散速率快、易结晶、不易成黏稠状的物质称为晶体(crystal)。后来的研究证明这样进行物质分类并不科学,物质既可制成晶体状态,也可成为胶体状态,例如,NaCl 是典型的晶体,在水中可以溶解形成溶液,若将溶剂替换为有机溶剂则可以形成胶体。因此胶体只是物质的一种聚集形态,不是物质的一个特殊类型。尽管"胶体"作为物质的分类方法并不科学,但具有上述特征的分散系统称为"胶体"这一概念被延续下来。1907 年,《胶体化学和工业杂志》问世,标志着胶体化学作为一门学科成立。随着超速离心机、电子显微镜等的应用,胶体化学获得了快速发展。胶体化学所涉及的 1～100 nm 的超细微粒属于介观领域,其表现出与其他分散系不同的动力学性质、光学性质、电学性质、流变性质和稳定性等。

胶体化学基本原理已广泛应用于药物、食品、纺织、催化剂等生产过程,同时,胶体化学已广泛渗透到环境科学、材料科学、药剂学、医学等领域,对这些学科的发展起到一定的促进作用。如在医学领域,人体是由各种粗分散系、胶体、凝胶及大分子溶液组成的复杂分散体系,血液、细胞、软骨等都是典型的胶体体系,因此生物体的许多生理现象和病理变化都与胶体性质密切相关。又如,在药物制剂领域,不同的剂型就是不同的分散系,乳剂、混悬剂、溶胶剂的制备和稳定性研究及中药有效成分的提取等都离不开胶体化学的基本原理。因此,掌握胶体的基本知识、基本理论与技术,对药学工作者十分重要。

第一节 分 散 系

一、分散系的分类

分散系又称为分散系统(disperse system),是指一种或数种物质分散在另一种物质中所形成的体系。其中以非连续形式存在的被分散的物质称为**分散相**(disperse phase)或不连续相;容纳分散相的以连续形式存在的物质称为**分散介质**(disperse medium)或连续相。按分散相粒径大小可以对分散系进行分类,见表 7-1。

NOTE

表 7-1　分散系的分类和主要特征

分散相粒子直径	分散系类型	分散相粒子的组成	一般性质	实例
<1 nm	分子分散系	小分子、小离子	均相,热力学稳定,能透过滤纸和半透膜,电子显微镜下观察	生理盐水、葡萄糖溶液、复方碘溶液
1~100 nm（胶体分散系）	溶胶	胶粒（分子、离子、原子的聚集体）	非均相,热力学不稳定,能透过滤纸,不能透过半透膜,超显微镜下观察	$Fe(OH)_3$ 溶胶、As_2S_3 溶胶
	大分子溶液	大分子、大离子	均相,热力学稳定,能透过滤纸,不能透过半透膜,超显微镜下观察	蛋白质溶液、核酸溶液
	缔合胶体	胶束	均相,热力学稳定,能透过滤纸,不能透过半透膜,超显微镜下观察	大于一定浓度的十二烷基硫酸钠溶液
>100 nm	粗分散系	粗粒子（固体小颗粒、小液滴）	非均相,热力学不稳定,不能透过滤纸和半透膜,普通显微镜下观察	泥浆、乳汁、布洛芬混悬液

胶体分散系是分散相粒径在 1~100 nm 之间的分散系统,可以分为以下三种类型:由难溶物分散在分散介质中形成的系统称为**憎液胶体**(lyophobic colloid),简称**溶胶**(sol);由大分子物质溶解在分散介质中形成的均相系统称为**亲液胶体**(lyophilic colloid),即大分子溶液;由表面活性剂物质缔合形成胶束,分散于分散介质中得到的胶束溶液称为**缔合胶体**(association colloid)。溶胶和大分子溶液虽有胶体的共性,但在性质上有很大的不同。由于大分子化合物在理论和实用上具有重要意义,近几十年来逐步形成了独立的学科,本章所阐述的主要内容是溶胶,有关大分子化合物的性质将在第八章讲述。

二、溶胶的基本特征

（一）溶胶的分类

溶胶按分散介质的聚集状态可分为三大类:气溶胶(aerosol)、液溶胶(sol)和固溶胶(solidsol);若再按分散相的聚集状态分类,可细分为八个小类,见表 7-2。

表 7-2　溶胶分类的实例

溶胶类型	分散相为气体	分散相为液体	分散相为固体
气溶胶	—	雾	烟、尘
液溶胶	灭火泡沫	牛奶、石油	油漆、泥浆
固溶胶	浮石、泡沫塑料	珍珠、某些宝石	合金、有色玻璃

以上实例中,分散相的粒径大于 100 nm 时,属粗分散系。

（二）溶胶的基本特征

溶胶能全面表现出胶体的特征,这些特征可以归纳为以下三点。

NOTE

1. 特有的分散度

溶胶的粒径大小在 1～100 nm 之间,溶胶的许多性质都与其分散程度有关。与小分子的粒径相比,溶胶粒子粒径大得多,因此表现出散射光强、渗透压小、扩散速率慢、不能透过半透膜等特性。小分子溶液的上述性质恰好相反,因此可以通过这些性质区分二者。与粗分散系相比,溶胶粒子粒径不算大,因此能在介质中保持动力学稳定性,不易发生沉降,而粗分散系则很容易沉降。

2. 多相性

形成溶胶的先决条件是分散相在分散介质中不溶或溶解度很小(憎液),并且以 1～100 nm 粒径分散,属于超细微粒的多相系统,分散相与分散介质之间存在相界面,即相不均匀性。溶胶与真溶液相比,真溶液是以单个分子形式分散的,形成无相界面的均相系统。溶胶与大分子溶液相比,相同之处是分散相的粒径大小相当,因而有一些相同的性质,如扩散慢和不能透过半透膜;不同之处是大分子溶液是亲液的均相系统,渗透压和黏度比溶胶大,散射光比溶胶弱很多。

3. 聚结不稳定性

由于溶胶是超细微粒的多相分散系统,系统具有巨大的比表面,例如粒径为 5 nm 的物质,其比表面可达到 180 $m^2 \cdot g^{-1}$。巨大的比表面意味着相当大的界面能,导致这些微粒有自动聚结成大颗粒而减小表面积的趋势,使界面能降低,这是一个热力学自发过程。因此,溶胶有自发聚结的趋势,是热力学不稳定系统。为了防止溶胶的聚结,在制备溶胶时,需要加入稳定剂(stabilizing agent),通常是加入适量的电解质作为稳定剂。小分子溶液和大分子溶液不存在相界面,是热力学稳定体系。

溶胶的许多性质都可以从上述三个基本特征得到解释。确定一个分散系统是否为溶胶,也要从这三个基本特征综合考虑,不能只考虑其中个别特征。此外,溶胶分散相的结构和形状在很大程度上也会影响溶胶的性质,例如溶胶粒子的电荷量、形状(球状、椭球状、棒状、线状等),会直接影响溶胶的动力学性质、光学性质、电学性质和流变性质等。

第二节 溶胶的制备与净化

溶胶粒径介于粗分散系与分子分散系之间,所以可以通过两种途径来制备溶胶:将较大粒径的物质粉碎分散,或者将分子或离子凝聚,前者为**分散法**(dispersed method),后者为**凝聚法**(condensed method)。从制备溶胶的手段上看,又分为物理法和化学法。

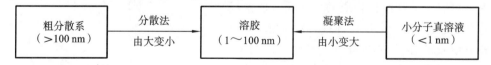

一、分散法制备溶胶

分散法基本属于物理法,是用适当的手段将较大粒径的物质或粗分散的物质在有稳定剂存在的条件下进行粉碎分散成溶胶。常用的有以下几类方法。

1. 研磨法

这是一种机械粉碎的方法,利用胶体磨制备溶胶。胶体磨有很多种,图 7-1 是盘式胶体磨示意图。磨盘的转速为 $1 \times 10^4 \sim 2 \times 10^4$ r·min^{-1},两磨盘的间隙可以进行调整,一般可调整

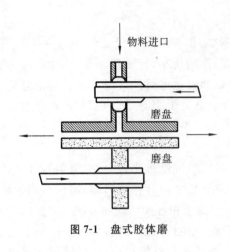

图7-1 盘式胶体磨

到5 μm左右,分散相伴随分散介质及稳定剂从空心转轴注入磨盘间隙,在强大的切应力作用下被撕裂粉碎。胶体磨适用于脆性物质的粉碎,例如:利用球磨机对活性炭进行研磨,可得到100 nm以下的超细微粒。对于柔韧性的物质必须先做硬化处理再进行研磨,如可用液态空气进行硬化处理。

2. 超声波分散法

超声波分散法用超声波的高能量来进行分散。高频超声波由高频电流通过电极时作用在石英片上而产生,对分散相产生很强的撕碎力,从而达到分散效果。超声波分散法高效、快速,目前多用于乳状液的制备。

3. 胶溶法

胶溶法也称解胶法。它不是将粗颗粒分散成溶胶,而是将暂时聚集起来的分散相又重新分散。许多新鲜沉淀经洗涤除去杂质后,再加少量稳定剂可制成溶胶,这种作用称为胶溶作用(peptization)。例如:Al(OH)$_3$新鲜沉淀经洗涤后除去过量电解质,再加蒸馏水和适量稀盐酸,煮沸后可制备出 Al(OH)$_3$ 溶胶。AgI 新鲜沉淀加适量 AgNO$_3$ 或 KI 可以制备 AgI 溶胶。一般情况下,若沉淀放置时间过长,因沉淀老化而不能得到溶胶。

二、凝聚法制备溶胶

凝聚法是将分子分散状态凝聚为胶体分散状态的一种方法。这种方法一般是先制成难溶性物质的过饱和溶液,再使之相互聚集形成溶胶,通常可分为物理凝聚法和化学凝聚法。

1. 物理凝聚法

利用适当的物理方法将小分子聚集起来,如利用蒸气骤冷使某些物质凝聚成胶粒。将 Hg 蒸气通入冷水中可以得到 Hg 溶胶,在此过程中高温 Hg 蒸气与水接触时生成的少量氧化物起稳定作用。又如制备 Na 的苯溶胶,将 Na 和苯在特制的仪器中蒸发,见图7-2,两者在冷却管壁共同凝结,将冷却管升温时,在接受管中可以收集到 Na 的苯溶胶。

2. 化学凝聚法

利用可以生成难溶性物质的化学反应使生成物呈过饱和状态,控制析晶过程,使粒子达到胶粒大小,从而得到溶胶的方法,称为化学凝聚法。原则上,任何一种能生成新相的化学反应都可以制备溶胶。过饱和度大、操作温度低有利于得到理想的溶胶。

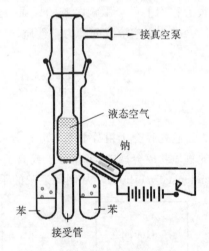

图7-2 蒸气凝聚仪器示意图

将 H$_2$S 通入足够稀的 As$_2$O$_3$ 溶液,生成高度分散的淡黄色 As$_2$S$_3$ 溶胶;用碱金属卤化物与 AgNO$_3$ 进行复分解反应制备卤化银溶胶:

$$As_2O_3 + 3H_2S \longrightarrow As_2S_3(溶胶) + 3H_2O$$

$$AgNO_3 + KI \longrightarrow AgI(溶胶) + KNO_3$$

贵金属溶胶可通过其化合物的还原反应制备,如还原 HAuCl$_4$ 制备 Au 溶胶:

$$2HAuCl_4(稀溶液) + 3HCHO(少量) + 11KOH \longrightarrow 2Au(溶胶) + 3HCOOK + 8KCl + 8H_2O$$

Fe、Al、V、Cr、Cu 等金属的氢氧化物溶胶，可以通过其盐类的水解制备。例如在不断搅拌下，将 $FeCl_3$ 稀溶液滴加至沸腾的蒸馏水中，可产生红棕色的 $Fe(OH)_3$ 溶胶：

$$FeCl_3 + 3H_2O(热) \longrightarrow Fe(OH)_3(溶胶) + 3HCl$$

S 溶胶可以通过 S 的化合物进行氧化还原反应来制备：

$$2H_2S + SO_2 \longrightarrow 2H_2O + 3S(溶胶)$$

$$Na_2S_2O_3 + 2HCl \longrightarrow 2NaCl + H_2O + SO_2 + S(溶胶)$$

以上这些制备溶胶的例子中，都没有额外添加稳定剂。在反应过程中，胶粒的表面吸附了具有溶剂化层的反应物离子，因而使溶胶稳定。

3. 改变溶剂法

通过改变溶剂的方法使溶质的溶解度瞬间降低，溶质从溶液中分离出来凝聚成溶胶。如利用硫溶于乙醇不溶于水的特性，将少量硫的乙醇溶液倾入水中，由于溶剂改变，硫的溶解度突然降低而生成硫溶胶。改变溶剂法常用来制备难溶于水的树脂、脂肪等的水溶胶，也可以用于制备难溶于有机溶剂的物质的溶胶。

三、溶胶的净化

对于用分散法制得的溶胶，可以用过滤、离心、沉降等方法除去粗粒子。而对于用化学法制备的溶胶，其中常含有一些电解质，适量的电解质可以作为稳定剂使溶胶稳定，多余的电解质反而会破坏溶胶的稳定性，因此必须除去多余的电解质，即对溶胶进行净化。通常有以下两种方法。

1. 渗析法

溶胶粒子不能通过半透膜，而溶胶中多余的电解质或其他杂质可以透过半透膜而去除，这种方法称为 **渗析法**（dialysis method）。常见的半透膜有细胞膜、羊皮纸、动物膀胱膜、硝酸纤维膜、醋酸纤维膜等。进行渗析时，通常把溶胶放在半透膜容器内，溶剂放在膜外。因膜内、外存在浓度差，膜内的小分子物质（分子和电解质离子）向半透膜外迁移。同时不断更换膜外溶剂，可逐渐去除溶胶中过多的电解质或其他杂质，达到净化的目的。医院中治疗肾功能衰竭的血透仪（人工肾）就是一种渗透仪，可去除血液中的尿素、尿酸和小分子等有害代谢产物。

为了提高渗析速率，可采取增加半透膜的面积、加大膜两边的浓度梯度、适当提高渗析温度等措施。除了普通渗析外，通过外加电场增大离子迁移速率而提高渗析速率的方法，称为**电渗析法**（electrodialysis），如图 7-3 所示。电渗析法除了净化溶胶外，在工业上还广泛用于污水处理、海水淡化、纯化水等。

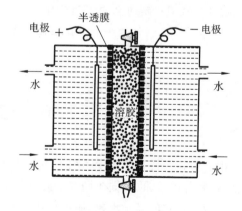

图 7-3 电渗析装置

2. 超过滤法

用孔径较小的半透膜在加压或吸滤的情况下将胶粒与介质分开的方法称为 **超过滤法**（ultrafiltration method），可溶性杂质能透过半透膜而被除去。有时可将胶粒重新分散到纯介质中，再次进行超过滤，如此反复进行可达到理想的净化效果。得到的胶粒应立即分散到新的介质中，以防结块。

若在滤膜的两侧安放电极并施加一定的电压，则成为电超过滤。电超过滤是电渗析和超过滤的联合应用，其优点是降低过滤施加的压力，提高净化速率。

超过滤技术应用很广泛,除净化溶胶外,它还用于浓缩、脱盐、除菌、除热原等,在生物化学中可用于酶、病毒、细菌、蛋白质等的大小测定;在中草药针剂生产中,用于去除淀粉、多聚糖等对制剂有影响的大分子杂质。

知识拓展

纳米粒子和纳米技术

纳米粒子是指粒径在 $1\sim100$ nm 之间的粒子,属于胶粒大小的范畴。它们处于原子簇和宏观物体之间的过渡区,属于介观系统。其特有的尺寸使其具有体相材料所不具备的一系列新颖的物理化学性质。正是对这些奇特性质的研究和开发,诞生了一种全新的科技——纳米科技。纳米粒子的特性可归结为以下几点。

(1)表面效应 物质达到纳米粒径时,表面原子数所占的比例大大增加,例如粒径为 5 nm 的物质,表面原子数已占到 50%;粒径为 1 nm 时,占到 90% 以上。表面原子与体相原子不同,它有不饱和力场(剩余价力、悬空键等),有很高的表面能,故有很大的化学活性。例如木屑、面粉、纤维等粒子小到纳米级时,一遇火种极易引起爆炸。如果将催化剂制成纳米粒子,可提高其催化活性。此外纳米粒子的表面效应也会引起表面电子自旋、构象及电子能谱的变化。

(2)小尺寸效应 对于宏观物体,原子数无穷大,能级间距趋于零,能级是连续的;而对于纳米微粒,粒子内包含的原子数有限,能级间距加大,由连续变为不连续,因而会对粒子的热学、电学、磁学、光学和力学性质带来很大变化。例如,分散成超微银颗粒后,金属银的熔点从 960.5 ℃下降到低于 100 ℃;普通银为导体,而粒径小于 20 nm 的纳米银却是绝缘体;铁系合金的纳米粒子的磁性比其块状强很多;纳米铁的抗断裂应力比普通铁高12 倍;金属铂是银白色的,而纳米铂是黑色的(铂黑)。

(3)宏观量子隧道效应 微观粒子具有贯穿势垒的能力,称为隧道效应。微观粒子对磁化强度、磁通量等宏观量也具有隧道效应,即可以穿越宏观系统的势垒而产生变化,称为宏观量子隧道效应。用此理论可以解释金属镍的超细微粒在低温下可继续保持超顺磁性,磁铁达到纳米级时由铁磁性转变为顺磁性。

第三节 溶胶的光学性质

由于溶胶的特有分散度和相不均匀性,因此其在光学上具有独特的性质,它既不同于小分子溶液、粗分散系,也不同于同处于胶体分散系统中的大分子溶液。对溶胶光学性质的研究,不仅可以解释它的光学现象,还可以从它的光学行为了解胶粒的大小和形状。

一、光的散射及丁铎尔效应

(一)溶胶的光散射现象

在暗室内,将一束汇聚光通过胶体系统,在入射光的垂直方向上可看到一束光锥,这种现象是英国物理学家丁铎尔(Tyndall)于 1869 年首先发现的,称为**丁铎尔效应或丁铎尔现象**(Tyndall phenomenon)。当入射光为白光时,光锥往往呈现淡蓝色。

入射光通过分散系统时,可能发生三种情况,即吸收、反射或折射以及散射。吸收主要取决于系统的化学组成,其外观颜色表现为被吸收光的互补色。反射或折射、散射则与粒子大小有关。可见光的波长为 $400\sim700$ nm,当粒子直径大于入射光的波长时,入射光被反射或折射,粗分散系因反射作用而表现为混浊。当粒子的直径小于入射光的波长时,光激发粒子的外层电子振动,它相当于一个新光源向各个方向发射电磁波,这就是**光的散射**(light scattering)。小分子分散系统的分散相粒径太小,散射光不明显。溶胶的粒径在 $1\sim100$ nm 之间,有明显的散射光,光的散射是溶胶分散系统的主要光学特征。

(二)瑞利散射公式

1871 年瑞利(Rayleigh)研究了不导电的、不吸收光的球形粒子系统散射光的规律,得出其散射光的强度 I 为

$$I = \frac{24\pi^2 A^2 \nu V^2}{\lambda^4}\left(\frac{n_1^2 - n_2^2}{n_1^2 + 2n_2^2}\right)^2 I_0 \tag{7-1}$$

式中:A 为入射光的振幅;ν 是单位体积内粒子数(粒子浓度);V 是单个粒子的体积;λ 是入射光波长;n_1 和 n_2 分别是分散相和分散介质的折射率;I_0 为入射光强度。这就是瑞利散射定律或瑞利散射公式,这个公式适用于粒子半径 $r \ll \frac{1}{20}\lambda$ 的情况。

从瑞利散射公式可以得出以下结论。

(1)散射光强度 I 与 λ^4 成反比,因此入射光的波长越短,散射越强。若入射光为白光,则由于蓝光和紫光波长较短,散射光呈现淡蓝色,而透过光呈现其互补色——橙红色。由此可知,如果要观察散射光,应选择短波长光源;如果要观察透射光,则应选用长波长光源。例如,旋光仪中的光源使用黄色的钠光,警示信号灯采用红光,是因为它们处在可见光中的长波段,散射作用较弱透射作用较强的缘故;天空呈蔚蓝色,这是散射光的贡献;朝霞和落日的余晖为橙红色,则是观察到的透射光。

(2)分散相与分散介质的折射率相差越大,粒子散射光越强,因此散射光是分散系统光学不均匀性的体现。由于溶胶的多相性,其分散相与分散介质之间有相界面,两者折射率相差很大,因而有很强的散射光。而大分子溶液是均相系统,溶质和溶剂的折射率相差不大,散射光弱得多,因此可根据散射光强弱来区别溶胶与大分子溶液。折射率的差异是产生散射的必要条件,当均相系统由于浓度的局部涨落而引起折射率的局部变化时,也会产生散射,这就是用光散射法测定大分子化合物摩尔质量的主要原理。天空和海洋都是蔚蓝色的,也与这种局部涨落有关。

(3)散射光强度 I 与 V^2 成正比,即散射光强度与分散度有关。真溶液的分子体积很小,因而散射光不明显;粗分散系的粒径大于可见光波长,不产生散射光,只有反射光。因此,观测丁铎尔效应是鉴别溶胶、小分子真溶液和粗分散系悬浊液的简便而有效的方法。由于散射光强度与粒子体积有关,因此可以通过测定散射光强度求得粒子半径。

(4)散射光强度 I 与 ν 成正比,即散射光强度与粒子浓度成正比。由此可通过散射光强度求得溶胶的浓度。

散射光又称为乳光,散射光强度或乳光强度又称为**浊度**(turbidity),用来测定乳光强度的仪器称为乳光计或浊度计,其原理类似于比色计,两者不同的是乳光计的光源是从侧面照射过来的,检测的是乳光强度。通过与对照品的乳光强度比较,可计算出待测样品的粒子大小或浓度。

除了粒子浓度和体积外,其他条件相同的情况下:

$$\frac{c}{\rho} = \nu V$$

NOTE

式中：c 为质量浓度；ρ 为粒子密度。

令
$$K = \frac{24\pi^2 A^2}{\lambda^4 \rho}\left(\frac{n_1^2 - n_2^2}{n_1^2 + 2n_2^2}\right)^2 I_0$$

代入瑞利散射公式得
$$I = KcV$$

若与相同浓度 c 的对照品浊度 I_1（粒径 r_1 已知）比较，对于球形粒子，$V = \frac{4}{3}\pi r^3$，可求得粒径 r：

$$\frac{I}{I_1} = \frac{r^3}{r_1^3} \tag{7-2}$$

若与相同粒子体积 V 的对照品浊度 I_1（浓度 c_1 已知）比较，可求得粒子的浓度 c：

$$\frac{I}{I_1} = \frac{c}{c_1} \tag{7-3}$$

瑞利散射公式对于非金属溶胶适用，但对于金属溶胶，由于它不仅有散射作用，还有光的吸收作用，所以关系要复杂得多。

（三）溶胶的颜色

溶胶的外观颜色取决于其对光的吸收和散射两个因素。

当溶胶对光有吸收时，微弱的散射光被掩盖，表现出鲜亮的特定颜色，并与观察方向无关。大部分金属溶胶因对特定波长的光有吸收而显现特定颜色，如 As_2S_3 溶胶为黄色，Sb_2S_3 溶胶为橘色，都是选择性吸收了一定波长的光而呈现不同颜色。粒子对光的吸收与其化学结构有关，当入射光光子的能量恰好等于粒子中元素电子从基态跃迁到某一激发态所需的能量时，光即被选择性吸收。

当溶胶对光的吸收很弱时，则呈现出散射光形成的颜色，并与观察方向有关。如 S 溶胶，侧面看呈淡蓝色，对着光源看呈淡橙色。$AgCl$、$BaSO_4$ 等溶胶在可见光区吸收很弱，只呈现其散射光。

此外，粒子大小也会影响溶胶对光的吸收和散射强度比，我们可以观察到溶胶在放置过程中，其颜色在慢慢变化。例如，Au 溶胶在高度分散时，以吸收为主，对波长为 $500 \sim 600$ nm 的绿光有较强的选择性吸收，所以呈现其互补色——红色。放置一段时间后，粒子变大，散射作用增强，颜色由红色逐渐变为蓝色。

二、超显微镜与溶胶粒子大小的测定

人们的肉眼分辨率约为 0.2 mm，普通光学显微镜的分辨率为 200 nm，所以对于小于 100 nm 的溶胶粒子，通过普通显微镜是观察不到的，可借助超显微镜来观察。

超显微镜是 1903 年齐格蒙代（Zsigmondy）利用丁铎尔现象发明的，在超显微镜中，足够强的光源从侧面照射到溶胶中，并在黑暗的背景下观察溶胶粒子的散射光，可以清楚地看到一个个闪动的发光点在做布朗运动。图 7-4 是超显微镜的光路结构图。

应该注意的是，利用超显微镜可看到粒径为 $5 \sim 150$ nm 粒子的光点，这些光点不是粒子本身大小而是胶粒对光散射后的发光体。光点不代表粒子的真实大小和形状，光点看起来要比粒子本身大很多倍，然而通过光点观测得到的信息，可以间接估算粒子的大小和形状。

如同显微镜下的血细胞计数，溶胶粒子半径 r 可以通过对发光点的计数来计算。设 V 体积范围测得的粒子数为 n，粒子的总质量为 m，粒子的密度为 ρ，浓度 c 以单位体积的质量表示，可得

$$m = \frac{4}{3}\pi r^3 n\rho = cV$$

$$r = \sqrt[3]{\frac{3cV}{4\pi\rho n}} \tag{7-4}$$

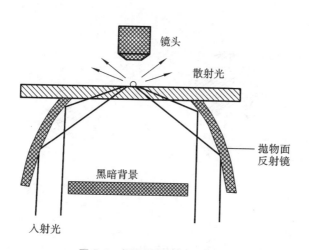

图 7-4 超显微镜的光路结构

通过发光点的不同表现可以来推测溶胶粒子的形状。例如,可以根据超显微镜视野中光点亮度的差别,来估计溶胶粒子的粒径是否均匀;根据光点闪烁的特点,可推测粒子的形状:如果粒子的结构是不对称的,如棒状、片状等,当粒子大的一面向光时,光点很亮;而小的一面向光时,光点变暗。由于粒子的布朗运动,光点在不停地明暗交替,这种现象称为**闪光现象**(flash phenomenon)。如果粒子结构是对称的,如球形、正四面体、正八面体等,闪光现象就不明显。此外,利用超显微镜还可以研究溶胶粒子的聚沉、电泳等行为。

随着科学技术的进步和新仪器的出现,测定溶胶粒子大小的方法也在不断升级更新,如用电子显微镜法、激光散射法等,有关介绍可以参考相关书籍。

第四节 溶胶的动力学性质

溶胶粒子可以有多种运动形式。在无外力场作用时只有热运动,其微观上表现为布朗运动,宏观上表现为扩散。在有外力场作用时做定向运动,例如,重力场或离心力场中的沉降、电场中的电动现象等电动行为。本节主要讨论由热运动产生的扩散作用和渗透现象,以及在重力场中的沉降及沉降平衡等性质。

一、布朗运动

1827 年,英国植物学家布朗(Brown)在显微镜下观察到悬浮在水中的花粉不停地做不规则的折线运动,随后还发现其他微粒,如矿石、金属和炭等也有同样的现象,这种现象称为**布朗运动**(Brownian motion)。这些粒子之所以能不断地运动,是由周围介质分子的热运动引起的。介质小分子不断地撞击比它们大得多的粒子,每一瞬间粒子受到来自各个方向的撞击力不能完全抵消,合力将使粒子向某一方向移动,见图 7-5。合力的方向随时改变,粒子的运动方向也随之变化,这就是粒子的布朗运动。直至 1903 年超显微镜的出现,粒子布朗运动的轨迹才被直观地观测到。

著名物理学家爱因斯坦(Einstein)应用分子运动理论揭示了布朗运动的本质并给出了定量计算。他认为布朗运动与分子的运动完全类似,其平均动能也为 $\frac{1}{2}kT$。布朗运动的实际路径虽然杂乱无章,但在一定时间内的平均位移有一定的数值。他以球形粒子为模型推导出布朗运动平均位移的公式

NOTE

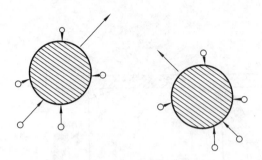

图 7-5　胶粒受介质撞击示意图

$$\overline{x} = \sqrt{\frac{RT}{N_A} \cdot \frac{t}{3\pi\eta r}} \tag{7-5}$$

式中：$\overline{x}$ 是在 t 时间内观察粒子沿 x 轴方向的平均位移；r 为微粒的半径；η 为介质的黏度；N_A 为阿伏加德罗常数。此式也称为爱因斯坦-布朗运动公式。

　　从上式可知：①平均位移 $\overline{x}$ 与粒子半径 r 成反比，当粒径 r 很大时，$\overline{x}$ 小到观测不到，粒子几乎静止不动，这是因为它被足够多的介质分子撞击，合力约为零；只有胶体尺度的粒子才能用肉眼看到布朗运动，并可从 $\overline{x}$ 求出粒子的粒径；小分子的运动无法用肉眼分辨，从这个意义上说，布朗运动是溶胶的特征。②从已知半径 r 的粒子平均位移 $\overline{x}$，计算阿伏加德罗常数 N_A。以后的许多实验，特别是珀林(Perrin)、斯威德伯格(Svedberg)等科学家用藤黄、Au 等溶胶进行的实验，计算得到的阿伏加德罗常数是准确的，这不仅佐证了爱因斯坦公式的正确性，也使分子运动论得到了直接的实验证明。由此分子运动论从假说上升为理论，逐渐被人们所接受，这在科学发展史上具有重大意义。

二、扩散与渗透

　　溶胶粒子在介质中由高浓度区向低浓度区迁移的现象称为**扩散**(diffusion)。扩散是粒子布朗运动的必然结果和分子热运动的宏观表现。扩散过程中，物质由化学势大的区域向化学势小的区域转移，系统的吉布斯自由能降低；扩散的结果是，系统趋于平衡态，无序度增加，熵值增大，是自发进行的过程。

　　1885 年，斐克(Fick)根据实验结果发现，粒子沿着 x 轴方向扩散时，其扩散速率 $\dfrac{\mathrm{d}n}{\mathrm{d}t}$（单位时间内粒子的扩散量）与粒子通过的截面积 A 及浓度梯度 $\dfrac{\mathrm{d}c}{\mathrm{d}x}$ 成正比，见图 7-6，其关系式为

$$\frac{\mathrm{d}n}{\mathrm{d}t} = -DA\frac{\mathrm{d}c}{\mathrm{d}x} \tag{7-6}$$

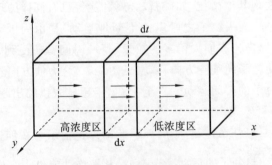

图 7-6　扩散作用

这就是**斐克第一定律**(Fick's first law)。式中：负号表明扩散方向与浓度梯度方向相反，

NOTE

236

即扩散向着浓度减小的方向进行;$\dfrac{\mathrm{d}n}{\mathrm{d}t}$ 的单位为 mol·s^{-1} 或 kg·s^{-1}(视浓度单位而定);比例系数 D 称为**扩散系数**(diffusion coefficient),其物理意义是在单位浓度梯度下、单位时间内通过单位截面积的粒子的量,单位为 m^2·s^{-1},它的大小可以衡量粒子在介质中扩散能力的强弱。斐克第一定律表明,浓度梯度是扩散的驱动力,当浓度梯度为零时,扩散停止。

设在 t 时间内粒子的扩散距离为 $\bar{x}$,则根据斐克第一定律可以导出爱因斯坦-布朗运动位移方程

$$\bar{x}^2 = 2Dt \tag{7-7}$$

将式(7-5)代入式(7-7)得

$$D = \frac{RT}{N_A} \cdot \frac{1}{6\pi\eta r} \tag{7-8}$$

该式表明,粒子的扩散系数随温度升高而增大,在温度不变的条件下,粒子半径越小、介质黏度越小,扩散系数就越大,粒子越容易扩散。粒子的布朗运动位移值可以通过实验测得,进而由式(7-7)求得溶胶粒子的扩散系数 D,再根据式(7-8)算出粒子的半径 r,或从式(7-5)直接求出半径 r。如果需要的话,还可以根据粒子的密度 ρ 求出胶团的摩尔质量 M,这是扩散的测定基本用途之一。

$$M = \frac{4}{3}\pi r^3 \rho N_A \tag{7-9}$$

实验测定表明,一般分子或离子的扩散系数 D 的数量级为 10^{-9} m^2·s^{-1},而溶胶粒子为 $10^{-13} \sim 10^{-11}$ m^2·s^{-1},相差 2~4 个数量级,这是因为溶胶粒子的半径比小分子大 2~4 个数量级,扩散作用比小分子弱,所以扩散速率比小分子慢得多。

斐克第一定律适用于浓度梯度不变的情况,此时的扩散称为稳态扩散。例如,某些控释制剂可以很好地维持浓度差恒定,可用斐克第一定律,但随着扩散进行,浓度梯度不断减小,成为非稳态扩散。处理非稳态扩散需用斐克第二定律。

由于溶胶粒子比小分子大,且溶胶不稳定,制得的溶胶浓度一般较小,所以溶胶的扩散和渗透现象都不是很明显。溶胶的渗透压可以利用范特霍夫(van't Hoff)渗透压公式计算,渗透的有关内容可参阅"稀溶液的依数性"。

例 7-1 Au 溶胶浓度为 2 g·dm^{-3},介质黏度为 0.001 Pa·s。已知胶粒半径为 1.3 nm,Au 的密度为 1.93×10^4 kg·m^{-3}。计算 Au 溶胶在 298.15 K 时:(1)扩散系数;(2)布朗运动移动 0.5 mm 的时间;(3)渗透压。

解:(1)扩散系数按式(7-8)计算:

$$D = \frac{RT}{N_A} \cdot \frac{1}{6\pi\eta r} = \frac{8.314 \times 298.15}{6.022 \times 10^{23} \times 6\pi \times 0.001 \times 1.3 \times 10^{-9}} = 1.679 \times 10^{-10} (\text{m}^2 \cdot \text{s}^{-1})$$

(2)由式(7-7),得

$$t = \frac{\bar{x}^2}{2D} = \frac{(0.5 \times 10^{-3})^2}{2 \times 1.679 \times 10^{-10}} = 744(\text{s})$$

(3)将浓度 2 g·dm^{-3} 转换为物质的量浓度:

$$c = \frac{2}{\frac{4}{3}\pi \times (1.3 \times 10^{-9})^3 \times 1.93 \times 10^4 \times 6.022 \times 10^{23}} = 0.0187(\text{mol} \cdot \text{m}^{-3})$$

由渗透压公式,渗透压 $\Pi = cRT = 0.0187 \times 8.314 \times 298.15 = 46.35(\text{Pa})$
计算表明,溶胶粒子的浓度不大,其渗透压很小。

三、沉降与沉降平衡

分散体系中粒子在外力场作用下的定向移动称为**沉降**(sedimentation)。沉降与扩散是相

互"对抗"的运动,沉降使粒子聚集,扩散使粒子分散。两者共同作用会有三种结果:当粒子较小,或外力场较弱时,主要表现为扩散;当粒子较大,或外力场较强时,主要表现为沉降;两种作用力相当时,构成沉降平衡。

(一)重力沉降

重力场是不太强的力场,只有粗分散系统才有明显的沉降,例如江河中的泥沙粒子就有明显沉降,此时扩散可以忽略。沉降过程中粒子受到两种力的共同作用,即沉降力 $F_{沉}$ 和阻力 $F_{阻}$。沉降力是粒子重力 $F_{重}$ 和它在介质中的浮力 $F_{浮}$ 之差,设粒子是半径为 r 的球形粒子,密度为 ρ,介质密度为 ρ_0:

$$F_{沉} = F_{重} - F_{浮} = \frac{4}{3}\pi r^3 (\rho - \rho_0) g$$

式中,g 为重力加速度。粒子在介质中只要移动,就会有阻力,移动速度 v 越快,介质黏度 η 越大,受到的阻力越大,根据斯托克斯定律(Stokes' law),对于球形粒子:

$$F_{阻} = 6\pi\eta r v$$

当 $F_{沉} = F_{阻}$ 时,粒子匀速沉降,因此**重力沉降**(gravitational sedimentation)的速度为

$$v = \frac{2r^2(\rho - \rho_0)g}{9\eta} \tag{7-10}$$

沉降速度可用沉降天平测定。从重力沉降速度式(7-10)可知:① $v \propto r^2$,即沉降速度与粒子半径的平方成正比关系,粒子的粒径越大,沉降速度越快,用沉降分析法来测定粗分散系的粒度分布即以此为依据。② $v \propto (\rho - \rho_0)$,密度差越大,沉降速度越快,可以选择不同的介质来调节密度差,适当控制沉降速度。③ $v \propto \frac{1}{\eta}$,在粒子的性质和粒径已知的情况下,粒子的沉降速度与介质的黏度成反比,可以通过测定其在未知介质中的沉降速度求得该介质的黏度,这就是落球式黏度计的工作原理。由于斯托克斯定律适用条件的限制,式(7-10)只适用于粒径小于 $100~\mu m$ 的粗分散系,而对于粒径小于 $100~nm$ 的分散系统,必须考虑扩散的影响。

(二)重力沉降平衡

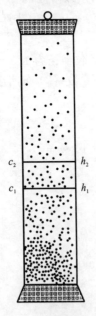

图 7-7　沉降平衡

在重力场中,对于粒径小于 $100~nm$ 的溶胶粒子,沉降作用已大大减弱,此时必须考虑扩散作用。沉降作用使体系下层粒子的浓度较大,它所产生的浓度梯度成为扩散作用的驱动力,阻止沉降进一步发生。当沉降力与扩散力相等时,粒子的分布达到平衡,形成一定的浓度梯度,这种状态称为**沉降平衡**(sedimentation equilibrium)。根据沉降力与扩散力的平衡可以推导出沉降平衡时粒子的分布规律。如图 7-7 所示,在容器高度 h_1、h_2 处粒子的浓度分别为 c_1、c_2,根据范特霍夫公式,产生的渗透压差为 $\mathrm{d}\Pi = RT\mathrm{d}c$。扩散力和渗透力大小相等,方向相反。设容器的截面积为 $1~m^2$,扩散力 $= 1 \times \mathrm{d}\Pi = RT\mathrm{d}c$,在 $\mathrm{d}h$ 区域中含有的粒子数为 $1 \times \mathrm{d}h \times cN_A$。因此,每个粒子的扩散力

$$F_{扩} = -\frac{RT}{cN_A} \cdot \frac{\mathrm{d}c}{\mathrm{d}h}$$

式中负号表示浓度随高度增大而降低。当 $F_{扩} = F_{沉}$ 时,

$$-\frac{RT}{cN_A} \cdot \frac{\mathrm{d}c}{\mathrm{d}h} = \frac{4}{3}\pi r^3 (\rho - \rho_0)g$$

$$RT \cdot \frac{\mathrm{d}c}{c} = -\frac{4}{3}\pi r^3 (\rho - \rho_0)gN_A\mathrm{d}h$$

分别对浓度和高度进行定积分:

$$RT\ln\frac{c_2}{c_1}=-\frac{4}{3}\pi r^3(\rho-\rho_0)gN_A(h_2-h_1) \tag{7-11}$$

这就是粒子在重力场中的高度分布公式,与气体随高度分布的公式完全相同。式(7-11)表明:①溶胶粒子沿容器高度的分布是不均匀的,容器底部的浓度最大,随高度 h_2 增大,浓度 c_2 呈指数逐渐减小。②粒子质量越大,即 r 越大或 ρ 越大,其平衡浓度随高度下降越多。粒径越大,分布高度越低,例如,对于粒径为同一数量级的 Au 溶胶(186 nm)和藤黄悬浮体(230 nm),分布高度相差可达 150 倍,根据式(7-11)可知,这是由于两者密度相差较大所致。此外,利用式(7-11)还可从平衡分布求粒径,再求胶粒的摩尔质量,或用来验证阿伏加德罗常数 N_A。

例 7-2 试计算 293.15 K 时,粒子半径分别为 $r_1=1.0\times10^{-4}$ m、$r_2=1.0\times10^{-7}$ m、$r_3=1.0\times10^{-9}$ m 的某粒子下降 0.1 m 所需的时间和粒子浓度降低一半的高度。已知分散介质的密度 $\rho_0=1.0\times10^3$ kg·m^{-3},粒子的密度 $\rho=2.0\times10^3$ kg·m^{-3},溶液的黏度 $\eta=0.001$ Pa·s。

解:将 $r_1=1.0\times10^{-4}$ m 代入式(7-10)中,得

$$\frac{0.1}{t}=\frac{2r^2(\rho-\rho_0)g}{9\eta}=\frac{2\times(1.0\times10^{-4})^2\times(2.0-1.0)\times10^3\times9.8}{9\times0.001}$$

解得 $t=4.59$(s)

$$RT\ln\frac{c_2}{c_1}=-\frac{4}{3}\pi r^3(\rho-\rho_0)gN_A(h_2-h_1)$$,代入数据,得

$$8.314\times293.15\times\ln\frac{1}{2}=-\frac{4}{3}\pi(1.0\times10^{-4})^3\times(2.0-1.0)\times10^3$$
$$\times9.8\times6.022\times10^{23}\times(h-0)$$

解得 $h=6.83\times10^{-14}$(m)

同理可求得 $r_2=1.0\times10^{-7}$ m、$r_3=1.0\times10^{-9}$ m 时的结果,见下表。

r/m	沉降 0.1 m 的时间	浓度降低一半的高度/m
1.0×10^{-4}	4.59 s	6.83×10^{-14}
1.0×10^{-7}	4.59×10^6 s(53.1 天)	6.83×10^{-5}
1.0×10^{-9}	4.59×10^{10} s(1455 年)	68.3

计算表明,对于粗分散系统的粒子,沉降作用较强,扩散作用较弱可以忽略,因此粗分散系统是动力学不稳定系统。对于溶胶系统,粒子的扩散作用可以抗衡沉降作用,形成一定的平衡分布,当粒径很小时,沉降几乎完全消失,系统是均匀分散的。事实上,由于温度变化引起的对流、机械振荡引起的混合等因素干扰,沉降不易发生,许多溶胶可以维持几年都不会沉降,因此高分散的溶胶具有动力学稳定性。

(三)离心力场中的沉降和沉降平衡

综上所述,胶体分散系统由于分散相的粒子很小,在重力场中的沉降速度极为缓慢,以致实际上无法测定其沉降速度。1923 年斯威德伯格发明了超离心机,把离心力提高到地心引力的 5000 倍。现在的高速离心机可达到 10^6g 的离心力场,这样就大大扩大了所能测定的范围,在测定溶胶胶团的摩尔质量或大分子物质的摩尔质量方面得到重要的应用。离心机更多地应用于生物大分子的研究,也是分离提纯各种细胞器不可缺少的重要工具。离心力场中的沉降速度处理方法与重力场相似,只是用离心力替换重力。

NOTE

第五节 溶胶的电学性质

溶胶粒子表面带电是溶胶系统最重要的性质,它不仅直接影响粒子的外层结构,影响溶胶的动力学性质、光学性质、流变性质等,而且是溶胶得以稳定的最主要原因。粒子表面带电的外在表现就是电动现象。本节将讨论粒子表面电荷的来源、双电层理论、胶团结构及电学性质的应用。

一、电动现象

电动现象是指溶胶粒子因带电所表现出来的一些行为,有以下四种情况。

1. 电泳

将两支充满水的玻璃管插入潮湿的泥土里,并通电。发现泥土粒子朝着正极方向运动,见图 7-8,因此可以判定泥土粒子带有负电荷。这种在电场作用下带电粒子做定向移动的现象称为**电泳**(electrophoresis)。不仅泥土,其他悬浮粒子也有类似现象,如淀粉、Au、As_2S_3 等粒子在电场中向正极移动,$Fe(OH)_3$、$Al(OH)_3$ 等粒子向负极移动。利用电泳现象可以判定溶胶粒子的电性。

2. 电渗

在上述电泳实验中,若设法将泥土固定,如用半透膜将玻璃管下部封住,见图 7-9,通电以后可观测到液体介质(水溶液)向负极移动,说明介质一方带有正电荷。这种在电场作用下,液体介质做定向移动的现象称为**电渗**(electroosmosis)。不仅泥土,如若用毛细管或多孔塞做实验,也能看到液体介质移动的电渗现象。使用不同材料的多孔塞,介质移动的方向不同:若用滤纸、玻璃、棉花等作为材料,介质向负极移动;若用 Al_2O_3、$BaCO_3$ 等物质作为材料,介质向正极移动。

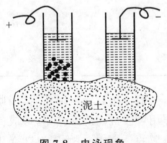

图 7-8 电泳现象

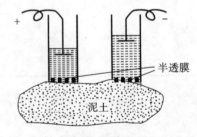

图 7-9 电渗现象

3. 流动电势

对液体介质施加压力,迫使其流经毛细管或多孔塞时,在多孔塞两侧产生的电势差,称为**流动电势**(streaming potential),流动电势是电渗的逆过程。在生产实际中要考虑到流动电势的存在,例如,当用油箱或输油管道运送液体燃料时,燃料沿管壁流动会产生很大的流动电势,这可能导致火灾或爆炸的发生。为此常采用油箱或输油管道接地来消除流动电势,人们熟悉的运油车接地铁链就是为此目的的设置的。加入少量合适的油溶性离子型表面活性剂可以增加非极性燃料的电导率,因而也可以达到此目的。

4. 沉降电势

带电粒子在沉降(如重力沉降)时,在沉降方向的两端产生的电势称为**沉降电势**(sedimentation potential),沉降是电泳的逆过程。在生产实际中也要考虑到沉降电势的存在,储油罐中的油往往含有小水滴,水滴的沉降会产生很高的沉降电势,给安全带来隐患,通常加入一些有机电解质,增加其导电性能从而加以防范。天空中雷电现象也与沉降电势有关。

溶胶的电泳、电渗、流动电势和沉降电势统称为电动现象,它们都证明溶胶粒子是带电的,带电粒子在电场中会发生定向运动,或定向运动时产生电场。在这四种电动现象中,电泳和电渗尤为重要,通过电泳和电渗的研究,可以进一步了解胶粒的结构以及外加电解质对溶胶稳定性的影响。电泳手段在科学研究和生产实践中有着广泛的应用。

二、胶粒的带电原因

电动现象证明了溶胶粒子是带电的,带电的主要原因有以下几种。

1. 吸附

溶胶粒子通过吸附介质中的离子而带电,大多数溶胶带电属于这种情况。吸附分为选择性吸附和非选择性吸附。对于选择性吸附,与溶胶粒子中某一组成相同的离子被优先吸附,这一规则称为法金斯(Fajans)规则,利用这一规则可以判断胶粒的带电性。例如,用 $AgNO_3$ 和微过量 KCl 制备 AgCl 溶胶时,胶粒表面会优先吸附介质中的 Cl^- 而使胶粒带负电荷。

如果介质中没有与溶胶粒子组成相同的离子,吸附是非选择性的。非选择性吸附与离子的水化能力有关,水化能力弱的离子易被吸附,水化能力强的离子易留在溶液中。通常阳离子的水化能力比阴离子强,因此通过非选择性吸附带电的溶胶往往带负电,这也是为什么带负电的溶胶较多的原因。

2. 电离

如果溶胶粒子本身含有可电离基团,当溶胶粒子与液体介质接触时,溶胶粒子的表面分子发生电离而带电。例如,硅胶粒子表面的 SiO_2 分子,水化后形成 H_2SiO_3,在酸性条件下带正电,在碱性条件下带负电。

$$H_2SiO_3 + H^+ \longrightarrow HSiO_2^+ + H_2O \quad (酸性条件带正电)$$

$$H_2SiO_3 + OH^- \longrightarrow HSiO_3^- + H_2O \quad (碱性条件带负电)$$

大分子电解质蛋白质也是通过电离带电,且电离过程与 pH 值有关。

3. 同晶置换

同晶置换是黏土粒子带电的原因之一。黏土矿物中如高岭土,主要由铝氧四面体和硅氧四面体组成,而 Al^{3+} 与周围 4 个氧的电荷不平衡,要由 H^+ 或 Na^+ 等正离子来平衡电荷。这些正离子在介质中会电离并扩散,所以就使黏土微粒带负电。如果再有晶格中的 Al^{3+}(或 Si^{4+})被低价 Mg^{2+} 或 Ca^{2+} 同晶置换,则黏土微粒带的负电荷会更多。

4. 摩擦带电

在非水介质中,溶胶粒子的电荷来源于它与介质分子的摩擦。一般来说,两种非导体构成的分散系统,介电常数较大的一相带正电,另一相带负电,这就是柯恩(Cohen)规则。例如,玻璃($\varepsilon=15$)在水($\varepsilon=81$)中带负电,而在苯($\varepsilon=2$)中带正电。

三、双电层理论和电动电势

溶胶粒子通过吸附或电离作用,粒子和介质分别带有相反的电荷,从而在界面上形成**双电层**(electric double layer)的结构。对于双电层结构的认识,人们先后提出了几种不同的模型,用于解释溶胶的电学行为,以下简要介绍双电层结构的三个模型和电动电势的概念及计算。

(一)亥姆霍兹平板双电层模型

1879 年亥姆霍兹(Helmholtz)首先提出平板双电层模型,见图 7-10。他认为粒子表面带有电荷,与表面相接触的邻近介质中带有相反电荷,即**反离子**(counter ions),由于静电吸引,两者分别平行而整齐地排列在相界面上,形成具有简单平板电容器那样的双电层结构,两层之

NOTE

间的距离 δ 约一个离子的大小。粒子表面与本体溶液之间的电势差称为表面电势 φ_0，即热力学电势，在双电层内电势从 φ_0 直线下降至零。平板双电层模型在理论上可以解释在电场作用下，粒子或介质定向移动的电动现象，但实际上由于表面溶剂化后两层之间的厚度已大于 δ，双电层整体是电中性的，不会有电动行为。此外，该模型无法解释电解质对溶胶电性的影响。

（二）古埃-查普曼扩散双电层模型

为了克服亥姆霍兹平板双电层模型的不足，古依（Gouy）和查普曼（Chapman）分别提出了扩散双电层模型。该模型认为，反离子在介质中的分布一方面受到粒子表面电荷的静电吸引靠近粒子，另一方面还取决于热运动使反离子向外扩散远离粒子，两种相反作用平衡时，形成反离子内多外少的扩散状分布，见图7-11。反离子的排布分为两个部分：一部分紧密地排列在粒子表面，为1~2个离子的厚度，称为吸附层（紧密层）；另一部分反离子从紧密层一直排布至本体溶液中，称为扩散层。扩散层中离子的分布符合 Boltzmann 分布，用电势表示，$\varphi = \varphi_0 \mathrm{e}^{-kx}$，即反离子的数量随距离 x 呈指数下降。此外，当溶胶粒子移动时，紧密层的反离子跟随粒子一起移动，扩散层的反离子滞留在原处，两者之间存在一个分界面，称为滑动面（或切动面），滑动面处的电势称为**电动电势**（electrokinetic potential）或 **ζ 电势**（zeta potential）。理解电动电势很重要，溶胶粒子在静态时，不显示滑动面，只有在它运动时，才出现粒子与介质之间的电学界面，因此体现粒子有效电荷的是电动电势，而不是表面电势，电动电势的大小是衡量溶胶稳定性的主要因素。

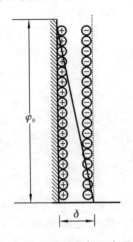

图 7-10 亥姆霍兹平板双电层模型

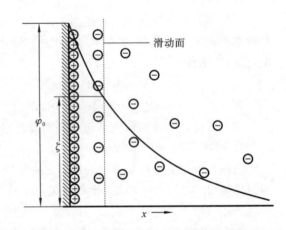

图 7-11 古依-查普曼扩散双电层模型

扩散双电层模型的优点：①提出了与实际相符的反离子扩散状分布；②区分了表面电势 φ_0 和电动电势。表面电势往往是个定值，与介质中的电解质浓度无关；电动电势对电解质十分敏感，随电解质浓度增加或电解质价型增加而减小。古依-查普曼扩散双电层模型的不足之处在于，未能给出电动电势更为明确的物理意义，有些实验事实还不能给予解释，例如电动电势有时会随着电解质浓度增加反而增大，甚至超过表面电势或出现与表面电势符号相反的现象。

（三）斯特恩吸附扩散双电层模型

1924年，斯特恩（Stern）在综合了亥姆霍兹平板双电层模型与古依-查普曼扩散双电层模型的基础上，提出了吸附扩散双电层模型。该模型认为，整个双电层也分为吸附层（紧密层）和扩散层两部分，见图7-12。紧密层由吸附在粒子表面的**定位离子**（potential determing ions）或称特性离子和反离子构成。定位离子相当于朗格茂（Langmuir）单分子吸附层，它决定粒子表面电荷符号和表面电势 φ_0 的大小。反离子靠静电引力紧密地排列在定位离子附近，有1~2

NOTE

个分子层厚度,这些反离子的中心位置称为斯特恩平面,此处电势为 φ_δ。从斯特恩平面到粒子表面之间的区域称为斯特恩层,在此区域内电势由 φ_0 直线下降至 φ_δ,如同亥姆霍兹平板双电层。由于离子的溶剂化作用,紧密层结合了一定数量的溶剂分子,它们将与粒子成为一个整体一起移动,因此滑动面内包含了这些溶剂分子,滑动面的位置略在斯特恩层外侧。扩散层中的反离子排布随距离呈指数关系下降,符合 Boltzmann 分布。

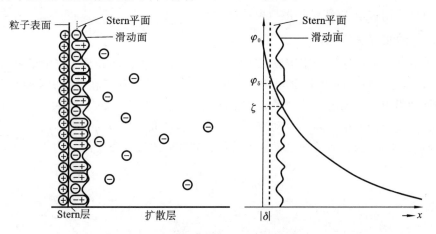

图 7-12　斯特恩吸附扩散双电层模型

　　通过对斯特恩吸附扩散双电层模型的分析发现,该模型能较好地解释溶胶的电动现象。

　　(1) 赋予了 ζ 电势较明确的物理意义。从粒子表面到本体溶液存在着三种电势,即表面电势 φ_0、斯特恩电势 φ_δ 和 ζ 电势。ζ 电势是滑动面至本体溶液的电势差。由图 7-12 可知,ζ 电势只是 φ_δ 电势的一部分。对于足够稀的溶液,由于扩散层分布范围较宽,电势随距离的增加变化缓慢,因此可以近似地把 ζ 电势与 φ_δ 电势视为等同。但是,如果溶液浓度很高,这时扩散层分布范围变小,电势随距离的变化很显著,ζ 电势与 φ_δ 电势的差别明显,则不能再把它们等同看待。

　　(2) 解释了电解质对双电层电势的影响。随着电解质的加入,斯特恩层与扩散层中的离子重新移动以达平衡,有一部分反离子进入斯特恩层,从而使 φ_δ 与 ζ 电势发生变化,见图 7-13(a)。如果溶液中反离子浓度不断增加,则 ζ 电势相应下降,扩散层厚度也相应被"压缩"变薄。当电解质增加至某一浓度时,ζ 电势可降为零,这种情况称为等电点。这时观察不到电泳现象,溶胶的稳定性最差。

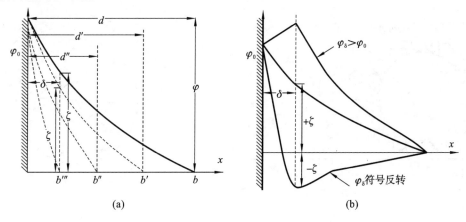

图 7-13　外加电解质对双电层电势的影响

　　(3) 说明了高价反离子或同号大离子对双电层的影响。如图 7-13(b)所示,某些高价反离子或大的反离子由于吸附能力强而大量进入吸附层,牢牢地黏附在固体表面,可以使斯特恩层

243

结构发生明显改变,甚至导致斯特恩电势 φ_δ 与 ζ 电势反号;同样,某些同号大离子也会因其强烈的范德华(van der Waals)力而进入吸附层,使 φ_δ 增大,导致斯特恩电势 φ_δ 高于表面电势 φ_0。

综上所述,有关双电层的几种模型都是在不断修正过程中逐步完善的。斯特恩吸附扩散双电层模型虽然比其他两种模型能更好地解释更多的事实,但是由于定量计算上的困难,一般理论处理时仍采用古依-查普曼扩散双电层模型。

(四)电动电势的计算

溶胶的电动电势可通过测定溶胶粒子的电泳速度来计算。溶胶粒子在电场中的运动速度与电荷量有关,也和粒子的大小、形状等本身的结构有关,溶胶粒子在电场中受到两种作用力:电场力和泳动阻力。电场力与胶粒电势 $\zeta(V)$ 和电场强度 $E(V \cdot m^{-1})$ 有关,泳动阻力根据斯托克斯定律与胶粒的大小、形状、泳动速度 $v(m \cdot s^{-1})$ 和介质黏度 $\eta(Pa \cdot s)$ 有关,当电场力与阻力平衡时,粒子匀速泳动,按静电学知识可得到 ζ 电势的计算公式:

$$\zeta = \frac{K\eta v}{4\varepsilon_0 \varepsilon E} \tag{7-12}$$

或

$$\zeta = 9 \times 10^9 \times \frac{K\pi\eta v}{\varepsilon E} \tag{7-13}$$

式中:ε_0(真空中的介电常数)$=8.85 \times 10^{-12}\ C^2 \cdot N^{-1} \cdot m^{-2}$;$\varepsilon$ 为相对介电常数,水的相对介电常数 $\varepsilon = 81$。K 为形状参数:球状粒子,$K = 6$;棒状粒子,$K = 4$。实验测定表明,大多数溶胶的电动电势在 $30 \sim 60\ mV$ 之间。

四、胶团的结构

溶胶的电动现象证明了粒子的带电性质,双电层理论可以帮助了解粒子表面的电学结构。见图 7-14,溶胶结构可以分为三层,结构中心称为**胶核**(colloidal nucleus),它由许多原子或分子(数千个)聚集而成,仍保持其原有的晶体结构。胶核周围是吸附在核表面的定位离子、部分反离子及溶剂分子组成的吸附层,吸附层以溶胶的滑动面为界(包含 Stern 层),此处的电势(电动电势)对溶胶稳定性起着重要作用。胶核和吸附层组成**胶粒**(colloid particle)。吸附层以外的剩余反离子为扩散层,扩散层外缘的电势为零。胶核、吸附层和扩散层总称为**胶团**(micelle),整个胶团是电中性的。

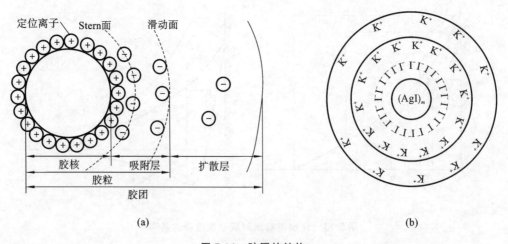

图 7-14 胶团的结构

 NOTE

胶团的结构可用胶团结构式表示,当定位离子和反离子都为一价时,胶团结构式可表示为

$$[(胶核)_m \cdot n\,定位离子 \cdot (n-x)\,内层反离子]^{x\pm} \cdot x\,外层反离子$$

式中:m 为构成胶核的原子数或分子数;n 为定位离子的数目;x 为外层反离子的数目。胶粒的电性由定位离子电性决定,定位离子为正离子时,胶粒带正电;定位离子为负离子时,胶粒带负电。

一些常见胶团的结构式列举如下:

$Fe(OH)_3$ 溶胶胶团结构式:$\{[Fe(OH)_3]_m \cdot nFeO^+ \cdot (n-x)Cl^-\}^{x+} \cdot xCl^-$(带正电)

$$制备:FeCl_3 + 3H_2O \longrightarrow Fe(OH)_3(溶胶) + 3HCl$$

$$Fe(OH)_3(部分) + HCl \longrightarrow FeOCl + 2H_2O$$

Au 溶胶胶团结构式:$[(Au)_m \cdot nAuO_2^- \cdot (n-x)Na^+]^{x-} \cdot xNa^+$(带负电)

$$制备:HAuCl_4 + 5NaOH \longrightarrow NaAuO_2 + 4NaCl + 3H_2O$$

$$2NaAuO_2 + 3HCHO + NaOH \longrightarrow 2Au(溶胶) + 3HCOONa + 2H_2O$$

AgI 溶胶胶团结构式:$[(AgI)_m \cdot nI^- \cdot (n-x)K^+]^{x-} \cdot xK^+$(KI 微过量,带负电)

$$[(AgI)_m \cdot nAg^+ \cdot (n-x)NO_3^-]^{x+} \cdot xNO_3^-\ (AgNO_3\ 微过量,带正电)$$

As_3S_2 溶胶胶团结构式:$[(As_3S_2)_m \cdot nHS^- \cdot (n-x)H^+]^{x-} \cdot xH^+$(带负电)

$Al(OH)_3$ 溶胶胶团结构式:$\{[Al(OH)_3]_m \cdot nAl^{3+} \cdot 3(n-x)Cl^-\}^{3x+} \cdot 3xCl^-$(带正电)

第六节 溶胶的稳定性与聚沉

溶胶是热力学不稳定体系,但在一定条件下能相对稳定存在很长时间,改变条件可以使溶胶聚沉。本节将讨论溶胶稳定性原因和聚沉作用的条件,这对溶胶的实际应用有重要意义。

一、溶胶的稳定性

溶胶是高度分散的多相系统,具有相当大的表面积和表面能,有自发聚结降低表面能的倾向,因此,溶胶是易聚结的不稳定系统,即热力学不稳定系统。然而许多溶胶能长期稳定存在,甚至存在长达数十年之久。

1. 动力学稳定性

溶胶粒子的布朗运动所产生的扩散作用,会阻碍粒子的聚集和下沉,因此溶胶具有动力学稳定性。影响溶胶动力学稳定性的主要因素是自身的分散度,溶胶粒子的半径 r 越小,分散度越大,扩散系数越大,扩散能力越强,越有利于溶胶的稳定。外在因素是介质的黏度,介质黏度越大,胶粒越难聚沉,溶胶的动力学稳定性越大。

2. 胶粒带电的稳定作用

由胶团结构可知,在胶粒周围存在着反离子的扩散层,使每个胶粒周围形成离子氛。当胶粒相互靠近至一定程度时,扩散层相互重叠,产生的静电斥力阻止粒子间的聚集,保持溶胶的稳定性。因此,胶粒具有足够大的 ζ 电势是溶胶稳定的主要原因。

3. 溶剂化的稳定作用

胶团中的离子都是溶剂化的,若溶剂为水,胶粒周围可以形成水化膜,水化膜具有一定的弹性。当胶粒相互靠近时,水化膜被挤压变形,水化膜的弹性成为胶粒接近时的机械阻力。另外,因溶剂化的水比"自由水"具有更大的黏度,也增加了胶粒接近时的机械障碍。总之,胶粒外的这部分水化膜起到了排斥作用,所以也常称为"水化膜斥力"。胶粒外水化膜的厚度与扩散双电层的厚度相当,为 $1\sim10$ nm。

综上所述,溶胶的扩散力、静电斥力及水化膜斥力是溶胶稳定存在的原因,其中扩散力取决于溶胶粒子的分散度;静电斥力和水化膜斥力取决于滑动面的电荷密度。

二、溶胶的聚沉及影响因素

虽然溶胶具有动力学稳定性,但它毕竟是热力学不稳定系统,只要改变溶胶动力学稳定的条件,就会引起胶粒间相互聚集,分散度降低,分散相粒子变大,最终从介质中沉淀下来。溶胶的这种聚结沉降现象称为**聚沉**(coagulation)。引起溶胶聚沉的因素是多方面的,例如光、电、热、机械扰动等作用,不同溶胶的相互作用,小分子电解质的作用,大分子化合物的作用等。下面分别讨论电解质、大分子化合物对溶胶稳定性的影响及溶胶与溶胶之间相互作用对溶胶稳定性的影响。

(一) 电解质对溶胶稳定性的影响

适量的电解质是溶胶稳定的必要条件,它是溶胶带电、形成足够大电势的物质基础,所以在溶胶制备过程中不可过度净化。然而多余的电解质又是引起溶胶不稳定的主要原因,它可以压缩胶粒周围的扩散层,减小双电层厚度,使水化膜弹性变弱,ζ 电势降低,因而稳定性变差。当扩散层中反离子全部被压入吸附层时,ζ 电势降为零,这时胶粒呈电中性,稳定性最差。

溶胶对电解质非常敏感,通常用**聚沉值**(coagulation value)衡量不同电解质对溶胶的聚沉能力,聚沉值是使一定量溶胶在一定时间内完全聚沉所需电解质的最低浓度,又称临界聚沉浓度。表 7-3 列出了不同电解质对某些溶胶的聚沉值。聚沉率是聚沉值的倒数,电解质的聚沉值越小,聚沉率越大,表明其聚沉能力越大。

表 7-3　不同电解质的聚沉值　　　　　　　　　　单位:$mol \cdot m^{-3}$

As₃S₂(负溶胶)		AgI(负溶胶)		Al₂O₃(正溶胶)	
电解质	聚沉值	电解质	聚沉值	电解质	聚沉值
$LiCl$	58	$LiNO_3$	165	$NaCl$	43.5
$NaCl$	51	$NaNO_3$	140	KCl	46
KCl	49.5	KNO_3	136	KNO_3	60
KNO_3	50	$RbNO_3$	126	K_2SO_4	0.30
KAc	110	$AgNO_3$	0.01	$K_2Cr_2O_7$	0.63
$CaCl_2$	0.65	$Ca(NO_3)_2$	2.4	$K_2C_2O_4$	0.69
$MgCl_2$	0.72	$Mg(NO_3)_2$	2.6	$K_3[Fe(CN)_6]$	0.08
$MgSO_4$	0.81	$Pb(NO_3)_2$	2.43		
$AlCl_3$	0.093	$Al(NO_3)_3$	0.067		
$Al(NO_3)_3$	0.095	$La(NO_3)_3$	0.069		
$\frac{1}{2}Al_2(SO_4)_3$	0.096	$Ce(NO_3)_3$	0.069		

根据大量实验结果,可以归纳出以下规律。

(1) 聚沉能力主要取决于与溶胶电性相反的离子的价数。反离子的价数与聚沉值的关系为

$$1\text{价聚沉值}:2\text{价聚沉值}:3\text{价聚沉值} = \left(\frac{1}{1}\right)^6:\left(\frac{1}{2}\right)^6:\left(\frac{1}{3}\right)^6 = 100:1.6:0.14$$

聚沉值与反离子价数的六次方成反比,这一结论称为舒尔茨-哈代(Schulze-Hardy)规则,即反离子的价数越高,其聚沉值越小,聚沉能力越大。如表 7-3 中,对于 As_2S_3(负溶胶),$NaCl$、$CaCl_2$、$AlCl_3$ 的聚沉值分别为 51 $mol \cdot m^{-3}$、0.65 $mol \cdot m^{-3}$、0.093 $mol \cdot m^{-3}$。由于反

离子的价数对聚沉影响大,因此在判断电解质聚沉能力时,一般情况下,反离子价数是主要考虑的因素。

(2)价数相同的反离子聚沉能力有所不同。例如,不同的一价阳离子所生成的硝酸盐对负溶胶的聚沉能力由大到小的顺序为

$$H^+ > Cs^+ > Rb^+ > NH_4^+ > K^+ > Na^+ > Li^+$$

而不同的一价阴离子所形成的钾盐,对正溶胶的聚沉能力由大到小的顺序为

$$OH^- > F^- > Cl^- > Br^- > NO_3^- > I^-$$

同价离子聚沉能力的这一顺序称为**感胶离子序**(lyotropic series)。它与离子的水化半径从小到大的顺序大致相同,这可能是因为水化半径越小,越容易靠近胶粒起作用。

(3)有机化合物的反离子具有很强的聚沉能力。这可能与其具有很强的吸附能力有关。例如,对于 As_2S_3(负溶胶)的聚沉值,KCl 为 49.5 mol·m^{-3},而氯化苯胺只有2.5 mol·m^{-3}。

(4)同号离子的稳定作用。电解质的聚沉作用是正、负离子作用的总和,当电解质中反离子相同时,应考虑与胶粒具有相同电荷的离子(也称同号离子)的影响,这可能与这些同号离子的吸附作用有关。同号离子进入吸附层,有利于增加 ζ 电势,从而增加溶胶的稳定性。通常同号离子价数越高,则该电解质的聚沉能力越低。有机化合物的同号离子对溶胶的稳定作用更强,如表 7-3 所示,对于 As_2S_3(负溶胶)的聚沉值,KNO$_3$ 为 50 mol·m^{-3},而 KAc 则为 110 mol·m^{-3},这是因其有较强的吸附作用。因此,只有在同号离子吸附作用极弱的情况下,才能近似地认为溶胶的聚沉作用是反离子单独作用的结果。

(5)能与溶胶粒子生成沉淀的电解质,聚沉能力特别强。例如,对于 AgI 溶胶,能与 Ag$^+$ 生成沉淀的电解质的聚沉能力强于其他电解质。

(6)不规则聚沉。在不断增加电解质浓度的过程中,溶胶发生聚沉、分散、再聚沉的现象称为**不规则聚沉**(irregular coagulation)。加入电解质使溶胶聚沉后,胶粒可吸附过多高价反离子,胶粒改变原来的电性,形成电性相反的新双电层结构,又重新分散形成溶胶。

(二)溶胶的相互聚沉作用

若将带相反电荷的两种溶胶相互混合,则会发生聚沉。相互聚沉的程度与两者的相对量有关。当两种溶胶粒子所带电荷全部中和时才能完全聚沉,否则可能不完全聚沉,甚至不聚沉。相互聚沉作用在水的净化方面得到广泛应用,污水中的悬浮物通常带负电,加入明矾后其水解产物 Al(OH)$_3$ 正溶胶使悬浮物发生聚沉,达到净化的目的。

(三)大分子化合物的作用

有些大分子化合物容易被溶胶粒子表面所吸附,从而对溶胶的稳定性产生影响,根据加入的大分子化合物是否足量,产生的结果会有很大不同。

1. 大分子化合物的保护作用

若在溶胶中加入足够量的明胶、蛋白质、阿拉伯胶等大分子化合物,可以增加溶胶的稳定性,称为大分子化合物对溶胶的保护作用。保护作用的机制较复杂,一般认为,溶胶吸附大分子化合物后,扩大了溶胶的双电层排斥范围或者形成亲液外壳,从而增加了溶胶的稳定性。如图 7-15(a)所示,多个大分子吸附在同一个溶胶粒子的表面,包围了整个胶粒,形成水化外壳,提高了胶粒对介质的亲和力,溶胶由憎液变成相对亲液,降低了粒子的表面能,使得溶胶不易聚沉,对溶胶起保护作用。具有保护作用的大分子化合物在自身结构上应具有两种基团,与胶粒有较强亲和力的吸附基团和与介质有良好亲和力的稳定基团,而且两者的比例要适当。

通过大分子化合物的保护作用,可以制得浓度较高的溶胶,例如用白明胶保护的 Au 溶胶

NOTE

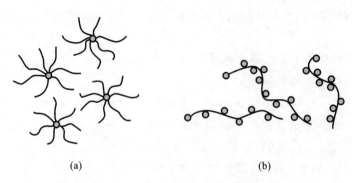

(a)　　　　　　　　　　　　(b)

图 7-15　大分子化合物的保护作用和絮凝作用

浓度可以达到很高也不聚沉,而且烘干后仍然可以重新分散到介质中。大分子化合物对溶胶的保护作用在实际工作中有很多应用,例如墨汁用动物胶保护,造影所用的 $BaSO_4$ 用阿拉伯胶保护,杀菌剂蛋白银(银溶胶)用蛋白质保护,人体内磷酸钙等通过蛋白质的保护抑制尿结石形成等。

2. 大分子化合物的絮凝作用

在溶胶或悬浮体内加入少量的可溶性大分子化合物,可导致溶胶迅速沉淀,沉淀呈疏松的棉絮状,这类沉淀称为絮凝物(floccule),这种现象称为絮凝作用(flocculation)或敏化作用(sensitization)。能产生絮凝作用的大分子化合物称为絮凝剂(flocculating agent)。

絮凝作用的机制可从搭桥效应、脱水效应、电中和效应等方面解释。搭桥效应是絮凝的主要机制,即当大分子化合物数量较少时,无法将胶粒表面完全覆盖,一个长链大分子化合物同时吸附在多个分散的胶粒上,通过它的"搭桥",把多个胶粒连接起来,通过自身的链段旋转和运动,将固体粒子聚集在一起而产生沉淀,见图 7-15(b)。脱水效应是因大分子化合物对水有更强的亲和力,争夺胶粒水化层中的水分子,使胶粒失去水化膜而聚沉。电中和效应是带有异性电荷的离子型大分子化合物的吸附,中和了溶胶粒子的表面电荷,使粒子失去电性而聚沉。一个好的大分子絮凝剂,应该是相对分子质量很大的、具有良好吸附基团的、线状直链的聚合物,目前用得较多的絮凝剂为丙烯酸胺类及其衍生物,其相对分子质量达几百万。

絮凝作用与电解质引起的聚沉不同,电解质所引起的聚沉过程比较缓慢,所得到的沉淀颗粒紧密、体积小,这是由于电解质压缩了溶胶粒子的扩散双电层所引起的。絮凝作用比聚沉作用有更大的实用价值,絮凝作用迅速、彻底、沉淀疏松、过滤快,絮凝剂用量一般仅为无机聚沉剂的 1/200～1/30。絮凝作用对于颗粒较大的悬浮体尤为有效,这对于污水处理、钻井泥浆、选择性选矿以及化工生产流程的沉淀、过滤、洗涤等操作都有极其重要的作用。

(四)其他因素的作用

浓度、温度、外力场等因素也会影响溶胶的稳定性。高浓度的溶胶粒子容易相互碰撞而聚沉,所以要想制得高浓度溶胶,需要额外添加稳定剂(如高分子溶液)加以保护;升高温度可以破坏溶胶,实验室中常用加热法破坏溶胶;由于离心力场的作用,高速离心机可以加快溶胶的聚沉。

知识拓展 - ●

控制释放给药与靶向给药

人们研究的控制释放给药与靶向给药,大多是用高分子材料和药物制成的特殊胶体分散体系,可以使药物按预定的时间和程序释放,以维持有效血药浓度,减少给药次数,提高疗效。对该体系进行修饰可实现靶向给药,如靶向肿瘤部位,可减少给药剂量,同时降低药物对机体的毒副作用。以大分子物质为辅料,将药物溶解、吸附或包裹其中制成的纳米粒是一种新型的缓控释给药系统,其特点是载药量高、作用时间长,如天冬酰胺酶纳米粒在体内可持续释放活性酶长达 20 天;纳米粒作为多肽与蛋白质药物的载体,很容易被吸收,如口服胰岛素纳米囊,降血糖作用可维持 20 天;载药纳米粒可精确地靶向定位给药,减少不良反应。这给新药的开发提供了新途径。

三、溶胶稳定性理论

溶胶稳定性现代理论是 1937 年苏联学者捷亚金(Dertjaguin)和兰道(Landau)提出的,后来荷兰学者维韦(Verwey)和欧弗比克(Overbeek)也独立地得出了类似的结论,于是称为 DLVO 理论。它是目前对溶胶稳定性及电解质的聚沉作用解释得比较完善的理论。该理论从胶粒间的相互吸引力和相互排斥力出发,认为当粒子相互靠近时,这两种相反作用力的总结果决定了溶胶的稳定性。DLVO 理论中的定量计算很复杂,这里只简单地对 DLVO 理论的大意和定性结果做介绍。

(一)胶粒之间的作用力和势能曲线

胶粒之间同时存在两种对抗的作用力,即吸引力和排斥力。溶胶粒子间的吸引力在本质上和分子间的范德华力相同,只是此处为许多分子组成的粒子团之间的相互吸引,其吸引力是各个分子所贡献的总和。引力势能 V_a 与粒子之间的距离 H 成反比,粒子相互靠近时,势能降低。

$$V_a \propto -\frac{1}{H} \tag{7-14}$$

胶粒之间的排斥力源于胶粒表面双电层的结构。当粒子间距离较大,双电层未重叠时,排斥力不发生作用;而当粒子靠得很近使双电层达到部分重叠时,则在重叠部分中离子的浓度比正常分布时大,这些过剩的离子所产生的渗透压力将阻止粒子的进一步靠近,因而产生排斥作用。排斥作用形成的势能 V_r 与粒子的表面电势 φ_0、相互间距离 H 及其他因素有关,若不考虑其他因素,则

$$V_r \propto \varphi_0^2 e^{-\kappa H} \tag{7-15}$$

式中:κ 为双电层厚度的倒数。斥力势能随表面电势增大而呈平方增加,随距离增大而呈指数降低。

粒子之间总势能 V 为引力势能和斥力势能之和,即 $V=(V_a+V_r)$,总势能与距离 H 的关系如图 7-16 所示。当粒子之间的距离较大,双电层未重叠时,远程吸引力起主要作用,因此总势能为负值。当粒子相互靠近到一定距离使双电层重叠时,排斥力起主要作用,势能显著增加,但与此同时,吸引力也会随粒子之间距离的减小而增大。当距离减小到一定程度后,吸引力又起主要作用,势能又随之下降,整个势能曲线出现一个势能垒。

(二)DLVO 理论对溶胶稳定性的解释

1. 溶胶稳定性原因

由图 7-16 可以看出粒子要相互聚集在一起,必须克服一定的势垒,一般情况下该值在 $15\sim20$ kJ·mol^{-1} 之间,这是溶胶稳定程度的标志。溶胶粒子布朗运动的平均动能为 $\frac{3}{2}kT$,

NOTE

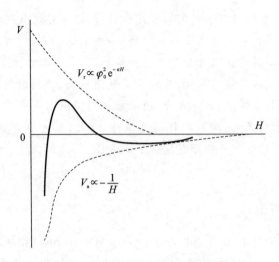

$V_r \propto \varphi_0^2 e^{-\kappa H}$

$V_a \propto -\dfrac{1}{H}$

图 7-16　粒子之间总势能与距离的关系

即常温下的动能只有 $3.7\ kJ \cdot mol^{-1}$,不足以跨越势垒而聚集,这就是溶胶能在一定时间内稳定存在的原因。要使聚沉发生,需要降低势垒高度。

2. 表面电势对稳定性的影响

由式(7-15)可知,增加表面电势,会增加斥力势能的贡献,提高势垒的高度,有利于溶胶的稳定。反之,减小表面电势,会减小斥力势能的贡献,降低势垒高度,甚至不形成势垒,此时溶胶必然聚沉。

3. 电解质对稳定性的影响

溶胶中过量的电解质会压缩双电层厚度,使式(7-15)中的 κ 值增大,斥力势能降低。当电解质的浓度继续增加至一定程度时,势垒可降为零,此时电解质的浓度即为该电解质的聚沉值。

4. 反离子价数对稳定性的影响

DLVO 理论推导出当总势能 $V=0$ 时,电解质的浓度 c 与其价数 z 的关系式,得到了 $c \propto \dfrac{1}{z^6}$ 的结果,从理论上验证了舒尔茨-哈代规则,同时 DLVO 理论也得到了实验支持。

对于大分子化合物对溶胶稳定性的影响,DLVO 理论并不适用,可以用"空间稳定理论"来解释,关于这一理论可参阅相关书籍。

知识拓展

胶体理论在液体制剂中的应用

液体制剂是一种常见制剂,包括溶胶剂、乳剂、混悬剂、低分子溶液剂、高分子溶液剂等多种类型,在临床上应用广泛。在制剂生产中制剂的质量控制尤为重要,比如均相液体制剂应是澄清溶液,非均相液体制剂的药物粒子应均匀分散等。本章所学基本理论可以用来评定液体制剂的质量,比如对于溶胶剂和混悬剂,药物粒子大小可能影响药效和生物利用度,可以用显微镜法、浊度法等测定粒子大小;沉降容积比、絮凝度、ζ 电势的测量可以用于评定制剂的稳定性。

本章小结

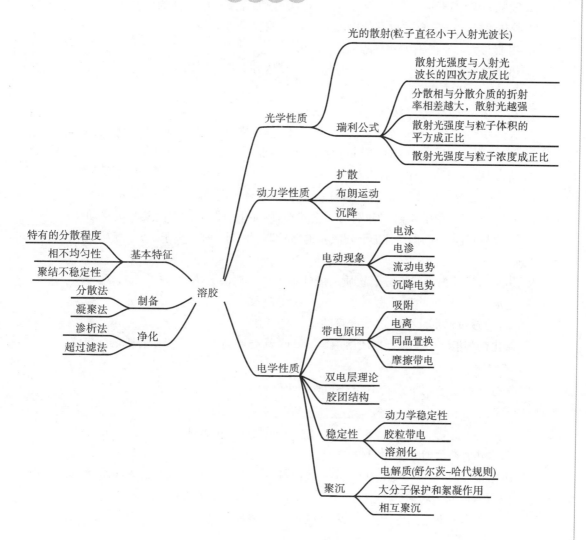

目标检测与习题

目标检测与
习题答案

一、选择题

1. 溶胶的电动现象主要取决于( )。

A. 紧密层电势　　　B. 扩散层电势　　　C. 热力学电势　　　D. ζ 电势

2. 下列电解质对某溶胶的聚沉值分别如下。

$c(NaNO_3) = 3.00 \text{ mol} \cdot dm^{-3}$, $c(MgCl_2) = 0.050 \text{ mol} \cdot dm^{-3}$, $c(AlCl_3) = 0.005 \text{ mol} \cdot dm^{-3}$

可确定该溶胶中粒子带电情况为( )。

A. 不带电　　　　　B. 带正电　　　　　C. 带负电　　　　　D. 不能确定

3. 对于带负电的硫溶胶,下列电解质的聚沉能力由小到大的顺序正确的是( )。

A. $AlCl_3 < ZnSO_4 < KCl$　　　　　　B. $KCl < ZnSO_4 < AlCl_3$

C. $ZnSO_4 < KCl < AlCl_3$　　　　　　D. $KCl < AlCl_3 < ZnSO_4$

4. 在溶胶中加入大分子化合物时,( )。

A. 一定使溶胶更加稳定　　　　　　　　B. 一定使溶胶更容易被电解质聚沉

NOTE

C. 对溶胶的稳定性没有影响　　　　　　D. 对溶胶稳定性的影响视其加入量而定

5. 电渗现象表明（　　　）。

A. 胶粒是电中性的　　　　　　　　　　B. 分散介质是电中性的

C. 胶体系统的分散介质也是带电的　　　D. 胶粒是带电的

6. 溶胶与大分子溶液的相同点是（　　　）。

A. 热力学稳定体系　　　　　　　　　　B. 热力学不稳定体系

C. 动力稳定体系　　　　　　　　　　　D. 动力不稳定体系

7. 在胶体系统中，等电状态是指 ζ 电势（　　　）。

A. 大于零　　　　　　B. 等于零　　　　　　C. 小于零　　　　　　D. 正、负无法确定

8. 关于胶体和溶液的区别，下列叙述中正确的是（　　　）。

A. 溶液呈电中性，胶体带有电荷

B. 溶液中的溶质微粒不带电，胶体中分散相微粒带有电荷

C. 通电后，溶液中溶质微粒分别向两极移动，胶体中分散相微粒向某一极移动

D. 溶液与胶体的本质区别在于分散相的微粒直径大小，前者小于 1 nm，后者介于 1～100 nm 之间

9. 用半透膜把离子或小分子物质从胶体溶液中分离的方法称为（　　　）。

A. 电泳　　　　　　B. 电解　　　　　　C. 凝聚　　　　　　D. 渗析

10. 既能透过滤纸又能透过半透膜的是（　　　）。

A. 氯化钠溶液　　　B. 蛋白质溶液　　　C. 缔合胶体　　　D. 氢氧化铁溶胶

二、填空题

1. 按分散相粒子大小进行分类，分散系可分为＿＿＿＿＿、＿＿＿＿＿和＿＿＿＿＿三类；胶体分散系包括＿＿＿＿＿、＿＿＿＿＿和＿＿＿＿＿三类。

2. ＿＿＿＿＿、＿＿＿＿＿和＿＿＿＿＿是溶胶的基本特征。

3. 胶体分散系统的分散相粒径在＿＿＿＿＿之间。

4. 体积相同的 0.06 mol·dm⁻³ KCl 溶液和 0.08 mol·dm⁻³ 的 AgNO₃ 溶液制备 AgCl 溶胶，则该溶胶的胶团结构式为＿＿＿＿＿，胶粒的电泳方向为＿＿＿＿＿。

5. 当入射光波长＿＿＿＿＿分散相粒子时就会产生丁铎尔现象。丁铎尔现象是光的＿＿＿＿＿引起的。

6. 胶粒的带电原因是＿＿＿＿＿、＿＿＿＿＿、＿＿＿＿＿和＿＿＿＿＿。

7. 电动现象包含＿＿＿＿＿、＿＿＿＿＿、＿＿＿＿＿和＿＿＿＿＿。

8. 区别溶胶与真溶液和悬浊液最简单、最灵敏的方法是＿＿＿＿＿。

9. 足量的大分子溶液对溶胶起＿＿＿＿＿作用；少量的大分子溶液中对溶胶具有＿＿＿＿＿作用。

10. 适量的电解质对溶胶具有＿＿＿＿＿作用；大量的电解质对溶胶具有＿＿＿＿＿作用。

三、判断题

1. 胶体分散系是非均相分散系。（　　　）

2. 溶胶的电动现象主要取决于热力学电势。（　　　）

3. 溶胶粒子与介质的折射率相差较小，故具有明显的丁铎尔现象。（　　　）

4. 溶胶是热力学不稳定体系，但具有动力学稳定性。（　　　）

5. 溶胶中，当胶粒的沉降速率等于扩散速率时，胶粒均匀分布，系统处于平衡状态，称为沉降平衡。（　　　）

四、简答题

1. 普通光学显微镜、超显微镜、电子显微镜的主要区别是什么？应用范围有何不同？为什么？

2. 水解 $FeCl_3$ 制备 $Fe(OH)_3$ 溶胶。请写出该胶团的结构式，标明各部分的名称，指出胶粒的电泳方向，比较电解质 Na_3PO_4、Na_2SO_4、$MgSO_4$、$MgCl_2$、$NaCl$ 对该溶胶聚沉能力的大小。

3. 请写出胶团的结构式，并标明各部分的名称，指出胶粒的电泳方向。

(1) 混合等体积 $0.08\ mol \cdot dm^{-3}\ KCl$ 和 $0.1\ mol \cdot dm^{-3}\ AgNO_3$ 溶液制备 AgCl 溶胶。

(2) 混合等体积 $0.08\ mol \cdot dm^{-3}\ AgNO_3$ 和 $0.1\ mol \cdot dm^{-3}\ KBr$ 溶液制备 AgBr 溶胶。

4. 在碱溶液中用 HCHO 还原 $HAuCl_4$ 制备金溶胶，反应为

$$HAuCl_4 + 5NaOH \longrightarrow NaAuO_2 + 4NaCl + 3H_2O$$

$$2NaAuO_2 + 3HCHO + NaOH \longrightarrow 2Au(溶胶) + 3HCOONa + 2H_2O$$

$NaAuO_2$ 作为稳定剂，写出胶团结构式并指明金胶粒的电泳方向，比较电解质 Na_3PO_4、Na_2SO_4、$MgSO_4$、$MgCl_2$、$NaCl$ 对该溶胶聚沉能力的大小。

5. 对于带负电的硅胶，试比较以下四种电解质 $K_3[Fe(CN)_6]$、K_2SO_4、$MgSO_4$、$AlCl_3$ 的聚沉能力。

6. 将过量 H_2S 通入足够稀的 As_2O_3 溶液制备 As_2S_3 溶胶，写出胶团结构式并指明胶粒的电泳方向，比较 Na_3PO_4、$MgSO_4$、$MgCl_2$、$NaCl$ 对该溶胶聚沉能力的大小。

7. 胶溶法制备 $Al(OH)_3$ 溶胶，写出胶团的结构式，比较电解质 $K_3[Fe(CN)_6]$、Na_2SO_4、$MgSO_4$、$MgCl_2$、$NaCl$ 对该溶胶聚沉能力的大小。

8. 为什么在长江、珠江等河流的入海处有三角洲形成？

9. 为什么晴朗的天空呈蓝色？而日出、日落时天空呈红色？

10. 为什么说溶胶是动力学稳定而热力学不稳定系统？

五、计算题

1. 密度为 $\rho_粒 = 2.152 \times 10^3\ kg \cdot m^{-3}$ 的球状 $CaCl_2(s)$ 粒子，在密度 $\rho_介 = 1.595 \times 10^3\ kg \cdot m^{-3}$、黏度 $\eta = 9.75 \times 10^{-4}\ Pa \cdot s$ 的 $CCl_4(l)$ 介质中沉降，在 50 s 的时间里下降了 0.0249 m，计算此球状 $CaCl_2(s)$ 粒子的半径。

$$[2.0 \times 10^{-5}\ m]$$

2. 已知 298.15 K 时，分散介质及 Au 的密度分别为 $1.0 \times 10^3\ kg \cdot m^{-3}$ 及 $1.932 \times 10^4\ kg \cdot m^{-3}$，试求半径为 $1.0 \times 10^{-8}\ m$ 的 Au 溶胶的摩尔质量及高度差为 $1.0 \times 10^{-3}\ m$ 时粒子的浓度之比。

$$[4.9 \times 10^4\ kg \cdot mol^{-1};0.833]$$

3. 实验室中，用相同的方法制备两份浓度不同的硫溶胶，测得两份硫溶胶的散射光强度之比为 $I_1/I_2 = 20$。已知第一份溶胶的浓度 $c_1 = 0.20\ mol \cdot dm^{-3}$，设入射光的频率和强度等实验条件都相同，试求第二份溶胶的浓度 c_2。

$$[0.01\ mol \cdot dm^{-3}]$$

4. 通过电泳实验测得，Sb_2S_3 溶胶(该溶胶粒子为球状粒子)在电压为 200 V、两极间距离为 0.385 m 时，粒子向正极移动 $2.10 \times 10^{-2}\ m$ 需要 23 min 46 s。计算溶胶的 ζ 电势。已知分散介质水的介电常数 $\varepsilon = 81$，介质黏度 $\eta = 1.03 \times 10^{-3}\ Pa \cdot s$。

$$[6.11 \times 10^{-2}\ V]$$

(长治医学院　职国娟)

第八章　大分子溶液

本章 PPT

　学习目标

　　1. 记忆、理解:大分子化合物的结构特征及平均摩尔质量的四种表示方法;大分子溶液与小分子溶液及溶胶性质的异同;大分子溶液黏度的四种表示方法;大分子溶液的流变性和几种典型的流变曲线。

　　2. 计算、分析、应用:渗透压法、黏度法测定大分子化合物平均摩尔质量的原理;大分子化合物的溶解特性;大分子电解质溶液的特性及稳定性;凝胶的形成、结构及性质;大分子化合物在实际中的应用;通过唐南平衡计算膜内、外离子浓度和渗透压。

　　大分子(macromolecule)化合物,又称高聚物或高分子化合物,一般是指平均摩尔质量大于 10 kg·mol^{-1} 的化合物。根据来源不同,大分子化合物可分为天然大分子化合物和人工合成大分子化合物。如 DNA、蛋白质、纤维素等属于天然大分子化合物,而诸如塑料、人造毛、合成橡胶等这些人们生活、生产中不可或缺的材料则属于人工合成大分子化合物。随着人工合成大分子化合物技术的飞速发展,大分子化合物在材料、农业、医药、生命科学、环境科学等领域的应用越来越广,扮演着重要的角色。

　　大分子化合物可在适当的溶剂中形成溶液,即大分子溶液(macromolecular solution)。由于大分子化合物的分子大小在胶体范围内,其形成的溶液具有很多与胶体类似的特征,因此也将大分子溶液称为亲液胶体。

第一节　大分子化合物

一、大分子化合物的结构特征

(一) 大分子化合物的结构

　　大分子化合物是由一种或多种小分子,也即**单体**(monomer),通过共价键连接形成的。大分子化合物的结构是指组成大分子的结构单元、原子或基团在空间的排布状态。大分子中重复的结构单元称为**链节**(chain unit),链节的数目称为**聚合度**(degree of polymerization)。大分子化合物从形态结构上看,主要分为线型和体型两大类。如图 8-1 所示,线型大分子的结构特征是分子中的原子互相连结成一条长链,若长链上不含支链,则为直链型;若长链上含有支链,则为支链型。体型大分子又称网状大分子,是线型大分子链上存在的可相互作用的官能团,使大分子在一定条件下交联成三维的网状结构。

　　大分子化合物的结构包括链结构和聚集态结构,下面主要介绍链结构。大分子的链结构是指大分子的化学组成、立体结构及分子大小和形态,包括近程结构和远程结构。

　　近程结构(一级结构),是指分子链中与结构单元有关的结构,主要研究大分子的组成和构

直链型　　　　　　　　支链型　　　　　　　　体型

图 8-1　大分子化合物的结构示意图

型。大分子的组成包括大分子结构单元的化学组成、链的连接顺序、空间排列及链的交联和支化,大分子的构型主要指取代基围绕特定原子的空间排布规律。近程结构是大分子最微观的结构,能直接影响大分子的某些理化性质,如熔点、密度、黏度、溶解性等。

远程结构(二级结构),是指分子链中整体范围的结构状态,包括大分子的大小和形态,大小指的是摩尔质量的大小及分布,形态则是由分子链的构象决定的。大分子是由很多碳原子通过共价键连接而成的链状结构,其中单键可围绕键轴旋转,称为**内旋转**(internal rotation)。不同单键的内旋转使得大分子长链每时每刻都有不同的形态,即具有不同的构象,如无规线团、螺旋链、折叠链等。大分子最主要的一种远程结构就是无规线团。

(二)大分子的柔顺性

由于分子内单键的内旋转使大分子链表现出不同程度卷曲的特性称为大分子的柔顺性(flexibility)。大分子中 C—C 单键电子云轴向对称分布,键角为 $109°28'$。如图 8-2 所示,当 C_1—C_2 单键以自身为轴进行内旋转时,与之相邻的 C_2—C_3 单键在固定的键角下绕 C_1—C_2 单键旋转,其轨迹是一个圆锥面。同样,C_3—C_4 单键可以在固定的键角下绕 C_2—C_3 单键旋转,以此类推。由此可见,大分子链中任一单键的内旋转必然牵扯周围单键的旋转,受牵扯的链节可以看作能够做旋转运动的最小独立单元,称为**链段**(segment)。大分子的柔顺性可以用链段的长度和数目来衡量,大分子所含的链段越短、越多,大分子的柔顺性越好;反之,柔顺性则越差。

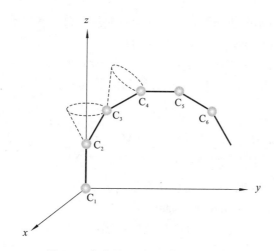

图 8-2　大分子 C—C 键内旋转示意图

影响大分子柔顺性的因素中,首先是大分子本身的结构。若主链的主要结构是 C—C 单键,则容易发生内旋转,大分子的柔顺性就好;若主链含有碳碳双键、三键或芳香环结构,则内旋转不易发生,大分子的柔顺性变差。大分子链上有极性取代基时,相互作用力增大,分子内旋转受阻,柔顺性变差,大分子链上极性基团越多,其柔顺性越差。若分子内或分子间能形成氢键,也会削弱大分子的内旋转能力,使大分子柔顺性降低。大分子间相互交联成空间网状结构也能使内旋转能力变弱,大分子的柔顺性降低,交联度越高,柔顺性越差。

除了大分子的本身结构外,影响大分子柔顺性的因素还有温度和溶剂。大分子的内旋转是热运动的一种体现,温度高,则内旋转速度加快,柔顺性增加;反之,柔顺性减弱。溶剂对大分子的柔顺性也有很大的影响,若溶剂与大分子的结构相似,二者相互作用力大于大分子链间的内聚力,则大分子的无规线团会舒展松弛,柔顺性增强,该类溶剂称为良溶剂。反之,若溶剂与大分子间的相互作用力小于链间内聚力,则大分子线团会紧缩,柔顺性减弱,该类溶剂为不良溶剂。

二、大分子化合物的平均摩尔质量

无论是天然的还是合成的大分子化合物体系,不同分子聚合度不同导致分子的大小并不相同。一般来说,大分子化合物都是不同聚合度的混合物,其摩尔质量都有一定的分布范围。因此,大分子化合物的相对分子质量往往具有多分散性的特点,其摩尔质量常用平均摩尔质量表示,从平均摩尔质量的分布可以研究大分子化合物的聚合及解聚机制、性能和结构的关系等。了解大分子化合物的平均摩尔质量,对于研究和生产都具有指导意义。例如,纤维素若短链分子多则不宜作为纺织原料,天然橡胶中若低摩尔质量的分布较多则生胶的硫化效果会受影响。

不同的测定方法得到的平均摩尔质量不同,也具有不同的统计学意义。大分子化合物平均摩尔质量常有以下四种表示方法。

1. 数均摩尔质量(number average molar weight)

设某大分子化合物含有多种不同聚合度的同系大分子,其摩尔质量分别为 M_1、$M_2 \cdots M_i$,相应的大分子数目分别为 n_1、$n_2 \cdots n_i$,相应的大分子摩尔数分别为 N_1、$N_2 \cdots N_i$,则按照分子个数进行统计得到的平均摩尔质量称为数均摩尔质量,用 M_n 表示。

$$M_n = \frac{n_1 M_1 + n_2 M_2 + \cdots + n_i M_i}{n_1 + n_2 + \cdots + n_i} = \frac{\sum_i n_i M_i}{\sum_i n_i} = \frac{\sum_i N_i M_i}{\sum_i N_i} \tag{8-1}$$

用依数性测定法和端基分析法测得的平均摩尔质量为数均摩尔质量。

2. 质均摩尔质量(mass average molar weight)

设某大分子化合物含有摩尔质量分别为 M_1、$M_2 \cdots M_i$ 的同系大分子,其对应的质量分别为 m_1、$m_2 \cdots m_i$,则按照大分子的质量进行统计得到的平均摩尔质量称为质均摩尔质量,用 M_m 表示。

$$M_m = \frac{m_1 M_1 + m_2 M_2 + \cdots + m_i M_i}{m_1 + m_2 + \cdots + m_i} = \frac{\sum_i m_i M_i}{\sum_i m_i} = \frac{\sum_i N_i M_i^2}{\sum_i N_i M_i} \tag{8-2}$$

用光散射法测得的平均摩尔质量为质均摩尔质量。

3. z 均摩尔质量(z average molar weight)

z 值的定义为 $z_i = m_i M_i$,按照 z 值进行统计得到的平均摩尔质量称为 z 均摩尔质量,用 M_z 表示。

$$M_z = \frac{z_1 M_1 + z_2 M_2 + \cdots + z_i M_i}{z_1 + z_2 + \cdots + z_i} = \frac{\sum_i z_i M_i}{\sum_i z_i} = \frac{\sum_i m_i M_i^2}{\sum_i m_i M_i} = \frac{\sum_i N_i M_i^3}{\sum_i N_i M_i^2} \tag{8-3}$$

用超离心沉降法测得的平均摩尔质量为 z 均摩尔质量。

4. 黏均摩尔质量(viscosity average molar weight)

用黏度法测得的平均摩尔质量称为黏均摩尔质量,用 M_η 表示。

$$M_\eta = \left[\frac{\sum\limits_i m_i M_i^\alpha}{\sum\limits_i m_i}\right]^{\frac{1}{\alpha}} = \left[\frac{\sum\limits_i N_i M_i^{(\alpha+1)}}{\sum\limits_i N_i M_i}\right]^{\frac{1}{\alpha}} \tag{8-4}$$

式中，α 为常数，是公式 $[\eta] = K M_\eta^\alpha$ 中的指数（详见"大分子溶液的黏度"），其值通常在 0.5~1.0 之间。运用黏度法测定大分子的平均摩尔质量，方法简便，仪器设备简单，测定准确。因此，黏均摩尔质量应用范围广，具有实际应用价值。

一般情况下，大分子化合物都是不同聚合度的混合物，这称为大分子化合物的多级分散性，其平均摩尔质量是大分子化合物的一个重要物理参数。用不同方法测得的平均摩尔质量并不相同，其大小顺序为 $M_z > M_m > M_n$，通常可用 M_m/M_n 值来估计大分子化合物的分散性，M_m/M_n 值为 1 时，表示大分子化合物是单级分散系统；M_m/M_n 值越大，表明大分子化合物样品的摩尔质量分布范围越宽，多级分散性越明显。另外，大分子化合物中摩尔质量较大或较小的部分对各种平均摩尔质量的影响也不尽相同，如数均摩尔质量对摩尔质量较小的部分比较敏感，而质均摩尔质量和 z 均摩尔质量则对摩尔质量较大的部分敏感。

例 8-1 某大分子化合物样品，含有摩尔质量 M_1 为 40 kg·mol^{-1} 的分子 4 mol，摩尔质量 M_2 为 60 kg·mol^{-1} 的分子 10 mol，摩尔质量 M_3 为 90 kg·mol^{-1} 的分子 3 mol。试计算该大分子化合物的平均摩尔质量 M_n、M_m、M_z 和 M_η（设 α 为 0.7），并比较四种平均摩尔质量的大小。

解：根据定义式

$$M_n = \frac{\sum\limits_i N_i M_i}{\sum\limits_i N_i} = \frac{4 \times 40 + 10 \times 60 + 3 \times 90}{4 + 10 + 3} = 61(\text{kg·mol}^{-1})$$

$$M_m = \frac{\sum\limits_i N_i M_i^2}{\sum\limits_i N_i M_i} = \frac{4 \times 40^2 + 10 \times 60^2 + 3 \times 90^2}{4 \times 40 + 10 \times 60 + 3 \times 90} = 65(\text{kg·mol}^{-1})$$

$$M_z = \frac{\sum\limits_i N_i M_i^3}{\sum\limits_i N_i M_i^2} = \frac{4 \times 40^3 + 10 \times 60^3 + 3 \times 90^3}{4 \times 40^2 + 10 \times 60^2 + 3 \times 90^2} = 69(\text{kg·mol}^{-1})$$

$$M_\eta = \left(\frac{\sum\limits_i N_i M_i^{(\alpha+1)}}{\sum\limits_i N_i M_i}\right)^{\frac{1}{\alpha}} = \left(\frac{4 \times 40^{1.7} + 10 \times 60^{1.7} + 3 \times 90^{1.7}}{4 \times 40 + 10 \times 60 + 3 \times 90}\right)^{\frac{1}{0.7}} = 64(\text{kg·mol}^{-1})$$

可见，四种平均摩尔质量的大小顺序为 $M_z > M_m > M_\eta > M_n$。

第二节 大分子溶液

一、大分子溶液的基本性质

大分子溶液是真溶液，但其分子较大且大分子结构呈线链状，因此，与小分子溶液相比，其性质又有所不同，如不能透过半透膜、扩散速率慢、溶液黏度较大等。大分子的大小符合胶体颗粒大小的范围，大分子溶液又表现出一些与溶胶类似的性质，如分散相粒子大小不均一、在超速离心场中能发生沉降等。但是，二者也有区别，如大分子溶液无明显的相界面、丁铎尔效应弱等。另外，大分子溶液是热力学稳定系统，而溶胶是热力学不稳定系统，这也是两者之间

NOTE

的最主要区别。表 8-1 列出并比较了大分子溶液与小分子溶液及溶胶的性质异同。

表 8-1　大分子溶液与小分子溶液及溶胶的性质比较

性　　质	小分子溶液	溶　胶	大分子溶液
分散相大小	<1 nm	$1\sim100$ nm	$1\sim100$ nm
相界面	无相界面	有相界面	无相界面
相体系	单相体系	多相体系	单相体系
热力学稳定性	稳定	不稳定	稳定
丁铎尔效应	弱	强	弱
能否通过半透膜	能	不能	不能
扩散速率	快	慢	慢
黏度	小,与溶剂相似	小,与分散介质相似	大
渗透压	$\Pi=cRT$	小	大
电解质敏感程度	不敏感	敏感	不太敏感,加入大量电解质会发生盐析

二、大分子化合物的溶解

大分子化合物由于分子体积大、平均摩尔质量大、结构复杂,其溶解过程要比小分子复杂得多。大分子溶液的形成要经过溶胀和溶解两个阶段。首先,大分子化合物与溶剂发生溶剂化作用,溶剂分子慢慢扩散、渗透,逐渐进入大分子内部,使大分子卷曲的线链状结构舒展,体积膨胀,该过程称为大分子化合物的**溶胀**(swelling)。对于线型大分子,在良溶剂中能无限吸收溶剂使大分子最终溶解形成均匀的溶液,这种溶胀称为无限溶胀(unlimited swelling)。而对于交联的三维网状结构的体型大分子化合物,吸收一定量的溶剂后系统始终保持两相平衡,形成凝胶,即不能最终溶解,这种现象称为有限溶胀(limited swelling)。

溶胀后的大分子链间相互作用力减弱,大分子和溶剂分子相互混合,在溶剂中充分舒展并自由运动,即形成大分子溶液,此过程为大分子化合物的溶解。大分子化合物的溶解过程首先要经历溶胀,其溶解一般需要较长的时间,如明胶、淀粉等在水中,首先是有限溶胀,进一步加热可成为溶液,即发生无限溶胀。但有些大分子化合物的有限溶胀和无限溶胀过程都很快,如胃蛋白酶等大分子药物,将其撒于水面,待自然溶胀后再搅拌即可形成溶液。

大分子化合物在溶剂中先溶胀后溶解的特性是由其结构决定的,与大分子化合物的分子大小有着密切关系。一般情况下,大分子化合物系统具有多级分散性,系统中平均摩尔质量小的级分较易溶解,平均摩尔质量大的级分较难溶解。因此,一定温度下,一个大分子化合物系统的溶解度没有定值。此外,大分子化合物需要较长时间才能达到溶解平衡,有时甚至需要几个月。

由于大分子化合物的溶解过程不仅取决于其本身的结构和分子大小,还与溶剂的性质和用量等有关,因此,溶剂的选择也非常关键。通常,溶剂的选择可参考以下原则。

(1)极性相似原则。根据相似相溶原理,大分子和溶剂的极性越接近,其溶解性就越好。即选择极性溶剂溶解极性大分子,非极性溶剂溶解非极性大分子。

(2)溶度参数相近原则。溶度参数 δ 为内聚能密度的平方根,是以热力学为基础选择溶剂的理论。溶度参数可作为溶剂选择的重要依据,通常大分子与溶剂的溶度参数相差越小,大分子的溶解就越容易进行。一些大分子化合物和溶剂的溶度参数见表 8-2。

(3)溶剂化原则。溶质与溶剂混合产生的相互作用力大于溶质之间的内聚力时,溶质分子彼此分离,与溶剂分子结合的作用称为溶剂化作用。溶剂化原则的本质是溶质溶剂体系中广义酸碱之间的相互作用:大分子化合物若含有较多的亲电基团,则易溶于含有亲核基团的溶剂中;若大分子化合物含有较多的亲核基团,则易溶于含有亲电基团的溶剂中。

选择大分子化合物的溶剂时,除考虑以上原则外,还需考虑溶液的用途。如将大分子溶液用于医药方面,则溶剂的毒性、在机体中的代谢等因素也要予以充分考虑。

表 8-2 一些大分子化合物和溶剂的溶度参数

大分子化合物	$\delta_m/(J^{1/2} \cdot cm^{-3/2})$	溶 剂	$\delta_m/(J^{1/2} \cdot cm^{-3/2})$
聚乙烯	16.2	乙醚	15.7
聚丙烯	16.6	环己烷	16.8
聚甲基丙烯酸甲酯	19.4	四氯化碳	17.8
聚碳酸酯	19.4	苯	18.7
聚醋酸乙烯酯	19.6	氯仿	19.0
聚氯乙烯	19.8	二氯甲烷	19.8
二醋酸纤维素	22.3	正丁醇	23.1
纤维素	32.1	乙二醇	32.1
聚乙烯醇	47.8	水	47.3

三、大分子溶液的渗透压

测定大分子溶液的渗透压在医学中有很重要的应用,如血渗透压和尿渗透压是反映机体代谢和功能正常与否的重要指标,高钠血症、尿毒症等多见血浆渗透压升高。因此,测定血或尿的渗透压有助于一些疾病的诊断。

大分子化合物的摩尔质量较大,通常形成的溶液浓度低,符合稀溶液的依数性。对于大分子化合物而言,利用凝固点降低法测定其摩尔质量会造成较大误差,而用渗透压法则相对灵敏。因此,常用渗透压法测定大分子化合物的平均摩尔质量,且用该方法测得的是大分子的数均摩尔质量,测量范围一般为 $10\sim1000$ kg·mol^{-1}。

假设一开口 U 形管底部中间用半透膜隔开,膜左侧放置大分子溶液,右侧放置其对应的纯溶剂。大分子不能透过半透膜,而溶剂分子可以透过半透膜。溶剂在膜两边的化学势不相等,纯溶剂的化学势大于溶液一侧溶剂的化学势,因此,溶剂有透过半透膜自右向左渗透的趋势。为了阻止溶剂的渗透,需在大分子溶液一侧施加额外的压力,使溶剂在膜两侧的化学势相等而达到平衡,这个额外施加的压力就定义为渗透压。

van't Hoff 渗透压公式

$$\Pi = c'RT \tag{8-5}$$

式中:Π 为渗透压;浓度 c' 的单位为 mol·m^{-3}。

在实际大分子溶液中,大分子与溶剂之间存在明显的溶剂化效应,使得渗透压的真实值偏离理想溶液的渗透压。在这种情况下,大分子溶液的渗透压公式可用浓度的幂级展开式表示

$$\Pi = RT\left(\frac{c}{M_n} + A_2c^2 + A_3c^3 + \cdots\right) \tag{8-6}$$

式中:浓度 c 的单位为 kg·m^{-3};数均摩尔质量 M_n 的单位为 kg·mol^{-1};A_2、A_3 为维利(Virial)系数。对于大分子稀溶液,c^3 项之后可忽略不计,则该式可简化为

$$\Pi = RT\left(\frac{c}{M_n} + A_2c^2\right) \tag{8-7}$$

将式(8-7)进一步整理,得

NOTE

$$\frac{\Pi}{c} = \frac{RT}{M_n} + A_2 RTc \tag{8-8}$$

以 $\dfrac{\Pi}{c}$ 对浓度 c 作图,得一直线,该直线的截距为 $\dfrac{RT}{M_n}$,由此可计算出大分子的数均摩尔质量 M_n。

知识拓展

渗透泵控释片

渗透泵控释片是利用渗透压原理制成的口服控释制剂,其生产工艺主要包括配方、压片、半透膜包衣、激光打孔、保护膜包衣五个部分。渗透泵控释片在体内释药的最大特点,除均匀恒定外,释药速率不受胃肠道蠕动、pH 值、胃排空等可变因素的影响,是口服控释制剂中理想的一种。渗透泵分为单室渗透泵和双层渗透泵。单室渗透泵主要由三部分组成:含有渗透压活性物质的药物片芯,具有一定机械强度和韧性的半透膜,以及膜上大小适当的释药小孔。当药物被服用进入人体后,胃液中的水分子将透过药片外层的半透膜慢慢进入片芯,被片芯中渗透压活性物质吸收后产生渗透压差,在渗透压的作用下,药物从半透膜上的小孔中缓慢释放进入人体。对于某些难溶药物,可以做成双层渗透泵,以产生足够的渗透压。

四、大分子溶液的黏度

大分子溶液在外力的作用下发生黏性流动和形变的性质称为大分子溶液的**流变性**(rheological property),研究大分子溶液的流变现象及黏度,对生命科学及医药学的研究都具有非常重要的意义。例如,要维持正常的人体功能,血液的黏度需保持在一定范围内,若血液黏度发生异常,则可能引发血栓、心肌梗死、高脂血症等。因此,检测血液的流变性和黏度对于某些疾病的诊断和预防都有一定的参考价值。在药物制剂中,注射剂、滴眼剂等的黏度是质量检查的重要指标;乳剂、糊剂、混悬剂、凝胶剂、软膏剂等剂型的生产及质量鉴定,也会涉及大分子溶液的流变性和黏度。由此看来,研究大分子溶液的流变性和黏度,掌握流变规律,对药学工作者而言是很有必要的。

(一)流体的黏度

黏度(viscosity),也称流体的内摩擦力,是流体内部阻碍其相对流动的一种特性。流体在流动时,可以看作分成不同的液层,各液层的流速是不同的,流速慢的液层会对流速快的液层产生阻碍。这种不同速度流动的相邻两个液层之间产生的相互作用力,称为流体的内摩擦力,用物理量黏度来量度。

如图 8-3 所示,在两平行的平板间盛满某种液体。将下板固定不动,在上板上施加外力 F 使其以速度 v 沿着 x 方向匀速移动。此时,平板间的液体在 y 方向上可分成无数平行的液层,且各液层以不同的速度向 x 方向移动,不同的移动速度以不同长短的箭头来表示,越接近下板的液层,移动速度越慢。这种流体在外力的作用下发生的形变称为**切变**(shearing),上板所施加的外力称为**切力**(shearing force)。实验证明,切力 F 与两液层的接触面积 A 及速度梯度(切速率)$\mathrm{d}v/\mathrm{d}y$ 成正比,即

$$F = \eta A \frac{\mathrm{d}v}{\mathrm{d}y} \tag{8-9}$$

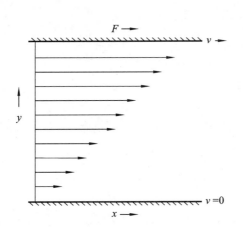

图 8-3 液体黏性流动示意图

如果用 τ 表示单位面积上的切力,即切应力(shearing stress),则有

$$\tau = \frac{F}{A} = \eta \frac{\mathrm{d}v}{\mathrm{d}y} \tag{8-10}$$

式(8-9)和式(8-10)称为牛顿(Newton)黏度公式。其中,比例系数 η 为黏度系数,简称黏度,单位是 $Pa \cdot s$ 或 $N \cdot m^{-2} \cdot s$,其物理意义是使单位面积的液层保持速度梯度为 1 时所加的切力。

(二) 大分子溶液的黏度及黏均摩尔质量的测定

通常大分子溶液的黏度比一般小分子溶液大得多,这也是大分子溶液的一个重要特征。常用的溶液黏度的表示方法有以下几种。

1. 相对黏度(relative viscosity)

相对黏度为溶液黏度 η 与纯溶剂黏度 η_0 的比值,用 η_r 表示。

$$\eta_r = \frac{\eta}{\eta_0} \tag{8-11}$$

2. 增比黏度(specific viscosity)

增比黏度为溶液黏度比纯溶剂黏度增加的相对值,用 η_{sp} 表示。

$$\eta_{sp} = \frac{\eta - \eta_0}{\eta_0} = \eta_r - 1 \tag{8-12}$$

3. 比浓黏度(reduced viscosity)

比浓黏度为单位浓度的增比黏度,用 η_c 表示。

$$\eta_c = \frac{\eta_{sp}}{c} \tag{8-13}$$

式中:浓度 c 的单位为 $g \cdot mL^{-1}$。

4. 特性黏度(intrinsic viscosity)

特性黏度是溶液无限稀释时的比浓黏度,用 $[\eta]$ 表示。特性黏度反映的是单个大分子对溶液黏度的贡献,其数值与溶液的浓度无关,只与大分子的结构、形态及分子大小有关。

$$[\eta] = \lim_{c \to 0} \frac{\eta_{sp}}{c} \tag{8-14}$$

大分子化合物的黏均摩尔质量 M_η 可以利用黏度法测得。

级数展开并忽略高次项,得

$$\ln \eta_r = \ln(1 + \eta_{sp}) = \eta_{sp}\left(1 - \frac{1}{2}\eta_{sp} + \frac{1}{3}\eta_{sp}^2 - \frac{1}{4}\eta_{sp}^3 + \cdots\right) \approx \eta_{sp}$$

因此

$$[\eta] = \lim_{c \to 0} \frac{\eta_{sp}}{c} = \lim_{c \to 0} \frac{\ln \eta_r}{c}$$

NOTE

已知经验式

$$\frac{\eta_{sp}}{c} = [\eta] + k_1 [\eta]^2 c \qquad (8-15)$$

$$\frac{\ln \eta_r}{c} = [\eta] - k_2 [\eta]^2 c \qquad (8-16)$$

式中：k_1、k_2 是经验常数。配制不同浓度的大分子溶液，并测定各溶液黏度，分别以 $\frac{\eta_{sp}}{c}$ 及 $\frac{\ln \eta_r}{c}$ 对浓度 c 作图，用外推法可得两条直线的截距均为 $[\eta]$。

在一定温度下，大分子溶液的黏均摩尔质量 M_η 与特性黏度 $[\eta]$ 之间存在如下关系

$$[\eta] = K M_\eta^\alpha \qquad (8-17)$$

式(8-17)称为斯坦丁格尔(Standinger)公式。式中，K 和 α 是经验常数，与大分子和溶剂性质有关，α 通常在 $0.5 \sim 1$ 之间。因此，在已知 K 和 α 的情况下，只要测出溶液的特性黏度 $[\eta]$，即可求得大分子化合物的黏均摩尔质量 M_η。

知识拓展

血 液 黏 度

生物体内存在很多流体，如血液、淋巴液、组织液等，它们大多属于非牛顿流体。通过对这些流体流变性的检测可以帮助医生实现对疾病的诊断、预防及治疗，全血黏度和血浆比黏度就是临床上检测血液流变性的两个常见指标。血液黏度为血液流动时所受切应力与切变率的比值，常用血液黏度计测定，是血液流变性最基本的生理参数，它可以从整体水平了解诸多因素对血液黏度的综合影响。一旦血液黏度增高，提示机体可能处于一种病理状态，即高黏血症或高黏滞综合征。

（三）流变曲线与流型

在流变学中，通常以速度梯度 $\mathrm{d}v/\mathrm{d}y$ 为横坐标，单位面积上的切力 τ 为纵坐标作图，得到的曲线称为流变曲线。不同的流体具有不同的流变曲线，用以描述流体的流变特性。根据流变曲线的不同可以将流体分为以下几种流型。

1. 牛顿流体

凡符合牛顿黏度公式的流体统称为牛顿流体(Newtonian fluid)，其他不符合该公式的流体都称为非牛顿流体。如图 8-4 所示，牛顿流体的流变曲线是一条过原点的直线，直线的斜率即为流体的黏度。牛顿流体的黏度不随切力的变化而变化，它只与流体的温度有关，温度升高，流体黏度变小。对于牛顿流体，单用黏度即可以表征其流变性。大多数纯溶剂、小分子溶液以及正常人的血清等都属于牛顿流体，而血液则表现为非牛顿型。

2. 塑性流体

某些流体，当切应力 τ 小于某固定值时，流体只发生弹性形变而不流动，当切应力超过该固定值后才开始流动，之后 τ 与 $\mathrm{d}v/\mathrm{d}y$ 之间呈现线性关系，表现出牛顿流体的性质，这种流体具有可塑性，称为塑性流体(plastic fluid)。使塑性流体开始流动所需的临界切应力称为塑变值。塑性流体的流变曲线是一条不通过原点的曲线，见图 8-5(a)。塑性流体是非牛顿流体中最简单的一种，泥浆、油漆、牙膏等都属于塑性流体。

3. 假塑性流体

假塑性流体(pseudoplastic fluid)的流变曲线是一条通过原点的凸形曲线，见图 8-5(b)。

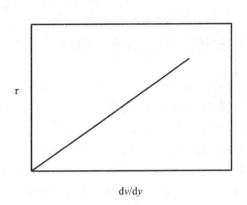

图 8-4 牛顿流体流变曲线

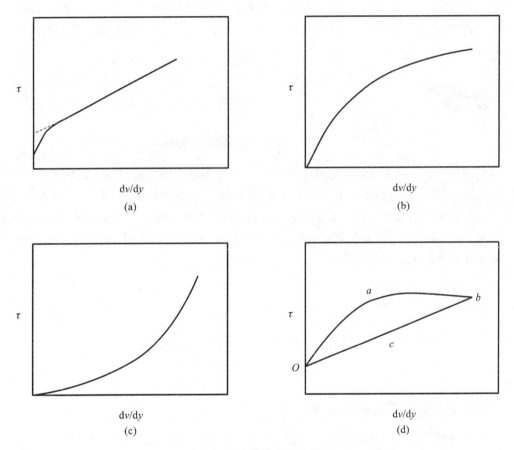

图 8-5 非牛顿流体流变曲线

该类流体的黏度随切应力或切速率的增大而减小,即流体流动越快,则显得越稀,这种现象称为切稀。假塑性流体是常见的非牛顿流体,没有塑变值,在任何切应力范围内均无弹性形变,一旦施加外力便可流动。很多大分子溶液属于假塑性流体,如明胶、西黄蓍胶、淀粉溶液、甲基纤维素、聚丙烯酰胺等。

4. 胀性流体

胀性流体(dilatant fluid)的流变曲线与假塑性流体的流变曲线相反,是一条通过原点的凹形曲线,见图 8-5(c)。胀性流体同样没有塑变值,黏度随切速率的增大而增大,即流体流动越快则显得越黏稠,这个现象称为切稠。具有切稠现象的流体,静止时分散相颗粒为紧密排列状态,分散介质填充于空隙中;当施加的外力较小使流体缓慢流动时,有分散介质的润滑作用和流动,整个流体黏度较小;当外力较大(如搅动)时,原来紧密排列的分散相颗粒被搅乱,形成疏松的排列结构,颗粒体积增大,流体膨胀,流动阻力增大,黏度增大。药物制剂中的糊剂和栓剂、40%~50%淀粉溶液、钻井泥浆等具有胀性流体的特点。

5. 触变性流体

触变性,是指一些分散体系在外力作用(如搅动)下,使原来不流动或难流动的凝胶状态变为流动的溶胶状态,静置后又能恢复成凝胶状态的性质。触变性流体(thixotropic fluid)的特点就是静置时呈半固态状,当施加切力时又成为流体,其流变曲线是一条不过原点的封闭弓形曲线。如图 8-5(d)所示,触变性流体开始时类似于假塑性流体,随着切速率的增大,切应力由 O 经过 a 到 b,溶液的黏度逐渐变小;在 b 点时逐渐降低切速率,切应力的变化并不会重复原来的路径,而是经 c 恢复到原来的状态。产生触变性的原因是流体静止时,流体中的质点相互形成空间网状结构,系统呈半固态状;在外力的作用下,空间网状结构被破坏,流体开始流动;消除外力时,流体停止流动,又恢复网状结构。但是结构破坏与恢复需要一定的时间,即存在时间的滞后,这也使得触变性流体的流变曲线具有特殊性,呈现弓形的封闭状。常见的触变性流体有凝胶、高浓度 $Fe(OH)_3$ 溶胶等。

知识拓展

流变学性质对制剂的影响

药物制剂的流变学性质影响不同制剂制备方法的选择。乳剂、栓剂、软膏剂、混悬剂等制备时,需要考虑由于流变学性质不同,影响不同剂型的稳定性、变形性、流动性等,影响药物的释放和生物吸收。在生产工艺的设计中,了解流变学原理和影响因素是很有意义的,如溶液剂等牛顿流体制剂较容易由小试实现规模生产,乳剂、软膏剂、混悬剂等非牛顿流体制剂就不容易放大生产。

| 第三节　大分子电解质溶液 |

一、大分子电解质溶液的分类

大分子电解质(macromolecular electrolyte)是指大分子链上带有可解离的基团,在溶液中能够解离成带电离子的大分子化合物。根据大分子电解质解离后所带电荷的不同,可将其分为三类,即阴离子型(解离后大分子离子带负电)、阳离子型(解离后大分子离子带正电)及两性型(解离后大分子离子链上同时带有正电荷和负电荷)。常见的三种类型大分子电解质见表8-3。

表 8-3　三种类型的大分子电解质举例

阴 离 子 型	阳 离 子 型	两 性 型
核酸	血红素	明胶
肝素	壳聚糖	卵清蛋白
果胶	聚赖氨酸	乳清蛋白

续表

阴 离 子 型	阳 离 子 型	两 性 型
阿拉伯胶	聚乙烯胺	胃蛋白酶
西黄蓍胶	聚乙烯亚胺	γ-球蛋白
海藻酸钠	聚乙烯吡咯	鱼精蛋白
褐藻多糖硫酸酯	聚氨烷基丙烯酸甲酯	牛血清白蛋白
羧甲基纤维素钠	聚乙烯-N-溴丁基吡啶	

二、大分子电解质溶液的特性

由于大分子电解质链上有带电基团,因此,大分子电解质溶液除了具有一般大分子溶液的性质外,还具有一些特殊的理化性质。

1. 高电荷密度和高度水化

在水溶液中,大分子电解质长链上带有许多相同电荷的基团,使大分子链上具有很高的电荷密度。同时,大分子电解质链上带电荷的极性基团通过静电作用吸引水分子,使水分子紧密排列在大分子电解质链的周围。除了极性基团外,部分被极化的疏水链周围也能形成水化层,使得大分子电解质具有高度水化的特性。大分子电解质高电荷密度使大分子链间通过静电作用相互排斥,另外水化膜具有弹性使大分子相互不易靠近,这两种特性都对大分子起稳定作用。

2. 电黏效应

大分子电解质具有高电荷密度和高度水化的性质,大分子电解质链在溶液中由于静电排斥及水化膜的弹性作用,使分子链扩展舒张,溶液的黏度迅速增大,这种现象称为电黏效应(electric-viscous effect)。由于电黏效应与所带电荷有关,一些大分子电解质的电黏效应具有明显的 pH 值依赖性,特别是对于两性大分子电解质而言,电黏效应的 pH 值依赖性更明显。例如,蛋白质的带电性质与溶液 pH 值有关,pH 值高于等电点 pI 时,蛋白质大分子带负电;低于等电点时,蛋白质大分子带正电;而在等电点时,大分子所带的净电荷为零。当溶液 pH 值刚好在等电点时,分子卷曲程度最大,黏度最小;当溶液 pH 值偏离等电点时,大分子所带净电荷数增多,静电斥力增大使大分子链扩张,黏度增大。

此外,电黏效应的存在使得大分子电解质溶液的 $\frac{\eta_{sp}}{c}$-c 图不再是一条直线,无法用外推法求得$[\eta]$。但是,向大分子电解质溶液中加入中性盐,可屏蔽大分子的电荷,减弱大分子链间的相互作用,以此削弱电黏效应。例如,在果胶酸钠溶液中加入一定量的 NaCl 溶液,可消除电黏效应,使 $\frac{\eta_{sp}}{c}$ 与浓度 c 之间又呈线性关系,从而求得$[\eta]$。

3. 大分子电解质溶液的电泳

在外加电场的作用下,带电的大分子电解质基团可以发生定向迁移现象,即大分子电解质的电泳(electrophoresis)。影响电泳速率的因素有很多,除了大分子本身所带的电荷多少、分子的大小和结构外,大分子电解质电泳的速率还与溶液的 pH 值、离子强度等有很大的关系。例如,pH>pI 时,蛋白质大分子带负电,电泳时向正极运动;pH<pI 时,蛋白质大分子带正电,电泳时向负极运动;而在等电点时,大分子电解质在外电场中不运动。大分子电解质所带净电荷越多,电泳速率越快,利用这个性质,可以将大分子电解质混合溶液分离、纯化。

 NOTE

知识拓展

电 泳 技 术

电泳有不同的类型,如凝胶电泳、毛细管电泳、等电聚焦电泳等。电泳技术目前已被广泛应用于物质的分离纯化,如用于分离多肽、蛋白质、核酸等大分子电解质。该技术已经成为分子生物学、医学检验、病理研究等不可缺少的重要分析手段,在基础理论研究、医药卫生、工业生产、法医学和商品检验等领域发挥着重要作用。

毛细管电泳(CE),是一类以毛细管为分离通道、以高压直流电场为驱动力的新型液相分离技术,依据各组分之间淌度和分配行为上的差异实现对样品的分离。在 pH>3 时,毛细管电泳所用的石英毛细管柱内表面带负电,与缓冲液接触时形成双电层,在高压电场作用下,形成双电层一侧的缓冲液由于带正电而向负极方向移动,从而形成电渗流。同时,在缓冲液中,带电粒子在电场作用下,以各自不同的速度向其所带电荷极性相反方向移动,形成电泳。各种粒子由于所带电荷、质量、体积以及形状不同等因素引起迁移速度不同而实现分离。毛细管电泳仪具有多种分离模式,其应用十分广泛,小到无机离子,大到生物大分子和超分子,甚至整个细胞,都可以利用毛细管电泳进行分离检测。目前,毛细管电泳已应用于生命科学、医药科学、分子生物学、化学、农学、药物生产过程监控、产品质检以及单细胞和单分子分析等领域,发展迅速,令人瞩目。

三、大分子电解质溶液的稳定性

大分子电解质的稳定性主要是由大分子带电基团的高电荷密度和高度水化决定的。高电荷密度使大分子间产生足够的静电斥力,加上弹性水化膜的存在使大分子能够在溶液中稳定,但是,只要能够改变大分子电解质的电荷密度或破坏水化层,就会影响大分子电解质的稳定性。因此,大分子电解质在溶液中的稳定性是相对的,如大分子电解质对外加电解质十分敏感,加入酸、碱和盐可使大分子电解质链上的电荷密度发生变化或使水化膜遭到破坏,从而影响其稳定性。影响大分子电解质稳定性的因素常可归纳为以下几个方面。

1. 无机盐

向大分子电解质溶液中加入无机盐类会使大分子电解质溶解度降低而析出,这种现象称为盐析。例如,向蛋白质水溶液中加入 $(NH_4)_2SO_4$、Na_2SO_4 等高浓度的盐,会使蛋白质脱去水化膜而发生聚沉。向多种蛋白质的混合溶液中逐渐加入不同浓度的无机盐,可将混合液中的蛋白质按摩尔质量大小不同盐析分离,这种分离蛋白质的操作称为分段盐析。摩尔质量较大的蛋白质分子先析出,继续加入盐,摩尔质量较小的蛋白质分子后析出。盐析一般不会引起大分子电解质性质的改变,除去加入的盐以后,大分子电解质又可恢复溶解。

2. 酸碱试剂

加入酸或碱使大分子电解质溶液发生聚沉,是通过调节大分子电解质溶液的 pH 值来实现的。加入酸或碱,会使大分子电解质链上所带净电荷减少,降低大分子电解质链的电荷密度,大分子间静电斥力减弱,大分子聚沉。

3. 重金属盐

带负电荷的大分子电解质容易与重金属离子,如 Hg^{2+}、Pb^{2+}、Cu^{2+}、Ag^+ 等结合形成不溶性盐而沉淀。临床上治疗重金属离子中毒,口服大量的蛋白质类溶液,如牛奶、豆浆等进行解毒,利用的就是这个原理。

4. 有机溶剂

向大分子电解质溶液中加入一定量的极性有机溶剂,如无水乙醇、丙酮等,可使大分子电解质脱去水化膜并引起介电常数改变,从而增加带电单分子质点之间的相互作用,最终使大分子电解质相互聚集产生沉淀。

5. 加热

部分大分子电解质在高温条件下发生变性。例如,蛋白质在高温下其天然结构解体,疏水基团外露,水化层被破坏引起凝固沉淀。

四、大分子电解质溶液的渗透压与唐南平衡

利用渗透压法测定大分子电解质的平均摩尔质量时发现,渗透压值往往偏高,导致测定结果不准确。大分子电解质溶液比大分子非电解质溶液情况要复杂一些,溶液中除了含有不能通过半透膜的大分子离子外,还有能通过半透膜且其分布又会受到大分子离子影响的小离子存在。测定大分子电解质溶液渗透压值往往偏高,正是带电大分子离子的存在使平衡时小分子离子分布不均匀而造成的。英国物理化学家唐南从热力学的角度合理阐述了平衡时膜两侧离子的分布情况,故该现象以他的名字命名,称为唐南平衡(Donnan equilibrium)或唐南效应(Donnan effect)。在测定大分子电解质溶液的渗透压时,必须设法消除唐南效应引起的测定误差。研究唐南平衡对医学和生物学中研究细胞膜内、外渗透压平衡具有重要的指导意义。

(一)不带电荷大分子电解质溶液的渗透压

在半透膜内侧放置浓度为 c_1 的不带电荷大分子电解质水溶液,外侧放置浓度为 c_2 的 NaCl 小分子离子溶液。在该体系中,大分子不能透过半透膜,而小分子 NaCl 能透过半透膜。当达到渗透平衡时,大分子仍留在膜的内侧,而为了保持 NaCl 在膜两侧的化学势相等,平衡时 NaCl 在膜两侧均匀分布。根据渗透压计算公式 $\Pi = cRT$,此处的浓度 c 应为膜两侧的浓度差,即产生的渗透压为

$$\Pi = \left[\left(c_1 + \frac{c_2}{2} \right) - \frac{c_2}{2} \right]RT = c_1 RT \qquad (8\text{-}18)$$

由该式可知,小分子电解质不影响不带电荷大分子电解质溶液的渗透压。

(二)带电荷大分子电解质溶液的渗透压

带电荷大分子电解质溶液比不带电荷大分子电解质溶液的情况要复杂,大分子电解质在溶液中往往能电离产生不透过半透膜的大分子离子和能透过半透膜的小分子离子。同样,在半透膜内侧放置浓度为 c_1 的大分子电解质 $Na_z R$ 溶液,外侧放置浓度为 c_2 的等体积 NaCl 溶液。假设该大分子电解质在水溶液中完全解离

$$Na_z R \longrightarrow zNa^+ + R^{z-}$$

以下,我们分膜外侧 NaCl 浓度 $c_2 = 0$ 与 $c_2 \neq 0$ 两种情况进行讨论。

(1)若 $c_2 = 0$,即外侧放置的是纯溶剂水。此时,大分子离子 R^{z-} 由于分子较大不能透过半透膜,为了保持溶液的电中性,Na^+ 也不会透过半透膜。那么,达到平衡时,半透膜内侧溶液中离子总浓度为 $(1+z)c_1$,大分子电解质溶液产生的渗透压为

$$\Pi = (1+z)c_1 RT \qquad (8\text{-}19)$$

此时,大分子电解质溶液的渗透压由大分子离子和小分子离子共同贡献,而大分子离子实际贡献的渗透压只有总渗透压的 $\dfrac{1}{1+z}$。

(2)若 $c_2 \neq 0$,由于开始时膜内没有 Cl^-,膜外 Cl^- 会向膜内扩散。为了保持溶液的电中性,同时也会有等量的 Na^+ 向膜内扩散。当达到平衡时,假设进入膜内的 NaCl 浓度为 x,则平

NOTE

衡后膜内、外离子的分布见图 8-6。

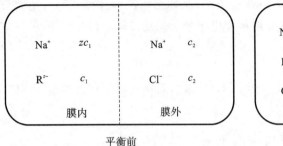

图 8-6 唐南平衡前后离子分布示意图

平衡时，NaCl 在膜两侧的化学势相等，即

$$\mu(NaCl,内)=\mu(NaCl,外)$$

$$RT\ln a(NaCl,内)=RT\ln a(NaCl,外)$$

则有

$$a(Na^+,内) \cdot a(Cl^-,内)=a(Na^+,外) \cdot a(Cl^-,外)$$

在稀溶液中，用浓度代替活度，则有

$$(zc_1+x)x=(c_2-x)^2$$

解得

$$x=\frac{c_2^2}{zc_1+2c_2} \qquad (8-20)$$

平衡时，膜外、膜内 NaCl 的浓度之比为

$$\frac{c(NaCl,外)}{c(NaCl,内)}=\frac{c_2-x}{x}=1+\frac{zc_1}{c_2} \qquad (8-21)$$

由式(8-21)可知，达到平衡时，膜内、外两侧小分子电解质 NaCl 的浓度必定不相等。当膜外侧 NaCl 的浓度很小，即 $c_1 \gg c_2$ 时，则 $c(NaCl,外) \gg c(NaCl,内)$，表明平衡时 NaCl 主要分布在膜外；相反，当膜外侧 NaCl 的浓度很大，即 $c_1 \ll c_2$ 时，则 $c(NaCl,外) \approx c(NaCl,内)$，表明平衡时 NaCl 在膜内、外浓度几乎相等，近似均匀分布。

根据渗透压计算公式 $\Pi=cRT$，达到唐南平衡时，膜内、外溶液中所有质点产生的渗透压分别为

$$\Pi(内) = RT[(z+1)c_1+2x]$$

$$\Pi(外) = 2RT(c_2-x)$$

膜内、外渗透压作用方向相反，因此，溶液总的渗透压为

$$\Pi = \Pi(内)-\Pi(外) = RT[(z+1)c_1-2c_2+4x]$$

将式(8-20)中的 x 代入上式，得

$$\Pi = c_1RT\frac{z^2c_1+zc_1+2c_2}{zc_1+2c_2} \qquad (8-22)$$

式(8-22)是大分子电解质溶液渗透压的计算公式。

例 8-2 298.15 K 时，在半透膜内侧的 Na_2R 大分子电解质溶液的浓度为 0.005 $mol \cdot dm^{-3}$，膜外侧等体积的 NaCl 溶液浓度为 0.02 $mol \cdot dm^{-3}$。计算：达到唐南平衡时，膜内、外各离子的浓度及溶液的总渗透压。

解：设达到唐南平衡时，向膜内扩散的 NaCl 浓度为 x $mol \cdot dm^{-3}$。

那么平衡时，膜内各离子浓度：Na^+，$(2 \times 0.005+x)$ $mol \cdot dm^{-3}$

$$Cl^-，x \ mol \cdot dm^{-3}$$

$$R^{2-}, 0.005 \ \text{mol} \cdot \text{dm}^{-3}$$

膜外各离子浓度：Na^+，$(0.02-x) \ \text{mol} \cdot \text{dm}^{-3}$；$Cl^-$，$(0.02-x) \ \text{mol} \cdot \text{dm}^{-3}$。

到达平衡时，NaCl 在膜内、外的化学势相等，以浓度代替活度，则有

$$(0.01+x) \cdot x = (0.02-x)^2$$

解得 $x = 0.008 \ (\text{mol} \cdot \text{dm}^{-3})$

将 x 的值代入上述各离子浓度中，得

$$c(R^{2-}, 内) = 0.005 (\text{mol} \cdot \text{dm}^{-3})$$

$$c(Na^+, 内) = 0.018 (\text{mol} \cdot \text{dm}^{-3})$$

$$c(Cl^-, 内) = 0.008 (\text{mol} \cdot \text{dm}^{-3})$$

$$c(Na^+, 外) = c(Cl^-, 外) = 0.012 (\text{mol} \cdot \text{dm}^{-3})$$

到达平衡时，膜内、外溶液的渗透压分别计算如下：

$\Pi(内) = RT[c(R^{2-}, 内) + c(Na^+, 内) + c(Cl^-, 内)] = 8.314 \times 298.15 \times 0.031 \times 10^3 \approx 76.84 (\text{kPa})$

$\Pi(外) = RT[c(Na^+, 外) + c(Cl^-, 外)] = 8.314 \times 298.15 \times 0.024 \times 10^3 \approx 59.49 (\text{kPa})$

因此，溶液的总渗透压 $\Pi = \Pi(内) - \Pi(外) = 17.35 \ (\text{kPa})$

（三）唐南效应的消除

综上所述，在某些情况下小分子离子的存在会影响大分子离子溶液渗透压的测定。但是，根据式(8-22)，当膜外侧的小分子电解质浓度很高（$zc_1 \ll c_2$）时，大分子电解质溶液的渗透压可近似处理为

$$\Pi = c_1 RT \frac{z^2 c_1 + z c_1 + 2 c_2}{z c_1 + 2 c_2} \approx c_1 RT \tag{8-23}$$

此时，溶液的渗透压可看作由大分子电解质贡献，小分子离子的干扰可忽略不计。而此时利用渗透压法测得的大分子电解质的平均摩尔质量才较准确。

因此，为确保测定的准确性，利用渗透压法测定大分子电解质的平均摩尔质量时，要尽量消除唐南效应的影响。消除唐南效应影响的基本思路是降低膜内大分子离子浓度 c_1，或升高膜外小分子浓度 c_2。常用的方法有以下三种。

（1）降低膜内大分子电解质溶液的浓度，以测定稀溶液为宜。

（2）在采用稀溶液测定的前提下，尽量降低大分子电解质的解离度。例如调节溶液 pH 值使其接近蛋白质的等电点，可降低蛋白质分子的解离度。降低大分子电解质的解离度是削弱唐南效应的有效方法。

（3）测定渗透压时，膜外侧放置一定浓度的小分子离子溶液，使小分子离子在膜两侧的分布基本均匀，以削弱小分子离子引起的测量误差。

第四节 凝 胶

在适当条件下，大分子或溶胶质点相互交联成空间网状结构，分散介质填充于网状结构空隙，形成没有流动性的半固态胶冻，称为**凝胶**(gel)。若分散介质为水，则形成的凝胶称为水凝胶(hydrogel)。细胞膜、血管壁、肌肉组织的纤维等都属于凝胶状物质，一些生理现象，如血液凝结、细胞衰老等也与凝胶的性质有关。药剂学中的凝胶制剂，就是将药物溶解或均匀分散于凝胶中形成的药物剂型。常见的凝胶有水玻璃、离子交换树脂、聚丙烯酰胺凝胶等，生活中常

见的豆腐、果冻、皮冻等也是凝胶。

凝胶是处于固体和液体之间的一种特殊存在状态,通常是由固-液或固-气两相构成的分散系统。凝胶具有一定的几何形状,具有弹性、无流动性、屈服应力等固体的特征。同时,凝胶也具有某些液体的特征,如离子在水凝胶中的扩散速率与其在水溶液中接近。

根据分散相质点的刚柔性及形成凝胶时质点联结的结构强度,可以将凝胶分为刚性凝胶(rigid gel)和弹性凝胶(elastic gel)两类。刚性凝胶包括 SiO_2、V_2O_5、TiO_2、Al_2O_3 等无机物分散相质点形成的凝胶,该类凝胶分散质点本身的结构具有刚性,吸收或脱除分散介质时体积变化不大,脱除分散介质后不能再重新吸收,也称不可逆凝胶。弹性凝胶一般由柔性的线型大分子形成,如琼脂、明胶等,该类凝胶吸收或脱除分散介质都是可逆的,也称为可逆凝胶。弹性凝胶脱除分散介质后,剩下的具有网状结构的固体状分散相质点,称为干凝胶,干凝胶对分散介质的吸收具有选择性。

一、凝胶的形成与结构

常用的凝胶制备方法有分散法和凝聚法两种。干凝胶吸收适宜的分散介质使分散相分散形成凝胶的方法称为分散法。凝聚法则是指在适当的条件下,使大分子或溶胶从分散介质中析出,分散相质点交联成网状结构而形成凝胶的方法。这里主要介绍几种凝聚法,具体方法如下。

1. 改变温度

在不同温度下,大分子化合物在分散介质中的溶解情况不同。许多大分子在温度较高时形成大分子溶液,当温度降低时,其溶解度随之降低使得大分子析出,大分子链进而相互交联形成凝胶;而有些大分子则在温度升高时形成凝胶。例如,将琼脂糖加热到 90 ℃ 以上可形成透明溶液,将其溶液逐渐冷却至 35 ℃ 即可得到琼脂糖凝胶;而将 2% 的甲基纤维素水溶液温度升高至 50～60 ℃ 可形成凝胶。

2. 改变溶剂

将溶剂改为对分散相溶解度相对较小的溶剂,使得分散相质点析出交联形成凝胶。如向果胶水溶液中加入一定量的无水乙醇即可形成凝胶。

3. 加电解质

在大分子溶液或溶胶中加入一定浓度的电解质可以形成凝胶。例如,向高浓度的硅酸溶液中加入电解质可发生聚沉形成凝胶。

4. 化学反应

通过化学反应使大分子链间相互连接形成空间网状结构是大分子溶液形成凝胶的常见方法。例如,常用的聚丙烯酰胺凝胶就是丙烯酰胺单体和甲叉双丙烯酰胺交联剂按一定比例混合,在催化剂(如过硫酸铵)作用下聚合而成的交叉网状结构的凝胶。

凝胶的微观结构是三维网状的,具体可分为以下四种。

(1) 球形分散相相互连接成长链,长链之间再形成三维网状结构,如图 8-7(a)所示,包括 SiO_2、TiO_2 凝胶等。

(2) 棒状或片状分散相头碰头相互连接成三维网状结构,如图 8-7(b)所示,包括 V_2O_5、白土凝胶等。

(3) 线型大分子构成局部区域有序排列的微晶区,整个网络是微晶区与无定形区相互间隔,如图 8-7(c)所示,包括明胶、纤维素凝胶等。

(4) 网状结构大分子化合物通过化学交联可以形成网状结构,如图 8-7(d)所示,包括硫化橡胶、聚苯乙烯凝胶等。

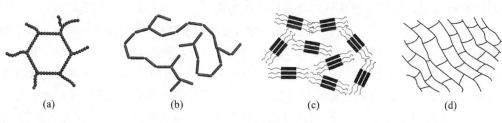

(a)　　　　　(b)　　　　　(c)　　　　　(d)

图 8-7　凝胶网状结构示意图

二、胶凝作用及影响因素

溶胶或大分子溶液在适当条件下转变为凝胶的过程称为**胶凝**（gelation）。影响胶凝作用的因素主要有以下几个方面。

1. 溶液浓度

当溶液浓度较大时，分散相质点间的距离小，胶凝的速度快；而当溶液浓度较小时，胶凝的速度慢，甚至不会胶凝。例如，明胶浓度低于 0.7% 时不形成凝胶，SiO_2 浓度低于 1% 时难以形成凝胶。溶液胶凝的最低浓度与质点的形状和溶剂化程度有关。

2. 温度

一般情况下，温度升高，分子热运动加剧，不利于形成空间网状结构，因此，降温对胶凝作用有利。但是，有些分散相的溶解度随温度升高而降低，其胶凝速度随温度升高而加快。

3. 电解质

电解质对胶凝过程的影响主要来自阴离子，不同离子对胶凝过程的影响是不同的，有些可以加快胶凝，有些则减慢甚至抑制胶凝。例如，不同阴离子对明胶形成过程的影响：SO_4^{2-} > $C_4H_4O_6^{2-}$（酒石酸根）> Ac^- > Cl^- > NO_3^- > ClO_3^- > Br^- > I^- > SCN^-，Cl^- 以前的各离子能加速胶凝，Cl^- 及以后的各离子能减慢胶凝，I^- 和 SCN^- 则阻止胶凝。

4. 溶液 pH 值

pH 值对某些凝胶的形成影响非常大。例如，SiO_2 溶胶在中性条件下胶凝速度最快，而在酸性或碱性的环境下胶凝时间都较长。

三、凝胶的性质

凝胶的三维网状结构使其具有以下一些特殊性质。

（一）溶胀作用

溶胀作用（膨胀作用）是弹性凝胶特有的性质，是指凝胶吸收分散介质后自身体积明显增大的现象。

凝胶溶胀可分为无限溶胀和有限溶胀。无限溶胀是指凝胶吸收分散介质使体积增大，进而使凝胶网状结构破解，最终完全溶解形成均相溶液的过程。而有限溶胀是指凝胶只吸收一定量的分散介质使凝胶体积增大，网状结构只膨大不被破坏的过程。凝胶的溶胀通常分为两个阶段：第一阶段是溶剂分子向凝胶内部扩散，与大分子紧密结合形成溶剂化层，此阶段速度快、时间短，伴随有热效应；第二阶段是溶剂分子向凝胶网状结构内部渗透，凝胶吸收大量溶剂，体积明显增大。凝胶溶胀的程度与凝胶的结构、分散介质及外界环境等因素有关，改变外界条件，可以使有限溶胀转变为无限溶胀。例如，明胶在室温下在水中发生有限溶胀，而水温升高至 40 ℃ 以上就会发生无限溶胀。

（二）离浆作用

离浆作用是凝胶不稳定的一种表现，凝胶在放置过程中，分散介质自动从凝胶中分离出来

NOTE

271

使凝胶体积收缩但仍保持最初几何形状的现象称为离浆。产生离浆的原因是组成凝胶网状骨架的质点由于热运动和分子间的吸引而相互靠近,促使网状结构收缩,排挤出部分液体。弹性凝胶和刚性凝胶都有离浆作用,但二者又不完全相同。弹性凝胶的离浆是可逆的,可看作溶胀过程的逆过程,离浆后的弹性凝胶可以吸收溶剂恢复原状。而刚性凝胶发生离浆后则不能吸收溶剂恢复原状,是不可逆的。凝胶的离浆与物质的干燥失水不同,干燥失水除去的仅仅是水,而离浆出来的液体除了溶剂分子,还包括部分溶质。离浆现象在自然界中非常普遍,它是凝胶老化的表现,例如细胞老化失水、皮肤随年龄增大变皱等都属于离浆现象,了解与人体相关的离浆现象有助于研究衰老过程。

（三）触变作用

凝胶在外力作用下,其空间网状结构解体,状态会由半固态变为流体,而当外力去除时,又可恢复为半固态,这种现象称为凝胶的触变作用。这种凝胶称为触变性流体,触变作用也是可逆的。发生触变的原因是当受外力作用时,凝胶的网状结构受到破坏,线型分子相互离散,出现流动性;而去除外力后,线型分子又重新交联恢复网状结构。

（四）扩散作用

凝胶是半固态的,兼具固体和液体的性质。凝胶的分散介质和具有网状结构的分散相都是连续的,因此,当凝胶的浓度较低时,小分子在凝胶中的扩散速率与在溶液中相近。但是,大分子物质在凝胶中的扩散速率要比在溶液中慢得多,这主要是由于大分子体积较大,而凝胶的三维网状结构具有分子筛的作用。分子越大,在凝胶中的扩散速率越慢,分子越小,扩散速率越快。利用凝胶的分子筛作用,可对不同大小的大分子进行分离纯化。例如,在浓度为7.5%、平均孔径为 5 nm 的聚丙烯酰胺凝胶中,直径为 3.8 nm 的血清蛋白较易通过,而直径为 18.5 nm 的 β-脂蛋白则较难通过,从而实现两种蛋白质的分离。另外,在电场的作用下,一些较大的带电大分子也可挤过凝胶的网状结构,凝胶电泳的分离效果更佳。基于此而发展起来的凝胶色谱和凝胶电泳在分离纯化检测等方面也已得到广泛应用。

（五）化学反应

在凝胶中也可发生化学反应,但由于其半固态性质,不能进行均匀的混合,因此在凝胶中发生的化学反应与在溶液中有明显不同。例如,在凝胶中发生化学反应生成的沉淀会呈现出

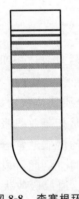

图 8-8 李塞根环
示意图

周期性分布。如图 8-8 所示,将含有 0.1% $K_2Cr_2O_7$ 的明胶溶液置于试管中,冷却形成凝胶。然后,在试管上端加入一层浓度为 0.5% 的 $AgNO_3$ 溶液。$AgNO_3$ 向下扩散,遇到 $K_2Cr_2O_7$ 反应生成砖红色的 $Ag_2Cr_2O_7$ 沉淀。但静置几天后发现,沉淀并不均匀,而是在凝胶中出现间歇分布的砖红色沉淀环。这个现象是 1896 年德国化学家李塞根 (Raphael E. Liesegang) 发现的,故称为李塞根环。形成李塞根环的原因是高浓度的 $AgNO_3$ 从上向下扩散,遇到 $K_2Cr_2O_7$ 反应生成 $Ag_2Cr_2O_7$ 沉淀,此时周围区域的 $K_2Cr_2O_7$ 浓度降低,不足以再生成沉淀,因而出现无沉淀的空白区域。当 $AgNO_3$ 继续往下扩散时,再次遇到高浓度的 $K_2Cr_2O_7$ 生成 $Ag_2Cr_2O_7$ 沉淀,此过程重复出现,便形成了一个个的沉淀环。但随着反应物的消耗,从上到下沉淀环间隔逐渐变大、沉淀环颜色逐渐变浅、距离也逐渐变宽。天然玛瑙宝石上的花纹、树木的年轮、层状析出的胆肾结石等周期性的结构,可以用具有毛细管、多孔介质的情况下或在无对流局部环境中形成李塞根环的现象来解释。

第五节 大分子化合物在药物制剂中的应用

近年来,随着临床上对不同种类药物制剂需求的不断增长,以药物安全性、有效性为基础,以药物缓释靶向递送系统为代表的实用性制剂技术,得到了快速发展。其中,大分子化合物在药物制剂领域也发挥着非常重要的作用。表 8-4 中列出了药物制剂生产过程中常见的大分子化合物及其用途,可以看出,大分子化合物可以用作各种制剂中的辅料,发挥稀释剂、黏合剂、稳定剂、助悬剂、增稠剂等作用。

表 8-4 药物制剂中常见的大分子化合物及用途

大分子化合物	用 途
淀粉	稀释剂、崩解剂、黏合剂、助流剂
微晶纤维素	赋形剂、黏合剂、填充剂、稀释剂、崩解剂
羧甲基纤维素钠	助悬剂、稳定剂、增稠剂、崩解剂、黏合剂
阿拉伯胶	乳化剂、增稠剂、助悬剂、黏合剂、保护胶体
明胶	囊材料、包衣材料、栓剂基质、黏合剂
聚丙烯酸(钠)	基质、分散剂、增稠剂、增黏剂
丙烯酸-丙烯基蔗糖共聚物	凝胶剂基质、助悬剂、辅助乳化剂、增黏剂
丙烯酸树脂	包衣材料、膜材料、黏合剂
聚乙烯聚吡咯烷酮	助悬剂、增稠剂、黏合剂、涂膜剂材料
聚乙二醇	栓剂和软膏剂基质、助悬剂、增稠剂、增溶剂
泊洛沙姆	基质材料、分散剂、助悬剂、增黏剂

有些大分子化合物本身就是具有药理活性的药物,有些则可用作其他药物的载体材料来改善药物的释放速率、靶向性、疗效等。下面从三方面简述大分子化合物在药物制剂领域的重要应用。

一、具有药理活性的大分子化合物

具有药理活性的大分子化合物可直接用作药物,是真正意义上的大分子药物,如酶制剂、多糖、激素、疫苗、血液制品、细胞治疗制剂、细胞因子药物等。具有药理活性的大分子药物可以分为天然大分子药物和人工合成的大分子药物。这些大分子化合物通过与人体生理组织进行物理或化学反应,或通过刺激机体免疫系统产生免疫物质等途径,发挥治疗疾病的作用。大分子药物可用于治疗肿瘤、艾滋病、心脑血管疾病等人体重大疾病,被认为是 21 世纪药物研发具有前景的研究领域之一。

(一)天然大分子药物

常见的天然大分子药物有多糖、多肽、蛋白质、核酸等。作为药物,许多天然大分子在医药领域已展现出广泛的用途。例如,壳寡糖可抑制肿瘤组织新生血管的生长,切断肿瘤营养来源和转移途径,从而抑制肿瘤细胞的增殖;真菌壳聚糖可抑制某些炎症性疾病的发展,并具有一定的降脂作用;灵芝多糖可以提高细胞中白介素、干扰素和肿瘤坏死因子的水平,从而激活机体的免疫系统,抵抗疾病。

蛋白质药物由于其活性高、特异性强、毒性低、安全可靠,已成为医药产品中重要的组成部分。1982 年,重组胰岛素投放市场,标志着第一个重组蛋白质药物的诞生。后来,随着生物提

NOTE

取技术的发展,蛋白质类药物的数量和种类不断增多,如干扰素、白细胞介素、人生长激素、红细胞生成素、粒细胞-巨噬细胞集落刺激因子、粒细胞集落刺激因子等。

(二)合成大分子药物

现在,大分子药物的发展越来越快,人工合成的大分子药物在医药领域也发挥着越来越重要的作用。通过化学技术或基因工程、细胞工程等生物技术手段,可合成用于疾病预防、诊断及治疗的大分子药物,如疫苗、血液制品、化学共聚物等。

下面简要介绍几种人工合成的大分子药物及其生物医学功能。聚二甲基硅氧烷表面张力低,物理化学性质稳定,可用作医用消泡剂,用于治疗急性肺水肿和胃胀气;明胶、葡萄糖聚合物、羟乙基淀粉等大分子溶液,可作为血浆替代物来维持血管内胶体渗透压及血容量恒定;聚乙烯 N-氧吡啶更容易吸附二氧化硅粉尘,避免二氧化硅进入人体后直接与细胞接触,因此,聚乙烯 N-氧吡啶可用于治疗因吸入含游离二氧化硅粉尘所引起的急慢性硅肺病,并具有较好的预防作用;肝素是一种生物体内与血液有良好相容性的多糖,具有有效的抗凝血功能;阴离子聚合物二乙烯基醚与顺丁烯二酐的吡喃共聚物是一种干扰素诱发剂,不仅能够抑制各种病毒的繁殖,具有持久的抗肿瘤活性,而且还有良好的抗凝血活性。此外,具有药理活性的高分子药物还有聚氨基酸类聚合物类抗癌剂、具有乙烯基咪唑聚合物结构的合成酶、顺丁烯二酸酐共聚物类抗病毒药物、治疗腹泻或便秘的肠道药等。

二、大分子化合物作为药物载体

大分子药物载体本身没有药理作用,也不与药物发生化学反应,载体材料与药物分子通过微弱的物理或化学作用结合在一起。虽然起治疗作用的仍然是小分子药物,但大分子化合物作为药物载体,可发挥以下作用:改变药物进入人体的方式、延长药物的作用时间以减少给药次数、提高药物的选择性、降低药物的毒副作用、将药物靶向输送到特定的作用位点等。例如,将阿司匹林与聚乙烯醇酯化形成的高分子化合物,比游离的阿司匹林具有更好的药效,因此,实际用药时可减小药物用量或减少用药次数,实现药物缓释,降低对肠胃的刺激。又如,通过高分子化合物将青霉素键合到乙烯醇和乙烯胺共聚物骨架上得到水溶性高分子抗生素,其药效保持时间可比小分子青霉素延长 30~40 倍。

理想的大分子药物载体应该具备以下特征:有较高的载药量和包封率、有较易操作的制备和提纯方法、载体本身可生物降解、毒性较低或无毒等。用作药物载体的大分子材料可分为三类:①天然大分子材料,如胶原、蛋白类、阿拉伯树胶、淀粉衍生物、海藻酸盐等,这类材料性质稳定、毒性低,是较常用的载体材料;②半合成大分子材料,如羧甲基纤维素、甲基(或乙基)纤维素、邻苯二甲酸纤维素、丁酸醋酸纤维素、琥珀酸醋酸纤维素等;③合成大分子材料,如聚碳酸酯、聚乳酸、聚氨基酸、聚丙烯酸树脂、聚甲基丙烯酸甲酯、聚甲基丙烯酸羟乙酯、聚合酸酐及羧甲基葡萄糖等。

三、缓控释制剂中常用的大分子化合物

某些大分子化合物载体,可以通过控制给药浓度、给药时间及靶向识别,而成为药物缓释、控释中的理想给药系统。药物缓控释制剂可以提高药物的利用率、有效性和安全性,降低给药频率,因而成为目前药物研发的热点之一。缓控释制剂中起缓释和控释作用的辅料多为大分子化合物。利用大分子聚集态结构特点和溶胀、溶解及降解性质,通过溶出、扩散、溶蚀、降解、渗透、离子交换等作用,从而达到药物缓释、控释的目的。常用的大分子阻滞材料可分为水溶性或凝胶骨架材料、不溶性骨架材料、可溶蚀的骨架材料、可生物降解骨架材料等,见表8-5。

NOTE

表 8-5　缓控释制剂中常用的大分子阻滞材料

阻滞材料类型	大分子化合物
水溶性骨架材料	羟丙甲纤维素、甲基纤维素、羟乙基纤维素、羧甲基纤维素、海藻酸钠、聚维酮、卡波普、壳聚糖、胶原、聚羟乙基甲基丙烯酸酯、聚羟丙基乙基甲基丙烯酸酯
不溶性骨架材料	乙基纤维素、尼龙、聚烷基氰基丙烯酸酯、聚甲基丙烯酸酯、聚乙烯、聚氯乙烯、聚脲、硅橡胶
可溶蚀骨架材料	巴西棕榈蜡、氢化植物油、硬脂醇、单硬脂酸甘油酯、聚乙二醇、聚乙二醇单硬脂酸酯、甘油酸酯
可生物降解骨架材料	聚乳酸、聚乙醇酸-聚乳酸共聚物、乳酸与芳香羟基酸共聚物、聚己内酯、聚氨基酸、壳聚糖、聚氰基丙烯酸酯、聚原酸酯

目前,针对恶性肿瘤药物制剂的研究中,非常重要的思路之一就是将抗癌药物与可降解的大分子化合物载体相结合,而大分子载体修饰定向识别器,与靶细胞表面的某些特异性分子等结合。当载体-药物定向进入靶细胞后,大分子载体被生物降解,而药物则被释放出来发挥疗效,从而有效避免了药物在其他组织中的释放。这类大分子化合物材料有聚丙交脂、聚苯乙烯、纤维素、纤维素-聚乙烯、聚羟基丙酸酯、明胶以及它们之间形成的共聚物等。

本章小结

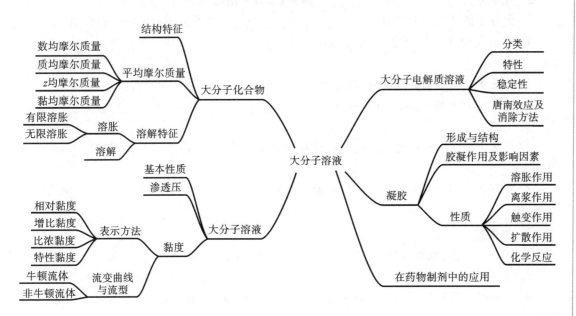

目标检测与习题

目标检测与习题答案

一、选择题

1. 大分子溶液与溶胶都属于胶体,两者之间最主要的区别是(　　　)。

A. 扩散速率不同　　　　　　　　B. 相状态和热力学稳定性不同

C. 黏度大小不同　　　　　　　　D. 渗透压大小不同

2. 测定大分子溶液中大分子化合物的平均摩尔质量,不宜采用(　　　)。

A. 光散射法　　　　　　　　　　B. 凝固点降低法

NOTE

C.黏度法　　　　　　　　　　　　D.渗透压法

3.工业上,为了将不同蛋白质分子分离,通常采用的方法是(　　)。

A.电泳　　　　　B.电渗　　　　　　C.沉降　　　　　　D.扩散

4.某大分子溶液可产生唐南平衡,该大分子是(　　)。

A.相对分子质量不均匀的非电解质大分子

B.电解质大分子

C.相对分子质量不很大的非电解质大分子

D.非电解质大分子

5.膜内放置大分子电解质溶液,膜外放置小分子电解质溶液,达到唐南平衡时,下列说法正确的是(　　)。

A.膜两边带电粒子的总数相同　　　　B.膜两边的离子强度相同

C.膜两边小分子电解质的浓度相同　　D.膜两边小分子电解质的化学势相同

6.测定大分子电解质溶液的渗透压时,要尽量消除唐南效应的影响,下列方法不宜采用的是(　　)。

A.增大小分子电解质的浓度　　　　　B.减小大分子电解质的解离度

C.降低大分子电解质的浓度　　　　　D.增大大分子电解质的浓度

二、填空题

1.大分子化合物是指平均摩尔质量大于_____的化合物。

2.胶体分为_____和_____两种,大分子溶液也称为_____。

3.大分子链结构中取代基的_____和_____对其分子的柔顺性有影响。

4.表示大分子平均摩尔质量的四种方法:_____、_____、_____和_____。

5.大分子化合物形成溶液时,要经历_____和_____两个阶段。

6.通常大分子溶液黏度的表示分为_____、_____、_____和_____四种表示法。

7.由于大分子电解质链上的高电荷密度和高度水化作用,溶液的黏度明显增大,这种现象称为_____。

8.要削弱唐南效应对渗透压测定的影响,应_____大分子电解质浓度。(填增大或减小)

三、判断题

1.大分子溶液,也称亲液胶体,与溶胶具有完全相似的性质。(　　)

2.大分子溶液是均相及热力学稳定系统,这是其区别于溶胶的最主要特征。(　　)

3.链段长度和链段数目是影响大分子柔顺性的两个因素,链段越短、数目越多,大分子柔顺性越强。(　　)

4.降低大分子电解质的解离度或增大小分子电解质的浓度可削弱唐南效应。(　　)

5.一定条件下,大分子溶液可以形成凝胶,在凝胶中不能发生化学反应。(　　)

四、简答题

1.如何理解大分子的柔顺性?哪些因素可以影响大分子的柔顺性?

2.大分子的平均摩尔质量通常有几种表示方式?分别有哪些实验方法可以测定?

3.如何选择合适的溶剂溶解大分子化合物?

4.什么是大分子电解质溶液的电黏效应?

5.如何理解唐南平衡或唐南效应?测定大分子电解质溶液的渗透压时如何消除唐南效

应的影响?

五、计算题

1. 某大分子化合物样品,含有摩尔质量 M_1 为 10 kg·mol⁻¹ 的分子 10 mol,摩尔质量 M_2 为 100 kg·mol⁻¹ 的分子 5 mol。试计算该大分子化合物的四种平均摩尔质量 M_n、M_m、M_z 和 M_η(设 α 为 0.6),并比较其大小关系。

$$[40 \text{ kg·mol}^{-1};85 \text{ kg·mol}^{-1};98 \text{ kg·mol}^{-1};80 \text{ kg·mol}^{-1}$$
大小顺序为 $M_z > M_m > M_\eta > M_n]$

2. 在 0.1 kg 摩尔质量为 100 kg·mol⁻¹ 的大分子溶液中,分别加入以下组分。

(1) 0.001 kg 摩尔质量为 10 kg·mol⁻¹ 的组分;

(2) 0.001 kg 摩尔质量为 1000 kg·mol⁻¹ 的组分。

计算:在这两种情况下,混合液的数均摩尔质量、质均摩尔质量及 z 均摩尔质量各为多少?从该计算结果可以得出什么结论?

$$[(1) 91.82 \text{ kg·mol}^{-1};99.11 \text{ kg·mol}^{-1};99.91 \text{ kg·mol}^{-1}$$
摩尔质量较小的组分对数均摩尔质量影响较大
$$(2) 100.90 \text{ kg·mol}^{-1};108.91 \text{ kg·mol}^{-1};181.82 \text{ kg·mol}^{-1}$$
摩尔质量较大的组分对质均摩尔质量和 z 均摩尔质量影响较大]

3. 在 298.15 K 时,不同浓度牛血清白蛋白的渗透压数据如下表所示。试求:牛血清白蛋白的数均摩尔质量。

$c/\text{kg·m}^{-3}$	18	30	40	50	56
Π/kPa	0.75	1.36	1.93	2.54	2.96

$$[68 \text{ kg·mol}^{-1}]$$

4. 通过实验测定,得到聚苯乙烯溶液的浓度和对应的相对黏度数据如下表:

$c/\text{g·dm}^{-3}$	0.78	1.12	1.50	1.76	2.00
η_r	1.206	1.307	1.423	1.510	1.592

已知:经验常数 K 为 1.03×10^{-5} dm³·g⁻¹,α 为 0.74。求聚苯乙烯的黏均摩尔质量。

$$[8.2 \times 10^2 \text{ kg·mol}^{-1}]$$

5. 半透膜内侧放置的是浓度为 1.28×10^{-3} mol·dm⁻³ 的大分子羧甲基纤维素钠溶液,膜的外侧放置的是小分子苄基青霉素钠溶液。当达到唐南平衡时,测得膜内侧苄基青霉素离子的浓度为 3.20×10^{-2} mol·dm⁻³。试计算此时膜外、膜内两侧苄基青霉素离子的浓度比。

$$[c(\text{外})/c(\text{内}) = 1.02/1]$$

6. 若半透膜的内侧放置的是某大分子 Na_3R 溶液,其浓度为 0.1 mol·m⁻³,而膜的外侧放置的是等体积浓度为 1.0 mol·m⁻³ 的 NaCl 溶液。试计算 298.15 K 时,达到平衡时膜两侧各离子的浓度及此时溶液的总渗透压。

$$[\text{膜内}:c_{R^{3-}} \ 0.1 \text{ mol·m}^{-3};c_{Na^+} \ 0.735 \text{ mol·m}^{-3};c_{Cl^-} \ 0.435 \text{ mol·m}^{-3}$$
膜外:c_{Na^+} 0.565 mol·m⁻³;c_{Cl^-} 0.565 mol·m⁻³。总渗透压:345 Pa]

（陆军军医大学　武丽萍）

物理化学模拟试卷一

一、选择题(每小题 1 分,共 30 分)

1. 下列哪个热力学量是系统的广度性质?(   )

A. p B. T C. μ D. H

2. 下列叙述中不属于状态函数特征的是(   )。

A. 经循环过程,状态函数的值不变

B. 状态函数均有加和性

C. 系统状态确定,状态函数的值也确定

D. 系统变化时,状态函数的改变值只由系统的始、终态决定

3. 任一体系经一循环过程回到始态,则不一定为零的是(   )。

A. ΔG B. ΔS C. ΔU D. Q

4. 在 101.325 kPa、373.15 K 下,1 mol $H_2O(l)$ 变成 $H_2O(g)$,则(   )。

A. $Q<0$ B. $\Delta U=0$ C. $W>0$ D. $\Delta H>0$

5. 已知反应 $C(s)+O_2(g) \longrightarrow CO_2(g)$ 的 $\Delta_r H_m^{\ominus}<0$,若常温、常压下在一刚壁绝热容器中,C 和 O_2 发生反应,则体系(   )。

A. $\Delta T<0$ B. $\Delta_r U<0$ C. $\Delta_r U=0$ D. $\Delta_r H=0$

6. $dU=C_V dT$ 及 $dU_m=C_{V,m} dT$ 适用的条件,完整地说应当是(   )。

A. 等容过程

B. 无化学反应和相变的等容过程

C. 组成不变的均相系统的等容过程

D. 无化学反应和相变且不做非体积功的任何等容过程,及无化学反应和相变而且系统内能只与温度有关的非等容过程

7. 下列关系式中,哪一个对于非理想气体适用?(   )

A. $C_p-C_V=nR$ B. $d\ln p/dT=\Delta H/RT^2$

C. $\Delta H=\Delta U+p\Delta V$(等压过程)   D. $pV^{\gamma}=$常数

8. 已知反应 $H_2(g)+\dfrac{1}{2}O_2(g)\!=\!\!=\!\!=\!H_2O(g)$ 的标准摩尔反应焓为 $\Delta_r H_m^{\ominus}(T)$,下列答案中不正确的是(   )。

A. $\Delta_r H_m^{\ominus}(T)$ 是 $H_2O(g)$ 的标准摩尔生成焓

B. $\Delta_r H_m^{\ominus}(T)$ 是 $H_2O(g)$ 的标准摩尔燃烧焓

C. $\Delta_r H_m^{\ominus}(T)$ 是负值

D. $\Delta_r H_m^{\ominus}(T)$ 与 $\Delta_r U_m^{\ominus}(T)$ 值不等

9. 在绝热封闭体系中发生一过程,体系的熵(   )。

A. 必增加   B. 必减少   C. 不变   D. 不能减少

10. 某体系从始态变化到终态,其 ΔG 不等于零的是( )。

A. 任何物质经过一个循环过程   B. 等温、等容,$W'=0$ 的不可逆过程

C. 等温、等容,$W'=0$ 的可逆过程   D. 任何纯物质的正常相变

11. 在 α、β 两相中都含有 A 和 B 两种物质,当达到相平衡时,下列情况正确的是( )。

A. $\mu_A^\alpha = \mu_B^\alpha$ B. $\mu_A^\alpha = \mu_A^\beta$

C. $\mu_B^\alpha = \mu_A^\beta$ D. $\mu_B^\alpha = \mu_B^\beta = \mu_A^\alpha = \mu_A^\beta$

12. 主要取决于溶解在溶液中粒子的数目,而不取决于这些粒子的性质的特性叫( )。

A. 一般特性   B. 依数性特征   C. 各向同性特性   D. 等电子特性

13. 某化学反应在 298.15 K 时的标准摩尔吉布斯自由能变为负值,则该温度时反应的 $K_p^\ominus$ 将是( )。

A. $K_p^\ominus = 0$ B. $K_p^\ominus < 0$ C. $K_p^\ominus > 1$ D. $K_p^\ominus < 1$

14. 对 NaCl(s) 与其饱和水溶液共存达平衡的两相系统,在同时考虑 NaCl 与水的电离的情况下,多项系统的物种数和自由度分别为( )。

A. 6、3   B. 6、2   C. 5、3   D. 5、2

15. 在 101325 Pa 下,水和水蒸气呈平衡的系统,其自由度 f 为( )。

A. 0   B. 2   C. 3   D. 1

16. 在双组分体系 T-x 图上,若有一极小点,则该点( )。

A. 为最低恒沸混合物

B. 为最高恒沸混合物

C. 所对应的组成在任何情况下都不发生变化

D. 在该点气、液两相的量相同

17. 如右图所示,描述正确的是( )。

A. MN 线上各点,系统存在两相平衡

B. M、N 点,系统存在两相平衡

C. E_1、E_2 点系统存在两相平衡

D. J、C、K 点系统存在两相平衡

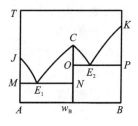

18. 用等边三角形法表示三组分(A、B、C)系统时,通过顶角 A 作一直线,线上任意物系应有( )。

A. 含 B 量不变   B. 含 C 量不变

C. 含 A 量不变   D. $\dfrac{c_B}{c_C}$(浓度比)值不变

19. 下列化合物中,哪种溶液的 Λ_m^∞ 可以用 Λ_m 对 $\sqrt{c}$ 作图外推至 $c \to 0$ 求得?( )

A. HAc   B. NaCl   C. $NH_3 \cdot H_2O$ D. CH_3CH_2OH

20. $MgCl_2$ 的摩尔电导率与其离子的摩尔电导率之间的关系是( )。

A. $\Lambda_m^\infty(MgCl_2) = \Lambda_m^\infty(Mg^{2+}) + \Lambda_m^\infty(Cl^-)$

B. $\Lambda_m^\infty(MgCl_2) = \dfrac{1}{2}\Lambda_m^\infty(Mg^{2+}) + \Lambda_m^\infty(Cl^-)$

C. $\Lambda_m^\infty(MgCl_2) = \Lambda_m^\infty(Mg^{2+}) + 2\Lambda_m^\infty(Cl^-)$

D. $\Lambda_m^\infty(MgCl_2) = 2[\Lambda_m^\infty(Mg^{2+}) + \Lambda_m^\infty(Cl^-)]$

21. 在等容条件下,$aA + bB \longrightarrow eE + fF$,其反应速率可以用任何一种反应物或生成物的浓度随时间的变化率来表示,则有关系式( )。

A. $-a\left(\dfrac{\mathrm{d}c_A}{\mathrm{d}t}\right)=-b\left(\dfrac{\mathrm{d}c_B}{\mathrm{d}t}\right)=e\left(\dfrac{\mathrm{d}c_E}{\mathrm{d}t}\right)=f\left(\dfrac{\mathrm{d}c_F}{\mathrm{d}t}\right)$

B. $\dfrac{\mathrm{d}c_A}{\mathrm{d}t}=\dfrac{b}{a}\left(\dfrac{\mathrm{d}c_B}{\mathrm{d}t}\right)=\dfrac{e}{a}\left(\dfrac{\mathrm{d}c_E}{\mathrm{d}t}\right)=\dfrac{f}{a}\left(\dfrac{\mathrm{d}c_F}{\mathrm{d}t}\right)$

C. $-\dfrac{f}{a}\left(\dfrac{\mathrm{d}c_A}{\mathrm{d}t}\right)=-\dfrac{f}{b}\left(\dfrac{\mathrm{d}c_B}{\mathrm{d}t}\right)=\dfrac{f}{e}\left(\dfrac{\mathrm{d}c_E}{\mathrm{d}t}\right)=\left(\dfrac{\mathrm{d}c_F}{\mathrm{d}t}\right)$

D. $a\left(\dfrac{\mathrm{d}c_A}{\mathrm{d}t}\right)=b\left(\dfrac{\mathrm{d}c_B}{\mathrm{d}t}\right)=e\left(\dfrac{\mathrm{d}c_E}{\mathrm{d}t}\right)=f\left(\dfrac{\mathrm{d}c_F}{\mathrm{d}t}\right)$

22. 在基元反应中（   ）。

A. 反应级数和反应分子数一定一致

B. 反应级数一定大于反应分子数

C. 反应级数一定小于反应分子数

D. 反应级数与反应分子数不一定总一致

23. 已知反应 $A\longrightarrow 2B$ 的速率方程为 $r=kc_A$，则该反应的半衰期 $t_{\frac{1}{2}}$ 为（   ）。

A. $2\ln2/k$ B. $\ln2/2k$ C. $4\ln2/k$ D. $\ln2/k$

24. 连续反应中，中间物的浓度随时间的变化（   ）。

A. 为零   B. 不变   C. 有一极小值   D. 有一极大值

25. 下列对于催化剂特征的描述中，不正确的是（   ）。

A. 催化剂只能改变反应到达平衡的时间，对已经达到平衡的反应无影响

B. 催化剂在反应前后自身的化学性质和物理性质均不变

C. 催化剂不影响平衡常数

D. 催化剂不能实现热力学上不能发生的反应

26. 下列叙述不正确的是（   ）。

A. 比表面吉布斯自由能的物理意义：在等温、等压下，可逆地增加单位表面积引起系统吉布斯自由能的增量

B. 表面张力的物理意义：单位长度的力，垂直作用于表面上任意单位长度的表面紧缩力

C. 比表面吉布斯自由能与表面张力量纲相同

D. 比表面吉布斯自由能单位为 $J\cdot m^{-2}$、表面张力单位为 $N\cdot m^{-1}$ 时，两者数值不同

27. 如下图所示，一段玻璃管内装有一液体，在标记位置处加热，则液体会（   ）。

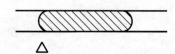

A. 左移   B. 右移   C. 不动   D. 左右摇摆移动

28. 对于物理吸附的描述中，下列不正确的是（   ）。

A. 吸附力来源于范德华力，其吸附一般不具选择性

B. 吸附热较小

C. 吸附层可以是单分子层或多分子层

D. 吸附速度较小

29. 为了研究方便，常将分散系统按粒子大小分类，胶粒的大小范围是（   ）。

A. 直径小于 1 nm   B. 直径为 10～100 nm

C. 直径大于 100 nm   D. 直径为 1～100 nm

30. 下列各电解质对某溶胶的聚沉值如下表所示：

电解质	KNO₃	MgSO₄	Al(NO₃)₃
聚沉值/(mol·dm⁻³)	50	0.81	0.095

该胶粒的带电情况为(　　)。

A. 带负电　　　　　　B. 带正电　　　　　　C. 不带电　　　　　　D. 无法确定

二、填空题(每题 1 分,共 10 分)

1. 25 ℃时,C_2H_4(g)的 $\Delta_c H_m^\ominus = -1410.97 \text{ kJ·mol}^{-1}$,$CO_2$(g)的 $\Delta_f H_m^\ominus = -393.51$ kJ·mol^{-1},H_2O(l)的 $\Delta_f H_m^\ominus = -285.85 \text{ kJ·mol}^{-1}$,则 C_2H_4(g)的 $\Delta_f H_m^\ominus =$ _____ kJ·mol^{-1}。

2. 利用熵变判断某一过程的自发性,适用于_____。

3. $CaSO_4$ 的饱和水溶液组分数和自由度数分别为_____和_____。

4. 对于沸点较高或性质不稳定的有机物,只要该有机物_____,即可用水蒸气蒸馏方法进行提纯。

5. 在一定温度和较小的浓度下,增大强电解质的浓度,则该强电解质的电导率_____,摩尔电导率_____。

6. 质量作用定律只适用于_____反应。

7. 某反应在一定条件下进行,其转化率为 30%;若加入催化剂,其转化率为_____。

8. 由基元反应构成的复杂反应 $A \underset{k_2}{\overset{k_1}{\rightleftharpoons}} B \overset{k_3}{\longrightarrow} C$,物质 B 的浓度变化 $dc_B/dt =$ _____。

9. 硫化砷溶胶的胶团结构式为 $[(As_2S_3)_m \cdot nHS^{-1} \cdot (n-x)H^+]^{x-} \cdot xH^+$,要使这种溶胶聚沉,可以加入电解质。$Na_2CO_3$、$BaCl_2$、$K_3[Fe(CN)_6]$、$NH_4NO_3$ 和 $[Co(NH_3)_6]Br_3$ 中,对上述溶胶聚沉能力最大的是_____。

10. 用润湿角判断润湿与否,能润湿时润湿角_____。

三、判断题(每小题 1 分,共 10 分;认为正确的打"√",错误的打"×")

1. 因理想气体的热力学能仅是温度的函数,而 $H = U + pV$,所以理想气体的焓与 p、V、T 均有关。(　　)

2. 体系达到平衡时熵值最大,吉布斯自由能最小。(　　)

3. 相图中的点都是代表体系状态的点。(　　)

4. 等温、等压下,三组分体系的自由度数最多为 2。(　　)

5. 电导率的单位为西门子。(　　)

6. 光化学反应的量子效率不可能大于 1。(　　)

7. 晴朗的天空呈蓝色,是太阳光被大气散射的结果。(　　)

8. 溶胶粒子因带有相同符号的电荷而相互排斥,因而在一定时间内能稳定存在。(　　)

9. 在烧瓶中加热纯净液体时,出现过热的原因是新生成的气泡蒸气压过大。(　　)

10. 高分子溶液的溶解度没有确定的值。(　　)

四、简答题(共 20 分)

1. (5分)简单画出水的相图,并结合相图阐述冷冻干燥法制备粉针剂的原理和优点。

2. (5分)化学热力学和化学动力学所解决的问题有何不同?

3. (10分)乙酸(A)与苯(B)的相图如下图所示。已知其低共熔点温度为 263 K,低共熔混合物中苯的质量分数 $w_B = 0.64$。

(1) 指出各相区所存在的相和自由度。

(2) 说明 CE、FEG 两条线和点 C、D、E 的含义。

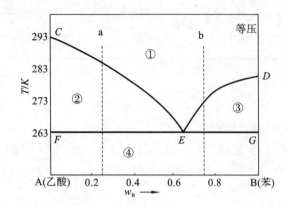

(3) 当 $w_B = 0.25$(a 点)和 $w_B = 0.75$(b 点)的溶液由 298 K 冷却至 258 K 时,指出冷却过程中的相变化,并画出相应的步冷曲线。

五、计算题(共 30 分)

1. (15 分)2 mol 的理想气体,始态为 27 ℃、20 dm³,在等温条件下分别经下列过程膨胀到 50 dm³:(1)可逆膨胀;(2)向真空膨胀;(3)等外压下膨胀。计算以上各过程的 Q、W、ΔU、ΔH、ΔS、ΔG、ΔF。

2. (10 分)醋酸酐分解反应的活化能为 144.348 kJ·mol⁻¹,在 284 ℃时反应的半衰期为 21 s,且与反应物起始浓度无关。计算:(1)300 ℃时的速率常数;(2)若控制反应在 10 min 内转化率达到 90%,反应温度应为若干?

3. (5 分)油酸钠水溶液的表面张力 σ 与其浓度 c 有如下线性关系:$\sigma = \sigma^* - bc$,式中 σ^* 为纯水的表面张力,b 为常数。已知 298.15 K 时,$\sigma^* = 0.072$ N·m⁻¹。测得油酸钠在溶液表面的吸附量 Γ 为 4.33×10^{-6} mol·m⁻²,求此溶液的表面张力。

(河南中医药大学 李晓飞)

物理化学模拟试卷二

一、选择题(每小题 1 分,共 25 分)

1. 某体系经历一个不可逆循环后,下列式子中不能成立的是( )。

A. $Q = 0$ B. $\Delta S = 0$ C. $\Delta U = 0$ D. $\Delta H = 0$

2. 下列物理量中既不是强度性质,又不是广度性质的是( )。

A. W 和 Q B. G 和 F C. η 和 T D. p 和 H

3. 关于理想气体节流膨胀过程表述,正确的是( )。

A. $\Delta U = 0, \Delta H = 0$ B. $\Delta H = 0, \Delta U \neq 0$

C. $\Delta U = 0, \Delta H < 0$ D. $\Delta U = 0, \Delta H > 0$

4. 已知水的状态如下:(1) 373.15 K、$0.5p^{\ominus}$ 液体;(2) 373.15 K、$0.5p^{\ominus}$ 气体。它们的化学势关系为( )。

A. $\mu_1 > \mu_2$ B. $\mu_1 < \mu_2$

C. $\mu_1 = \mu_2$ D. 以上情况都有可能

5. 摩尔电导率的公式是( )。

A. $\Lambda_m = \kappa / c$ B. $\kappa = G \cdot l / A$ C. $p_B = k_x x_B$ D. $p_A = p_A^* x_A$

6. 关于电极极化的结果,下列表述正确的是( )。

A. 阳极更负　　　　　　　　　　　　B. 阴极更负

C. 阳极和阴极都更正　　　　　　　　D. 阳极和阴极都更负

7. 某温度下，Na_2SO_4 水溶液和 $Na_2SO_4(s)$ 平衡共存，体系的组分数是（　　）。

　　A. 1　　　　　　B. 2　　　　　　C. 3　　　　　　D. 4

8. 25 ℃时，电池反应 $H_2(g)+Cl_2(g)\!=\!\!=\!\!2HCl(g)$ 对应的电池标准电动势为 E_1，则反应
$H_2(g)+Cl_2(g)\!=\!\!=\!\!2HCl(g)$ 所对应的电池的标准电动势 E_2 是（　　）。

　　A. $E_2=-2E_1$　　　　B. $E_2=2E_1$　　　　C. $E_2=-E_1$　　　　D. $E_2=E_1$

9. 浓度为 m 的 $ZnSO_4$ 溶液，平均活度 $m_\pm$ 为（　　）。

　　A. m　　　　　　B. $256^{1/5}m$　　　　C. $256^{1/10}m$　　　　D. $108^{1/11}m$

10. 对于二组分体系，能平衡共存的最多相数为（　　）。

　　A. 1　　　　　　B. 2　　　　　　C. 3　　　　　　D. 4

11. 一级反应速率常数的单位是（　　）。

　　A. s^{-1}　　　　　　　　　　　　B. $dm^6 \cdot mol^{-2} \cdot s^{-1}$

　　C. $s^{-1} \cdot mol^{-1}$　　　　　　　　D. $dm^3 \cdot s^{-1} \cdot mol^{-1}$

12. 已知化学反应 $A\longrightarrow P$，对 A 为一级反应，下列何者对时间作图可得一直线？（　　）

　　A. $2c_A$　　　　　B. c_A^2　　　　　C. $1/c_A$　　　　　D. $\ln c_A$

13. 对于乙酸乙酯的皂化反应，溶液的离子强度增加，反应的速率常数（　　）。

　　A. 增大　　　　　B. 减小　　　　　C. 不变　　　　　D. 先增大后减小

14. 某反应的速率常数为 $k=7.7\times10^{-4}\ s^{-1}$，初始浓度为 $0.1\ mol \cdot dm^{-3}$，则该反应的半衰期为（　　）。

　　A. 86580 s　　　　B. 900 s　　　　C. 1800 s　　　　D. 13000 s

15. 反应 $2A+B\longrightarrow P$ 为基元反应，则反应速率表示式为（　　）。

　　A. $r=kc_A^2c_B$　　　　B. $r=kc_Ac_B^2$　　　　C. $r=kc_A^2$　　　　D. $r=kc_B^2$

16. 已知反应 $2A\longrightarrow P$ 的速率方程为 $r=kc_A^2$，则下列说法正确的是（　　）。

　　A. 反应分子数为 3　　　　　　　　B. 反应分子数为 2

　　C. 反应级数为 3　　　　　　　　　D. 反应级数为 2

17. 加入沸石防止液体出现暴沸现象，可以解释该现象存在的是（　　）。

　　A. 杨-拉普拉斯公式　　　　　　　B. 开尔文公式

　　C. 吉布斯吸附等温式　　　　　　　D. 朗格茂吸附等温式

18. 已知胶团结构式为 $[(As_2S_3)_m \cdot nHS^- \cdot (n-x)H^+]^{x-} \cdot xH^+$，则下面各电解质对此溶胶的聚沉能力最强的是（　　）。

　　A. $Al_2(SO_4)_3$　　　B. $AlCl_3$　　　C. $K_3Fe(CN)_6$　　　D. $MgCl_2$

19. 雾霾的分散介质是（　　）。

　　A. 液体　　　　　B. 气体　　　　　C. 固体　　　　　D. 气体或固体

20. 下列描述中，不是溶胶电学性质的是（　　）。

　　A. 电泳　　　　　B. 电渗　　　　　C. 流动电势　　　　　D. 电导

21. 溶胶一般都有明显的丁铎尔现象，产生这种现象的原因是分散相粒子对光的（　　）。

　　A. 散射　　　　　B. 折射　　　　　C. 反射　　　　　D. 吸收

22. 25 ℃ 和 75 ℃ 的水，表面张力 σ（　　）。

　　A. 相同　　　　　　　　　　　　　B. 75 ℃ 水大于 25 ℃ 水

　　C. 25 ℃ 水大于 75 ℃ 水　　　　　D. 无法比较

23. 对于唐南平衡，下列哪种说法是正确的？（　　）

　　A. 膜两边同一电解质的化学势相同　　B. 膜两边带电粒子的总数相同

NOTE

C.膜两边同一电解质的浓度相同　　　　　D.膜两边的离子强度相同

24.关于催化剂的表述,下列说法正确的是(　　　)。

A.可以改变化学平衡　　　　　　　　　B.控制条件,能使 $\Delta G>0$ 反应发生

C.反应无选择性　　　　　　　　　　　D.不能改变化学平衡,只能改变反应速率

25.溶胶与大分子溶液的相同点是(　　　)。

A.热力学稳定体系　　　　　　　　　　B.热力学不稳定体系

C.动力学稳定体系　　　　　　　　　　D.动力学不稳定体系

二、填空题(每空 1 分,共 15 分)

1.在光化学反应初级过程中,活化 1 mol 的分子或原子需要吸收_____ mol 光子;分子或原子被活化后所进行的一系列反应为_____过程。

2.溶胶的基本特性:_____、_____、_____。

3.已知 293.15 K 时,有关的界面张力如下:$\sigma_水=7.5\times10^{-2}$ N·m^{-1},$\sigma_{油酸}=3.2\times10^{-2}$ N·m^{-1},$\sigma_{油酸,水}=1.2\times10^{-2}$ N·m^{-1},该条件下油酸在水表面上的铺展系数 $S=$_____ N·m^{-1},油酸在水表面上_____(填"能"或"不能")铺展开。

4.已知某反应速率常数与温度的关系为 $\ln k=-8938/T+20.40$,则药物分解的活化能为_____ J·mol^{-1},400 K 下反应的速率常数 $k=$_____ h^{-1}。

5.标准压力下,NaOH 水溶液与 H_2SO_4 水溶液混合后:体系的相数 $\Phi=$_____,组分数 $K=$_____。

6.接触角指的是_____界面和_____界面的夹角。一般接触角_____90°(填"<""$>$"或"=")时,认为液体可以润湿固体。

7.球形小液滴半径为 2 mm,液体表面张力为 2.0×10^{-3} N·m^{-1},则附加压力的大小为_____ Pa。

三、判断题(每小题 1 分,共 15 分;认为正确的打"√",错误的打"×")

1.功可以全部转化为热,热也可以全部转化为功。(　　　)

2.在等温、等压条件下,$\Delta G=0$ 的过程一定不能进行。(　　　)

3.已知化学反应 A+B—→P,则该反应为双分子反应。(　　　)

4.与环境有能量交换的系统一定是敞开系统。(　　　)

5.状态函数改变,系统状态一定改变;反之,状态改变后,状态函数一定都改变。(　　　)

6.在一个给定的系统中,物种数可以因分析问题角度的不同而不同,但组分数是确定的。(　　　)

7.从同一始态出发,绝热可逆过程和绝热不可逆过程不会有相同的终态。(　　　)

8.标准平衡常数改变,平衡一定会移动;反之,平衡移动,标准平衡常数一定会改变。(　　　)

9.等边三角形表示法中,三条边上任一点一定是二组分系统。(　　　)

10.朗格茂吸附等温式只适用于单分子层吸附。(　　　)

11.化学反应 A+2B—→2C 的速率,根据质量作用定律,一定可以表示为 $r=kc_Ac_B^2$。(　　　)

12.表面活性剂在溶液表面一定是正吸附。(　　　)

13.电泳现象证明胶团是带电的。(　　　)

14.二组分体系一定只含有 2 种化学物质。(　　　)

15.杠杆规则只适用于 T-x 图的两相平衡区。(　　　)

四、简答题(共 15 分)

1.(3分)含水硫酸有 $H_2SO_4\cdot H_2O(s)$、$H_2SO_4\cdot 2H_2O(s)$ 和 $H_2SO_4\cdot 4H_2O(s)$ 三种,试

NOTE

说明在标准压力下,能与硫酸水溶液共存的含水硫酸最多可以有几种?

2.(3分)写出电池

$Pb(s)|PbSO_4(s)|K_2SO_4(a_1)\parallel KCl(a_2)|AgCl(s)|Ag(s)$的电极反应和电池反应。

3.(3分)将等体积0.2 mol·dm^{-3}的$AgNO_3$和0.1 mol·dm^{-3}的NaI溶液混合制备溶胶,请写出该胶团的结构式。

4.(6分)右图是某二元固-液体系的T-x相图。

(1)指出C为稳定化合物还是不稳定化合物,并表示出各相区存在的相态;

(2)绘制某系统从e降温的步冷曲线。

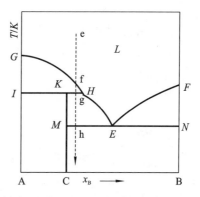

二元固-液体系-T-x相图

五、计算题(共30分)

1.(10分)1 mol O_2于300 K下,从101.325 kPa等温可逆压缩至202.650 kPa,求此过程的Q、W、ΔU、ΔH、ΔG、ΔF、ΔS。(设O_2为理想气体)

2.(7分)某药品的分解是一级反应。298.15 K时速率常数为6.0×10^{-6} h^{-1},若分解10%为失效,求:(1)该药品的半衰期;(2)该药品的储存期。

3.(7分)某水溶液在浓度极稀时,表面张力σ与浓度c之间的关系为$\sigma=\sigma_0-bc$,式中σ_0为纯水的表面张力,b为常数。已知298.15 K时,$\sigma_0=0.073$ N·m^{-1}。

(1)写出溶液在浓度极稀时表面吸附量Γ和浓度c之间的关系;

(2)已知$b=20.00$ N·m^2·mol^{-1},当$c=2.0\times10^{-2}$ mol·dm^{-3}时,Γ为多少?

4.(6分)298.15 K时,某大分子R^+Cl^-置于半透膜内,其浓度为0.1 mol·dm^{-3},R^+为不能透过半透膜的大分子离子;膜外放置NaCl水溶液,其浓度为0.5 mol·dm^{-3}。计算唐南平衡后:(1)膜两边各离子的浓度;(2)溶液的渗透压$\Pi_{测}$。

(黄河科技学院　侯巧芝)

物理化学模拟试卷三

一、选择题(每小题1分,共15分)

1.公式$pV^\gamma=$常数,适用范围是(　　)。

A.任何气体的绝热变化 B.理想气体的任何绝热变化

C.理想气体的任何可逆变化 D.理想气体的绝热可逆变化

2.在任何温度下反应均能自发进行的条件是(　　)。

A.$\Delta H>0$,$\Delta S>0$ B.$\Delta H<0$,$\Delta S<0$

C.$\Delta H>0$,$\Delta S<0$ D.$\Delta H<0$,$\Delta S>0$

3.在下列物质中,$\Delta_f H_m^{\ominus}$不等于零的是(　　)。

A.$Fe(s)$ B.$Br_2(g)$ C.$Ne(g)$ D.$C(石墨)$

4.一个光化反应的量子效率(　　)。

A.一定大于1 B.一定等于1

C.一定小于1 D.大于1,小于1,等于1都有可能

5.在等质量的溶剂$H_2O(l)$、$C_6H_6(l)$、$CHCl_3(l)$和$C_2H_5OH(l)$中,分别溶入100 g非挥

物理化学
模拟试卷三
参考解答

NOTE

发性的溶质 B。已知它们的沸点升高常数依次为 0.52、2.6、3.85、1.19,哪一种溶剂形成的溶液沸点升高最多?(　　)

　　A. $C_6H_6(l)$　　　　　　B. $H_2O(l)$　　　　　　C. $C_2H_5OH(l)$　　　　D. $CHCl_3(l)$

　　6. 某反应在等温、等压下进行,当加入催化剂时,反应速率明显加快。若无催化剂时反应平衡常数为 K,活化能为 E;有催化剂时反应平衡常数为 K',活化能为 E'。则存在下述关系(　　)。

　　A. $K'>K,E<E'$　　　　　　　　　B. $K'=K,E>E'$

　　C. $K'=K,E'=E$　　　　　　　　　D. $K'<K,E<E'$

　　7. C(s)与 CO(g)、$CO_2(g)$、$O_2(g)$在 973 K 时反应达到平衡,则系统的组分数 K 和自由度数 f 为(　　)。

　　A. $K=2,f=1$　　　　　　　　　B. $K=2,f=2$

　　C. $K=1,f=0$　　　　　　　　　D. $K=1,f=1$

　　8. 若在固体表面发生某气体的单分子层吸附,则随着气体压力的不断增大,吸附量将(　　)。

　　A. 成比例地增加　　B. 成倍地增加　　C. 恒定不变　　D. 逐渐趋向饱和

　　9. 已知 σ 为 0.025 N·m^{-1},则直径为 1×10^{-2} m 的球形肥皂泡所受的附加压力为(　　)。

　　A. 5 Pa　　　　　　B. 10 Pa　　　　　　C. 15 Pa　　　　　　D. 20 Pa

　　10. A、B 两液体混合物在 T-x 图上出现最高点,则该混合物对拉乌尔定律产生(　　)。

　　A. 正偏差　　　　　B. 负偏差　　　　　C. 没偏差　　　　　D. 无规则

　　11. 在 298.15 K 的含下列离子的无限稀释的溶液中,离子摩尔电导率 Λ_m 最大的是(　　)。

　　A. Al^{3+}　　　　　　B. Mg^{2+}　　　　　　C. H^+　　　　　　D. K^+

　　12. 强电解质 $MgCl_2$ 的水溶液,离子平均活度 $a_\pm$ 与电解质活度 a_B 之间的关系为(　　)。

　　A. $a_\pm=a_B$　　　B. $a_\pm=a_B^3$　　　C. $a_\pm=a_B^{1/2}$　　　D. $a_\pm=a_B^{1/3}$

　　13. 某反应为 A+B⟶C,下列关于该反应的说法中错误的是(　　)。

　　A. 如果实验测得反应速率 $r=kc_Ac_B$,则此反应必定不是基元反应

　　B. 如果是非基元反应,也有可能有 $r=kc_Ac_B$

　　C. 如果是基元反应,可写成 $r=kc_Ac_B$

　　D. 如果反应速率 $r=kc_A^{1/2}c_B$,则此反应一定不是基元反应

　　14. 298.15 K 时,H_2 在锌上的超电势为 0.7 V,电解含有 $Zn^{2+}(a=0.01)$的溶液,$\varphi^\ominus_{Zn^{2+}/Zn}=-0.763$ V,为了不使 H_2 析出,溶液的 pH 值应满足以下哪一项?(　　)

　　A. pH>2.06　　B. pH>2.72　　C. pH>7.10　　D. pH>8.02

　　15. 根据气体反应的碰撞理论,反应的速率与哪些因素有关?(　　)

　　A. 碰撞频率　　　　　　　　　　B. 碰撞能

　　C. 碰撞频率和碰撞能　　　　　　D. 反应焓

二、填空题(每空 1 分,共 15 分)

　　1. 1 mol 单原子分子理想气体从 $p_1V_1T_1$ 等容冷却到 $p_2V_1T_2$,则该过程 ΔU _____ 0,W _____ 0,ΔS _____ 0。

　　2. 化学吸附与物理吸附的本质区别在于前者的作用力为 _____,后者为 _____。

　　3. 298.15 K 时反应的活化能为 200 kJ·mol^{-1},采用催化剂后可使其活化能降低为 143

$kJ \cdot mol^{-1}$,则该反应的反应速率增加_____倍。

4. 合成氨反应 $3H_2(g) + N_2(g) \rightleftharpoons 2NH_3(g)$ 达到平衡后,在恒容下向系统中通入 Ar 气,则氨的产率_____;在恒压下向系统中通入 Ar 气,则氨的产率_____(增加、减少或不变)。

5. 在标准态下,反应 $Pb^{2+} + Sn \rightleftharpoons Pb + Sn^{2+}$ _____(能或不能)自发进行。已知:$\varphi^{\ominus}_{Sn^{2+}/Sn} = -0.14 \text{ V}$,$\varphi^{\ominus}_{Pb^{2+}/Pb} = -0.13 \text{ V}$。

6. 稀溶液的依数性是指_____、_____、_____、_____。

7. 实际气体(H_2)在节流膨胀过程中 ΔH _____ 0,Δp _____ 0。

三、判断题(每小题 1 分,共 10 分;认为正确的打"√",错误的打"×")

1. 不可逆过程一定是自发的,而自发过程也一定是不可逆的。(   )

2. 孤立系统内发生的一切过程都是恒内能过程。(   )

3. 对于纯组分,则化学势等于其吉布斯自由能。(   )

4. 化学反应都是可逆过程。(   )

5. 单组分体系的固-液平衡线的斜率 dp/dT 的值都大于零。(   )

6. 严格来讲,活化能 E 与温度 T 有关。(   )

7. 一定条件下热力学认为不可能进行的反应,即 $\Delta G > 0$ 的反应,光化学反应也不可能进行。(   )

8. 电解池发生极化后其正极的电极电势升高,负极电极电势降低。(   )

9. 某反应:$A + 2B \longrightarrow 2C + 2D$,是三分子反应。(   )

10. 高分子溶液属于胶体体系,故高分子溶液具有动力学稳定性、热力学不稳定性。(   )

四、简答题(共 24 分)

1. (12 分)在 101325 Pa 下,A-B 的固-液相图(T-x 图)如下图所示。

(1) 在下表中标出各相区的相态,水平线 EF、GH 上体系的自由度 f^*。

相区	相态	相区	相态	线段	自由度
(1)		(4)		EF	
(2)		(5)		GH	
(3)		(6)			

(2) 绘出 a、b、c 表示的三个组成的步冷曲线。

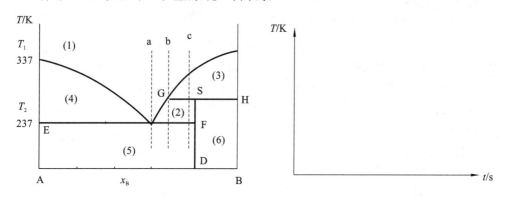

2. (6 分)在 700 K 时,反应 $Fe(s) + H_2O(g) \rightleftharpoons FeO(s) + H_2(g)$,$Q_p < K_p^{\ominus}$,FeO 是否能被还原成 Fe?

3.(6分)对于带负电的溶胶胶粒,试比较 Na_2SO_4、$MgSO_4$、$MgCl_2$ 电解质对溶胶的聚沉能力并简述原因。

五、计算题(共 36 分)

1.(12分)在 298.15 K 和 100 kPa 时,将 1.0 dm^3 的双原子分子理想气体经绝热不可逆过程压缩至终态压力为 500 kPa,对气体做功 502 J。已知该气体在 298.15 K 时的标准摩尔熵 $S_m^{\ominus}=205.1\ J\cdot K^{-1}\cdot mol^{-1}$,试求:

(1)该气体的物质的量和终态温度;

(2)该过程的 ΔU、ΔH、ΔS、ΔG、ΔF。

2.(5分)滑冰鞋下面的冰刀与冰接触面长为 7.62 cm、宽为 0.00245 cm。问:

(1)若滑冰人体重为 60 kg,则施加到冰面上的压力为多少?

(2)在该压力下,冰的熔点是多少?已知冰的熔化热 $\Delta_{fus}H_m=6.008\times10^3\ J\cdot mol^{-1}$,冰和水的密度分别为 0.92 $g\cdot cm^{-3}$ 和 1.00 $g\cdot cm^{-3}$。

3.(13分)电池 $Zn(s)\mid ZnCl_2(0.05\ mol\cdot kg^{-1})\mid AgCl(s)\mid Ag(s)$ 的电动势与温度的关系为

$$E=1.015-4.92\times10^{-4}(T-298.15)$$

(1)写出电极反应与电池反应。

(2)试计算在 298.15 K,当电池有 2 mol 电子的电量输出时,电池反应的 $\Delta_r G_m$、$\Delta_r S_m$、$\Delta_r H_m$ 和此过程的可逆热效应 Q_R。

4.(6分)已知反应 $A\longrightarrow B+C$ 为一级反应,1000 s 后测定发现 A 的浓度是起始浓度的 93.6 %。试求:

(1)该反应的速率常数;

(2)该反应的半衰期;

(3)A 的转化率为 30% 时所需要的时间。

(山西医科大学　吕俊杰)

物理化学模拟试卷四

物理化学
模拟试卷四
参考解答

一、选择题(每小题 1 分,共 30 分)

1.下列属于化学热力学研究范畴的是(　　)。

A.物质结构与性能的关系　　　　　　B.化学反应速率

C.化学变化的方向和限度　　　　　　D.反应机制

2.下列叙述中不属于状态函数特征的是(　　)。

A.系统变化时,状态函数的改变量仅由系统的始、终态决定

B.系统状态确定后,状态函数的值也就确定了

C.状态函数都有加和性

D.经循环过程,状态函数的值不变

3.理想气体向真空膨胀,其体积从 V_1 增大到 V_2,则系统做功为(　　)。

A.$W=0$　　　　　　　　　　　　　　B.$W>0$

C.$W<0$　　　　　　　　　　　　　　D.$W=-nRT\ln\dfrac{V_2}{V_1}$

NOTE

4. 一封闭系统,从状态 A 变化到 B 时可经历两条不同途径,则( )。

A. $Q_1 = Q_2$

B. $Q_1 + W_1 = Q_2 + W_2$

C. $W_1 = W_2$

D. $Q_1 = -W_1, Q_2 = -W_2$

5. 理想气体的 $C_{p,m}$ 与 $C_{V,m}$ 之间的关系是( )。

A. $C_{p,m} > C_{V,m}$

B. $C_{p,m} < C_{V,m}$

C. $C_{p,m} = C_{V,m}$

D. 两者之间无一定关系

6. 某可逆热机的高温热源为 T_2,低温热源为 T_1

(1) 若选用水蒸气为工作物质,其热机效率为 η_w;

(2) 若选用汽油为工作物质,其热机效率为 η_o,则下列关系正确的是( )。

A. $\eta_w > \eta_o$ B. $\eta_w < \eta_o$ C. $\eta_w = \eta_o$ D. 无法比较

7. 在一个绝热钢瓶中,发生一个放热的分子数增加的化学反应,那么( )。

A. $Q > 0, W > 0, \Delta U > 0$

B. $Q = 0, W = 0, \Delta U < 0$

C. $Q = 0, W = 0, \Delta U = 0$

D. $Q < 0, W > 0, \Delta U < 0$

8. 一定量的理想气体,下列哪组量确定后,其他状态函数就有确定值?( )

A. T B. V C. T, U D. T, P

9. $\Delta H = Q_p$,此式适用于下列哪个过程?( )

A. 理想气体从 10^6 Pa 反抗定外压 10^5 Pa 膨胀到 10^5 Pa

B. 273.15 K,101325Pa 下冰融化成水

C. 电解 $CuSO_4$ 水溶液

D. 气体从 298.15 K, 10^5 Pa 可逆变化到 373.15 K, 10^4 Pa

10. 下列涉及 Gibbs 自由能的说法不正确的是( )。

A. 在等温、等压的自发性可逆过程中有 $\Delta G = W_R'$

B. 在所有自发的热力学过程中,Gibbs 自由能都是减少的

C. 在一定条件下,也可用 $\Delta G_{T,p} \leqslant W'$ 作为方向判据

D. 在等温、等压下,$\Delta G > 0$ 的过程不可能发生

11. 可逆过程的特征不包括以下叙述中的( )。

A. 可逆过程是以无限小的变化进行,体系始终无限接近于平衡态

B. 可逆过程的做功效率最高

C. 循相反方向完成变化后,体系和环境都会完全恢复原态

D. 可逆过程中体系的状态函数保持不变

12. 某一化学反应在等压条件下进行时,放出的热量为 250 kJ,则 ΔH 满足下列哪个条件?( )

A. $\Delta H = 250$ kJ   B. $\Delta H = -250$ kJ   C. $\Delta H < -250$ kJ   D. 0

13. 以下有关卡诺热机的表述不正确的是( )。

A. 卡诺热机是热功转化效率最高的热机

B. 卡诺原理是热力学第二定律的逻辑起点

C. 第二类永动机违背了卡诺原理

D. 冷冻机的功、热转化效率大于 1,不属于卡诺热机

14. 在绝热不可逆过程中,系统的熵变( )。

A. $= 0$ B. < 0 C. > 0 D. $\geqslant 0$

15. 理想气体在以下变化中,满足 $\Delta S < 0$ 这一特点的过程是( )。

A. 等温膨胀过程   B. 等温压缩过程   C. 绝热膨胀过程   D. 绝热压缩过程

16. 下列量中,偏摩尔量是( )。

A. $\left(\dfrac{\partial U}{\partial n_i}\right)_{S,V,n_j}$ B. $\left(\dfrac{\partial H}{\partial n_i}\right)_{T,p,n_j}$ C. $\left(\dfrac{\partial F}{\partial n_i}\right)_{S,p,n_j}$ D. $\left(\dfrac{\partial G}{\partial n_i}\right)_{T,V,n_j}$

17. 已知气相反应 $2NO(g)+O_2(g) \Longrightarrow 2NO_2(g)$ 是放热反应,当反应达到平衡时,可采用下列哪组方法可使平衡向左移动?(　　)

     A. 降温和增压   B. 升温和增压   C. 降温和减压   D. 升温和减压

18. 重结晶过程时析出 KCl(s) 的化学势比/与母液中 KCl 的化学势(　　)。

     A. 高   B. 低   C. 相等   D. 不可比较

19. A、B 两液体混合物在 $T\text{-}x$ 图上出现最低点,则该混合物对拉乌尔定律有(　　)。

     A. 正偏差   B. 负偏差   C. 没偏差   D. 无规则

20. 在一定温度和浓度较低的条件下,增大强电解质溶液浓度时溶液的电导率 κ 与摩尔电导 Λ_m 变化趋势为(　　)。

     A. κ 增大,Λ_m 增大   B. κ 增大,Λ_m 减少

     C. κ 减少,Λ_m 增大   D. κ 减少,Λ_m 减少

21. 某化学反应在等温、等压下进行时,对外放热 x J;而通过设计可逆电池来完成该反应时,电池能够从环境吸收热量 y J,则此电池能够产生的最大电功为(　　)。

     A. x J   B. y J   C. $(x+y)$J   D. $(x-y)$J

22. 已知一级反应的速率方程为 $\ln \dfrac{c_{A,0}}{c_A} = k_A t$,以下说法正确的是(　　)。

     A. k_A 的量纲为 $[\text{时间}]^{-2}$

     B. $\ln c_A$ 与 $1/t$ 呈线性关系

     C. 经历相同的时间间隔后,反应物浓度的变化分数相同

     D. 半衰期为 $\ln 4/k_A$

23. 关于碰撞理论,以下说法正确的是(　　)。

     A. 分子在未接触时即可发生化学反应

     B. 只有活化分子之间的碰撞才是有效碰撞

     C. 假设分子是具有一定弹性的空心球体

     D. 是自然界少有的、最准确的理论之一

24. 反应 $CO(g)+2H_2(g) \longrightarrow CH_3OH(g)$ 在等温、等压条件下进行时,反应的平衡常数为 K,活化能为 E_a;加入催化剂后,反应速率会明显加快,在相同的等温、等压条件下反应的平衡常数为 K',活化能为 E_a'。则加入催化剂前、后两组参数之间的关系是(　　)。

     A. $K=K', E_a<E_a'$ B. $K>K', E_a<E_a'$

     C. $K=K', E_a>E_a'$ D. $K>K', E_a>E_a'$

25. 关于表面张力与浓度的关系,以下说法正确的是(　　)。

     A. 组成表面的物质分子间作用力越大,σ 越大

     B. 温度对 σ 没有影响

     C. 任何溶液,浓度越大,σ 越大

     D. 任何溶液,浓度越大,σ 越小

26. 根据开尔文公式 $\ln \dfrac{p_r^*}{p_0^*} = \dfrac{2\sigma M}{RT\rho r}$,可知(　　)。

     A. 对凸液面,r 越小,蒸气压越大

     B. 对凹液面,r 绝对值越小,蒸气压越大

     C. 公式不可应用于固体物质

     D. r 越小,其蒸气压相对于正常蒸气压变化越小

NOTE

27. 理想气体向真空膨胀的过程中,下列函数不为零的是(　　)。

A.W　　　　　　B.ΔU　　　　　　C.ΔH　　　　　　D.ΔS

28. 下述说法中,哪一种不正确?(　　)

A.焓是体系与环境进行交换的能量

B.焓是人为定义的一种具有能量量纲的热力学量

C.焓是体系状态函数

D.焓只有在某些特定条件下,才与体系吸热相等

29. 下列说法不属于可逆电池特性的是(　　)。

A.电池放电与充电过程电流无限小

B.电池的工作过程肯定为热力学可逆过程

C.电池内的化学反应在正、逆方向彼此相反

D.电池反应的 $\Delta_r G_m = 0$

30. 关于酶催化剂,下列说法不正确的是(　　)。

A.酶催化剂是一种特殊的蛋白质　　　　B.酶催化剂具有很高的选择性

C.酶催化剂的活性高于酸碱催化剂　　　　D.温度对酶催化剂活性没有影响

二、填空题(每空 1 分,共 13 分)

1. 实际气体的节流膨胀过程中:Δp ＿＿＿＿＿＿ 0,Q ＿＿＿＿＿＿ 0,ΔH ＿＿＿＿＿＿ 0。

2. 在一定温度下,发生变化的孤立系统,其熵总是 ＿＿＿＿＿＿。(填增大、减小)

3. ＿＿＿＿＿＿ 的封闭系统的内能和焓仅是温度的函数。

4. 自发进行的相变过程,都是物质 B 由化学势 ＿＿＿＿＿＿ 的相向着化学势 ＿＿＿＿＿＿ 的另一相转移,到达平衡时 B 物质在两相中的化学势 ＿＿＿＿＿＿。

5. 已知 298.15 K 时,有电池 $Pt|H_2(p^\ominus)|H_2SO_4(0.01\ mol\cdot kg^{-1})|O_2(p^\ominus)|Pt$,电动势 $E=1.228\ V$,则该电池的电池反应为 ＿＿＿＿＿＿,该温度下电池反应的 $\Delta_r G_m$ 为 ＿＿＿＿＿＿。

6. 药物在储存过程中由于水解、氧化等自然降解行为而使有效成分的含量逐渐降低,甚至失效。为快速、准确地预测药物的有效储存期,通常采用 ＿＿＿＿＿＿ 的方法,在较高温度下测得药物发生快速降解的动力学数据,然后应用阿伦尼乌斯公式和相应的动力学方程推测其在常温下的储存期。试验方法分为 ＿＿＿＿＿＿ 和 ＿＿＿＿＿＿ 两种。

三、判断题(每小题 1 分,共 8 分)

1. 热力学过程中的 W 值应由具体途径确定。(　　)

2. 只有理想气体的节流膨胀是恒焓过程。(　　)

3. 将能量守恒与转化定律应用于热力学系统便得到热力学第一定律。(　　)

4. 能斯特方程给出了电池电动势与吉布斯自由能的改变之间的关系。(　　)

5. 反应 $CO(g)+H_2O(g)\Longrightarrow CO_2(g)+H_2(g)$,因为反应物与生成物摩尔数相等,所以无论压力如何变化,对平衡均无影响。(　　)

6. 在水的相图中,三相点就是冰点。(　　)

7. 根据杨-拉普拉斯公式,越小的液滴,液面曲率越大、所受附加压力越大。(　　)

8. 接近临界温度时,液体分子间的内聚力趋近于零、表面张力消失。(　　)

四、简答题(共 9 分)

1. (3分)热力学可逆过程有何特点?

2. (3分)一隔板将一刚性绝热容器分为左、右两室,左室气体的压力大于右室气体的压力。现将隔板抽去,左、右室气体的压力达到平衡。若以全部气体作为系统,则 ΔU、Q、W 为正、为负或为零?

NOTE

3.（2分）在一个密封的容器中有某液体的几个大小不等的液滴,容器的其余空间是该液体的饱和蒸气。试分析该容器在温度不变的条件下放置足够长的时间后,内部会出现什么现象?

4.（1分）简述表面活性剂在水中的行为特点。

五、计算题（共 40 分）

1.（5分）若将 1 mol 的水在 100 ℃ 时投入真空容器内,最后成为 100 ℃、0.1×101325 Pa 的水蒸气,试求水在该相变过程的熵变。已知水的蒸发热为 $\Delta H_m = 2258$ J·g^{-1}。

2.（10分）1 mol 甲苯在其沸点 383.2 K 时蒸发为气体,求该过程的 Q、W、ΔU、ΔH、ΔS、ΔG 和 ΔF。已知该温度下,甲苯的摩尔质量为 92.14 g·mol^{-1},甲苯的气化热为 362 kJ·kg^{-1}。

3.（10分）298.15 K 时,反应 $H_2(g) + \frac{1}{2}O_2(g) = H_2O(g)$ 的 $\Delta_r G_m^\ominus(1)$ 为 -228.57 kJ·mol^{-1},水的饱和蒸气压为 3.1663 kPa,水的密度为 997 kg·m^{-3}。求反应 $H_2(g) + \frac{1}{2}O_2(g) = H_2O(l)$ 的 $\Delta_r G_m^\ominus(2)$ 和 $K^\ominus$。

4.（5分）已知 $\varphi_{AgCl/Ag}^\ominus = 0.2224$ V,$\varphi_{Ag^+/Ag}^\ominus = 0.7991$ V,试计算难溶盐 AgCl 在 298.15 K 时的溶度积。

5.（5分）肉桂酸在光照下溴化生成二溴肉桂酸,在温度为 303.6 K 时用波长为 435.8 nm、强度为 0.0014 J·s^{-1} 的光照射 1105 s 后,有 7.5×10^{-5} mol 的 Br_2 发生了反应。已知溶液吸收了入射光的 80.1%,求该反应的量子效率。

6.（5分）3% 硫酸罗通定注射液在光和热的作用下颜色会逐渐变深,当吸光度 A（430 nm）增加至 0.222 时即为不合格。分别在 60 ℃、70 ℃、80 ℃ 和 88 ℃ 时,在避光条件下进行加速试验,取得相应的动力学数据。现已知以上加速试验的数据服从 $A = A_0 + kt$,其中 $A_0 = 0.088$;而以上四个温度下的 $\ln k - \frac{1}{T}$ 线性拟合结果服从 $y = 30.1468 - 12244.72x$ 关系,试求该注射液在室温（25 ℃）下避光保存的储存期。

（宁夏医科大学　姚惠琴）

物理化学模拟试卷五

物理化学
模拟试卷五
参考解答

一、选择题（每小题 1 分,共 40 分）

1. 某化学反应其反应物消耗 3/4 所需时间是半衰期的 2 倍,则反应级数为（　　）。

A. 零级　　　　　　B. 一级　　　　　　C. 二级　　　　　　D. 三级

2. 克拉贝龙方程 $\dfrac{dp}{dT} = \dfrac{\Delta_\alpha^\beta H_m}{T \Delta_\alpha^\beta V_m}$,其压力随温度的变化率是（　　）。

A. 大于零　　　　　B. 小于零　　　　　C. 等于 1　　　　　D. 大于或小于零

3. 在 0 ℃ 和 1 标准大气压下,水和冰的化学势关系,正确的是（　　）。

A. $\mu(s) = \mu(l)$　　B. $\mu(s) < \mu(l)$　　C. $\mu(s) > \mu(l)$　　D. 无法知道

4. 催化剂加快反应速率的主要原因是（　　）。

A. 与反应物生成中间化合物　　　　B. 使反应分几步完成

C. 增加反应的活化能　　　　　　　D. 降低反应的活化能

5. 以下哪项是偏摩尔量？（　　）

A. $\left(\dfrac{\partial W}{\partial n_i}\right)_{T,p,n_j\neq n_i}$ 　　B. $\left(\dfrac{\partial G}{\partial n_i}\right)_{T,p,n_j\neq n_i}$ 　　C. $\left(\dfrac{\partial U}{\partial n_i}\right)_{T,V,n_j\neq n_i}$ 　　D. $\left(\dfrac{\partial H}{\partial n_i}\right)_{S,p,n_j\neq n_i}$

6. 混合气体 N_2、O_2、H_2O、CO_2 的分压相等，以活性炭为吸附剂，吸附量最少的是（　　）。

A. N_2 　　　　B. H_2O 　　　　C. CO_2 　　　　D. O_2

7. 用 η_r 表示的黏度是（　　）。

A. 相对黏度 　　　B. 特性黏度 　　　C. 增比黏度 　　　D. 比浓黏度

8. 无水乙醇在正常沸点的气化,该过程中（　　）。

A. $\Delta H=0$ 　　B. $\Delta G=0$ 　　C. $\Delta S=0$ 　　D. $\Delta U=0$

9. 在下列哪组物质中,规定它们的标准摩尔生成热和燃烧热均为零？（　　）

A. $N_2(g)$ 和 $O_2(g)$ 　　　　　　B. $H_2(g)$ 和 $O_2(g)$

C. $H_2O(l)$ 和 $CO_2(g)$ 　　　　　D. $CO_2(g)$ 和 $SO_2(g)$

10. 一切自发过程,在热力学上都是（　　）。

A. 可逆过程 　　B. 等温过程 　　C. 不可逆过程 　　D. 绝热过程

11. 具有最低恒沸点的二组分系统,已知沸点 $T_A^*>T_B^*$,恒沸物为 C,其塔顶最后的馏分是（　　）。

A. 纯 A 　　　B. 纯 B 　　　C. 恒沸物 C 　　　D. 不能确定

12. 在电泳实验中,观察到胶粒向负极移动,此现象表明（　　）。

A. 胶粒带正电 　　　　　　　　B. 胶核带负电

C. 胶团带负电 　　　　　　　　D. 胶团扩散层带正电

13. 一个绝热体系由 A 态可逆到达 B 态,体系的熵值关系应（　　）。

A. $S_A=S_B$ 　　B. $S_A>S_B$ 　　C. $S_A<S_B$ 　　D. 无确定关系

14. CMC 以后,随表面活性剂浓度增加,其去污作用（　　）。

A. 增大 　　　B. 减小 　　　C. 不能确定 　　　D. 变化不大

15. 亥姆霍兹自由能变 ΔF 作为过程自发性判据,要求（　　）条件。

A. 封闭体系、等温、等压、$W'=0$ 　　　B. 等容

C. 封闭体系、等温、等容、$W'=0$ 　　　D. 等压

16. 丁铎尔现象是光照射到粒子后,发生下列哪种现象的结果？（　　）

A. 散射 　　　B. 反射 　　　C. 透射 　　　D. 折射

17. 一定压力下,能生成简单低共熔混合物的二组分体系,在三相共存区,自由度为（　　）。

A. 1 　　　　B. 2 　　　　C. 3 　　　　D. 0

18. 通常所说的溶胶粒子带电是指（　　）。

A. 胶团带电 　　B. 胶核带电 　　C. 胶粒带电 　　D. 扩散带电

19. 非离子型表面活性剂的水溶液加热时出现混浊的现象称为（　　）。

A. 乳析 　　　B. 乳化 　　　C. 盐析 　　　D. 起昇现象

20. 水的三相点为（　　）。

A. $T=273.16\ K$　$p=6.110\times10^2\ Pa$ 　　B. $T=273.15\ K$　$p=101325\ Pa$

C. $T=273.15\ K$　$p=6.110\times10^2\ Pa$ 　　D. $T=273.16\ K$　$p=101325\ Pa$

21. 在相同温度下,易挥发组分 A 在液相中浓度 x_A 和气相中浓度 y_A 的关系为（　　）。

A. $x_A>y_A$ 　　B. $x_A<y_A$ 　　C. $x_A=y_A$ 　　D. $x_A=0$

22. 单组分体系相图中,水的固-液平衡线的斜率 $\dfrac{\mathrm{d}p}{\mathrm{d}T}$ 的值为（　　）。

NOTE

A.大于零　　　　　　B.等于零　　　　　　C.小于零　　　　　　D.不确定

23. 若固体表面能为液体所润湿,其相应的接触角 θ 满足(　　)。

A.$\theta=180°$　　　B.$\theta>90°$　　　C.$\theta<90°$　　　D.θ 可为任意角

24. 对于物理吸附的描述,下列哪一条是不正确的?(　　)

A.吸附力为范德华力,吸附一般没有选择性

B.吸附层可以是单分子层或多分子层

C.吸附速率较快,吸附热较小

D.吸附较稳定,不易解吸

25. 连续反应中,中间物的浓度随时间的变化(　　)。

A.为零　　　　　　B.不变　　　　　　C.有一极小值　　　D.有一极大值

26. 固体 NH_4Cl 放在抽空容器中使其部分分解达到平衡,其自由度为(　　)。

A.1　　　　　　B.2　　　　　　C.3　　　　　　D.4

27. $Ca(OH)_2(s)$ 分解为 $CaO(s)$ 和 $H_2O(g)$ 达到平衡,体系独立组分数为(　　)。

A.1　　　　　　B.2　　　　　　C.3　　　　　　D.4

28. 下列量中,可衡量水在油上能否铺展的是(　　)。

A.$\sigma_{油}$　　　B.$\sigma_{水}$　　　C.$S_{水/油}$　　　D.$\sigma_{水}-\sigma_{油}-\sigma_{油,水}$

29. 下列溶胶的性质,哪个不属于动力学性质?(　　)

A.布朗运动　　　B.丁铎尔效应　　　C.扩散　　　　　D.沉降

30. 下列吸附现象属于化学吸附的是(　　)。

A.多分子吸附　　　　　　　　　B.吸附快

C.吸附热 $40\sim400$ kJ　　　　　　D.低温吸附

31. 液体的分散度越高,即粒子半径越小,则(　　)。

A.饱和蒸气压越大　　B.溶解度不受影响　　C.饱和蒸气压越小　　D.溶解度越小

32. 在 -10 ℃、1 标准大气压下,将过冷水变为冰,该过程有(　　)。

A.$\Delta G>0$　　　B.$\Delta S<0$　　　C.$\Delta S=0$　　　D.$\Delta G=0$

33. 下面哪个状态函数具有明确的物理意义?(　　)

A.焓 H　　　B.熵 S　　　C.吉布斯自由能 G　　D.亥姆霍兹自由能 F

34. 下列函数中哪个是强度性质?(　　)

A.吉布斯自由能 G　　B.焓 H　　　C.温度 T　　　D.热力学能 U

35. 0.10 mol·dm^{-3} 的葡萄糖溶液的渗透压与下列哪种溶液的渗透压相近?(　　)

A.0.20 mol·dm^{-3} 的 KCl 水溶液　　　B.0.20 mol·dm^{-3} 的蔗糖水溶液

C.0.10 mol·dm^{-3} 的 NaCl 水溶液　　　D.0.05 mol·dm^{-3} 的 NaCl 水溶液

36. 下列哪个性质不属于溶胶的基本特征?(　　)

A.高分散性　　　B.多相性　　　C.动力学稳定性　　D.聚结不稳定性

37. 在强电解质水溶液中,摩尔电导率随浓度的增大而(　　)。

A.增加　　　　　B.降低　　　　　C.先增加后降低　　D.先降低后增加

38. 表面活性剂的结构特征是(　　)。

A.双亲分子　　　B.大分子　　　C.离子化合物　　D.共价化合物

39. 溶胶在常温下的布朗运动是因为(　　)。

A.胶粒的热运动　　　　　　　　B.溶剂分子的热运动

C.胀落现象　　　　　　　　　　D.溶胶有一定温度

40. 在无限稀的水溶液中,离子的摩尔电导率最大的是(　　)。

A.Na^+　　　　　　B.Mg^{2+}　　　　　　C.NH_4^+　　　　　　D.H^+

二、填空题(每空 1 分,共 10 分)

1. 系统中任意量的 $NH_3(g)$ 和 $H_2S(g)$ 达到平衡,$NH_4HS(s)\Longrightarrow NH_3(g)+H_2S(g)$,独立组分数是_____,自由度是_____。

2. 在外电场作用下,溶胶的分散介质做定向运动的现象称为_____。

3. 溶胶粒子的带电原因为_____、_____和_____。

4. 防止暴沸可采用_____和_____方法。

5. 在稀溶液中,_____遵守拉乌尔定律,_____遵守亨利定律。

三、判断题(每小题 1 分,共 10 分;认为正确的打"√",错误的打"×")

1. 具有简单级数的反应一定是简单反应。(   )

2. 光的量子效率一定小于 1。(   )

3. 表面活性剂的 HLB 值在 1~3 时为亲水性表面活性剂。(   )

4. 如产物的极性小于反应物的极性,则在极性的溶剂中反应速率会加快。(   )

5. 二组分平衡体系的自由度最多为 2。(   )

6. 链节是大分子化合物中最基本的结构单位。(   )

7. 胶核表面至扩散层终端的电位差称热力学电位。(   )

8. 凝结值越小,电解质对溶胶的凝结能力越强。(   )

9. 离子独立移动定律只适用于强电解质。(   )

10. 凡熵增加过程都是自发过程。(   )

四、简答题(每小题 5 分,共 20 分)

1. (5 分)请画出具有最低恒沸点的二组分气-液平衡相图,并标明各点、线、面所代表的意义。

2. (5 分)写出由 $FeCl_3$ 水解所得 $Fe(OH)_3$ 溶胶的胶团结构式。物质的量浓度相同的 $NaCl$、Na_2SO_4、$MgSO_4$、$K_3Fe(CN)_6$ 各溶液,对此溶胶聚沉能力的大小排序如何?

3. (5 分)简述零级反应的动力学特征。

4. (5 分)举例说明低共熔相图的应用(两例)。

五、计算题(每小题 10 分,共 20 分)

1. (10 分)油酸钠水溶液的表面张力 σ 与其浓度 c 成如下线性关系:$\sigma=\sigma^*-bc$,式中,σ^* 为纯水的表面张力,b 为常数。已知 298.15 K 时,$\sigma^*=0.072\ N\cdot m^{-1}$,测得油酸钠在溶液表面的吸附量 $\Gamma=4.33\times10^{-6}\ mol\cdot m^{-2}$,求此溶液的表面张力。

2. (10 分)已知某药物在水溶液中分解,反应速率常数在 333.15 K 和 283.15 K 时分别为 $5.484\times10^{-2}\ s^{-1}$ 和 $1.080\times10^{-4}\ s^{-1}$,求该反应的活化能;该反应在 313.15 K 的温度下反应 500 s,转化率为多少?

(辽宁中医药大学　张旭)

物理化学模拟试卷六

一、选择题(每小题 1 分,共 20 分)

1. 在 273.15 K 和 101.325 kPa 条件下,水凝结成冰,系统的热力学量中一定为零的是(   )。

   A. ΔU B. ΔH C. ΔS D. ΔG

2. 反应 $H_2(g)+\frac{1}{2}O_2(g)\longrightarrow H_2O(l)$ 的热效应 $\Delta_r H_m^\ominus$ 是（　　）。

A. $H_2O(l)$ 的标准摩尔生成焓　　　　　B. $H_2(g)$ 的标准摩尔燃烧焓

C. $O_2(g)$ 的溶解热　　　　　　　　　　D. A 和 B 都对

3. 在两个烧杯中各盛放 1 kg 水，向 a 杯中加入 0.01 mol 的蔗糖，向 b 烧杯中加入 0.01 mol 的 NaCl。溶解后，两个烧杯按相同的速度冷却降温，则（　　）。

A. 烧杯 b 先结冰　　　　　　　　　　　B. 烧杯 a 先结冰

C. 两杯同时结冰　　　　　　　　　　　D. 不能确定其结冰顺序

4. 已知温度为 T 时，反应 $H_2O(g)\Longrightarrow H_2(g)+\frac{1}{2}O_2(g)$ 的平衡常数为 K_1，

反应 $CO_2(g)\Longrightarrow CO(g)+\frac{1}{2}O_2(g)$ 的平衡常数为 K_2，

则反应 $CO(g)+H_2O(g)\Longrightarrow CO_2(g)+H_2(g)$ 的平衡常数 K 为（　　）。

A. $K=K_1+K_2$　　　B. $K=K_1\times K_2$　　　C. $K=K_1/K_2$　　　D. $K=K_2/K_1$

5. 将固体 NaCl 投放到水中，NaCl 逐渐溶解，最后达到饱和。刚开始溶解时溶液中的 NaCl 的化学势为 $\mu(a)$，饱和时溶液中 NaCl 的化学势为 $\mu(b)$，固体 NaCl 的化学势为 $\mu(c)$，则（　　）。

A. $\mu(a)=\mu(b)<\mu(c)$　　　　　　　B. $\mu(a)=\mu(b)>\mu(c)$

C. $\mu(a)>\mu(b)=\mu(c)$　　　　　　　D. $\mu(a)<\mu(b)=\mu(c)$

6. $NH_4HS(s)$ 和任意量的 $NH_3(g)$ 及 $H_2S(g)$ 达到平衡时，有（　　）。

A. $S=3,K=1,f=2$　　　　　　　　　B. $S=3,K=1,f=1$

C. $S=3,K=2,f=2$　　　　　　　　　D. $S=3,K=3,f=3$

7. 已知苯-乙醇双液体系中，苯的沸点是 353.3 K，乙醇的沸点是 351.6 K，两者的共沸组成如下：乙醇摩尔分数为 0.475 时，恒沸点为 341.2 K。今有含乙醇 0.775 的苯溶液，若精馏分离此溶液，则能得到（　　）。

A. 纯苯　　　　　　　　　　　　　　　B. 纯乙醇

C. 纯苯和恒沸混合物　　　　　　　　　D. 纯乙醇和恒沸混合物

8. $\Lambda_m=\Lambda_m^\infty-A\sqrt{c}$，这一规律只适用于（　　）。

A. 弱电解质稀溶液　　　　　　　　　　B. 强电解质稀溶液

C. 无限稀溶液　　　　　　　　　　　　D. 弱电解质

9. 298.15 K 时，当 H_2SO_4 溶液的浓度从 0.01 mol·kg^{-1} 增加到 0.1 mol·kg^{-1} 时，其电导率 κ 和摩尔电导率 Λ_m 将（　　）。

A. κ 减小，Λ_m 增加　　　　　　　B. κ 增加，Λ_m 增加

C. κ 减小，Λ_m 减小　　　　　　　D. κ 增加，Λ_m 减小

10. 反应 $CO(g)+2H_2(g)\longrightarrow CH_3OH(g)$ 在等温、等压下进行，当加入某种催化剂时，该反应速率明显加快。设不存在催化剂时，反应的平衡常数为 K，活化能为 E_a，存在催化剂时为 K' 和 E_a'，则（　　）。

A. $K'=K,E_a'>E_a$　　　　　　　　　B. $K'<K,E_a'>E_a$

C. $K'=K,E_a'<E_a$　　　　　　　　　D. $K'<K,E_a'<E_a$

11. 已知平行反应 $A\longrightarrow B$ 的速率常数为 k_1，$A\longrightarrow C$ 的速率常数为 k_2，则下面对于该平行反应的描述，哪一点是不正确的？（　　）

A. k_1 和 k_2 的比值不随温度而改变

B. 反应的总速率等于两个平行反应的速率之和

C.反应产物 B 和 C 的量之比等于 k_1 和 k_2 的比值

D.反应物消耗的速率主要决定于反应速率大的一个反应

12.当用等边三角形表示三组分体系时,若某体系的组成在平行于底边 BC 的直线上变动,则该体系的特点是(　　　)。

A.B 和 C 的百分含量之比不变　　　　　　B.A 的百分含量不变

C.B 的百分含量不变　　　　　　　　　　　D.C 的百分含量不变

13.表面活性剂具有增溶作用,其增溶的本质原因是(　　　)。

A.能降低溶液的表面张力　　　　　　　　B.具有乳化作用

C.在溶液中能形成胶束　　　　　　　　　D.具有润湿作用

14.小心地把一根缝衣针放在水面上,则针有可能"浮"在水面上,下列情况最易成功的是(　　　)。

A.细长的针放在肥皂水水面上　　　　　　B.粗短的针放在清洁的水面上

C.细长的针放在清洁的水面上　　　　　　D.粗短的针放在肥皂水水面上

15.在多相体系中,随分散相的分散度增大,下列说法中正确的是(　　　)。

A.表面能不变　　　B.比表面能增大　　　C.总表面积不变　　　D.表面张力不变

16.在带负电的溶胶中加入等体积等浓度的下列不同电解质溶液,则使溶胶最易聚沉的是(　　　)。

A. Na^+　　　　　　B. Ca^{2+}　　　　　　C. K^+　　　　　　D. Mg^{2+}

17.关于表面张力和液面的关系,下列叙述正确的是(　　　)。

A.平面液面,表面张力的方向垂直于液面

B.曲面液面,表面张力的方向垂直于液面,指向液体外部

C.平面液面,表面张力的方向与液面平行

D.对于曲面,难以判断

18.用 $NaCl$ 与 $AgNO_3$ 反应制备 $AgCl$ 溶胶,实验测得溶胶带正电,则反应体系中微过剩物为(　　　)。

A. $NaCl$　　　　　　B. $AgCl$　　　　　　C. $MgCl_2$　　　　　　D. $AgNO_3$

19.如液体能在固体表面完全润湿,其接触角 θ 应有(　　　)。

A. $\theta=180°$　　　　B. $\theta=0°$　　　　C. $90°>\theta>0°$　　　　D. $90°<\theta<180°$

20.相同物质的量浓度的大分子溶液、溶胶、真溶液的渗透压由大到小排列顺序是(　　　)。

A.大分子>溶胶>真溶液　　　　　　B.溶胶>大分子溶液>真溶液

C.溶胶>真溶液>大分子溶液　　　　D.大分子溶液>真溶液>溶胶

二、填空题(每空 1 分,共 20 分)

1.体系的性质分为＿＿＿＿＿＿和＿＿＿＿＿＿。

2.理想气体等压膨胀使体积增大,ΔH＿＿＿＿＿＿0,ΔS＿＿＿＿＿＿0。(填>、<、=)

3.0.1 $mol \cdot dm^{-3}$ 的 $NaCl$ 水溶液的凝固点比纯水的凝固点＿＿＿＿＿＿。

4.某溶液的总蒸气压比用拉乌尔定律计算得到的理论值要大得多,其主要原因可能是＿＿＿＿＿＿,或＿＿＿＿＿＿。

5.反应速率方程式 $-dc/dt=kc_A^\alpha c_B^\beta$ 中,对于总反应而言,反应级数为＿＿＿＿＿＿,单位浓度下的速率为＿＿＿＿＿＿。

6.某化学反应的速率常数 k 的单位为 $mol \cdot dm^{-3} \cdot s^{-1}$,该反应是＿＿＿＿＿＿级反应,$t_{1/2}$＝＿＿＿＿＿＿。

7. 朗格茂推导等温吸附方程所依据的基本假设是：_____，_____，_____，_____。

8. 溶胶有三个基本特征：_____，_____和_____。

9. 构成大分子化合物最基本的结构单元称_____，大分子主链上能独立运动的单元称_____。

三、判断题（每小题 1 分，共 10 分；认为正确的打"√"，错误的打"×"）

1. H、S、U、G 都是体系的广度性质，而化学势 μ_B 是体系的强度性质。（　　）

2. 在一定温度、压力下，某反应的 $\Delta G > 0$，所以要选用合适催化剂，使反应能够进行。（　　）

3. 混合形成理想溶液时，混合前、后体积改变量为零，热效应为零。（　　）

4. 单组分体系的三相点是三条曲线（气-液线、气-固线、液-固线）的交点，此时体系的温度、压力不能任意变动。（　　）

5. 强电解质稀溶液的摩尔电导率与浓度成直线关系。（　　）

6. 如果两个反应的活化能 $E_1 \neq E_2$，则此反应的速率在任何条件下都不会相等。（　　）

7. 在有机溶剂中的蔗糖水解反应，其半衰期与起始浓度成反比；在水中的水解反应，其半衰期与起始浓度无关。两个实验事实无误，却相互矛盾。化学动力学无法解释这种实验现象。（　　）

8. 两个反应级数相同的化学反应，其活化能 $E_1 > E_2$。根据阿伦尼乌斯方程可知，在相同条件下，活化能小的反应速率大；若从同一温度升温，其他条件不变，则活化能越大的反应，反应速率增加得越快。（　　）

9. 通过超显微镜可以看到真实的胶粒。（　　）

10. 大分子溶液具有热力学和动力学的稳定性。（　　）

四、简答题（每小题 5 分，共 20 分）

1.（5 分）何为溶液表面吸附？何为正吸附？何为负吸附？结合吉布斯吸附等温式说明。

2.（5 分）能否说一级反应是单分子反应，二级反应是双分子反应？为什么有时反应级数与反应分子数一致？

3.（5 分）纯液体、溶液和固体，它们各采用什么方法来降低表面能以达到稳定状态？

4.（5 分）大分子溶液的形成与一般溶液有什么不同？如何制备大分子溶液？

五、计算题（每小题 10 分，共 30 分）

1.（10 分）2 mol 单原子分子理想气体在 298.15 K 时，分别按下列三种方式从 15.00 dm³ 膨胀到 40.00 dm³：（1）等温可逆膨胀；（2）等温对抗 1×10^5 Pa 外压膨胀；（3）在气体压力与外压相等并保持恒定下加热膨胀。求三种过程的 Q、W、ΔU 和 ΔH。

2.（10 分）101.325 kPa 下，1 mol $H_2O(l)$ 自 25 ℃ 升温至 50 ℃，已知 $C_{p,m} = 75.40$ J·K⁻¹·mol⁻¹，求下列过程熵变，并判断过程的可逆性：（1）热源温度为 700 ℃；（2）热源温度为 100 ℃。

3.（10 分）在某化学反应中，随时检测反应物 A 的量。1 h 后，发现 A 已作用了 75%，试问 2 h 后，下列条件下：A 还剩余多少没有作用？

（1）若该反应对 A 为一级反应；

（2）若该反应对 A 为二级反应（设 A 与另一反应物 B 起始浓度相同）；

（3）若该反应对 A 为零级反应（求 A 作用完所需时间）。

物理化学模拟试卷七

一、选择题(每小题 1 分,共 20 分)

1. 在一定温度下,平衡体系 $CaCO_3(s) \rightleftharpoons CaO(s) + CO_2(g)$ 的组分数、相数及自由度分别为(   )。

　　A. 3、2、3 　　　　　　B. 3、3、0 　　　　　　C. 2、2、1 　　　　　　D. 2、3、0

2. 体系经历不可逆循环后(   )。

　　A. $\Delta H < 0, \Delta U < 0$ 　　　　　　　　　　B. $\Delta H < 0, \Delta U > 0$

　　C. $\Delta H = 0, \Delta U = 0$ 　　　　　　　　　　D. $\Delta H > 0, \Delta U > 0$

3. 下列说法中,哪一种不正确?(   )

　　A. 焓是体系与环境进行交换的能量

　　B. 焓是人为定义的一种具有能量量纲的热力学量

　　C. 焓是体系的状态函数

　　D. 焓只有在某些特定条件下,才能与体系所吸收的热相等

4. 在标准压力下,进行反应 $A + B \longrightarrow C$,若已知热效应 $\Delta_r H_m^{\ominus} > 0$,则该反应一定是(   )。

　　A. 吸热反应 　　　　B. 放热反应 　　　　C. 温度升高 　　　　D. 无法确定

5. 物质的量为 n,理想气体由同一始态出发,分别经(1)等温可逆压缩、(2)绝热可逆压缩,压缩到达相同压力的终态,以 H_1 和 H_2 分别表示(1)和(2)过程终态的焓值,则(   )。

　　A. $H_1 > H_2$ 　　　　B. $H_1 < H_2$ 　　　　C. $H_1 = H_2$ 　　　　D. 上述三者都对

6. 在可逆循环过程中,体系热温商之和(   )。

　　A. 大于零 　　　　B. 等于零 　　　　　　C. 小于零 　　　　D. 不能确定

7. 吉布斯自由能 G 的特定组合为(   )。

　　A. $G = U + pV + TS$ 　　　　　　　　　B. $G = U - pV + TS$

　　C. $G = U + pV - TS$ 　　　　　　　　　D. $G = U - pV - TS$

8. 沸点-组成图上有最低恒沸点的 A、B 混合溶液,如最低恒沸混合物为 C。组成在 A 和 C 之间的溶液,精馏后只能得到(   )。

　　A. 纯 A 　　　　　　　　　　　　　　　B. 纯 B

　　C. 纯 A 和最低恒沸混合物 C 　　　　　　D. 纯 B 和最低恒沸混合物 C

9. 化学势不具有的基本性质是(   )。

　　A. 体系的状态函数 　　　　　　　　　　B. 体系的强度性质

　　C. 与温度、压力无关 　　　　　　　　　　D. 其绝对值不能确定

10. 已知下列反应的平衡常数:

　　$H_2(g) + S(s) \rightleftharpoons H_2S(g)$ 　　　$K_1^{\ominus}$

　　$O_2(g) + S(s) \rightleftharpoons SO_2(g)$ 　　　$K_2^{\ominus}$

　　则反应 $H_2(g) + SO_2(g) \rightleftharpoons O_2(g) + H_2S(g)$ 的平衡常数是(   )。

　　A. $K_1^{\ominus} - K_2^{\ominus}$ 　　　　B. $K_1^{\ominus} \cdot K_2^{\ominus}$ 　　　　C. $K_2^{\ominus}/K_1^{\ominus}$ 　　　　D. $K_1^{\ominus}/K_2^{\ominus}$

11. 溶胶与大分子溶液的相同点是(   )。

　　A. 热力学稳定体系 　　　　　　　　　　B. 热力学不稳定体系

　　C. 动力学稳定体系 　　　　　　　　　　D. 动力学不稳定体系

物理化学
模拟试卷七
参考解答

NOTE

12. W/O 型乳状液（　　）。

A. 易于分散在水中　　　　　　　　　　B. 导电性小

C. 导电性大　　　　　　　　　　　　　D. 不需要用乳化剂

13. 已知某化学反应速率常数的单位是 s^{-1}，则该化学反应的级数为（　　）。

A. 二级　　　　　B. 一级　　　　　C. 零级　　　　　D. 不能确定

14. 在胶体系统中，等电状态是指 ζ 电势（　　）。

A. 大于零　　　　　　　　　　　　　B. 等于零

C. 小于零　　　　　　　　　　　　　D. 正、负无法确定

15. 与大分子化合物的黏均摩尔质量有定量关系的是（　　）。

A. 相对黏度　　　　B. 增比黏度　　　　C. 比浓黏度　　　　D. 特性黏度

16. 下列物质在水中产生正吸附的是（　　）。

A. 氢氧化钠　　　　　　　　　　　　B. 氯化钠

C. 十二烷基苯磺酸钠　　　　　　　　D. 蔗糖

17. 在带负电的 As_2S_3 溶胶中加入等体积、等浓度的下列电解质溶液，则使溶胶聚沉最快的是（　　）。

A. LiCl　　　　　B. KCl　　　　　C. $CaCl_2$　　　　　D. $AlCl_3$

18. 下列叙述不正确的是（　　）。

A. 表面吉布斯自由能的物理意义：在等温、等压下，可逆地增加单位表面积引起体系吉布斯自由能的增量

B. 表面吉布斯能与表面张力量纲相同，数值不同

C. 表面张力的物理意义是：在相表面的切面上，垂直作用于表面上单位长度作用线的表面收缩力

D. 表面吉布斯能与表面张力量纲相同，单位不同

19. 在 298.15 K 时，当 H_2SO_4 溶液的浓度从 0.01 mol·kg^{-1} 增加到 0.1 mol·kg^{-1} 时，其电导率 κ 和摩尔电导率 Λ_m 的变化分别为（　　）。

A. κ 减小和 Λ_m 增加　　　　　　B. κ 增加和 Λ_m 增加

C. κ 减小和 Λ_m 减小　　　　　　D. κ 增加和 Λ_m 减小

20. 水能润湿玻璃，汞不能润湿玻璃，将一玻璃毛细管分别插入水和汞中，下列叙述不正确的是（　　）。

A. 管内水面为凹液面　　　　　　　　B. 管内汞面为凸液面

C. 管内水面高于水平面　　　　　　　D. 管内汞面与水平面一致

二、填空题(每空 1 分，共 20 分)

1. 298.15 K 时，将 11.2 $dm^3 O_2$ 与 11.2 $dm^3 N_2$ 混合成 22.4 dm^3 的混合气体，该过程 ΔS _____ 0，ΔG _____ 0。（填 >，<，=）

2. 298.15 K 时，反应 $A(g) \Longrightarrow B(g)$，在 A 和 B 分压分别为 1.0×10^6 Pa 和 1.0×10^5 Pa 时达到平衡，则该反应的 $K_p^{\ominus} =$ _____，$\Delta_r G_m^{\ominus} =$ _____。

3. 相律：$f = K - \Phi + 2$，式中"2"表示 _____，独立组分数 K 的计算公式为_____。

4. 对拉乌尔定律产生负偏差的 A、B 两液体混合物，其 $T\text{-}x$ 图上会出现最_____点，$p\text{-}x$ 图上会出现最_____点。（填高、低）

5. 有一等压过程，高温时非自发，低温时自发，则 ΔH _____ 0，ΔS _____ 0。（填 >，<，=）

6. $H_2(p) + 2Ag^+(a_1) \longrightarrow 2H^+(a_2) + 2Ag(s)$的正极反应是_____,电池符号表达式是_____。

7. 根据开尔文公式,凹液面的液体(如玻璃毛细管中水的液面),r _____ 0,其蒸气压_____正常蒸气压(填>,<)。

8. 将H_2S(过量)通入足够稀的As_2O_3溶液中制备硫化砷(As_2S_3)溶胶,则该溶胶的胶团结构式为_____,胶粒的电泳方向为_____(填正极、负极)。

9. 在水的相图中有三条实线,每条线上的相数$\Phi=$_____,自由度$f=$_____。

10. 固体表面与被吸附分子之间由于范德华引力而引起的吸附是_____吸附,固体表面与被吸附分子的作用力与化学键力相似的吸附是_____吸附。

三、判断题(每小题1分,共20分;认为正确的打"√",错误的打"×")

1. 我们平时说天气很热,其热的概念与热力学相同。( )

2. 状态函数改变后,状态一定改变。( )

3. 若一个过程是不可逆过程,则该过程中的每一步都是不可逆的。( )

4. 对A、B二组分液态混合物进行精馏,最后可将A和B二组分完全分离开来。( )

5. 当两个三组分体系D和E构成一新的三组分体系C时,其组成一定位于D、E两点的连线上。( )

6. 系统经一个卡诺循环后,不仅系统复原了,环境也会复原。( )

7. 根据$dG = -SdT + Vdp$,对于任意等温、等压过程,$dT = 0$、$dp = 0$,则dG一定为0。( )

8. 物质B在α相和β相之间进行宏观转移的方向总是从浓度高的相迁至浓度低的相。( )

9. 挥发性溶质溶于溶剂形成的稀溶液,溶液的沸点会升高。( )

10. 由$\Delta_r G_m^\ominus = -RT\ln K^\ominus$可知,$\Delta_r G_m^\ominus$是化学反应平衡状态时自由能的变化。( )

11. 零级反应的反应速率不随反应物浓度变化而变化。( )

12. 催化剂改变了反应历程,降低了活化能,从而改变了化学反应的速率。( )

13. 在原电池中,正极是阴极,电池放电时,溶液中带负电荷的离子向阴极迁移。( )

14. 表面活性剂的增溶作用中,溶质并不以分子态或离子态分布于溶液中,故溶液的依数性无明显变化。( )

15. 大分子溶液特性黏度所反映的是大分子与溶剂分子之间的内摩擦所表现出的黏度。( )

16. 单分子反应称为基元反应,双分子和三分子反应称为总包反应。( )

17. 溶胶与真溶液一样是均相系统。( )

18. 表面活性剂一定是双亲分子,双亲分子一定是表面活性剂。( )

19. 溶胶粒子与介质的折射率相差较大,故具有明显的丁铎尔现象。( )

20. 大分子溶液能透过半透膜。( )

四、简答题(共20分)

1. (5分)液体的饱和蒸气压越高,沸点越低;而由克拉贝龙-克劳修斯方程得知,温度越高,液体的饱和蒸气压越大。两者是否矛盾?为什么?

2. (5分)为什么反应速率需以微分形式来表达?

3. (5分)在一个密闭的容器中有某液体的几个大小不等的液滴,容器的其余空间是该液体的饱和蒸气。若温度不发生变化,当放置足够长的时间以后,容器内会发生什么现象?

4. (5分)丁铎尔效应的实质及产生的条件各是什么?

五、计算题(共 20 分)

1. (5 分)在 373.15 K、101.325 kPa 下,1 mol 水蒸发成理想气体,吸热 2259 J·g^{-1},计算该过程的 Q、W、ΔU、ΔH。

2. (5 分)计算 1 mol 过冷水在 101.325 kPa、263.15 K 下结冰时的 ΔS,并用熵判据判断此过程是否自发? 已知水在 101.325 kPa、273.15 K 下的凝固热是 6.025 kJ·mol^{-1},$C_{p,m,l}=$ 75.30 J·K^{-1}·mol^{-1},$C_{p,m,s}=37.60$ J·K^{-1}·mol^{-1}。

3. (5 分)试计算 298.15 K 时,反应 $Pb(s)+Cu^{2+} \longrightarrow Pb^{2+}+Cu(s)$ 的 $\Delta_r G_m^\ominus$、$K_a^\ominus$。已知 $\varphi_{Pb^{2+}/Pb}^\ominus = -0.126$ V,$\varphi_{Cu^{2+}/Cu}^\ominus = 0.337$ V。

4. (5 分)溴乙烷的分解反应为一级反应。313.4 K 下速率常数为 1.668×10^{-5} s^{-1},活化能为 230.12 kJ·mol^{-1}。求 327.9 K 下溴乙烷水解 95% 所需的时间。

(长治医学院 职国娟)

物理化学模拟试卷八

一、选择题(每小题 1 分,共 25 分)

1. 298.15 K 时,在下列电池

$$Pt|H_2(p^\ominus)|H^+(a=1) \parallel CuSO_4(0.01\ mol\cdot kg^{-1})|Cu(s)$$

右边溶液中加入 0.01 mol 的 KOH 溶液时,则电池的电动势将( )。

A.升高　　　　　B.降低　　　　　C.不变　　　　　D.无法判断

2. 某理想气体从同一始态(p_1,V_1,T_1)出发,分别经恒温可逆压缩和绝热可逆压缩至同一压力 p_2,若环境所做功的绝对值分别为 W_T 和 W_A,则 W_T 和 W_A 的关系为( )。

A.$W_T>W_A$　　　　　　　　　B.$W_T<W_A$

C.$W_T=W_A$　　　　　　　　　D.W_T 和 W_A 无确定关系

3. 101.325 kPa 下,110 ℃的水变为 110 ℃水蒸气,吸热 Q_p,在该相变过程中下列哪个关系式不成立?( )

A.$\Delta S_{体}>0$　　　　　　　　B.$\Delta S_{环}$ 不确定

C.$(\Delta S_{体}+\Delta S_{环})>0$　　　　D.$\Delta S_{环}<0$

4. 半径为 1×10^{-2} m 的球形肥皂泡的表面张力为 0.025 N·m^{-1},其附加压力为( )。

A.0.025 N·m^{-2}　　B.0.25 N·m^{-2}　　C.2.5 N·m^{-2}　　D.5.0 N·m^{-2}

5. 电极 $AgNO_3(m_1)|Ag(s)$ 与 $ZnCl_2(m_2)|Zn(s)$ 组成电池时,可作为盐桥的盐是( )。

A.KCl　　　　　B.NaCl　　　　　C.KNO$_3$　　　　　D.NH$_4$Cl

6. 绝热条件下,用大于气筒内压的压力迅速推动活塞压缩气体,此过程的熵变为( )。

A.大于零　　　　B.等于零　　　　C.小于零　　　　D.不能确定

7. 汞不湿润玻璃,其密度 $\rho=1.35\times10^4$ kg·m^{-3};水湿润玻璃,密度 $\rho=0.9965\times10^3$ kg·m^{-3}。汞在直径为 1×10^{-4} m 的玻璃管内下降 h_1,在直径为 1×10^{-3} m 的玻璃管内下降 h_2;水在直径为 1×10^{-4} m 的玻璃管内上升 h_3,在直径为 1×10^{-3} m 的玻璃管内上升 h_4,令 $h_1/h_2=A$,$h_3/h_4=B$,则有( )。

A.$A>B$　　　　　　　　　　　B.$A<B$

C.$A=B$　　　　　　　　　　　D.不能确定 A 与 B 的关系

8. O/W 型乳状液( )。

A. 易于分散在油中　　　　　　　　　B. 不需用乳化剂

C. 导电性小　　　　　　　　　　　　D. 导电性大

9. 已知：$Zn(s) + \frac{1}{2}O_2 \longrightarrow ZnO \quad \Delta_c H_m = 351.5 \ kJ \cdot mol^{-1}$

$$Hg(l) + \frac{1}{2}O_2 \longrightarrow HgO \quad \Delta_c H_m = 90.8 \ kJ \cdot mol^{-1}$$

因此，$Zn + HgO \longrightarrow ZnO + Hg$ 的 $\Delta_r H_m$ 是（　　　）。

A. $442.2 \ kJ \cdot mol^{-1}$　　　　　　B. $260.7 \ kJ \cdot mol^{-1}$

C. $-260.7 \ kJ \cdot mol^{-1}$　　　　　D. $-442.2 \ kJ \cdot mol^{-1}$

10. 下列叙述不正确的是（　　　）。

A. 表面能的物理意义是在温度、压力和组成不变的条件下，可逆地增加单位面积表面时引起体系吉布斯自由能的增量

B. 表面张力的物理意义是垂直作用于表面上任意单位长度线段的表面紧缩力

C. 表面能与表面张力数值和量纲相同，单位不同

D. 表面能单位为 $J \cdot m^2$，表面张力单位为 $N \cdot m^{-1}$ 时，两者数值不同

11. 两份同一物质形成的溶胶，都是单分散的，具有相同的粒子数量，但在介质中有着不同的沉降速度，A 比 B 沉降得快，这最可能是（　　　）。

A. A 的介质黏度小　　　　　　　　　B. B 的样品发生了聚结

C. B 的粒子形状较对称　　　　　　　D. A 的溶剂化更显著

12. 一等压反应体系，若产物与反应物的 $\Delta C_p > 0$，则此反应（　　　）。

A. 吸热　　　　　　　　　　　　　　B. 放热

C. 无热效应　　　　　　　　　　　　D. 吸、放热不能确定

13. 强电解质溶液在稀释过程中（　　　）。

A. 电导率增加　　　　　　　　　　　B. 摩尔电导率减少

C. 电导率减少，摩尔电导率增加　　　D. 电导率与摩尔电导率均增加

14. 气体在固体表面上发生吸附过程，Gibbs 自由能如何变化（　　　）。

A. $\Delta G > 0$　　　　B. $\Delta G < 0$　　　　C. $\Delta G = 0$　　　　D. $\Delta G \leqslant 0$

15. 下面哪种浓度 NaCl 溶液的电导率最大？（　　　）

A. $0.001 \ mol \cdot dm^{-3}$　　　　　B. $0.01 \ mol \cdot dm^{-3}$

C. $0.1 \ mol \cdot dm^{-3}$　　　　　　D. $1.0 \ mol \cdot dm^{-3}$

16. 表面活性剂具有增溶作用的原因是（　　　）。

A. 能降低溶液的表面张力　　　　　　B. 具有乳化作用

C. 在溶液中形成胶束　　　　　　　　D. 具有润湿作用

17. 一个气泡分散成直径为原来 1/10 的小气泡，则其单位体积所具有的表面积为原来的（　　　）。

A. 1 倍　　　　　　B. 10 倍　　　　　　C. 100 倍　　　　　　D. 1000 倍

18. 溶胶（憎液胶体）是（　　　）。

A. 不稳定可逆的体系　　　　　　　　B. 热力学不稳定体系

C. 稳定可逆体系　　　　　　　　　　D. 稳定不可逆体系

19. 水解法制备得 $Fe(OH)_3$ 溶胶，用下列物质聚沉，其聚沉值大小顺序是（　　　）。

A. $Al(NO_3)_3 > MgSO_4 > K_3Fe(CN)_6$　　　B. $K_3Fe(CN)_6 > MgSO_4 > Al(NO_3)_3$

C. $MgSO_4 > Al(NO_3)_3 > K_3Fe(CN)_6$　　　D. $MgSO_4 > K_3Fe(CN)_6 > Al(NO_3)_3$

20. 已知某反应的级数为一级，则可确定该反应一定是（　　　）。

NOTE

A.简单反应   B.单分子反应   C.复杂反应   D.上述都有可能

21. 下列诸分散体系中,Tyndall 效应最强的是( )。

A.纯净空气   B.蔗糖溶液   C.大分子溶液   D.金溶胶

22. 二级反应的半衰期( )。

A.与反应物的起始浓度无关   B.与反应物的起始浓度成正比

C.与反应物的起始浓度成反比   D.无法确定

23. 某反应 $A \longrightarrow B$,反应物消耗 $\frac{3}{4}$ 所需时间是其半衰期的 3 倍,此反应为( )。

A.零级反应   B.一级反应   C.二级反应   D.三级反应

24. 有化学反应 $aA+bB \Longrightarrow gG+hH$,反应过程中各物质的实际反应速率之间始终存在 $\frac{r_A}{a}=\frac{r_B}{b}=\frac{r_G}{g}=\frac{r_H}{h}$ 的关系,则该反应( )。

A.必须是基元反应   B.只能是简单反应

C.只能是复合反应   D.可能是任何反应

25. 水溶液反应 $Hg_2^{2+}+Tl^{3+} \longrightarrow 2Hg^{2+}+Tl^+$ 的速率方程为 $r=k[Hg_2^{2+}][Tl^{3+}]/[Hg^{2+}]$,则以下关于反应总级数 n 的说法正确的是( )。

A.$n=1$ B.$n=2$ C.$n=3$ D.无 n 可言

二、填空题(每空 1 分,共 26 分)

1. 为反应 $2Ag(s)+Cl_2(g) \longrightarrow 2AgCl(s)$ 设计的电池可表示为_____。

2. 在一个封闭的铝锅内装半锅水,放在炉子上加热,以水和水蒸气为体系,则 Q _____ 0,W _____ 0,ΔU _____ 0,ΔH _____ 0。(填>,<或=)

3. 破坏乳状液主要是破坏_____的_____作用,最终使水、油两相分层析出。

4. 指出下列平衡体系的组分数:

(1) $NaCl(s)$、$HCl(l)$、$H_2O(l)$ 的饱和水溶液_____。

(2) H_2、石墨、催化剂,生成 n 种碳氢化合物所组成的化学平衡体系_____。

5. 室温和标准压力下,水蒸发为同温、同压下的水蒸气是_____过程(填可逆或不可逆)。

6. 10 mol 单原子分子理想气体,在等外压 $0.987p^\ominus$ 下由 400 K、$2p^\ominus$ 等温膨胀至 $0.987p^\ominus$,气体对环境做功_____ kJ。

7. 电池 $Pt \mid H_2(p) \mid NaOH(a) \parallel HgO(s) \mid Hg(l)$ 的电极反应和电池反应分别为_____、_____ 和_____。

8. 溶胶的基本特性为_____、_____ 和_____。

9. 将固体 $NH_4Cl(s)$ 放入真空容器中,在某一定温度下达到分解平衡时有如下反应

$$NH_4Cl(s) \Longrightarrow NH_3(g)+HCl(g)$$

则系统的组分数为_____,相数为_____,自由度为_____。

10. 胶体分散系统按其分散相与分散介质的亲和力大小可分为_____和_____两类,它们又可称为_____和_____。

11. 氧气在某固体表面上的吸附,温度 400 K 时进行得较慢,但在 350 K 时进行得更慢,这个吸附过程主要是_____(填化学吸附或物理吸附)。

12. 苯不溶于水而能较好地溶于肥皂水是由于肥皂的_____作用。

三、判断题(每小题 1 分,共 10 分;认为正确的打"√",错误的打"×")

1. $\left(\frac{\partial U}{\partial n_B}\right)_{S,V,n_j(j \neq B)}$ 是偏摩尔热力学能,不是化学势。( )

2. 一级反应肯定是单分子反应。（　　　）

3. 熵增加过程都是自发过程。（　　　）

4. 若反应 $A \longrightarrow Y$，对 A 为零级，则 A 的半衰期 $t_{1/2} = \dfrac{c_{A,0}}{2k_A}$。（　　　）

5. 液体表面张力的存在试图扩大液体的表面积。（　　　）

6. 乳状液、泡沫、悬浮液和溶胶都是多相的热力学不稳定系统。（　　　）

7. 电解质溶液的稀释过程中，摩尔电导率逐步增大。（　　　）

8. 化学吸附无选择性。（　　　）

9. 大分子溶液是均相体系，在热力学上是稳定的。（　　　）

10. 过量电解质的存在对溶胶起稳定作用，少量电解质的存在对溶胶起破坏作用。（　　　）

四、简答题（每小题 3 分，共 15 分）

1. 反应分子数与反应级数有何区别？

2. 将过量的 H_2S 通入足够的 As_2O_3 溶液中制备硫化砷 As_2S_3 溶胶。

（1）请写出该胶团的结构式，并指明胶粒的电泳方向。

（2）试比较电解质 KCl、$MgSO_4$、$MgCl_2$ 对该溶胶聚沉能力的大小。

3. 什么情况下大分子化合物对溶胶分别具有保护作用和絮凝作用？为什么？

4. 将下列化学反应设计成原电池，写出正、负极反应及电池组成表达式：
$$2Ag^+(a_1) + H_2(p) \longrightarrow 2Ag(s) + 2H^+(a_2)$$

5. 用适当的表面活性剂处理亲水固体表面后，为什么可以改变固体表面性质，使其具有疏水性？

五、计算题（每小题 8 分，共 24 分）

1. 下列可逆反应：$R_1R_2R_3CBr$（D 型）$\Longleftrightarrow R_1R_2R_3CBr$（L 型），正、逆反应均为一级反应，半衰期均为 $t_{1/2} = 10$ min，若起始为 1 mol D 型溴化物，问 5 min 后，生成 L 型溴化物的物质的量是多少？

2. 水对玻璃表面完全润湿，而汞和玻璃表面的夹角为 $140°$。某温度时，将一根直径为 0.8 mm 的玻璃毛细管分别垂直插入上述两种液体中，试分别计算毛细管中液面的位置。已知水和汞的密度分别为 1.0×10^3 kg·m^{-3} 和 13.6×10^3 kg·m^{-3}，表面张力分别为 72×10^{-3} N·m^{-1} 和 486×10^{-3} N·m^{-1}。

3. 若在合成某一化合物后，进行水蒸气蒸馏。该化合物与水的二元混合体系的沸腾温度为 95 ℃，此时，二者蒸气压之和为 99.2 kPa。馏出物经分离、称重得出水的质量分数为 0.45，试估计此化合物的摩尔质量。（水的摩尔蒸发热为 40.7 kJ·mol^{-1}，蒸气看作理想气体，液体体积可以忽略不计。）

（陆军军医大学　武丽萍）

物理化学模拟试卷九

一、选择题（每小题 1 分，共 10 分）

1. 石墨和金刚石比较，哪一种的稳定性高？（　　　）

A. 不确定　　　　　　B. 一样稳定　　　　　　C. 石墨　　　　　　D. 金刚石

NOTE

物理化学
模拟试卷九
参考解答

2. 喷雾干燥法的理论依据是(　　)。

A. 高分散液滴的蒸气压大

B. 高分散液滴的蒸气压小

C. 高分散液滴的蒸气压与平液面相同

D. 高分散液滴的蒸气压可大于、小于平液面的蒸气压

3. 一个封闭钟罩内放一杯纯水 A 和一杯糖水 B,静置足够长时间后可以看到(　　)。

A. A 杯水减少,B 杯水满后不再变化　　　B. A 杯水变成空杯,B 杯水满后溢出

C. A 杯水满后不再变化,B 杯水减少　　　D. A 杯水满后溢出,B 杯水变成空杯

4. 电子显微镜能看到细菌、病毒、分子等物质的真实大小,是因为(　　)。

A. 放大倍数特别大　　　　　　　　B. 用电子波作光源

C. 用普通可见光作光源但从侧面观察　D. 用激光作光源

5. 使用微波可以使许多化学反应大为加速,以致出现了微波化学这一学科分支。微波加速反应的奥秘可能是它能使极性溶剂迅速升温,据此,反应可选用的溶剂是(　　)。

A. 丁烷　　　　　B. 甲醇　　　　　C. 四氯化碳　　　　D. 环己烷

6. 提示危险的信号灯一般为红色,其原因是(　　)。

A. 红光不易散射　　B. 红光易散射　　C. 红光鲜艳、明显　　D. 规定

7. 催化剂能改变反应速率,根本原因在于(　　)。

A. 提高反应的产率　　　　　　　B. 催化剂可以提供能量

C. 反应后催化剂变成了新的物质　　D. 改变反应的活化能

8. 同量萃取剂,分成若干次萃取的效率比全部萃取剂作一次萃取的效率(　　)。

A. 高　　　　　　　B. 低　　　　　　C. 不变　　　　　D. 不能确定

9. 外压改变,恒沸混合物(　　)。

A. 组成不变　　　　B. 组成改变　　　C. 变得更稳定　　　D. 不复存在

10. 溶剂和溶质都符合拉乌尔定律的溶液是(　　)。

A. 真溶液　　　　　B. 浓溶液　　　　C. 稀溶液　　　　　D. 理想溶液

二、填空题(每空 1 分,共 40 分)

1. 物理化学的主要研究内容有_____、_____、_____。

2. 足量的大分子溶液对溶胶有_____作用,少量的大分子溶液对溶胶有_____作用。

3. 一个热力学平衡态需同时满足的平衡有_____、_____、_____和_____。

4. 在一定的温度及压力下,某物质液-气两相达平衡,则两相的化学势 $\mu_B(l)$_____ $\mu_B(g)$。

5. 在电解池中,阳极发生_____反应,阴极发生_____反应。

6. 理想气体等温可逆膨胀时,_____使压力降低;绝热可逆膨胀时,_____和_____使压力降低,所以等温可逆膨胀做功比绝热可逆膨胀做功_____。

7. 胶粒表面带电的原因主要有_____、_____、_____和_____。

8. 大分子化合物溶于某种溶剂,一般经过_____和_____两个过程。

9. 非挥发性溶质形成的稀溶液的依数性,指_____、_____、_____和_____。

10. 溶胶的基本特征是_____、_____和_____。

 NOTE

11. 一般而言,温度升高,表面张力_____。

12. 气体常数 R 的物理意义:理想气体温度升高 1 K,在_____条件下所做的功。

13. HLB 值指的是_____,其值越大表示_____。

14. 电解质对溶胶的聚沉值越小,其聚沉能力_____。

15. 卡诺循环的热机效率只与_____有关。

16. 光化反应是_____级反应。

17. 破坏乳状液就是使水、油两相分层,主要是破坏_____的_____作用。

18. 构成大分子化合物的基本结构单元称为_____,大分子链上能独立运动的单元称为_____。

三、判断题(每小题 1 分,共 10 分;认为正确的打"√",错误的打"×")

1. 反应热是一定条件下化学反应达平衡时的热效应。(　　)

2. 自发过程是不可逆过程,不可逆过程一定是自发过程。(　　)

3. 大分子化合物有多级分散性。(　　)

4. 绝热过程熵变为零。(　　)

5. 一级反应是基元反应。(　　)

6. 乳化剂可以使乳状液稳定,所以形成乳状液的过程 $\Delta G < 0$。(　　)

7. 溶液的电导率增大,导电能力增强,所以浓度增大,摩尔电导率增大。(　　)

8. 活化能越大,温度改变对反应速率的影响越大。(　　)

9. 通过精馏方法,一定可以从混合溶液中分离出各个纯组分。(　　)

10. 与溶胶电性相反的离子价数越高,对溶胶的聚沉能力越强;与溶胶电性相同的离子价数越低,对溶胶的聚沉能力越弱。(　　)

四、简答题(共 20 分)

1. (12 分)绘出 CO_2 的相图,指出图中三个面、三条线、两个点的相和自由度;简要说明什么是 SFE-CO_2(CO_2 超临界流体萃取)?

2. (4 分)简述增溶机制;增溶与溶解有何不同?

3. (4 分)用胶溶法制备 $Al(OH)_3$ 溶胶,请写出 $Al(OH)_3$ 胶团的结构式。写出下列电解质溶液对该溶胶凝结能力顺序:$NaCl$、Na_2SO_4、$MgSO_4$、Na_3PO_4。

五、计算题(共 20 分)

1. (5 分)一批装有注射液的安瓿放入高压消毒锅内加热消毒。若锅内水蒸气的压力为 202650 Pa,问锅内温度有多少度?已知 $\Delta_{vap}H_m(H_2O) = 40.64$ kJ·mol^{-1}。

2. (5 分)某药物的分解为一级反应,该药物在 50 ℃ 的半衰期为 693 min,反应的活化能为 217.57 kJ·mol^{-1}。试求该反应在 25 ℃ 时分解 10% 所需的时间(有效期)?

3. (10 分)1 mol 理想气体始态为 273.15 K,$p^{\ominus}$,分别经历下列可逆变化:(1)等温下压力加倍;(2)等温下体积加倍。分别计算上述两过程的 Q、W、ΔU、ΔH、ΔS、ΔG 和 ΔF。

（云南中医药大学　魏泽英）

附　录

附录 A　一些常用物质的等压摩尔热容与温度的关系

$$p^{\ominus}=100\ \text{kPa},C_{p,m}=a+bT+cT^2,C_{p,m}=a+bT+c'/T^2$$

物　　质	$a/$ $\text{J}\cdot\text{K}^{-1}\cdot\text{mol}^{-1}$	$10^3b/$ $\text{J}\cdot\text{K}^{-2}\cdot\text{mol}^{-1}$	$10^6c/$ $\text{J}\cdot\text{K}^{-3}\cdot\text{mol}^{-1}$	$10^{-5}c'/$ $\text{J}\cdot\text{K}\cdot\text{mol}^{-1}$	温度范围 $/\text{K}$
单质					
C(s,金刚石)	9.12	13.22		−6.19	298~1200
C(s,石墨)	17.15	4.27		−8.79	298~2300
F₂(g)	34.69	1.84		−3.35	273~2000
Cl₂(g)	31.696	10.144	−4.038		300~1500
Br₂(l)	35.241	4.075	−1.487		300~1500
H₂(g)	29.07	−0.837	2.012		273~3800
N₂(g)	26.98	5.912	−0.3376		273~3800
O₂(g)	36.16	0.845	−0.7494		273~3800
无机物					
CO(g)	26.537	7.6831	−1.172		300~1500
CO₂(g)	26.75	42.258	−14.25		300~1500
CaCl₂(s)	71.88	12.72		−2.51	298~1055
CaCO₃(s,方解石)	104.5	21.92		−25.94	298~1200
CaO(s)	48.83	4.52		6.53	298~1800
HCl(g)	28.17	1.810	1.547		300~1500
HBr(g)	26.15	5.86		1.09	298~1600
HI(g)	26.32	5.94		0.92	298~2000
H₂O(g)	30.00	10.71		0.33	298~2500
H₂O(l)	30.00	10.7	−2.022		273~3800
KCl(s)	41.38	21.76		3.22	298~1043
AgCl(s)	62.26	4.18		−11.30	298~728
NH₃(g)	25.89	33.00	−3.046		291~1000
SO₂(g)	43.43	10.63		−5.49	298~1800
SO₃(g)	57.32	26.86		−13.05	298~1200
有机物					

物　　质	$a/$ $J \cdot K^{-1} \cdot mol^{-1}$	$10^3 b/$ $J \cdot K^{-2} \cdot mol^{-1}$	$10^6 c/$ $J \cdot K^{-3} \cdot mol^{-1}$	$10^{-5} c'/$ $J \cdot K \cdot mol^{-1}$	温度范围 /K
CH_4(g,甲烷)	14.15	75.496	−17.99		298~1500
C_2H_6(g,乙烷)	9.401	159.83	−46.229		298~1500
C_2H_4(g,乙烯)	11.84	119.67	−36.51		298~1500
C_3H_6(g,丙烯)	9.427	188.77	−57.488		298~1500
C_2H_2(g,乙炔)	30.67	52.810	−16.27		298~1500
C_6H_6(l,苯)	−1.71	324.77	−110.58		298~1500
C_7H_8(l,甲苯)	2.41	391.17	−130.65		298~1500
$CHCl_3$(l,三氯甲烷)	29.51	148.94	−90.734		273~773
CH_3OH(l,甲醇)	18.40	101.56	−28.68		273~1000
$HCHO$(g,甲醛)	18.82	58.379	−15.61		291~1500
$HCOOH$(l,甲酸)	30.7	89.20	−34.54		300~700
CH_3CHO(l,乙醛)	31.05	121.46	−36.58		298~1500
C_2H_5OH(l,乙醇)	29.25	166.28	−48.898		298~1500
$(CH_3)_2CO$(l,丙酮)	22.47	205.97	−63.521		298~1500

附录 B　一些常用单质和无机化合物的热力学数据

$$p^{\ominus} = 100 \ kPa, T = 298.15 \ K$$

物　　质	$\Delta_f H_m^{\ominus}$ /kJ · mol^{-1}	$S_{m,B}^{\ominus}$ /J · K^{-1} · mol^{-1}	$\Delta_f G_m^{\ominus}$ /kJ · mol^{-1}	$C_{p,m}^{\ominus}$ /J · K^{-1} · mol^{-1}
单质				
Ag(s)	0	42.55	0	25.351
Al(s)	0	28.33	0	24.35
Al(l)	10.56	39.55	7.2	24.21
As(s,α)	0	35.1	0	24.64
Au(s)	0	47.4	0	25.23
Ba(s)	0	62.8	0	28.07
Be(s)	0	9.50	0	16.44
Bi(s)	0	56.74	0	25.52
Br_2(l)	0	152.23	0	75.689
Br_2(g)	30.907	245.46	3.110	36.02
Cl_2(g)	0	223.07	0	33.91
F_2(g)	0	202.78	0	31.30
I_2(g)	62.44	260.69	19.33	36.90
I_2(s)	0	116.135	0	54.44

续表

物　质	$\Delta_f H_m^\ominus$ /kJ $\cdot$ mol^{-1}	$S_{m,B}^\ominus$ /J $\cdot$ K^{-1} $\cdot$ mol^{-1}	$\Delta_f G_m^\ominus$ /kJ $\cdot$ mol^{-1}	$C_{p,m}^\ominus$ /J $\cdot$ K^{-1} $\cdot$ mol^{-1}
C(s,金刚石)	1.895	2.377	2.900	6.113
C(s,石墨)	0	5.740	0	8.527
Ca(s)	0	41.42	0	25.31
Cd(s,γ)	0	51.76	0	25.98
Cr(s)	0	23.77	0	23.35
Cs(s)	0	85.23	0	32.17
Cu(s)	0	33.150	0	24.44
Fe(s)	0	27.28	0	25.10
H$_2$(g)	0	130.684	0	28.824
He(g)	0	126.15	0	20.786
Ne(g)	0	146.33	0	20.786
Ar(g)	0	154.84	0	20.786
Xe(g)	0	169.68	0	20.786
Hg(l)	0	76.02	0	27.983
K(s)	0	64.18	0	29.58
Li(s)	0	29.12	0	24.77
Mg(s)	0	32.68	0	24.89
N$_2$(g)	0	191.61	0	29.125
Na(s)	0	51.21	0	28.24
O$_2$(g)	0	205.18	0	29.355
O$_3$(g)	142.7	238.93	163.2	39.20
P(s,黄磷)	0	44.4	0	23.22
P(s,赤磷)	−18.4	63.2	8.37	23.22
Pb(s)	0	64.81	0	26.44
S(s,单斜)	0.33	32.6	0.1	23.6
S(s,正交)	0	31.80	0	22.64
Si(s)	0	18.83	0	20.00
Zn(s)	0	41.63	0	25.40
无机物				
AgBr(s)	−100.37	107.1	−96.90	52.38
AgCl(s)	−127.07	96.2	−109.79	50.79
AgI(s)	−62.4	114.2	−66.3	54.43
AgNO$_3$(s)	−129.39	140.92	−33.41	93.05
AlCl$_3$(s)	−704.2	110.67	−628.8	91.84
Al$_2$O$_3$(s,α-刚玉)	−1675.7	50.92	−1582.3	79.04
BaCl$_2$(s)	−858.6	123.68	−810.4	75.14

 NOTE

续表

物　　质	$\Delta_f H_m^\ominus$ /kJ·mol^{-1}	$S_{m,B}^\ominus$ /J·K^{-1}·mol^{-1}	$\Delta_f G_m^\ominus$ /kJ·mol^{-1}	$C_{p,m}^\ominus$ /J·K^{-1}·mol^{-1}
BaSO$_4$(s)	−1465.2	132.2	−1353.1	101.75
CO(g)	−110.525	197.67	−137.17	29.14
CO$_2$(g)	−393.509	213.74	−394.36	37.11
CS$_2$(g)	115.3	237.8	65.1	45.65
CaCl$_2$(s)	−795.8	104.6	−748.1	72.59
CaCO$_3$(s,方解石)	−1206.9	92.9	−1128.8	81.88
CaO(s)	−635.09	39.75	−604.03	42.80
CuO(s)	−157.3	42.63	−129.7	42.30
CuSO$_4$(s)	−771.36	109	−661.8	100.0
Fe$_2$O$_3$(s,赤铁矿)	−824.2	87.40	−742.2	103.85
Fe$_3$O$_4$(s,磁铁矿)	−1118.4	146.4	−1015.4	143.43
HBr(g)	−36.40	198.70	−53.45	29.142
HCl(g)	−92.31	186.91	−95.30	29.12
HI(g)	26.48	206.59	1.70	29.158
HNO$_3$(l)	−174.10	155.60	−80.71	109.87
H$_2$O(g)	−241.82	188.83	−228.57	33.58
H$_2$O(l)	−285.83	69.91	−237.13	75.291
H$_2$O$_2$(l)	−187.78	109.6	−120.35	89.1
H$_2$S(g)	−20.63	205.79	−33.56	34.23
H$_2$SO$_4$(l)	−813.99	156.90	−690.00	138.9
Hg$_2$Cl$_2$(s)	−265.22	192.5	−210.75	102
HgO(s)	−90.83	70.29	−58.54	44.06
HgS(s)	−58.2	82.4	−50.6	50.2
HgSO$_4$(s)	−743.1	200.7	−625.8	132.01
KCl(s)	−436.75	82.59	−406.14	51.30
KI(s)	−327.90	106.32	−324.89	52.93
MgCl$_2$(s)	−641.32	89.62	−591.79	71.38
MgCO$_3$(s)	−1095.8	65.7	−1012.1	75.52
MgO(s)	−601.70	26.94	−569.43	37.15
NH$_3$(g)	−46.11	192.45	−16.45	35.06
NH$_4$Cl(s)	−314.43	94.6	−202.87	84.10
NH$_4$NO$_3$(s)	−365.56	151.08	−183.87	84.1
(NH$_4$)$_2$SO$_4$(s)	−1191.9	220.3	−900.4	187.49
NO(g)	90.25	210.76	86.55	29.844
NO$_2$(g)	33.18	240.06	51.31	37.20
NaCl(s)	−411.15	72.13	−384.14	50.50

 NOTE

311

续表

物　质	$\Delta_f H_m^{\ominus}$ /kJ·mol^{-1}	$S_{m,B}^{\ominus}$ /J·K^{-1}·mol^{-1}	$\Delta_f G_m^{\ominus}$ /kJ·mol^{-1}	$C_{p,m}^{\ominus}$ /J·K^{-1}·mol^{-1}
NaNO$_3$(s)	−466.7	116.3	−365.9	93.05
NaOH(s)	−425.61	64.46	−379.49	59.54
PCl$_5$(g)	−374.9	364.6	−305.0	112.8
SO$_2$(g)	−296.83	248.22	−300.19	39.87
SO$_3$(g)	−395.72	256.76	−371.06	50.67
SiO$_2$(s,α-石英)	−910.94	41.84	−856.64	44.43
ZnO(s)	−348.28	43.64	−318.30	40.25
ZnSO$_4$(s)	−978.6	124.7	−871.6	117

附录 C　一些常用有机化合物的热力学数据

$$p^{\ominus}=100\ \text{kPa}, T=298.15\ \text{K}$$

物　质	$\Delta_f H_m^{\ominus}$ /kJ·mol^{-1}	$\Delta_c H_m^{\ominus}$ /kJ·mol^{-1}	$S_{m,B}^{\ominus}$ /J·K^{-1}·mol^{-1}	$\Delta_f G_m^{\ominus}$ /kJ·mol^{-1}	$C_{p,m}^{\ominus}$ /J·K^{-1}·mol^{-1}
CH$_4$(g,甲烷)	−74.81	−890	186.26	−50.72	35.31
C$_2$H$_6$(g,乙烷)	−84.68	−1560	229.60	−32.82	52.63
C$_3$H$_8$(g,丙烷)	−103.85	−2220	269.91	−23.49	73.5
C$_4$H$_{10}$(g,正丁烷)	−126.15	−2878	310.23	−17.03	97.45
C$_6$H$_{12}$(l,环己烷)	−156	−3920	204.4	26.8	156.5
C$_2$H$_4$(g,乙烯)	52.26	−1411	219.56	68.15	43.56
C$_3$H$_6$(g,丙烯)	20.42	−2058	267.05	62.78	63.89
C$_2$H$_2$(g,乙炔)	226.73	−1300	200.94	209.20	43.93
C$_6$H$_6$(g,苯)	82.93	−3302	269.31	129.72	81.67
C$_6$H$_6$(l,苯)	49.0	−3268	173.3	124.3	136.1
C$_{10}$H$_8$(s,萘)	75.4	−5153.9	167.0	198.7	165.3
CH$_3$OH(g,甲醇)	−200.66	−764	239.81	−161.96	43.89
CH$_3$OH(l,甲醇)	−238.66	−726.6	126.8	−166.27	81.6
C$_2$H$_5$OH(g,乙醇)	−235.10	−1409	282.70	−168.49	65.44
C$_2$H$_5$OH(l,乙醇)	−277.69	−1368	160.7	−174.78	111.46
C$_2$H$_6$O$_2$(l,乙二醇)	−388.3	−1192.9	323.6	−299.2	78.7
C$_3$H$_7$OH(l,正丙醇)	−257.53	−2019.8	324.91	−162.86	146.0
C$_6$H$_5$OH(s,苯酚)	−165.0	−3054	146.0	−50.9	134.7
C$_4$H$_{10}$O(l,乙醚)	−272.5	−2730.9	253.1	−118.4	168.2
HCHO(g,甲醛)	−108.57	−571	218.77	−102.53	35.4
(CH$_3$)$_2$CO(l,丙酮)	−248.1	−1790	200.4	−155.4	124.7

续表

物　　质	$\Delta_f H_m^\ominus$ /kJ·mol^{-1}	$\Delta_c H_m^\ominus$ /kJ·mol^{-1}	$S_{m,B}^\ominus$ /J·K^{-1}·mol^{-1}	$\Delta_f G_m^\ominus$ /kJ·mol^{-1}	$C_{p,m}^\ominus$ /J·K^{-1}·mol^{-1}
HCOOH(l,甲酸)	−409.2	−269.9	129.0	−346.0	99.04
CH$_3$COOH(l,乙酸)	−487.0	−871.5	159.8	−392.5	123.4
C$_6$H$_5$COOH(s,苯甲酸)	−384.6	−3227.5	170.7	−245.6	145.2
CH$_3$COOC$_2$H$_5$ (l,乙酸乙酯)	−479.0	−2231	259.4	−332.7	170.1
CH$_4$ON$_2$(s,尿素)	−333.51	−632	104.60	−197.33	93.14
CH$_2$(NH$_2$)COOH (s,甘氨酸)	−532.9	−969	103.5	−373.4	99.2

（云南中医药大学　魏泽英）

主要参考文献

[1] 李三鸣.物理化学[M].8 版.北京：人民卫生出版社，2016.

[2] 姜茹，魏泽英.物理化学[M].北京：科学出版社，2017.

[3] 陈振江，魏泽英.物理化学[M].北京：科学出版社，2015.

[4] 朱志昂，阮文娟.物理化学[M].6 版.北京：科学出版社，2018.

[5] 刘幸平，刘雄.物理化学[M].北京：中国中医药出版社，2016.

[6] 傅献彩，沈文霞，姚天扬，等.物理化学[M].5 版.北京：高等教育出版社，2005.

[7] 印永嘉，奚正楷，张树永.物理化学简明教程[M].4 版.北京：高等教育出版社，2007.

[8] Peter Atkins，Julio de Paula. Physical Chemistry[M].7th ed. Oxford：Oxford University Press，2002.

[9] 方亮.药剂学[M].8 版.北京：人民卫生出版社，2016.

[10] 崔福德.药剂学[M].7 版.北京：人民卫生出版社，2011.

NOTE